U0322504

塔里木内陆河流域水资源合理配置

黄　强　徐海量　张胜江
黄福贵　托乎提·艾合买提　著

科学出版社
北京

内 容 简 介

本书考虑天然植被生态用水与社会经济发展用水，探讨了塔里木河流域水资源配置的关键技术。利用遥感影像及调查数据，揭示了植被结构及分布规律，估算了河道内生态基流，采用多种方法计算了不同河段河道外天然植被生态需水量；建立了塔里木河流域多水源、多用户、多目标水资源优化配置和评价模型；制定了规划水平年塔里木河干流各断面、灌区、生态闸的水资源合理配置方案和水量控制红线；论述了以流域为单元的水资源的统一管理模式；提出了水资源的统一管理机制和体制以及保障措施。本书对流域水资源统一管理具有重要的理论意义和应用价值。

本书可供水利工程、生态环境工程、农业工程等相关专业的科研和管理人员参考使用，也可供大专院校相关专业的师生参考。

图书在版编目(CIP)数据

塔里木内陆河流域水资源合理配置/黄强等著.—北京：科学出版社，2015.8

ISBN 978-7-03-045486-7

Ⅰ.①塔… Ⅱ.①黄… Ⅲ.①塔里木河-流域-水资源-资源配置-研究 Ⅳ.①TV213.4

中国版本图书馆CIP数据核字(2014)第201517号

责任编辑：祝 洁 亢列梅 杨向萍 程雷星/责任校对：张怡君
责任印制：肖 兴/封面设计：红叶图文

科学出版社 出版
北京东黄城根北街16号
邮政编码：100717
http://www.sciencep.com

北京通州皇家印刷厂印刷
科学出版社发行 各地新华书店经销

*

2015年8月第 一 版 开本：720×1000 1/16
2015年8月第一次印刷 印张：21 1/4
字数：428 000

定价：150.00元

（如有印装质量问题，我社负责调换）

序

按照国家实施西部大开发战略的要求，国务院决定用5～10年时间对塔里木河流域的生态环境进行综合治理，科学、合理配置流域水资源，保护和改善塔里木河流域生态环境。综合治理总体目标是，通过实施九大类工程与非工程措施，使阿克苏河、和田河、叶尔羌河多年平均向干流阿拉尔下泄水量达到46.5亿m^3；开都河—孔雀河供水达到4.5亿m^3；干流向大西海子水库以下下泄生态水达到3.5亿m^3；下游河道长期断流状况得到改善，下游绿色走廊生态环境得到修复和完善。

为了实现塔里木河流域综合治理目标，水利部2011年设立了“塔河流域水量分配关键技术研究”公益基金项目。该项目研究历时3年，由西安理工大学、塔里木河流域管理局、中国科学院新疆生态与地理研究所、新疆水利水电科学研究院和黄河水利科学研究院引黄灌溉工程技术研究中心五家单位共同完成。

塔里木内陆河流域地处我国西北干旱区的内陆盆地，是西北干旱区灌溉农业规模最大的流域，也是支撑我国21世纪经济社会可持续发展的重要能源、资源战略后备基地。近几十年来，塔里木内陆河流域自然环境、社会经济发生了显著的变化，生态环境严重恶化，并引发生物多样性受损、土地退化、盐渍化扩张、现代荒漠化、沙漠化进程加剧等一系列生态环境问题，直接威胁流域经济社会的可持续发展和人类的生存安全。该书针对上述问题，合理估算了维持塔里木河干流生态稳定的天然植被生态需水量，统筹兼顾天然植被生态用水与社会经济发展用水，建立了塔里木河流域水量分配和评价模型，构建了塔里木河流域水量分配模式和技术平台，探索了塔里木河流域水资源统一管理体制与运行机制，提出了塔里木河流域水量分配关键技术的理论、方法与措施。

该书资料丰富、结构清晰、涉及内容广泛、理论与实践结合紧密、学术观点新颖，对研究和指导塔里木内陆河流域水资源优化配置及综合治理具有重要的实用性和学术价值。同时，对于其他内陆河流域地区水量分配及水资源合理配置研究具有参考指导意义。

新疆维吾尔自治区水利厅厅长

雷新闻

2015年5月8日

前 言

近一个世纪，尤其近几十年来，塔里木河流域自然环境、社会经济发生了显著的变化，生态环境严重恶化，并引发生物多样性受损、土地退化、盐渍化扩张、现代荒漠化、沙漠化进程加剧等一系列生态环境问题，直接威胁流域经济社会的可持续发展和人类的生存安全。塔里木河流域问题的关键在于，流域水资源的不合理配置、初始水权制度的薄弱以及水资源统一监管的不足等。因此，研究水资源合理配置等关键技术具有重要的理论和现实意义。

按照国家实施西部大开发战略的要求、国务院关于5～10年使塔里木河流域的生态环境建设取得突破性进展的指示精神，本书认真研究了塔里木河流域水资源和生态环境问题，提出了以强化流域水资源统一管理和调度为核心，合理估算了维持塔里木河干流生态稳定的天然植被生态需水量，建立了塔里木河流域水量分配和评价模型，构建了塔里木河流域水量分配模式和技术平台，探索了塔里木河流域水资源统一管理体制与运行机制，提出了塔里木河流域水量分配关键技术的理论、方法与措施。

本书对塔里木河流域现状水资源开发利用、存在的问题以及未来流域水资源开发利用进行了深入的分析，结合国内外关于水资源问题的现状及趋势进展，以流域径流演变规律为切入点，以合理配置流域生态环境需水和社会经济需水、保障流域生态环境及社会经济的可持续发展为目标，构建了塔里木河流域水资源合理调配模型，并采用模拟优化人机对话算法，对不同方案下塔里木河流域水资源的优化配置进行了成果分析与比较，分别得出不同规划水平年的方案，对方案进行评价并推荐最优方案。在此基础上，研究了流域水资源的统一管理以及运行机制。

西安理工大学的黄强教授、王义民教授、郭志辉博士、达朝吉硕士、赵冠南硕士、孔刚博士、王修内硕士参编了第1、2、3、7、8、9、10、17章；新疆水利水电科学研究院的张江辉研究员和张明高级工程师等参编了第2、3、6、7章；中国科学院新疆生态与地理研究所的徐海量研究员、范自立研究员、凌洪波博士、白元硕士和张鹏硕士参编了第4、5章；黄河水利科学研究院引黄灌溉工程技术研究中心的黄福贵教高、曹惠提高级工程师、陈伟伟工程师、卞艳丽工程师和詹小来教授级高级工程师参编了第11、12章；新疆塔里木河流域管理局的托乎提·艾合买提高级工程师、何宇高级工程师、陈小强高级工程师、饶振峰高级工程师、库尔班·克依木高级工程师、袁著春高级工程师、孟栋伟工程师和魏强工程师参编了第13、14、15、16章。本专著由黄强教授统稿。

本书的出版得到了许多单位、同行以及专家的大力相助，在此表示衷心的感谢！

出版本书，一方面是把水利部公益性行业科研项目“塔河流域水量分配关键技术研究”的研究成果作一个总结，另一方面是想为塔里木河流域水资源的合理开发与利用、水量分配的定量化与科学化提供技术支撑。

限于作者水平，书中不足之处在所难免，敬请各位读者批评指正！

目　录

1 绪 论

水是人类赖以生存和社会发展不可缺少的物质保障，没有水就没有生命，也就没有社会进步。随着人类社会经济的快速发展和世界人口的不断增长，人类正以空前的速度和规模开发利用极其有限的水资源。水资源问题已成为全球性问题。20 世纪 90 年代以来黄河频繁断流、北方地区沙尘暴、江河湖海水污染以及 1998 年长江和嫩江特大洪水，尤其是 2010 年西南地区发生特大干旱、多数省区市遭到洪涝灾害、部分地方突发严重山洪泥石流受到全世界的关注。人们越来越清楚地认识到在社会经济水平和科技水平高度发展的今天，众多自然资源中，水资源正日益影响全球的环境和发展，探讨 21 世纪与水资源相关的科学问题，是全世界关注的热点和重要议题之一。

水资源作为一种基础性自然资源，是自然环境的调控手段之一。同时，水资源又是战略性经济资源，是一个国家综合国力必备的有机组成部分。水资源配置涉及社会科学和自然科学等众多交叉科学，必须突破传统的理论框架，采用先进的研究方法和技术手段，建立水资源合理配置和评价模型，提出水资源合理配置关键技术，以便为水资源的可持续开发利用提供理论基础和决策依据。

按照国家实施西部大开发战略的要求、国务院关于 5～10 年使塔里木河流域的生态环境建设取得突破性进展的指示精神，西安理工大学、塔里木河流域管理局（简称塔管局）、中国科学院新疆生态与地理研究所、新疆水利水电科学研究院和黄河水利科学研究院引黄灌溉工程技术研究中心五家单位申请了水利部公益基金项目并获批准。该项目针对塔里木河流域水资源和生态环境问题，合理估算了维持塔里木河干流生态稳定的天然植被生态需水量，建立了塔里木河流域水量分配和评价模型，构建了塔里木河流域水量分配模式和技术平台，探索了塔里木河流域水资源统一管理体制与运行机制，提出了塔里木河流域水量分配关键技术的理论、方法与措施。

本书得到水利部公益基金支持。项目自 2011 年 1 月展开研究，经过多次专家咨询和项目学术讨论会，2013 年 12 月结题并于 2014 年 12 月 11 日验收。本书是在总结该项目研究成果的基础上撰写的。

流域水资源合理分配，是指在特定的区域或流域范围内，遵循公平、高效和可持续利用的原则，以水资源的可持续利用和经济社会可持续发展为目标，通过各种工程与非工程措施，考虑市场经济规律和资源配置准则，通过合理抑制需求、有效增加供水、积极保护生态环境等手段和措施，对多种可利用水资源在区域间和各用水部门间进行的合理调配，实现有限水资源的经济、社会和生态环境综合效益最大，以及水质和水量的统一调度。

近一个世纪，尤其近几十年来，塔里木河流域自然环境、社会经济发生了显著的变化，生态环境严重恶化，并引发生物多样性受损、土地退化、盐渍化扩张、现代荒漠化、沙漠化进程加剧等一系列生态环境问题，直接威胁流域经济社会的可持续发展和人类的生存安全。塔里木河流域问题的关键在于，流域水资源的不合理配置、水资源开发利用的低效、初始水权制度的薄弱、水利设施不配套、用水不科学，以及水资源统一监管的不足。因此，研究水资源可持续利用与合理配置具有重要的理论和现实意义。

本书针对塔里木河流域开发利用中的关键技术问题，统筹兼顾天然植被生态用水与社会经济发展用水，科学调配行政区域间用水总量权值，合理分配不同行业间用水，探讨有限水资源合理配置模式。研究成果对塔里木河流域水资源开发、利用、规划、管理，以及改善生态环境、促进流域社会经济和生态环境的可持续发展，具有十分重要的理论意义和应用价值。同时，对于其他内陆河流域地区水量分配及水资源合理配置研究具有借鉴价值。

1.1　国内外研究进展

1.1.1　流域生态需水研究进展

国外生态需水研究始于20世纪40年代，美国鱼类和野生动物保护协会开始对河道内流量进行研究被认为是生态需水研究的开端（蔡晓明，2002）。20世纪60年代，国外采用系统论工程的方法对印度河、埃及尼罗河等流域重新进行了规划和评价。20世纪70年代，美国将河道内生态需水量列入地方法案（Petts，1996）。1978年，在美国第二次全国水资源评价中不仅考虑了河道内水生生物、航运等需水量；同时，提出了河道外生态保护需水量（黄永基等，1990）。20世纪80年代，美国全面调整对流域的开发和管理目标，对河道流量求解提出了较完善的方法。从80年代开始，英国、澳大利亚、新西兰等国对河流生态需水量的研究也逐渐展开（郝博，2010；郭斌等，2010；范文波等，2010；陈亚宁等，2008；程慎玉等，2005）。20世纪90年代，伴随水资源和生态环境相关研究的大量出现，生态需水问题逐渐成为全球关注的焦点（杨志峰等，2003）。Rashin等（1961）提出可持续的水资源利用，不仅要有保证河道生态功能、正常航运的最小需水量；同时，也要有足够保持河流、湖泊和湿地等生态系统健康的水量。Whipple等（1999）指出流域应当协调解决生态环境和国民经济需水之间的矛盾。当今，国际间合作不断加强，国际实验流域和网络数据水情（Flow Regimes from International

Experimental and Network Data，FRIEND）组织的成立使得流域生态需水由单一发展目标向多方面需求发展。随后 FRIEND 组织不断扩展，包括欧洲、非洲、地中海地区、中亚及南亚等许多地区的国家纷纷加入，对流域生态需水研究发展做出了卓著的贡献。

我国与生态需水相关的研究最早出现于 20 世纪 70 年代，集中在探讨河流最小流量的问题，以长江水资源保护科学研究所的《生态及环境需水量研究进展与前瞻》最为典型（王西琴等，2002）。80 年代初，国家地矿部兰州水文地质与工程地质中心开展了“六五”攻关“河西走廊地下水评价与合理开采利用规划”项目，提出了生态用水消耗项。80 年代后期，施雅风和曲耀光等在研究乌鲁木齐河和塔里木河水资源问题时，明确提出生态用水的问题（姜文来等，2005）。90 年代，人们关注的焦点集中在我国西北干旱、半干旱地区，这些地区水资源问题和生态环境问题突出，研究者在理论探讨的同时，针对植被、河流、湖泊、湿地、绿洲、区域生态需水的研究大量出现（陈天林，2008；胡广录等，2008；王启朝等，2008；程国栋和赵传燕，2006；张旭等，2005；王让会等，2003；王芳等，2002）。中国科学院地学部在西北干旱区水资源考察报告中，提出有关黑河和石羊河流域合理用水和拯救生态问题的建议（中国科学院地学部，1996）。贾宝全和许英勤（1998）以新疆地区为例，在明确提出生态用水概念的同时，从绿洲内部和外部环境的依赖性出发把绿洲生态用水划分为七个类别。刘昌明（1999，2002）在提出流域水热、水盐、水沙和水量供需“四水平衡”的基础上，强调生产、生活和生态“三生”用水的共享性。进入21 世纪，我国有关生态需水量的研究呈“爆发式”出现。其中河道内生态需水量研究主要包括最小生态需水量、输沙需水量、河流水生生物需水量等（赵文智等，2010；李健等，2008；万东辉等，2008；闫正龙，2008；胡顺军，2007；李捷等，2007；徐志侠等，2004；粟晓玲和康绍忠，2003；李丽娟等，2003；王让会等，2001；贾宝全等，2000）。刘昌明等（2007）采用生态水力学半径法对雅砻江支流泥曲的朱巴站河道内生态需水量进行计算。吉利娜等（2010）以滦河为例，探讨了采用湿周法确定河流最小生态流量时不同河道断面形状最适湿周-流量关系曲线。宋进喜等（2005）通过河段上断面水流挟沙力（S_u^*）与含沙量（S_u）的不同关系，建立了最小河段输沙需水量的计算方法，确定渭河咸阳、临潼和华县 3 个水文断面年输沙需水量分别为 30.17 亿 m^3、55.14 亿 m^3 和 65.32 亿 m^3。与此同时，河道外植被生态需水计算的新方法也不断出现，先进的技术手段和科学的计算方法极大地推进了植被生态需水研究的发展。杨志峰等（2005）基于 MODIS 数据建立了区域植被用水模型，结合植被系数对海河流域生态需水进行了分析。赵文智等（2010）基于不同植被 NDVI 遥感判读的基础，与当年生物量（NPP）建立线性回归方程，估算了维持黑河中游额济纳荒漠绿洲现状的天然植被生态需水量为 1.93 亿～2.23 亿 m^3。

1.1.2　流域水资源配置研究进展

国际上以水资源系统分析为手段、水资源优化配置为目的的实践研究，最初源于20世纪40年代Masse提出的水库优化调度问题。20世纪50年代以来，国外水资源系统分析方面的研究迅速发展。国外对水资源优化配置的研究始于20世纪60年代初期，1960年科罗拉多的几所大学对计划需水量的估算及满足未来需水量的途径进行了研讨，体现了水资源合理配置的思想，成为国外水资源优化配置研究的起点（史京转，2011；王顺久等，2007；张丽，2007；吴泽宁和索丽生，2004；贺北方等，2002；黄义德等，2002；黄振平等，1995）。70年代以来，伴随着数学规划和模拟技术的发展及其在水资源领域的应用，水资源优化配置的研究成果不断增多。美国学者Dudley（1997）将作物生成模型与具有二维状态变量的随机规划相结合对季节性灌溉用水分配进行了研究；Yeh（1985）对系统分析方法在水库调度和管理中的研究和应用曾作了全面综述，他把系统分析在水资源领域的应用分为线性规划、动态规划、非线性规划和模拟技术等。Willis等（1987）应用线性规划方法求解了1个地表水库与4个地下水含水单元构成的地表水、地下水运行管理问题，地下水运动用基本方程的有限差分式表达，目标为供水费用最小或当供水不足情况下缺水损失最小，用SUMT法求解了1个水库与地下水含水层的联合管理问题。Watkins等（1995）构建了有代表性的二阶段水资源调度模型。Afzal等（1992）构建了基于灌溉的线性规划模型。Wong等（1997）提出多种水源联合调度的水资源管理理论和方法。Wangm于1998年，提出了基于地下水不同阶段的联合调度模型。Chandramouli等（2001）借助智能算法开展水库群调度问题探讨。Teegavarapu和Simonovic（2002）构建了基于优化算法的水库调度研究。McKinney和Cai（2002）研究了以地理信息系统为基础的水资源模拟系统框架，进行了流域水资源配置研究的尝试。

我国1950年开始了基于水库合理调度的水资源配置研究，并在国家“七五”攻关项目中得到提高和应用，形成了水量合理配置的雏形（尤祥瑜和谢新民，2004；李雪萍，2002）。1970年以后，学者们陆续展开基于水资源合理调配和承载力的专项研究，卓有成效。博春等（2000）就水资源的持续利用进行了深入的分析，并就生态水利问题展开了特定的研究。2002年陈家琦对水安全保证问题进行了深入的分析与研究（贺北方等，2002）。王浩等（2003）就西北地区水资源的合理配置及承载力进行了深入的研究，提出了适合西北地区的水资源合理配置模式。这些代表性的科研结果象征着我国水问题优化调配理论和方法体系框架的基本形成。曾赛星等（1989）根据灌区的实际情况，建立了既考虑农灌节水又考虑地下水位的混合调控模型。邵东国（1994）提出了考虑跨流域调水工程的优化决策模型研究。解建仓（1998）提出了基于跨流域水库补偿调节的优化模型及

Dss 算法。柳长顺（2004）就流域水资源的合理配置问题展开了深入的研究，并就其管理问题提出了相应的方法措施。王水燕（2005）就目前水资源的可持续发展问题展开了深入的分析研究，提出了适合当前社会经济发展的水资源分配问题。黄强等（2005）就乌江梯级水电站水库群的发电问题展开了研究，提出了适宜该水库群的优化调度模型和方法，合理调度了水资源，发挥了可观的经济效益。周彩霞和饶碧玉（2006）就流域生态环境需水量进行了合理科学的计算。魏娜等（2012）提出了以水质水量联合调控为目标的基于规则的水资源配置模型。冯夏清和章光新（2012）提出了基于流域人工-自然湿地为目标的水资源合理配置模型。刘文琨等（2013）提出了现在大强度水资源开发利用下以水资源配置与水循环为基础的联合模型。

1990 年水利部门编制完成了《塔里木河干流要点规划报告》，明确提出了各源流与干流的水量分配方案。1991 年，邓铭江和李小萍编著了《塔里木河地表径流组成及变化分析》。1997 年，唐数红等编著了《塔里木河流域水量变化分析及水资源利用模式》。刘文强和顾树华（2000）在对塔里木河流域水资源分配的基本特征及现有水管理模式进行调查分析的基础上，深入剖析水资源管理对该地区经济发展的严重制约以及在流域水管理中存在的问题。2001 年，国务院正式批准《塔里木河流域近期综合治理规划报告》（简称《规划报告》），并明确指出以“要坚持以生态建设和环境保护为根本，以水资源合理配置为核心，源流与干流统筹考虑，工程措施与非工程措施紧密结合”作为近期综合治理的指导思想。刘荣华（2007）在汲取塔里木河流域现行调度方法的基础上，提出了水量调度的自适应法。赵锐峰（2009）等根据塔里木河干流 1957～2005 年径流量监测数据，利用 Mann-Kendall 非参数检验技术和 R/S 法，对干流年径流量时间序列变化趋势进行分析，编著了《1957 年至 2005 年塔里木河干流径流变化趋势分析》。2005 年，徐海量等编著了《塔里木河流域水资源变化的特点与趋势》。2009 年，刘荣华和魏加华针对塔里木河流域水量调度问题，建立了以经济和生态效益最大化为目标，满足种植业水量优化配置和生态水有效配置的优化调度模型，并以塔里木河流域 2005 调度年为例，对模型进行了初步验证。2011 年，王启猛和朱国勋编著了《基于管理目标的塔里木河干流下游生态需水研究》，认为塔里木河干流下游生态需水量在不同管理目标下存在显著差异，应综合生态环境、水资源、社会经济等的现状和发展要求，拟定动态的生态保护目标；在生态用水配置方面，应该通过优化输水时间和输水方式使有限的水资源与生态需水的时空要求最大化匹配。

1.1.3 流域水资源配置评价研究进展

在水资源配置研究方法上，20 世纪 80 年代，伯拉斯所著的《水资源科学分配》系统地总结并研究了水资源分配理论与方法。20世纪90年代由联合国出版的《亚太水资源利用与管理手册》(*Guidebook to Water Resources, Use and Management in Asia and the Pacific*),其中包括了区域水资源配置方法。国际上以水资源系统分析为手段,水资源合理配置为目的的实践研究,最初源于Masse提出的水库优化调度问题。随着计算机技术的发展,各种水资源管理系统模型应运而生,如麻省理工学院研制的阿根廷力拓科罗拉多(Rio Colorado)流域的水资源管理模型就相当成功。

我国20世纪60年代就开始了以水库优化调度为先导的水资源分配研究,并在国家"七五"攻关项目中加以提高和应用,成为水量合理配置的雏形。"八五"期间,黄河水利委员会(简称黄委会)开展了"黄河流域水资源合理分配"及优化调度研究,对流域管理和水资源合理配置起到了较好的示范作用。水资源配置方法的系统提出是在国家"八五"科技攻关项目专题《华北地区水资源优化配置研究》中,该项成果提出了基于宏观经济的水资源优化配置理论与方法,在水资源优化配置的概念、目标、平衡关系、需求管理、经济机制及模型的数学描述等方面,均有创新性进展,并在华北、新疆北部及其他部分省、市得到广泛应用。在"九五"攻关项目"西北地区水资源合理开发利用及生态环境保护研究"中,水资源配置的范畴进一步拓展到社会经济水资源生态环境系统,水量配置的对象也发展到同时配置国民经济用水和生态环境用水(杨志峰等,2003),并且衍生出具有可操作性的生态需水计算方法(王娇妍等,2009),是目前国内流域水资源配置方法的最新系统成果。在实践操作过程中,我国水行政主管部门针对我国的具体特点,提出了水资源资源权属的统一管理和水资源资产权的市场化运作相分离的管理模式,并在全国范围内基本完成了取水许可的发证工作(钱正英和张光斗,2011;何逢标,2007;王水燕,2005;柳长顺,2004;王浩等,2002)。

国外水资源配置实践中,通过行政或政府力量进行水资源配置,但其中的固有缺陷导致配置效率不高。为了弥补这一缺陷,以经济手段为主体的市场配置也悄然兴起。目前,存在的水市场有两类:一是由地方自发形成,没有政府干预的非正式水市场,由于是信用交易,非正式水市场的范围一般较小;二是正式水市场,即通过法律建立可交易的水的财产权。由于行政性交易成本(AIC)和政策性交易成本(PIC)的存在,一定程度上阻碍了水权交易市场的建立。当前,世界上建立有国家级的正式可交易水权制度的国家只有智利和墨西哥。而美国水权交易虽然起步较早,但目前只是西部几个州建有水权交易制度。

1.1.4 流域水资源管理体制研究进展

1.1.4.1 流域水资源管理体制

流域是地表水及地下水分水线所包围的集水区域的统称。流域的管理体制是指，流域管理机构的设置、管理权限的分配、职责范围的划分以及机构运行和协调的机制。管理体制的核心问题是管理机构的设置和职权范围的划分。流域的管理体制问题，是流域可持续发展研究方面的重点问题之一。因此，一个科学、合理的流域管理体制，是对流域的开发、利用和保护活动进行有效管理所应具备的先决条件，是实施流域可持续发展战略目标的基本组织保证。它不仅可以大大提高流域管理工作的效率，并且可以在一定程度上弥补因流域管理法制不健全和管理技术手段落后而存在的不足。

我国是开展流域管理比较早的国家，七大江河设有七个流域机构，即长江水利委员会、黄河水利委员会、淮河水利委员会、珠江水利委员会、海河水利委员会、松辽水利委员会、太湖流域管理局，并且在全国各地还成立了一些支流流域机构。这些流域机构对我国水资源的保护、开发和利用发挥了一定的作用。中央直属的流域机构有两类：第一类是水利部所属的流域水行政管理机构，为水利部的派出机构，代表水利部行使所在流域的水行政主管职能；第二类是国家环境保护总局和水利部共同管理的流域水资源保护机构，管理范围与上述水利部直属流域机构相同。第二类流域机构比第一类的流域机构在行政级别上低一级，且又都设在第一类的流域机构中，作为第一类流域机构的一个事业单位。

黄河流域水资源管理体制是随着我国政治、经济体制的改革和水资源管理的需要不断变化并逐渐完善的。新中国成立后，在计划经济的背景下，我国建立的是水资源高度集中管理与分级、分部门管理的体制，其特点主要是：按行政区域在各级政府建立水利部门，以行政力量解决水利建设和水资源管理中所面临的问题，按管理职能分工、分级、分部门对水资源进行开发利用和管理。

按照1994年水利部批准的“三定”方案，黄河水利委员会作为水利部在黄河流域的派出机构，授权在流域内行使水行政管理职能。按照统一管理和分级管理的原则，统一管理本流域水资源和河道。负责流域的综合治理，开发管理具有控制性的、重要的水工程，搞好规划、管理、协调、监督、服务，促进江河治理和水资源综合开发、利用和保护。其主要职责包括以下几点。

（1）负责《中华人民共和国水法》（简称《水法》）、《中华人民共和国水土保持法》（简称《水土保持法》）等法律、法规的组织实施和监督检查，制定流域性的政策和法规。

（2）制定黄河流域水利发展战略规划和中长期计划。会同有关部门及有关省、新疆维吾尔自治区人民政府编制流域综合规划和有关的专业规划，规划批准后负责监督实施。

（3）统一管理流域水资源，负责组织流域水资源的监测和调查评价。制定流域内跨省、新疆维吾尔自治区水长期供求计划和水量分配方案，并负责监督管理，依照有关规定管理取水许可，对流域水资源保护实施监督管理。

（4）统一管理本流域河流、湖泊、河口、滩涂，根据国家授权，负责管理重要河段的河道。

（5）制定本流域防御洪水方案，负责审查跨省、新疆维吾尔自治区河流的防御洪水方案，协调本流域防汛抗旱日常工作，指导流域内蓄滞洪区的安全和建设。

（6）协调处理部门间和省、新疆维吾尔自治区间的水事纠纷。

（7）组织本流域水土流失重点治理区的预防、监督和综合治理，指导地方水土保持工作。

（8）审查流域内中央直属直供工程及与地方合资建设工程的项目建议书、可行性报告和初步设计。编制流域内中央水利投资的年度建设计划，批准后负责组织实施。

（9）负责流域综合治理和开发，组织建设并负责管理具有控制性的或跨省、自治区重要水工程。

（10）指导流域内地方农村水利、城市水利、水利工程管理、水电及农村电气化工作。

（11）承担部授权与交办的其他事宜。

现行的黄河流域水资源管理体制框架见图 1.1。

1.1.4.2 国外水资源管理体制研究进展

1）国外流域水资源管理体制概况

在水资源日益短缺的今天，世界各国均加强了水资源管理工作，为了保证对“公众”的服务，有利于水资源的可持续利用，各国政府均根据本国的实际情况采取不同的管理方式，形成的流域水资源管理体制多种多样，各种管理体制都代表着一种适应于一定环境的流域水资源管理系统化思想的形成。了解分析国外在流域水资源管理上的成功经验，在研究改革流域水资源管理体制中加以借鉴，无疑具有很大的理论和实践价值。总体上看，世界各国在流域管理上大体可归为三种模式：流域管理局模式、流域协调委员会模式和综合流域机构模式。

流域管理局模式：流域委员会是协商与制定方针的机构，它相当于流域范围的“水议会”，是流域水利问题的立法和咨询机构。委员会组成成员为用水户、社会团体的有关人士，特别是水利科技方面的专家学者的代表、不同行政区的地方官员代表、中央政府部门的代表。流域委员会的主席由上述代表通过选举产生。流域委员会为非常设机构，每年召开 1～2 次会议，通过一些决议。流域委员会起的作用如下：通过与地方各级议会协调，制定水开发与管理的总体规划，规划确定各流域经协调的水质和水量。总体规划包括了社区制定的主要规划，并加以汇总协调，制定水质水量目标，为达到这些目标应采取的措施。它们还根据

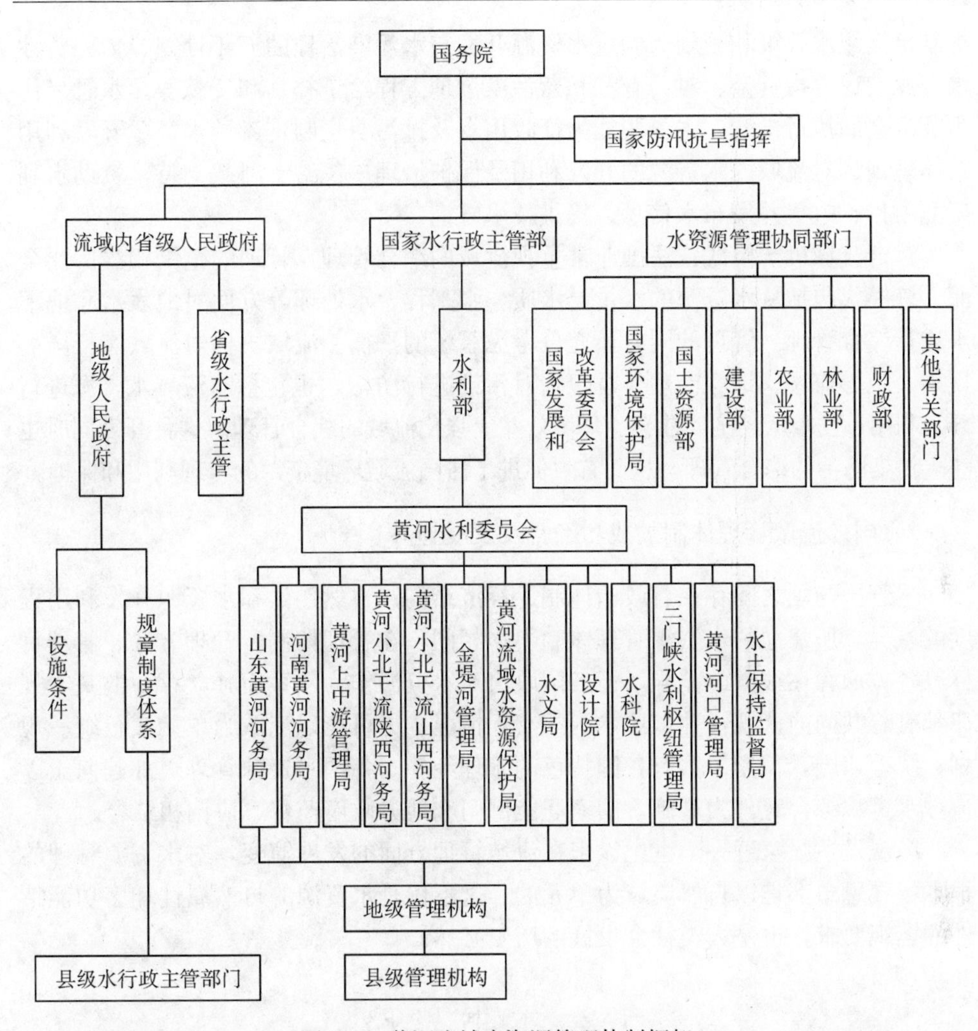

图 1.1 黄河流域水资源管理体制框架

水文地理特征确定各个子流域的范围。流域委员会还与各水管理机构协调讨论各机构应收取的水费和排污费，并且讨论研究各机构 5 年行动计划中的优先项目和筹资方法，以及私营和公营废水处理设施的建设和管理。

流域协调委员会模式：流域水管局是技术和水融资机构，是具有管理职能、法人资格和财务独立的事业单位。水管局局长由国家环境保护部委派，水管局领导层成员中地方代表及用水户代表（所占比例约为 2/3）从流域委员会成员中选举产生，组成流域水管局的董事会，董事会对水管局进行管理。董事会的组成成员为用水户和专业协会的代表、地方官员代表、国家政府有关部门（环境保护部、农牧渔业部等）的代表；此外，还有一名董事来自水管局的职工代表，总体比例基本上是各占 1/3。董事长按国家法令提名，任期 3 年。董事会的职责是负责制定流域水政策和规划、制定水资源开发与水污染治理的五年计划、为公益性水资源工程筹措资金、对公有和私营污染治理工程给予补贴和贷款等。水管局作为董事会的执行机构，主要职能为征收用水及排污费、制定流域水资源开发利用总体规划、对流域内水资源的开发利用及保护治理单位给予财政支持、资助水利研究项目、收集并发布水信息、提供技术咨询。

综合流域机构模式：法国非常重视流域的综合管理，管理的范围相当广泛全面。该模式包括从水资源的水量、水质、水工程、水处理等方面对地表水和地下水进行综合管理。管理的同时还充分考虑系统的平衡。流域机构对流域实行全面规划、统筹兼顾、综合治理。既包括对污染进行防治，也包括对流域水资源进行开发利用；注重从经济、社会、环境效益上强化流域的综合管理。这种开发同时也注重污染防治的综合管理，从而有效促进了法国流域环境资源的合理利用和保护。

2）国外流域管理体制的成功经验及发展趋势

尽管国与国之间存在着政治体制、经济结构、自然条件和水资源开发利用程度的差异，所建立的水资源管理体制不尽相同，在管理体制、管理方法、管理目标等各方面存在很大的差异，但各国政府对水资源作为水系而独立存在的基本规律都有着共同的认识，并依照本国的实际情况，尽可能以流域为单元实行统一规划、统筹兼顾，积累了富有各国特色的管理经验。各国水资源管理更加趋向于以流域水资源综合管理为基础，国家职能部门和地方政府监督、协调相结合。

纵观发达国家近一个世纪以来在流域管理方面的发展演变，对水资源管理的根本指导思想都是以自然流域为单元的。这不仅是水资源的自然属性和多功能特性的客观要求，也是人类社会发展的历史必然。

1.2　本书思路

本书研究的是一个涉及社会、经济、水利、环境等多学科的、复杂的系统工程问题，需要应用现代系统科学与计算机模拟相结合的手段，借助各方面的专业知识，进行综合的、定性与定量相结合的分析、计算才能解决。本书研究的四个内容既相互独立，又有密切的联系，具体技术路线见图 1.2。

1）维持塔里木河干流稳定生态格局的天然植被生态需水量估算

在科学分析塔里木河干流天然植被生态需水特性的基础上，利用生态与水文相结合的数理方法，根据天然植被的生理、生态特征，地下水、土壤水的耗散关系，研究天然植被生态需水的机理，定量估算维持塔里木河干流生态稳定的天然植被生态需水量。

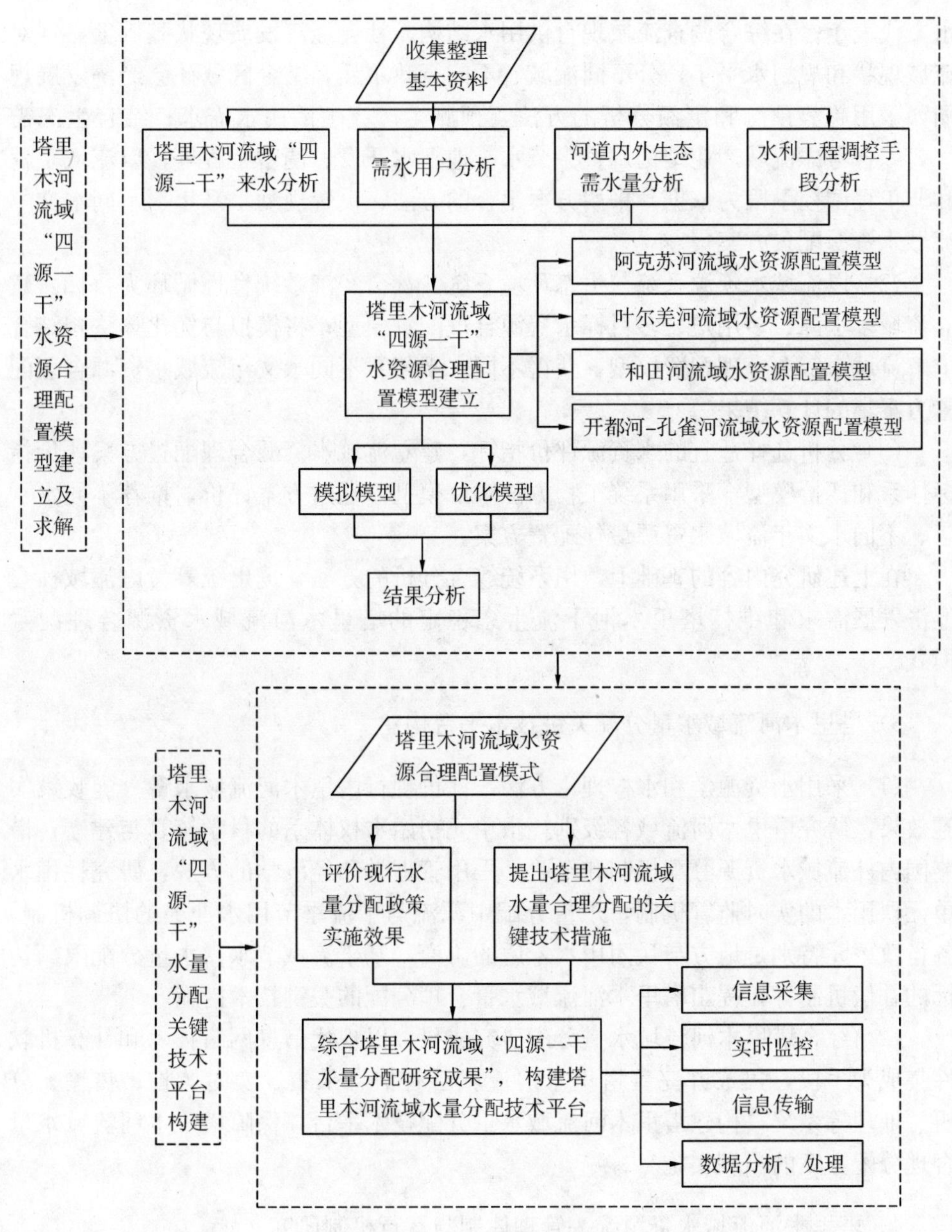

图 1.2 技术路线图

2）塔里木河流域水资源合理配置模式

研究塔里木河干流的水资源合理配置，以叶尔羌河流域为典型源流进行深入研究，分析获得塔里木河流域水资源合理配置模式。

（1）采用水文统计学等方法，分析河流来水量及径流过程，确定丰、平、枯水文代表年；在综合调查流域现行供用水结构、社会经济发展现状基础上，针对流域现状和规划水平年，分不同流域、不同行政单元，结合区域社会经济发展规划，采用趋势预测和定额分析的方法，预测生产、生活用水需求；结合生态需水，综合考虑流域产业结构调整、节水、地下水开发、调蓄工程等，以流域工程和非工程调控手段为依据，采用方案组合的方法，设置规划水平年、不同水文年流域水资源配置方案集。

（2）以流域水资源系统与生态环境系统、社会经济系统良性循环为目标，建立流域多水源、多用户、多目标水资源合理配置模型；将模拟与优化算法相结合求解流域水资源合理配置模型，获得不同水平年、不同水文年流域水资源合理配置方案集的计算结果。

（3）分析选择适宜的水资源评价指标，建立流域水资源合理配置方案评价指标体系和评价模型，采用系统工程方法求解模型，通过方案评价，推荐不同水平年、不同水文年流域水资源最佳配置方案。

在上述研究内容的基础上，用系统综合分析的方法，提出统筹考虑流域社会经济发展需求和维持塔里木河干流生态稳定的塔里木河流域水资源合理配置模式。

3）塔里木河流域水量分配关键技术平台构建

（1）采用水资源学和水权理论方法，评价现行塔里木河流域水量分配政策实施效果，研究塔里木河流域各级别耗水单元初始水权体系的科学核算与建立；借鉴国内外流域水资源分配机制和经验，采用管理学和经济学的方法，研究耗用水单元取用水的实时监管机制，水量分配中源流与干流季节用水冲突的协调机制，各行政单元特别是地方与兵团用水矛盾的协商，基于流域节水、水量分配限额达标的补偿机制等，提出塔里木河流域水量合理分配的关键技术措施。

（2）综合塔里木河流域水量分配研究成果，以现代信息网络技术和计算机软件集成为手段，集成并完善塔里木河流域已有信息采集、实时监控、传输、分析、处理等系统，构建塔里木河流域水量分配技术平台，保障塔里木河流域水量合理分配方案的顺利实施。

4）塔里木河流域水资源统一管理体制与运行机制研究

围绕塔里木河流域现行水资源管理体制存在的水权关系不清、水资源行政分割管理和流域管理机构职能不健全等问题，在国家制定的流域水资源管理的基本体制下，借鉴国内外流域水资源分配机制和经验，采用管理学的方法，研究适合塔里木河流域水资源系统特点的水资源统一管理体制；采用经济学的方法，探索以水权管理为核心、以控制性工程为手段的流域水资源统一管理模式和运行机制。

2　塔里木河流域概况及水资源开发利用分析

塔里木河地处我国西北干旱区的内陆盆地，是西北干旱区灌溉农业规模最大的流域，也是支撑我国21世纪经济社会可持续发展的重要能源、资源战略后备基地。然而，受流域气候与自然地理条件制约，流域内水资源时空分布与经济社会发展布局不相协调，环境极度脆弱。塔里木河流域水温循环过程及其伴生的水沙过程、水化学过程与生态过程发生了深刻变化。因此，规范塔里木河流域水土资源开发、科学合理配置流域水资源保护和改善塔里木河干流生态环境势在必行。

2.1　塔里木河流域自然地理概况

塔里木河冲、洪积平原夹在天山南坡诸多河流的冲积倾斜平原和塔克拉玛干大沙漠之间，南北两侧高、中间低，加之地形纵坡平缓，这就限制了塔里木河干流灌溉区只能分布在沿河附近，一般离河道1～15km，远了难以引水灌溉。灌溉区内大区地形平坦，小区地形起伏较大，多有冲沟、支流河道、洼地、台地、土包及沙丘等分布其间。个别较远的也都在支流附近，如尉犁县境内的灌溉区多位于其支流吾斯曼河下游。

2.1.1　地形地貌

塔里木河位于天山地槽与塔里木台地之间的山前凹陷区，地形为西高东低、北高南低，由西向东倾斜至铁干里克转为由北向南。塔里木河是著名的游荡性河流，摆幅达80～130km。北部受前山褶皱构造抬升而使冲、洪积平原向南延伸，迫使河流南移：南部冲积平原受冲积物和风成沙的堆高，迫使河流北返，便形成了广阔而土层深厚的冲、洪积平原。

上游冲积平原河段由“三河汇合口”至英巴扎，河长为495km，流域南北宽最窄处为30km，最宽处为100km。该区特点是地面坡度较大，河床下切较深，多为2～4m，河道纵坡平均约为1/5400，最陡处为1/3700，最缓处为1/7500，河道比较稳定；河漫滩宽一般为0.2～1.0km，没有明显的阶地。河流北岸的冲积平原由于紧接山前平原，宽度较窄，地面平坦，起伏不大。南岸平原残存着较多的东西向平行的老河槽，河槽之间被一些大小不等的沙丘、红柳包所分隔。近河一带地形较为平坦，远河沙丘众多，地面坎坷不平。

中游冲积平原河段，范围由英巴扎至尉犁县的卡拉，河道长为 398km。塔里木河进入中游后，河道分散，相互穿插，水网紊乱，河曲发育，至卡拉后河道才开始汇流合一。流域最宽处达 130km。中游地势极其平坦，河道纵坡为 1/8000～1/5000，平均约为 1/7000，河床一般下切深为 1～3m，河床两侧大多有天然堤。由于河床浅和较强烈的沉积作用，常造成洪水期河流改道频繁，遗弃的旧河道较多，目前还有很多叉流在洪水期有水通过，如恰央河、拉依河、吾斯曼河、萨力吉克河、英苏河等，干河道经过风蚀，形成沙丘较多。在河道之间地势低洼处，洪水期常积水成为湖泊、沼泽。

下游河段由恰拉至台特玛湖，河段长为 428km，呈东南向狭长条状，宽度渐窄为 20～40km。塔里木河由中游的泛滥性河流进入下游段后转变为较固定的下切性河流，基本没有分散的叉流，河床下切深度为 2～5m，河道较窄，河道纵坡为 1/9400～1/3900，平均为 1/5900。该段河岸天然植被明显稀少，绿色带宽度仅有 1～8km，由于多年断流植被趋向衰败死亡，河道两岸固定、半固定灌丛沙丘及流动沙丘星罗棋布，高度一般为 2～4m，高者可达 10m 以上，英苏以下河道已断流多年，河床已多被流沙所掩埋，部分河段已难以分辨。2000 年水利部通过孔雀河开始向下游输送生态水，目前地下水位已有较大抬升，极度衰败的生态开始恢复生机。

塔里木河流域是环塔里木盆地九大水系 144 条河流的总称，流域面积为 102 万km^2。流域北倚天山，西临帕米尔高原，南凭昆仑山、阿尔金山，三面高山耸立，地势西高东低（图 2.1）。来自昆仑山、天山的河流搬运大量泥沙，堆积在山麓和平原区，形成广阔的冲、洪积平原及三角洲平原，以塔里木河干流最大。根据其成因、物质组成，山区以下分为以下三类地貌带。

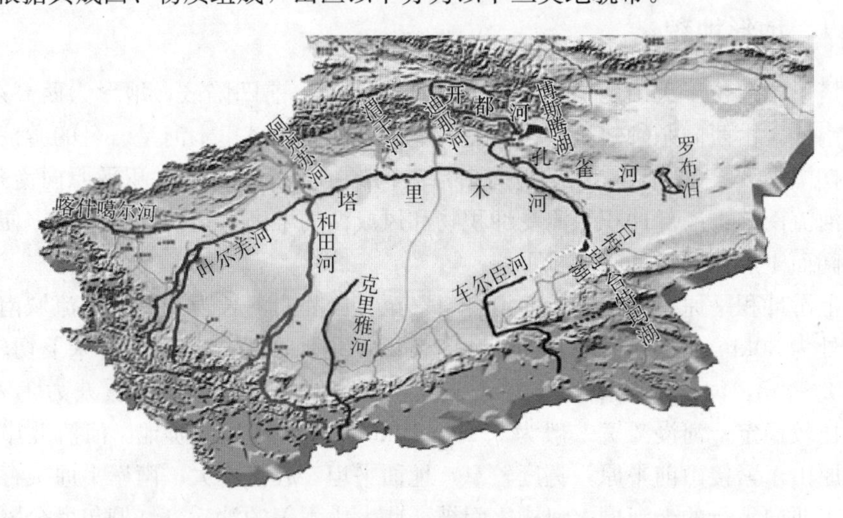

图 2.1　塔里木河流域示意图

山麓砾漠带：为河流出山口形成的冲洪积扇，主要为卵砾质沉积物，在昆仑山北麓分布高度为1000～2000m，宽为30～40km；天山南麓高度为1000～1300m，宽为10～15km。地下水位较深，地面干燥，植被稀疏。

冲洪积平原绿洲带：位于山麓砾漠带与沙漠之间，由冲洪积扇下部及扇缘溢出带，河流中、下游及三角洲组成。受水源的制约，绿洲呈不连续分布。昆仑山北麓分布在1500～2000m，宽为5～120km；天山南麓分布在920～1200m，宽度较大；坡降平缓，水源充足，引水便利，是流域的农牧业分布区。

塔克拉玛干沙漠区：以流动沙丘为主，沙丘高大，形态复杂，主要有沙垄、新月形沙丘链、金字塔沙山等。

2.1.2　气候特征

塔里木河干流上、中游灌区属极端干旱气候，其特征是降水稀少，蒸发强烈，气候干燥，日照时间长，气温年、日较差大，太阳辐射能量多，热量丰富，四季分明，无霜期长。春季升温快而不稳，夏季炎热，秋季降温迅速，冬季干冷而稳定。春夏天气多变，风沙活动剧烈，多大风和风沙日。夏冬长春秋短。年平均气温为10.7℃，1月平均气温为－8.7℃，7月平均气温为25.5℃，极端最高气温为41.2℃，极端最低气温为－28.2℃，年平均气温日较差为14.5℃，无霜期为219天。年平均降水量为51mm；蒸发量为2380mm，是降水量的47倍。年平均相对湿度为48%。年日照时间为2953.6h，年太阳辐射总量为618.7kJ/cm^2。气候条件有利于喜温作物生长和作物积累糖分，适宜种植棉花、瓜果等高产值作物。但风沙危害和干热风侵袭及其他灾害性天气对农牧业生产和人民生活时有危害，威胁较大。多年平均大风为15天，最大风速为12～24m/s，沙尘暴为10天，雹日数为0.8天，干热风为13.3天。塔里木河干流上中游灌区各气象站主要气象要素见表2.1。

表2.1　塔里木河干流上中游灌区气象要素表

气象要素	站名				
	沙雅	新渠满	库车	轮台	尉犁
年均气温/℃	10.7	10.3	11.3	10.5	10.6
1月平均气温/℃	－8.6	—	－8.4	－8.7	－9.2
7月平均气温/℃	24.9	—	25.9	24.8	26.2
极端最高气温/℃	41.2	41.0	41.5	40.1	42.2
极端最低气温/℃	－28.7	－28.7	－27.4	－25.5	－30.9
≥30℃年积温/℃	4174.8	—	4300.7	4039.4	4149.7
年均气温日较差/℃	14.7	—	11.7	14.8	16.9
年均降水量/mm	47.3	42.8	67.4	47.4	50.2

续表

气象要素	站名				
	沙雅	新渠满	库车	轮台	尉犁
年均蒸发量/mm	2000.7	2066.7	2842.5	2082.0	2910.5
相对湿度/%	50.0	50.0	43.0	50.0	47.5
日照时数/h	3010.2	3031.2	2912.4	2778.0	3036.2
年太阳辐射总量/（kJ/cm²）	605.3	—	—	—	632.0
生理辐射量/（kJ/cm²）	302.6	—	—	—	314.0
无霜期/天	210.0	209.0	248.0	212.0	215.0
最大冻土深度/cm	82.0	—	120.0	91.0	79.0
年平均风速/（m/s）	2.0	—	2.4	1.6	2.1
最大风速/（m/s）	12.0	18.0	24.0	23.0	24.0
大风天数/天	11.7	11.7	20.4	14.0	15.9
主风向	NE	—	N	NE	NNE
沙尘暴天数/天	12.3	12.3	14.3	1.4	7.4
雹日数/天	1.0	—	0.9	0.8	0.3
干热风天数/天	—	—	—	—	13.3

由于塔里木河远离海洋，地处中纬度欧亚大陆腹地，四周高山环绕，中东部在远离海洋和高山环列的综合影响下，全流域降水稀少，降水量地区分布差异很大。广大平原一般无降水径流发生，盆地中部存在大面积荒漠无流区。降水量的地区分布，总的趋势是北部多于南部，西部多于东部，山地多于平原。山地一般为200～500mm，盆地边缘为50～80mm，东南缘为20～30mm，盆地中心约10mm。全流域多年平均年降水量为116.8mm，受水汽条件和地理位置的影响，“四源一干”多年平均年降水量为236.7mm，是降水量较多的区域。而蒸发能力很强，一般山区为800～1200mm，平原盆地为1600～2200mm（以折算E-601型蒸发器的蒸发量计算）。干旱指数的分布具有明显的地带性规律，一般高寒山区小，为2～5；戈壁平原大，达20以上；绿洲平原次之，为5～20；自北向南、自西向东有增大的趋势。

2.1.3　河流水系

“四源一干”的流域面积为25.86万km²。其中，国内面积为23.63万km²，国外面积为2.23万km²，主要情况见表2.2。

塔里木河是我国最长的内陆河流，干流全长为1321km，从支流叶尔羌河源头算起，则全长为2486km。广义上来说，整个塔里木盆地及其周边都属予塔里木河流域范围，共有九大水系，144条河流，流域总面积为102万km²（其中包括塔克拉玛干沙漠面积33.7万km²）。随着气候的变化和盆地周边绿洲的开发，九大水系中的车尔臣河、克里雅河、迪那河、喀什噶尔河、渭干河都相继断流无水进入塔里木河。目前，归属于塔里木河流域的只有叶尔羌河、和田河、阿克苏河和开都河—孔雀河（开—孔河）等4个支流及塔里木河干流，形成"四源一干"的格局，合计流域面积为25.86万km^2。上述4个支流中的开都河—孔雀河本来也无水进入塔里木河，现在只是通过库塔干渠，采用人工方式按指令向塔里木河输水。所以，实际有天然水流入塔里木河的，只有阿克苏河、和田河和叶尔羌河3条主要支流。

表2.2　塔里木河流域"四源一干"河流概况表

河流名称	河流长度/km	流域面积/万km^2			附　注
		全流域	山区	平原	
塔里木河干流区	1321	1.76	—	1.76	
开都河—孔雀河流域	560	4.96	3.30	1.66	包括黄水沟等河区
阿克苏河流域	588	6.23 (1.95)	4.32 (1.95)	1.91	包括台兰河等小河区
叶尔羌河流域	1165	7.98 (0.28)	5.69 (0.28)	2.29	包括提兹那甫等河区
和田河流域	1127	4.93	3.80	1.13	
合　计	4761	25.86 (2.23)	17.11 (2.23)	8.75	

注：括号内为境外面积。

塔里木河干流的起始点是阿克苏河、叶尔羌河和和田河的交汇点肖夹克处。河流沿塔克拉玛干沙漠北缘自西向东，到卡拉断面附近折向东南，到阿尔干折向正南，最终归宿于台特玛湖。塔里木河自肖夹克到英巴扎段称为上游，长为495km；英巴扎到卡拉段为中游，长为398km；卡拉以下至台特玛湖段为下游，长为428km。塔里木河上游河段比较顺直，很少汊流，河道平均水面宽度为500～1000m，纵坡为1/6300～1/4600，河漫滩发育，阶地不明显，河床下切深度为2～4m。中游河段地势平坦，河道纵坡为1/7700～1/5700，河道弯曲，水流缓慢，河床土质松软，粒度粉细，泥沙沉积严重。部分宽浅河段年淤积厚度在10cm左右，致使河床不断抬升，天然河道有从南向北游荡之势，加之人为扒口，使中游形成众多旱道，其水面宽一般在200～500m。下游河道穿行于塔克拉玛干沙漠和库鲁克沙漠之间狭长的冲积平原上，河床比较稳定，河道纵坡较中游段大，为1/7900～1/4500，流速加大，河床下切深度不小于2m，一般在3～5m，河床宽约100m。由于平原型河流沿途水量不断消耗，所以到达下游水量不断减少，1970年后英苏断面以下266km河道断流，塔里木河无水流入台特玛湖，该湖于1974年后干涸。历史上塔里木河曾多次改道，1921年因塔里木河决口，水流经阿拉河入孔雀河下游，罗布泊成为塔里木河的尾闾，1952年修筑轮台大坝使水流重归主道。20世纪60年代初因人为扒口，使塔里木河主流改道入阿拉河和乌斯满河，水流除漫灌天然林草外，均消失于罗呼鲁克湖和阿克苏甫沼泽之中。虽然塔里木河在中游汊流较多，但最后都在卡拉站上游汇入塔里木河主河道。

阿克苏河由源自吉尔吉斯斯坦的库玛拉克河和托什干河两大支流组成，河流全长为588km，两大支流在喀拉都维汇合后，流经山前平原区，在肖夹克汇入塔里木河干流。流域面积为6.23万km^2（境外流域面积为1.95万km^2），其中山区面积为4.32万km^2，平原区面积为1.91万km^2。

叶尔羌河发源于喀喇昆仑山北坡，由主流克勒青河和支流塔什库尔干河组成，进入平原区后，还有提兹那甫河、柯克亚河和乌鲁克河等支流独立水系。叶尔羌河全长为1165km，流域面积为7.98万km^2（境外面积为0.28万km^2），其中山区面积为5.69万km^2，平原区面积为2.29万km^2。叶尔羌河出平原灌区后，流经200km的沙漠段到达塔里木河。

和田河上游的玉龙喀什河与喀拉喀什河，分别发源于昆仑山和喀喇昆仑山北坡，在阔什拉什汇合后，由南向北穿越塔克拉玛干大沙漠319km后，汇入塔里木河干流。流域面积为4.93万km^2，其中山区面积为3.80万km^2，平原区面积为1.13万km^2。

开都河—孔雀河流域面积为4.96万m^2，其中山区面积为3.30万m^2，平原区面积为1.66万m^2。开都河发源于天山中部，全长为560km，流经100多千米的焉耆盆地后注入博斯腾湖。博斯腾湖是我国最大的内陆淡水湖，湖面面积为1000km^2，容积为81.5亿m^3。从博斯腾湖流出后为孔雀河。20世纪20年代，孔雀河水曾注入罗布泊，河道全长为942km，进入70年代后，流程缩短为520km，1972年罗布泊完全干枯。随着入湖水量的减少，博斯腾湖水位下降，湖水出流难以满足孔雀河灌区农业生产的需要。同时，为加强博斯腾湖水循环，改善博斯腾湖水质，1982年修建了博斯腾湖抽水泵站及输水干渠，每年向孔雀河供水约10亿m^3。其中，约有2.5亿m^3水量通过库塔干渠输入恰拉水库灌区。

2.1.4 生态环境

流域内具有丰富的光热、生物、石油和天然气等资源，是支撑中国21世纪发展的重要后备资源区（邓盛明等，2001）。20世纪50年代以来，源流和干流区大规模的土地资源开发，粗放式的水资源利用，造成干流水量锐减、水质恶化，以胡杨和柽柳为主的荒漠河岸林面积急剧减少，下游大西海子水库以下320km河道常年断流，沿线地下水埋深从20世纪50年代的3～5m下降到2000年生态输水前的8～12m，尾闾台特玛湖全面干涸。近十几年来，随着塔里木河干流综合治理项目的开展，以及下游生态输水措施的实施，流域内生态环境恶化趋势有所抑制。但是，基于可持续发展的水资源合理分配和不同保护目标下生态需水量的确定仍是当前塔里木河干流亟须解决的问题。塔里木河流域实现由区域管理模式转变为流域统一管理模式，干流生态需水量的估算为流域水量调度和分配提供科学依据。此外，针对现状条件下塔里木河干流生态需水量的估算是国家“十二五”“塔里木河流域综合治理二期工程”项目开展的重要依据。

2.2 塔里木河流域社会经济概况

“四源一干”区域地跨新疆维吾尔自治区5个地（州）的28个县（市），以及生产建设兵团4个师的46个团场。1949年“四源一干”区总人口数约155万人，2010年“四源一干”总人口发展到了608万人，人口净增453万人，51年中人口的年平均增长率为25‰，较高的人口增长率迫使“四源一干”需要不断地扩大耕地面积。2010年“四源一干”总灌溉面积为2547万亩[①]，占南疆的66%，耕地面积为1725万亩，占南疆的67%，人均耕地为2.8亩。2010年“四源一干”工业总产值为203.85亿元（当年价），占南疆的51%。其中，开都河—孔雀河流域2010年的工业总产值为105.3亿元，为“四源一干”的主要工业份额。2010年年末牲畜存栏头数为1986.35万头（表2.3）。

表2.3 2010年塔里木河“四源一干”国民经济发展指标统计表

分区	总人口/万人	工业现价/亿元	牲畜/万头	灌溉面积/万亩			
				耕地	林	草	小计
开都河—孔雀河	120.5	105.3	358.59	374.1	155.05	11.56	540.71
阿克苏河	127.07	44.99	370.92	544.34	233.49	20.6	798.43
和田河	135.3	14.21	438.56	144.54	138.2	21.73	304.47
叶尔羌河	212.14	38.16	755.04	549.12	184.27	20	753.39
小计	595.01	202.66	1923.11	1612.1	711.01	73.89	2397.00
塔里木河干流	13.03	1.19	63.24	112.99	34.22	3.04	150.25
合计	608.04	203.85	1986.35	1725.09	745.23	76.93	2547.25

注：15亩=1hm^2。

在塔里木河“四源一干”中，叶尔羌河流域目前的灌溉面积所占比重较大，2010年叶尔羌河流域总灌溉面积占“四源一干”的29.6%，而和田河流域占“四源一干”总灌溉面积的12%，塔里木河干流人均占有耕地面积很大，但农业经济水平低下。因此，塔里木河“四源一干”经济发展水平在区域间存在较大的差异。

① 1亩≈666.67m^2。

总体上看，开都河—孔雀河流域经济发展水平相对较高，阿克苏河流域次之，叶尔羌河流域位于第三，和田河流域处于落后水平。

2.3　塔里木河流域水资源开发利用分析

塔里木河“四源一干”各行业总用水量为 184.9 亿 m^3。其中，农业灌溉用水量为 181.2 亿 m^3（另有水库损失量 18.1 亿 m^3 未计入总用水量中），其他行业用水为 3.7 亿 m^3。各行业总用水量中地表水量为 180.1 亿 m^3（不含平原水库损失量），农业用水量占总用水量的绝对份额，也是地表水用水大户。由于缺乏山区水库的调节，农业灌溉所利用的地表水相当一部分损耗于渠道渗漏和平原水库的蒸发渗漏损失，实际用于大田作物灌溉的水量不足 42%。另外，汛期当地表水来水量较多时，灌区大多是大水大引，暴灌和漫灌现象比较普遍，而在春季干旱缺水季节，灌区往往引水不足造成干旱缺水。因此，虽然塔里木河的农业灌溉年用水量较大，但缺水和土地盐渍化制约着农业的发展和农业用水效益的提高。

2.3.1　水资源分布特征

四源流多年平均天然径流量为 242.5 亿 m^3（含国外入境水量 57.3 亿 m^3）。其中，阿克苏河、叶尔羌河、和田河和开都河—孔雀河分别为 81.1 亿 m^3、75.61 亿 m^3、45.04 亿 m^3 和 40.75 亿 m^3。地下水资源与河川径流不重复量约为 10.46 亿 m^3。其中，阿克苏河、叶尔羌河、和田河和开都河—孔雀河分别为 3.67 亿 m^3、2.64 亿 m^3、2.34 亿 m^3 和 1.81 亿 m^3。地表和地下水资源总量为 252.96 亿 m^3。其中，阿克苏河、叶尔羌河、和田河和开都河—孔雀河（以下简称开—孔河）分别为 84.77 亿 m^3、78.25 亿 m^3、47.38 亿 m^3 和 42.56 亿 m^3，见表 2.4。

表 2.4　四源流水资源总量统计表　　（单位：亿 m^3）

流　域	地表水资源量	地下水资源量		水资源总量
		资源量	其中不重复量	
开—孔河流域	40.75	19.97	1.81	42.56
阿克苏河流域	81.10	32.58	3.67	84.77
叶尔羌河流域	75.61	45.98	2.64	78.25
和田河流域	45.04	16.11	2.34	47.38
四源流合计	242.50	114.64	10.46	252.96

塔里木河干流是典型的干旱区内陆河流，自身不产流，干流水量主要由阿克苏河、叶尔羌河、和田河三源流补给。

塔里木河流域源流水资源具有以下特点。

(1) 地表水资源形成于山区，消耗于平原区，冰川直接融水占总水量的48%，由降水直接形成的占52%，总地表径流中河川基流（地下水）占24%。

(2) 地表径流的年际变化较小，四源流的最大和最小模比系数为1.36和0.79，而且各河流的丰枯多数年份不同步。

(3) 河川径流年内分配不均。6～9月来水量占到全年径流量的70%～80%，大多为洪水，且洪峰高、起涨快、洪灾重；3～5月灌溉季节来水量仅占全年径流量的10%左右，极易造成春旱。

(4) 平原区地下水资源主要来自地表水转化补给，不重复地下水补给量仅占总水量的6.6%。

2.3.2 水资源开发利用现状

目前，塔里木河年开采利用地下水量为4.8亿m^3，用于农业灌溉的有3.1亿m^3。缺乏电力，特别是水能资源的开发利用不足，使塔里木河"四源一干"的地下水开发与拥有的资源不相适应；同时，地下水位较高使土地盐碱化比较严重。农业灌溉引用地表水量很大，因而其水利工程的开发利用模式以较多和较大规模的引水枢纽为主，以获取较多的地表水资源为农业灌溉服务。

和田河近几年天然来水处于平偏枯，4年平均比多年平均值少3亿m^3，肖塔站断面的入塔里木河水量为5.6亿m^3。近几年，阿克苏河的地表水处于丰水段，4年平均来水比多年平均值多23亿m^3；叶尔羌河天然来水处于平偏丰时段，4年平均值比多年平均多2.6亿m^3；塔里木河干流的平均来水量为45.4亿m^3。

水利工程是水资源利用的载体，水利工程的布局和类型在某种程度上决定了水资源利用的程度和效率。塔里木河"四源一干"目前水利工程数目众多，但规模多数为小型工程，类型是以引用地表水的渠道和平原水库为主，多而小和简陋不完善的水利工程是水资源浪费和管理措施跟不上的主要原因。

塔里木河干流历史上是自然耗散性河道，近代受人类活动的影响，引水垦荒发展了灌溉农业，但用水量仍以生态植被为主。现状水平年天然植被用水量为29.8亿m^3。其中，约有13.4%为重复利用量。130万亩的农业灌溉面积引用水量为16.0亿m^3，另有平原水库损失水量为3.9亿m^3，扣除生态重复利用的水量，塔里木河干流现状水平年总消耗的水量为45.7亿m^3。阿拉尔断面平均来水量为45.3亿m^3，库塔干渠退水为0.4亿m^3，合计为45.7亿m^3。

上游阿拉尔—英巴扎（阿—英）河段，两岸分布有灌溉面积56.25万亩，其中林草灌溉面积为18.3万亩。上游段现有的5座平原水库及渠道引水量为8.0亿m^3。其中，水库损失量为1.3亿m^3，扣除水库损失亩均灌溉毛用水定额1191m^3/亩。上游段现有天然植被面积1000.5万亩，英巴扎断面近4年平均来水为24.4亿m^3，上游段实际耗水为20.9亿m^3，农业灌溉用水量中有2.2亿m^3的水量转化后又被生态所利用。生态植被的耗水量为15.1亿m^3，生态植被亩均耗水量为151m^3/亩。

中游英巴扎—卡拉（英—卡）段现有灌溉面积28.27万亩。其中，林草灌溉面积为7.6万亩，总引用水量为6.2亿m^3。水库损失量为0.5亿m^3，扣除水库损失亩均灌溉毛用水定额2016m^3/亩。亩均毛灌溉定额之所以很大，是中游尉犁县的部分灌区位于罗乎洛克洼地的下游，罗乎洛克湖水面积有200km^2，水面蒸发和渗漏量很大。上游段现有天然植被面积1375.5万亩，卡拉断面近4年平均来水为2.5亿m^3。因此，中游段实际耗水为21.9亿m^3，农业灌溉用水量中有1.8亿m^3的水量转化后又被生态所利用，生态植被的耗水量为17.0亿m^3，生态植被亩均耗水量为130m^3/亩。

下游卡拉以下现有灌溉面积45.53万亩，弃耕地为12.0万亩。其中，林草的灌溉面积为7.44万亩，卡拉断面的4年来水量多年平均值为2.1亿m^3，全部引入卡拉水库和被大西海子水库拦蓄。孔雀河近4年输入下游灌区的水量为0.4亿m^3，下游合计农牧业灌溉全部用水量为2.5亿m^3，毛灌定额749m^3/亩。下游段现有天然植被面积560万亩，由于地下水位下降，目前呈衰退状况，其中有一部分现已枯死。

2.4 塔里木河流域水资源可利用量评价

目前，向塔里木河供水的河流只有阿克苏河、叶尔羌河、和田河以及修建"库塔干渠"工程后恢复供水的孔雀河。

阿拉尔水文站是塔里木河干流来水的主要控制站，位于三河汇合口、肖夹克以下48km处。与塔里木河上游三条水系的径流特性比较相似，年际水量的极端枯丰比为1.6～3.0，变差系数C_v＝0.1～0.27，年内水量分配极不均匀，汛期6～9月水量占全年水量的比例平均为70%～80%，而春季2～5月水量只占8%左右。

塔里木河流域周边144条大小河流的多年平均总径流量为398.3亿m^3（含奇普恰普、柴达木、羌塘高原诸小河流。其中，国外入境为63.0亿m^3），平原区不重复地下水资源量为30.7亿m^3，流域水资源总量为429.0亿m^3。历史上与塔里木河干流水系相联系的河流共有8条（车尔臣河、克里雅河、和田河、叶尔羌河、克孜河、阿克苏河、渭干河、孔雀河），多年平均河川径流量为387.4亿m^3（其中，国外入境水量为62.0亿m^3）；现状与塔里木河关系密切的上游三源流（和田河、叶尔羌河、阿克苏河）多年平均河川径流量为215.98亿m^3（其中，国外入境为57.3亿m^3）；计入塔里木河下游开—孔河流域即"四源一干"的河川径流量为256.73亿m^3，占塔里木河全流域的64.4%（表2.5）。

表 2.5　塔里木河流域“四源一干”地表水资源统计表　(单位：亿 m^3)

流域分项	叶尔羌河	和田河	阿克苏河	开—孔河	合计
区内地表水资源	68.41	45.04	45.19	40.75	199.39
含入境水量	75.61	45.04	81.10	40.75	242.50
$P=25\%$	84.19	50.00	88.49	43.5	266.18
$P=50\%$	72.79	42.70	80.60	37.70	233.79
$P=75\%$	65.06	36.10	72.51	33.40	207.07
$P=90\%$	58.47	31.00	66.78	30.80	187.05

注：表中不同频率下的数据均为含入境的河川径流总量，阿克苏河来水中不含台兰河来水。

塔里木河上游三源流和开—孔河流域平原区地下水天然补给量为 10.46 亿 m^3，平原区现状地下水补给量为 114.64 亿 m^3，地表与地下水的重复量为 104.18 亿 m^3。其中，叶尔羌流域平原区地下水的总补给量最多，为 45.98 亿 m^3，占四条源流的 40.1%（表 2.6）。塔里木河干流区的地下水主要为河道渗漏等补给，总补给量为 27.48 亿 m^3。其中，上、中游的地下水补给量占总补给量的 81.3%（表 2.7）。

表 2.6　塔里木河“四源流”浅层地下水补给量统计表　(单位：亿 m^3)

分　项	和田河流域	叶尔羌流域	阿克苏河流域	开—孔河流域	合计
地下水水资源量	16.11	45.98	32.58	19.97	114.64
地表与地下水重复量	13.77	43.34	28.91	18.16	104.18
天然补给量	2.34	2.64	3.67	1.81	10.46

表 2.7　塔里木河干流浅层地下水补给量统计表　(单位：亿 m^3)

分　项	上游	中游	下游	合计
河道渗漏	6.00	3.21	2.74	11.95
水库渗漏	1.19	0.74	1.22	3.15
洪水漫溢	2.82	2.51	0	5.33
渠道渗漏	1.92	0.58	0.59	3.09
田间渗漏	0.40	0.08	0.59	1.07
罗呼洛克湖	0	2.89	0	2.89
合　计	12.33	10.01	5.14	27.48

3 塔里木河流域径流演变规律分析

本章分别对塔里木河流域径流年际变化、年内分配、代际变化、丰枯变化、周期变化、趋势变化规律及变异点进行分析。

3.1 径流年际变化规律分析

径流年际变化规律的总体特征常用变差系数 C_v 或年极值比（最大、最小年流量的比值）等来表示。C_v 反映一个流域径流过程的相对变化程度，C_v 值大则表示径流的年际丰枯变化剧烈。下面分别对阿克苏河、和田河、叶尔羌河和塔里木河干流的径流年际变化规律进行分析。

3.1.1 阿克苏河径流年际变化

由阿克苏河西大桥站1958～2010年共53年的天然资料，计算得到 C_v 值和年极值比见表3.1和表3.2，年径流量变化如图3.1所示。

表3.1 西大桥站年径流量多年变化特征值

站名	多年平均年径流量/亿 m^3	变差系数	最大年径流量			最小年径流量			最大与最小年径流量比
			时间	径流量/亿 m^3	与多年平均比	时间	径流量/亿 m^3	与多年平均比	
西大桥	62.53	0.525	2002～2003年	87.92	1.4	2009～2010年	26.44	0.42	3.3

表3.2 西大桥站设计年径流量 （单位：亿 m^3）

站名	均值	C_v	C_s	C_s/C_v	不同频率 P（%）设计值				
					10	25	50	75	90
西大桥	62.53	0.53	0.45	0.85	68.45	64.55	60.63	50.31	30.83

由表3.1、表3.2及图3.1可知，西大桥站径流量年际变化较大，且呈递增的趋势，年均递增1.16亿 m^3，为均值的1.85%。

3.1.2 和田河径流年际变化

由和田河肖塔站1964～1992年共29年的天然资料，计算得到 C_v 值和年极值比如表3.3和表3.4，年径流量变化如图3.2所示。

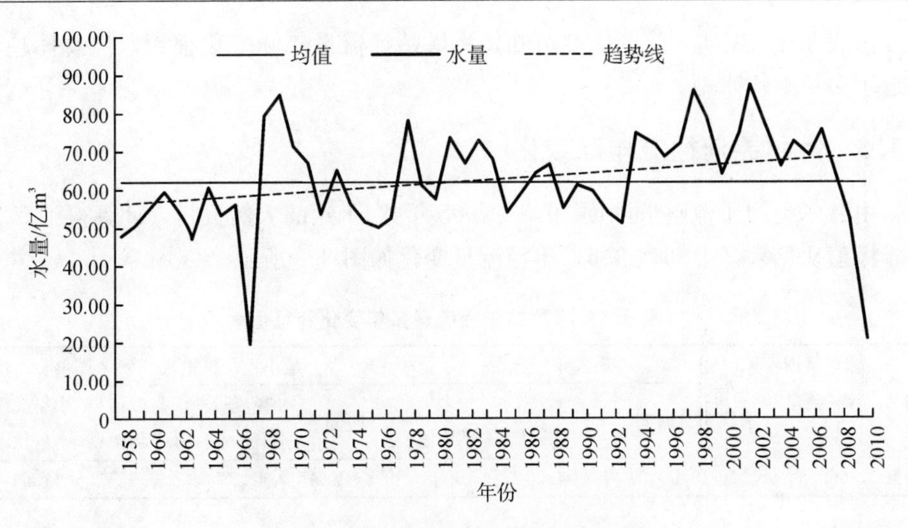

图 3.1　西大桥站断面年径流量变化图

表 3.3　和田河年径流量多年变化特征值

站名	多年平均年径流量/亿 m³	变差系数	最大年径流量			最小年径流量			最大与最小年径流量比
			时间	径流量/亿 m³	与多年平均比	时间	径流量/亿 m³	与多年平均比	
肖塔	11.07	0.53	1978～1979 年	24.33	2.20	1965～1966 年	0.44	0.04	55.3

表 3.4　和田河设计年径流量　　(单位：亿 m³)

站名	均值	C_v	C_s	C_s/C_v	不同频率 P（%）设计值				
					10	25	50	75	90
肖塔	11.07	0.53	0.45	0.85	18.81	14.75	10.63	6.91	3.89

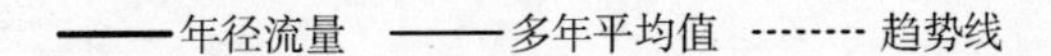

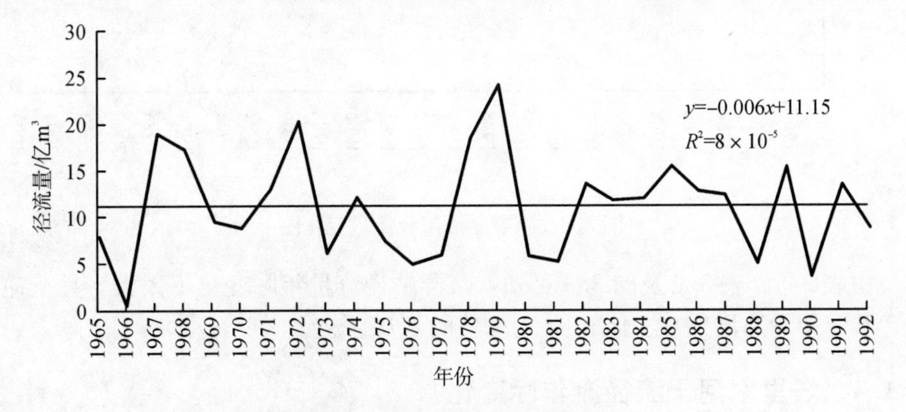

图 3.2　肖塔站年径流量变化图

由表 3.3、表 3.4 及图 3.2 可知，肖塔站径流量年际变化很大，但总体趋势接近于多年平均水平。

3.1.3 叶尔羌河径流年际变化

由叶尔羌河干流喀群断面 1958～2008 年共 51 年的天然资料，计算得到 C_v 值和年极值比见表 3.5 和表 3.6，年径流量变化如图 3.3 所示。

表 3.5 喀群站年径流量多年变化特征值

站名	多年平均年径流量/亿 m³	变差系数	最大年径流量			最小年径流量			最大与最小年径流量比
			时间	径流量/亿 m³	与多年平均比	时间	径流量/亿 m³	与多年平均比	
喀群	66.53	0.16	1994～1995 年	94.53	1.4	1993～1994 年	48.77	0.73	1.94

表 3.6 叶尔羌河干流设计年径流量 （单位：亿 m³）

站名	均值	C_v	C_s	C_s/C_v	不同频率 P（%）设计值				
					10	25	50	75	90
喀群	66.53	0.16	0.32	2	80.48	73.37	65.96	59.07	53.3

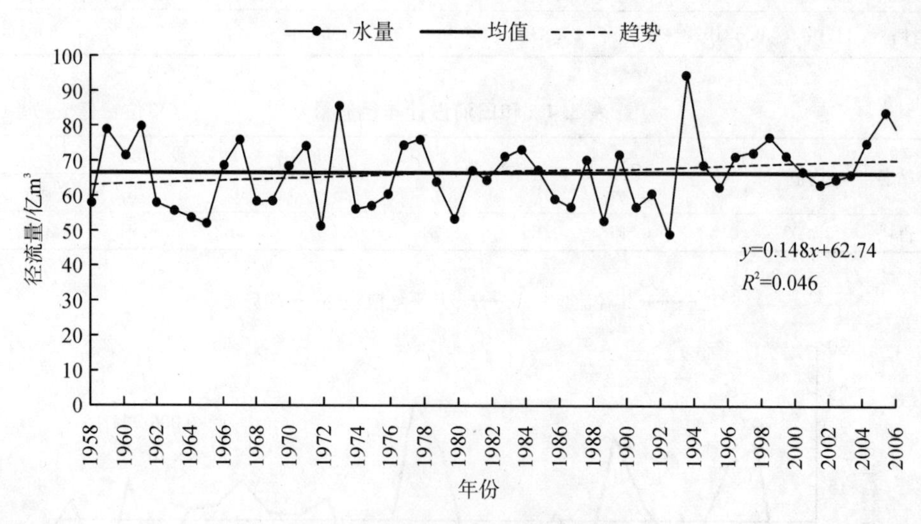

图 3.3 喀群断面年径流量变化图

由表 3.5、表 3.6 及图 3.3 可知，喀群站径流量年际变化不太大，且呈递增的趋势，年均递增 0.047 亿 m³，为均值的 0.07%。

3.1.4 塔里木河干流径流年际变化

由塔里木河干流阿拉尔断面 1958～2010 年共 53 年的天然资料，计算得到 C_v

值和年极值比见表 3.7 和表 3.8，年径流量变化如图 3.4 所示。

表 3.7　阿拉尔站年径流量多年变化特征值

站名	多年平均年径流量/亿 m³	变差系数	最大年径流量			最小年径流量			最大与最小年径流量比
			时间	径流量/亿 m³	与多年平均比	时间	径流量/亿 m³	与多年平均比	
阿拉尔	44.91	0.22	1961～1962 年	67.3	1.5	2009～2010 年	15.85	0.35	4.2

表 3.8　塔里木河干流设计年径流量　　（单位：亿 m³）

站名	均值	C_v	C_s	C_s/C_v	不同频率 P（%）设计值				
					10	25	50	75	90
阿拉尔	44.91	0.22	0.44	2	57.63	51.59	44.91	38.25	32.29

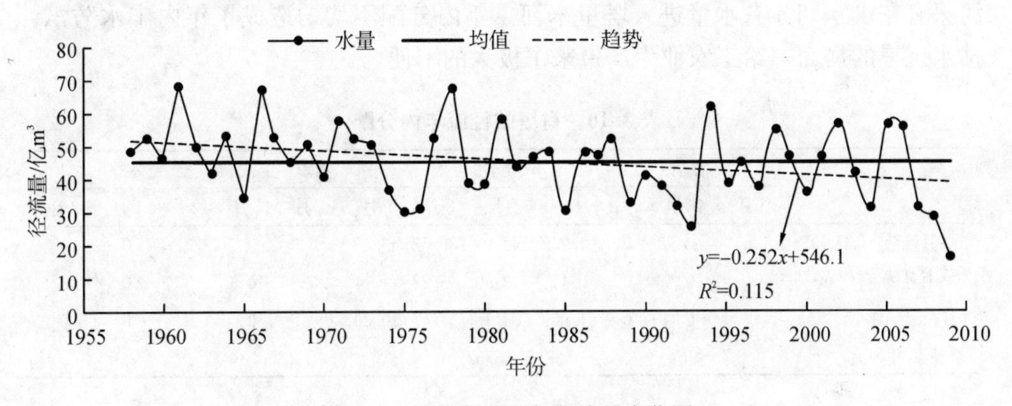

图 3.4　阿拉尔断面年径流量变化图

由表 3.7、表 3.8 及图 3.4 可知，阿拉尔站径流量年际变化较大，且呈递减的趋势，年均递减 0.25 亿 m³，为均值的 0.56%。

3.2　径流年内分配规律分析

下面分别对阿克苏河、和田河、叶尔羌河和塔里木河干流的径流年内分配规律进行分析。

3.2.1　阿克苏河径流年内分配

西大桥站径流年内分配不均，汛枯期径流差异较大。由表 3.9 可知，西大桥站径流主要集中于 6～8 月，占年径流量的 61.16%。全年范围来看，年内汛枯比值达到了 4.5∶1。年内分配不均匀造成了年内丰水防汛、枯水抗旱的局面，给工农业生产带来了极大的不便。

表 3.9　西大桥站断面径流年内分配

项目	春季			夏季			秋季			冬季		
	3月	4月	5月	6月	7月	8月	9月	10月	11月	12月	1月	2月
各月流量/（m³/s）	59.45	54.14	118.11	277.32	550.58	602.58	255.27	123.83	92.3	95.16	77.77	72.9
各月径流量/亿 m³	1.56	1.42	3.10	7.28	14.46	16.83	6.7	3.25	2.42	2.5	2.04	1.5
（月径流/年径流）/%	2.47	2.25	4.92	11.54	22.93	26.69	10.62	5.15	3.84	3.96	3.24	2.38
（季径流/年径流）/%		9.64			61.16			19.62			9.58	
（汛枯径流/年径流）/%		汛期			51.62			枯期			11.44	

3.2.2　和田河径流年内分配

和田河干流肖塔站径流年内分配不均，汛枯期径流差异较大。由表 3.10 可知，肖塔站径流几乎全部集中于 6～9 月，占年径流量的 99.92%。这是由于和田河只有在洪水期才有水量进入塔里木河。年内分配不均匀造成了年内丰水防汛、枯水抗旱的局面，给工农业生产带来了极大的不便。

表 3.10　肖塔站径流年内分配

项目	春季			夏季			秋季			冬季		
	3月	4月	5月	6月	7月	8月	9月	10月	11月	12月	1月	2月
各月流量/（m³/s）	0	0	0	4.259	148.96	239.52	43.49	0	0	0	0	0
各月径流量/亿 m³	0	0	0	0.11	3.90	6.27	1.14	0	0	0	0	0
（月径流/年径流）/%	0	0	0	1.00	34.15	53.47	10.30	0	0	0	0	0
（季径流/年径流）/%		0			88.62			10.30			0	

3.2.3　叶尔羌河径流年内分配

叶尔羌河干流喀群站径流年内分配不均，汛枯期径流差异较大。由表 3.11 可知，喀群站径流主要集中于 6～8 月，占年径流量的 68.59%。从全年范围来看，年内汛枯比值达到了 2.3∶1。年内分配不均匀造成了年内丰水防汛、枯水抗旱的局面，给工农业生产带来了极大的不便。

表 3.11　喀群断面径流年内分配

项目	春季			夏季			秋季			冬季		
	3月	4月	5月	6月	7月	8月	9月	10月	11月	12月	1月	2月
各月流量/（m³/s）	47.1	50.0	80.9	262.2	683.8	766.4	293.1	99.2	72.0	59.1	47.9	48.6
各月径流量/亿 m³	1.26	1.30	2.17	6.80	18.31	20.53	7.60	2.66	1.87	1.58	1.28	1.18
（月径流/年径流）/%	1.90	1.95	3.26	10.22	27.52	30.85	11.42	3.99	2.80	2.37	1.92	1.77
（季径流/年径流）/%		7.11			68.59			18.23			6.07	
（汛枯径流/年径流）/%		汛期			69.80			枯期			30.20	

3.2.4 塔里木河干流径流年内分配

塔里木河干流阿拉尔站径流年内分配不均，汛枯期径流差异较大。由表 3.12 可知，阿拉尔站径流主要集中于 7～9 月，占年径流量的 69.21%。从全年范围来看，年内汛枯比值达到了 4∶1。年内分配不均匀造成了年内丰水防汛、枯水抗旱的局面，给工农业生产带来了极大的不便。不同月份径流量变化如图 3.5 所示。

表 3.12 阿拉尔断面径流年内分配

项目	春季			夏季			秋季			冬季		
	3月	4月	5月	6月	7月	8月	9月	10月	11月	12月	1月	2月
各月流量/ (m^3/s)	47.8	19.4	26.1	79.7	397	608	191	84.2	49.1	85	71.3	69.2
各月径流量/亿 m^3	1.25	0.51	0.68	2.09	10.39	15.92	5	2.2	1.29	2.23	1.87	1.81
(月径流/年径流) /%	2.76	1.13	1.50	4.62	22.97	35.19	11.05	4.86	2.85	4.93	4.13	0.04
(季径流/年径流) /%		5.39			62.78			18.76			10.06	
(汛枯径流/年径流) /%		汛期			80.22			枯期			19.78	

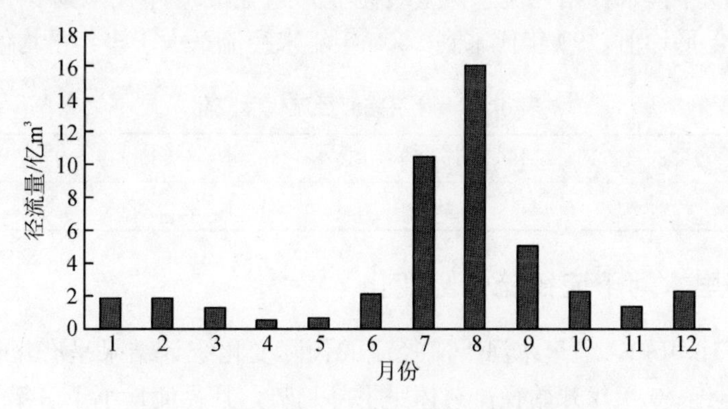

图 3.5 塔里木河干流不同月份径流量变化

3.3 径流代际变化规律分析

下面分别对阿克苏河、和田河、叶尔羌河和塔里木河干流的径流代际变化规律进行分析。

3.3.1 阿克苏河径流代际变化

由表 3.13 可知，阿克苏河径流的代际变化统计结果呈有规律的波动变化，从 20 世纪 70 年代开始径流总体呈下降趋势，且径流量小于多年平均值。

表 3.13 西大桥站断面径流代际变化 （单位：亿 m³）

时间	1958～1959 年	1960～1969 年	1970～1979 年	1980～1989 年	1990～2000 年	2001～2010 年	1958～2000 年	1958～2010 年
径流量	49.57	59.3	60.88	63.78	67.91	65.65	62.36	63.02

3.3.2 和田河径流代际变化

由表 3.14 可知，和田河径流的代际变化统计结果呈有规律的波动变化，从 20 世纪 70 年代开始径流总体呈上升趋势，到了 80 年代径流量又有下降趋势，但随着序列年度的增长，总体趋于多年平均值。

表 3.14 和田河径流代际变化 （单位：亿 m³）

时间	1964～1969 年	1970～1979 年	1980～1989 年	1989～1992 年	1964～1992 年
肖塔站径流量	10.8	12.12	10.87	8.69	11.07

3.3.3 叶尔羌河径流代际变化

由表 3.15 可知，叶尔羌河径流的代际变化统计结果呈有规律的波动变化，从 20 世纪 60 年代末开始径流总体呈缓慢上升趋势，50 年代末到 90 年代末径流量均小于多年平均值，90 年代末到 2000 年年末径流量大于多年平均值。

表 3.15 叶尔羌河径流代际变化 （单位：亿 m³）

时间	1958～1968 年	1968～1978 年	1978～1988 年	1988～1998 年	1998～2008 年
喀群站径流量	65.21	64.49	65.24	65.87	71.86

3.3.4 塔里木河干流径流代际变化

由表 3.16 可知，塔里木河干流径流的代际变化统计结果呈有规律的波动变化，从 20 世纪 70 年代开始径流总体呈下降趋势，且径流量小于多年平均值。

表 3.16 阿拉尔断面径流代际变化 （单位：亿 m³）

时间	1957～1959 年	1960～1969 年	1970～1979 年	1980～1989 年	1990～2000 年	2001～2010 年	1958～2000 年	1958～2010 年
阿拉尔站径流量	49.58	51.59	44.36	44.78	41.84	40	46.12	44.94

3.4 径流的丰枯变化

《水文情报预报规范》对径流丰枯情况的划分标准规定为，按距平百分率 P 表示：$P>20\%$ 为丰水；$10\%<P\leqslant 20\%$ 为偏丰；$-10\%<P\leqslant 10\%$ 为平水；$-20\%\leqslant P<-10\%$ 为偏枯；$P<-20\%$ 为枯水。实际工作中，在以上范围内，

可以计算出相应的模比系数 K_p 值，只要根据已知年径流量计算出 K_p 值，就可以在表 3.17 中给出的区间查找出当年来水量的丰、平、枯程度。

表 3.17　模比系数 K_p 判别表

丰枯程度	丰水年		平水年	枯水年	
	特丰	偏丰		偏枯	特枯
相应的 K_p 值	$K_p \geqslant 1.20$	$1.10 \leqslant K_p < 1.20$	$0.90 \leqslant K_p < 1.10$	$0.80 \leqslant K_p < 0.90$	$K_p < 0.80$

下面分别对阿克苏河、和田河、叶尔羌河和塔里木河干流的径流的丰枯变化规律进行分析。

3.4.1　阿克苏河径流丰枯变化

阿克苏河西大桥站各年径流量丰枯状况见表 3.18。

表 3.18　阿克苏河各年来水量的丰枯程度

时间	类别	时间	类别	时间	类别	时间	类别	时间	类别
1958～1959 年	特枯	1969～1970 年	偏丰	1980～1981 年	正常	1991～1992 年	正常	2002～2003 年	特丰
1959～1960 年	偏枯	1970～1971 年	偏丰	1981～1982 年	正常	1992～1993 年	偏枯	2003～2004 年	正常
1960～1961 年	正常	1971～1972 年	正常	1982～1983 年	偏丰	1993～1994 年	偏枯	2004～2005 年	偏丰
1961～1962 年	正常	1972～1973 年	偏枯	1983～1984 年	正常	1994～1995 年	特丰	2005～2006 年	正常
1962～1963 年	偏枯	1973～1974 年	正常	1984～1985 年	正常	1995～1996 年	正常	2006～2007 年	正常
1963～1964 年	特枯	1974～1975 年	偏枯	1985～1986 年	偏枯	1996～1997 年	正常	2007～2008 年	特丰
1964～1965 年	正常	1975～1976 年	偏枯	1986～1987 年	偏枯	1997～1998 年	偏丰	2008～2009 年	正常
1965～1966 年	偏枯	1976～1977 年	偏枯	1987～1988 年	正常	1998～1999 年	特丰	2009～2010 年	特枯
1966～1967 年	偏枯	1977～1978 年	偏枯	1988～1989 年	正常	1999～2000 年	特丰		
1967～1968 年	偏枯	1978～1979 年	特丰	1989～1990 年	正常	2000～2001 年	正常		
1968～1969 年	特丰	1979～1980 年	正常	1990～1991 年	正常	2001～2002 年	特丰		

从表 3.18 可以看出，阿克苏河径流的丰水年、平水年、枯水年交替出现。其中，丰水年占 25%（其中特丰年占 15.4%，偏丰年占 9.6%），平水年占 45%，枯水年占 30%（其中偏枯年占 27%，特枯年占 3%）。

3.4.2　和田河径流丰枯变化

从表 3.19 可以看出，和田河径流丰水年、平水年、枯水年交替出现。其中，丰水年占 39%（其中特丰年占 32%，偏丰年占 7%），平水年占 11%，枯水年占 50%（其中偏枯年占 7%，特枯年占 43%）。

表 3.19 和田河各年来水量的丰枯程度

时间	类别	时间	类别	时间	类别	时间	类别
1964～1965 年	特枯	1971～1972 年	特丰	1978～1979 年	特丰	1985～1986 年	偏丰
1965～1966 年	特枯	1972～1973 年	特枯	1979～1980 年	特枯	1986～1987 年	偏丰
1966～1967 年	特丰	1973～1974 年	正常	1980～1981 年	特枯	1987～1988 年	特枯
1967～1968 年	特丰	1974～1975 年	特枯	1981～1982 年	特丰	1988～1989 年	特丰
1968～1969 年	偏枯	1975～1976 年	特枯	1982～1983 年	正常	1989～1990 年	特枯
1969～1970 年	特枯	1976～1977 年	特枯	1983～1984 年	正常	1990～1991 年	特丰
1970～1971 年	偏丰	1977～1978 年	特丰	1984～1985 年	特丰	1991～1992 年	特枯

3.4.3 叶尔羌河径流丰枯变化

从表 3.20 中给出的区间查找出当年来水量的丰、平、枯程度，叶尔羌干流喀群站各年径流量丰枯状况。

表 3.20 叶尔羌河各年来水量的丰枯程度

时间	类别	时间	类别	时间	类别	时间	类别
1958～1959 年	偏枯	1971～1972 年	偏丰	1984～1985 年	正常	1997～1998 年	正常
1959～1960 年	偏丰	1972～1973 年	特枯	1985～1986 年	正常	1998～1999 年	正常
1960～1961 年	正常	1973～1974 年	特丰	1986～1987 年	偏枯	1999～2000 年	偏丰
1961～1962 年	特丰	1974～1975 年	偏枯	1987～1988 年	偏枯	2000～2001 年	正常
1962～1963 年	偏枯	1975～1976 年	偏枯	1988～1989 年	正常	2001～2002 年	正常
1963～1964 年	偏枯	1976～1977 年	正常	1989～1990 年	特枯	2002～2003 年	正常
1964～1965 年	偏枯	1977～1978 年	偏丰	1990～1991 年	正常	2003～2004 年	正常
1965～1966 年	特枯	1978～1979 年	偏丰	1991～1992 年	偏枯	2004～2005 年	正常
1966～1967 年	正常	1979～1980 年	正常	1992～1993 年	正常	2005～2006 年	偏丰
1967～1968 年	偏丰	1980～1981 年	偏枯	1993～1994 年	特枯	2006～2007 年	特丰
1968～1969 年	偏枯	1981～1982 年	正常	1994～1995 年	特丰	2007～2008 年	偏丰
1969～1970 年	偏枯	1982～1983 年	正常	1995～1996 年	正常		
1970～1971 年	正常	1983～1984 年	正常	1996～1997 年	正常		

从表 3.20 可以看出，叶尔羌河丰水年、平水年、枯水年交替出现。其中，丰水年占 24%（其中特丰年占 8%，偏丰年占 16%），平水年占 44%，枯水年占 32%（其中偏枯年占 24%，特枯年占 8%）。

3.4.4 塔里木河干流径流丰枯变化

从表 3.21 中给出的区间查找出当年来水量的丰、平、枯程度，塔里木河干流阿拉尔站各年径流量丰枯状况。

表 3.21 塔里木河各年来水量的丰枯程度

时间	类别	时间	类别	时间	类别	时间	类别
1958～1959 年	正常	1971～1972 年	特丰	1984～1985 年	正常	1997～1998 年	偏枯
1959～1960 年	偏丰	1972～1973 年	偏丰	1985～1986 年	特枯	1998～1999 年	偏丰
1960～1961 年	正常	1973～1974 年	偏丰	1986～1987 年	正常	1999～2000 年	正常
1961～1962 年	特丰	1974～1975 年	特枯	1987～1988 年	正常	2000～2001 年	偏枯
1962～1963 年	偏丰	1975～1976 年	特枯	1988～1989 年	偏丰	2001～2002 年	偏丰
1963～1964 年	正常	1976～1977 年	特枯	1989～1990 年	特枯	2002～2003 年	特丰
1964～1965 年	正常	1977～1978 年	偏丰	1990～1991 年	偏枯	2003～2004 年	特枯
1965～1966 年	偏枯	1978～1979 年	特丰	1991～1992 年	偏枯	2004～2005 年	特枯
1966～1967 年	特丰	1979～1980 年	偏枯	1992～1993 年	特枯	2005～2006 年	偏丰
1967～1968 年	偏丰	1980～1981 年	正常	1993～1994 年	特枯	2006～2007 年	偏丰
1968～1969 年	正常	1981～1982 年	偏丰	1994～1995 年	特丰	2007～2008 年	特枯
1969～1970 年	正常	1982～1983 年	正常	1995～1996 年	偏枯	2008～2009 年	特枯
1970～1971 年	正常	1983～1984 年	正常	1996～1997 年	正常	2009～2010 年	特枯

从表 3.21 可以看出，塔里木河干流丰水年、平水年、枯水年交替出现。其中，丰水年占 35%（其中特丰年占 12%，偏丰年占 23%），平水年占 29%，枯水年占 36%（其中偏枯年占 13%，特枯年占 23%）。

3.5 径流周期变化规律分析

一个水文要素随时间变化的过程多种多样，但总可以把它看成是有限个周期波互相叠加而成。由于影响水文要素变化的因素很复杂，周期不可能像天体运动、潮汐现象一样具有规律性，而只是概率意义上的周期，也就是只能理解为某一水文现象出现之后，经过一定的时间间隔，这种现象再次重复出现的可能性较大而已。

水文时间序列中的周期项属于确定性成分，是受地球绕太阳公转和地球自转的影响而形成的。例如，月降水量、径流量等水文特征量序列受这种影响，明显存在以 12 个月为基本周期的周期成分；逐时气温及蒸发量等序列中，受日夜不同大气的影响，又存在以 24 小时为周期的周期成分。

时间序列的周期的分析方法有很多，在水文变量中，分析提取的方法主要有简单分波法、傅里叶分析法、功率谱分析法、极大熵谱分析法和小波分析法等。本书主要运用小波分析法，对塔里木河干流阿拉尔径流周期进行分析。

1）小波分析原理

小波分析的巨大优势在于借助时频局部化功能剖析时间序列内部精细结构。这里采用 Morlet 小波作为小波母函数进行小波变换，Morlet 小波的基本形式为

$$m^3\psi(t) = \mathrm{e}^{ict}(\mathrm{e}^{-\frac{t^2}{2}} - \sqrt{2}\mathrm{e}^{-\frac{c^2}{4}}\mathrm{e}^{-t^2}) \tag{3.1}$$

当 c 取较大值时，式（3.1）中第 2 项远小于第 1 项，省略第 2 项。其子小波为

$$\psi_{a,b}(t) = \frac{1}{\sqrt{a}}\psi\left(\frac{t-a}{b}\right) \quad (a,b \in R \text{ 且 } a > 0) \tag{3.2}$$

Morlet 小波函数是一个经 Gaussain 函数平滑而得到的周期函数，所以它的伸缩尺度 a 与傅里叶分析中的周期 T 有一一对应关系。

$$T = \left(\frac{4\pi}{c+\sqrt{2}+c^2}\right)a = 1.144a \tag{3.3}$$

将时间域上的所有小波系数的平方积分，即小波方差

$$W_f(a) = \int_{-\infty}^{\infty} |W_f(a,b)|^2 \mathrm{d}b \tag{3.4}$$

小波方差随尺度 a 的变化过程称为小波方差图，它反映了波动的能量随尺度的分布，借此可能确定一个时间序列中存在的主要时间尺度，可以用来分析序列变化的主要周期成分。

2）小波分析结果

选用 Morlet 小波，对研究对象年径流量序列施行小波分解，从而进行多时间尺度分析。不同时间尺度下的小波系数，可以反映系统在该时间尺度的变化特征：正的小波系数对应于偏多期，负的小波系数对应于偏少期，小波系数为零对应着突变点；小波系数绝对值越大，表明该时间尺度变化越显著。从小波系数等值线图中也可以看出不同尺度下的丰枯位相结构，据此即可判断降水变异点出现的年份。

小波方差图反映了能量随尺度的分布，可以确定一个时间序列中各种尺度扰动的相对强度，对应峰值处的尺度称为该序列的主要时间尺度，用以反映时间序列的主要周期。

3.5.1 阿克苏河径流周期变化

对阿克苏河西大桥站 1958～2010 年径流量序列进行小波分解，图 3.6 显示了年降水小波方差存在三个峰值，表明阿克苏河存在 28 年、16 年和 8 年的周期。第一峰值对应时间尺度为 28 年，结合序列长度，28 年尺度周期无法验证，故认

为 16 年为径流量变化的第一主周期。

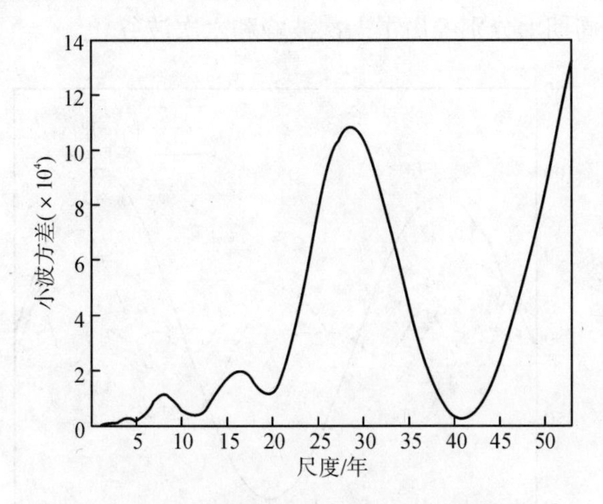

图 3.6　西大桥站年径流量距平小波方差图

图 3.7 是 1958～2007 年西大桥站年径流距平 Morlet 小波变换系数的实部，可以看出，西大桥站年径流量变化存在着明显的时间尺度的周期性变化，在20～38 年时间尺度上周期震荡非常显著，年径流量经历了多—少—多 3 个循环交替；1968 年、2001 年是震荡核心，径流量较多；1985 年也是震荡核心，径流量较少。在 10～20 年时间尺度上，径流量也经历了多—少—多—少—多 5 个循环交替；2004 年是震荡核心，径流量较多；1974 年和 1993 年是震荡核心，径流量较少。

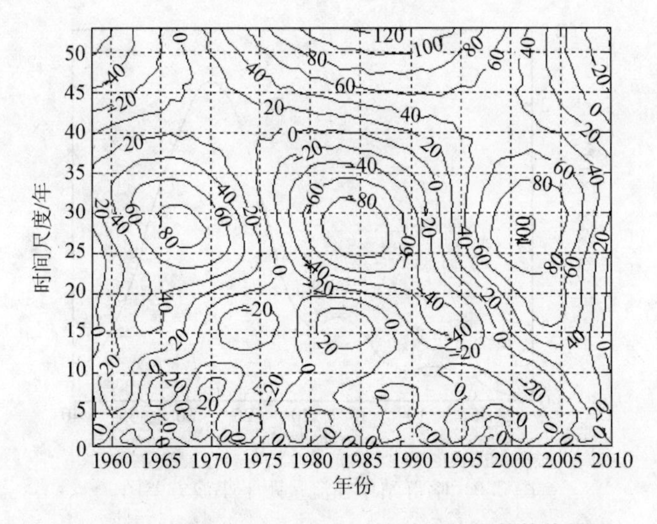

图 3.7　西大桥站年径流量距平小波变换系数等值线图

图 3.8 为年径流量在第一、第二主周期尺度和第三主周期下的小波系数变化

曲线，对图 3.8 分析可知，在 16 年尺度周期上则分别经历了三次波峰和两次波谷，在 8 年尺度周期上分别经历了七次波峰和六次波谷。

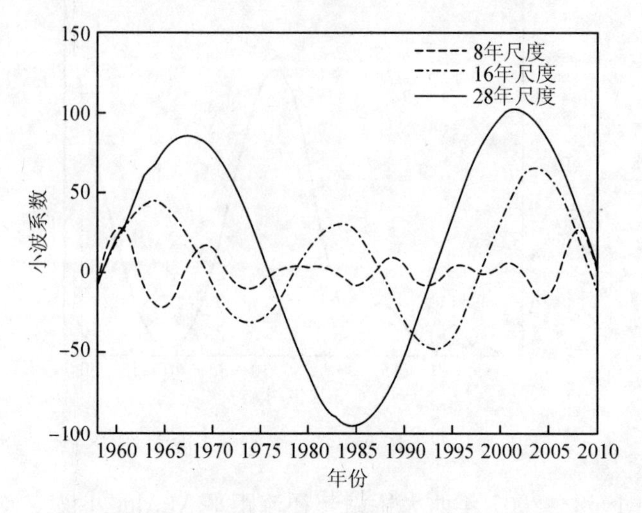

图 3.8　西大桥站年径流量主周期小波系数变化曲线

3.5.2　叶尔羌河径流周期变化

图 3.9 显示了年径流小波方差存在三个峰值，表明叶尔羌河径流量存在 28 年、17 年和 8 年的周期。第一峰值对应时间尺度为 28 年，结合序列长度，28 年尺度周期无法验证，故认为 17 年为径流量变化的第一主周期。

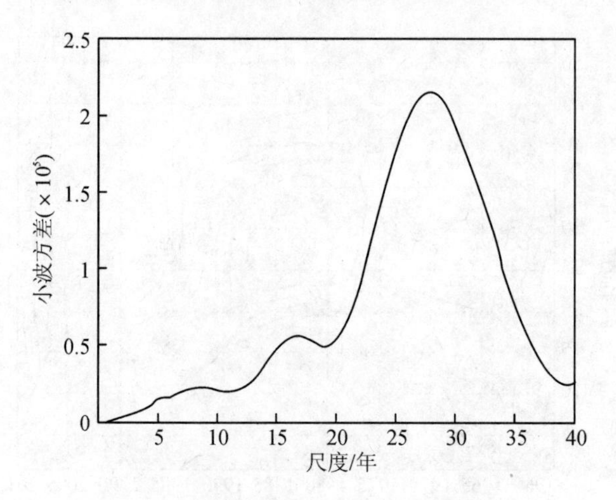

图 3.9　喀群站年径流量距平小波方差图

图 3.10 是 1958～2008 年喀群站年径流距平 Morlet 小波变换系数的实部，可以看出，喀群站年径流变化存在着明显的时间尺度的周期性变化，在 20～

38 年时间尺度上周期震荡非常显著，年径流量经历了多—少—多 3 个循环交替；1966 年、2001 年是震荡核心，径流量较多；1983 年也是震荡核心，径流量较少。在 10～20 年时间尺度上，径流量也经历了多—少—多—少—多 5 个循环交替；1982 年是震荡核心，径流量较多；1968 年和 1992 年是震荡核心，径流量较少。

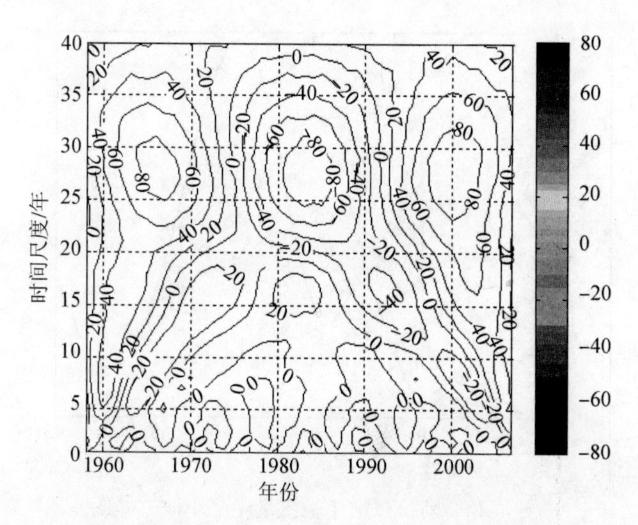

图 3.10 喀群站年径流量距平小波变换系数等值线图

图 3.11 为年径流量在第一、第二主周期尺度和第三主周期下的小波系数变化曲线，对图 3.11 分析可知，在 28 年尺度周期上则分别经历了两次波峰和一次波谷，在 8 年尺度周期上分别经历了六次波峰和五次波谷。

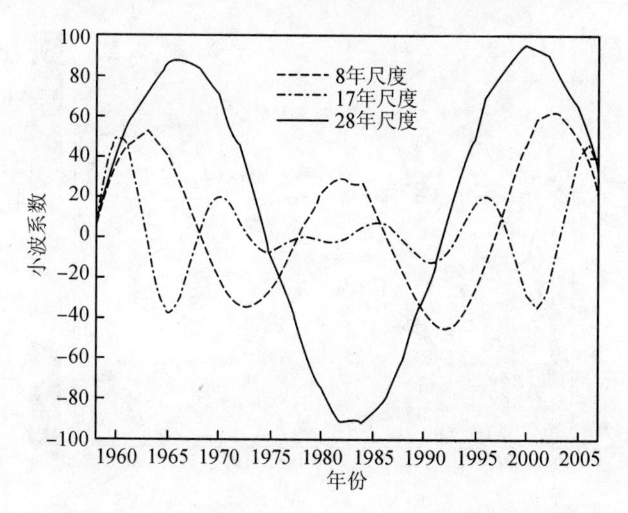

图 3.11 喀群站年径流量主周期小波系数变化曲线

3.5.3　塔里木河干流径流周期变化

图 3.12 显示了年降水小波方差存在三个峰值，表明塔里木河干流径流量存在 28 年、17 年和 8 年的周期。第一峰值对应时间尺度为 28 年，结合序列长度，28 年尺度周期无法验证，故认为 17 年为径流量变化的第一主周期。

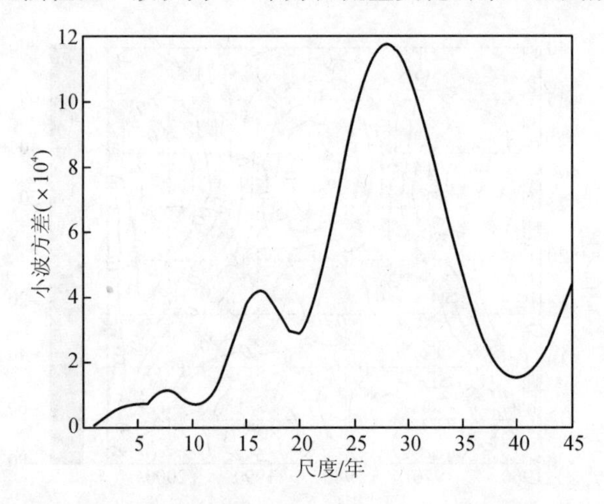

图 3.12　阿拉尔站年径流量距平小波方差图

图 3.13 是 1958～2007 年阿拉尔站年径流量距平 Morlet 小波变换系数的实部，可以看出，阿拉尔站年径流量变化存在着明显的时间尺度的周期性变化，在 20～38 年时间尺度上周期震荡非常显著，年径流量经历了多—少—多 3 个循环交替；1966 年、2001 年是震荡核心，径流量较多；1983 年也是震荡核心，径流

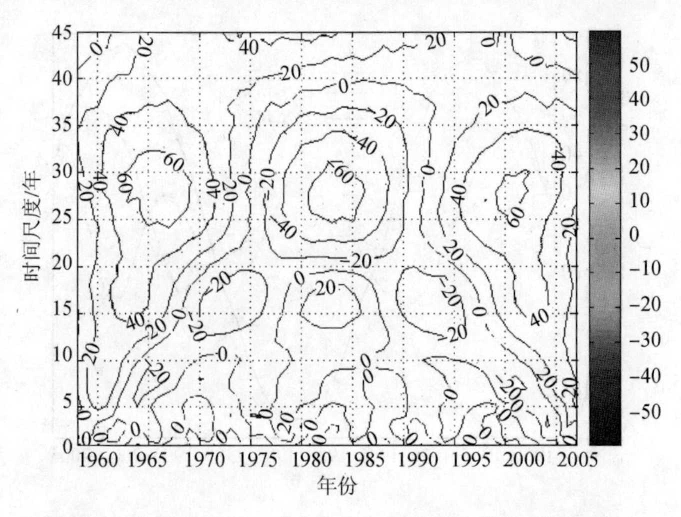

图 3.13　阿拉尔站年径流量距平小波变换系数等值线图

量较少。在 10～20 年时间尺度上，径流量也经历了多—少—多—少—多 5 个循环交替；1982 年是震荡核心，径流量较多；1974 年和 1992 年是震荡核心，径流量较少。

图 3.14 为年径流量在第一、第二主周期尺度和第三主周期下的小波系数变化曲线，对图分析可知，在 17 年尺度周期上则分别经历了三次波峰和两次波谷，在 8 年尺度周期上分别经历了六次波峰和五次波谷。

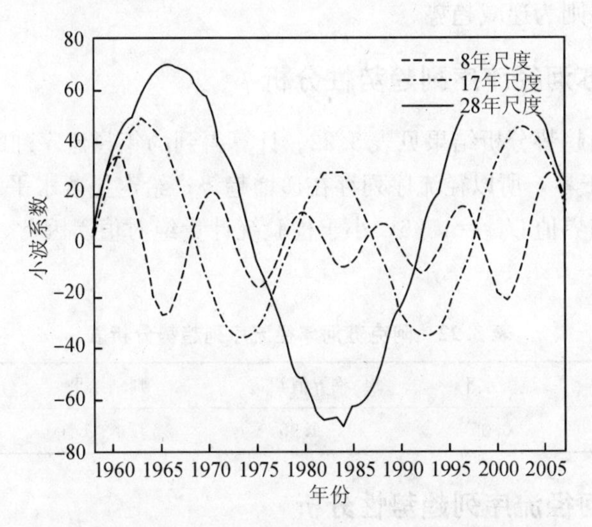

图 3.14 阿拉尔站年径流量主周期小波系数变化曲线

3.6 径流趋势变化规律分析

趋势性分析采用坎德尔（Kendall）秩次相关检验法，对年径流序列 X_1，X_2，…，X_n，先确定所有对偶值（X_i，X_j，$i<j$）中的 $X_i<X_j$ 出现次数 d_i。顺序的（i，j）子集为（$i=1$，$j=2$，3，4，…，n），（$i=2$，$j=3$，4，5，…，n），…，（$i=n-1$，$j=n$）。如果按顺序前进的值全部大于前一个值，这是一种上升趋势，d_i 为（$n-1$）+（$n-2$）+…+1，总和为$\frac{1}{2}$（$n-1$）n。如果序列全部倒过来，则 $d_i=0$，即为下降趋势。对于无趋势的序列，d_i 的数学期望 $E(d_i)=\frac{1}{4}n$（$n-1$）。用下式计算其检验统计量

$$U=\frac{\tau}{\sqrt{[\mathrm{Var}(\tau)]}} \tag{3.5}$$

$$\tau=\frac{4\sum d_i}{n(n-1)}-1 \tag{3.6}$$

$$\mathrm{Var}=\frac{2(2n+5)}{9n(n-1)} \tag{3.7}$$

当 n 增加时，U 很快收敛于标准正态分布。

原假设该径流序列无趋势，根据年径流序列统计 d_i 后计算出检验统计量 U，给定显著性水平 α，在正态分布表中查出临界值 $U_{\alpha/2}$，当 U 的绝对值大于其临界值，则趋势显著；反之，则不显著。如检验统计量 U 大于零，说明序列存在递增趋势；反之，则为递减趋势。

3.6.1 阿克苏河径流序列趋势性分析

年径流序列趋势分析结果见表 3.22。计算得到的年径流序列的检验统计量 U 为 2.792 16 大于零，所以径流序列存在递增趋势；给定显著水平 $\alpha=0.05$，由正态分布表查得临界值 $U_{\alpha/2}=1.96$，小于检验统计量绝对值。因此，径流序列递增趋势显著。

表 3.22 阿克苏河年径流序列趋势分析表

检验统计量 U	显著水平 α	临界值 $U_{\alpha/2}$	判别结果	趋势性
2.792 16	0.05	1.96	$\lvert U\rvert<U_{\alpha/2}$	显著递增

3.6.2 和田河径流序列趋势性分析

采用坎德尔（Kendall）秩次检验法分析 28 年径流序列的变化趋势。

年径流序列趋势分析结果见表 3.23。计算得到的年径流序列的检验统计量 U 为 -0.1976 小于零，所以径流序列存在递减趋势；给定显著水平 $\alpha=0.05$，由正态分布表查得临界值 $U_{\alpha/2}=1.96$，大于检验统计量绝对值。因此，径流序列递减趋势不显著。

表 3.23 和田河年径流序列趋势分析表

检验统计量 U	显著水平 α	临界值 $U_{\alpha/2}$	判别结果	趋势性
-0.1976	0.05	1.96	$\lvert U\rvert<U_{\alpha/2}$	不显著递减

3.6.3 叶尔羌河径流序列趋势性分析

采用坎德尔（Kendall）秩次检验法分析年径流序列的变化趋势。

年径流序列趋势分析结果见表 3.24。计算得到的年径流序列的检验统计量 U 为 1.53 大于零，所以径流序列存在递增趋势；给定显著水平 $\alpha=0.05$，由正态分布表查得临界值 $U_{\alpha/2}=1.96$ 大于检验统计量绝对值。因此，径流序列递增趋势不显著。

表 3.24 叶尔羌河年径流序列趋势分析表

检验统计量 U	显著水平 α	临界值 $U_{\alpha/2}$	判别结果	趋势性
1.53	0.05	1.96	$\lvert U \rvert < U_{\alpha/2}$	不显著递增

3.6.4 塔里木河干流径流序列趋势性分析

采用坎德尔（Kendall）秩次检验法分析年径流序列的变化趋势。

年径流序列趋势分析结果见表 3.25。计算得到的年径流序列的检验统计量 U 为 -1.396 小于零，所以径流序列存在递减趋势；给定显著水平 $\alpha=0.05$，由正态分布表查得临界值 $U_{\alpha/2}=1.96$ 大于检验统计量绝对值。因此，径流序列递减趋势不显著。

表 3.25 塔里木河年径流序列趋势分析表

检验统计量 U	显著水平 α	临界值 $U_{\alpha/2}$	判别结果	趋势性
−1.396	0.05	1.96	$\lvert U \rvert < U_{\alpha/2}$	不显著递减

4 塔里木河干流河道内生态需水量研究

4.1 研究方法与资料收集

4.1.1 研究方法

4.1.1.1 人类活动对干流径流序列显著干扰点判别方法

有序聚类分析法：按照初始序列的秩序进行聚类称为有序聚类。有序聚类分析法可用来推求可能的干扰点 t_m，实质即推求最优分割点。其原理是利用离差平方和进行分割，同类之间的离差平方和较小，类与类之间离差平方和较大（胡顺军，2007）。若水文序列为 R_t（$t=1$，2，…，n），以 t_m 作为可能分割点（$m=1$，2，…，n），将原序列分成两个序列，这两个序列离差平方和的计算公式为

$$V_{t_m} = \sum_{t=1}^{t_m}\left(R_t - \frac{1}{t_m}\sum_{t=1}^{t_m} R_t\right) \tag{4.1}$$

$$V_{n-t_m} = \sum_{t=t_m}^{n}\left(R_t - \frac{1}{n-t_m}\sum_{t=t_m+1}^{n} R_t\right) \tag{4.2}$$

总离差平方和为

$$S_n(t) = V_{t_m} + V_{n-t_m} \tag{4.3}$$

最优分割点的确定：

$$S_n^* = \min_{1<t<t_m}\left[S_n(t)\right] \tag{4.4}$$

满足式（4.4）的 t 记为 t_m，t_m 即数据序列分割点，需要对分割点前后的两组样本进行差异显著性检验，本书采用方差分析法（ANOVA）进行分析。

4.1.1.2 上、中游河道内生态需水量计算方法

逐月最小径流计算法：将 1～12 月的径流量作为 12 个径流量系列，取月径流系列的最小值作为该月的河道最小径流量，即最小生态需水量（李捷等，2007；钟华平等，2006）。

逐月频率计算法：根据各月历史流量资料，将年内划分为丰水和枯水两个时期，根据来水频率和径流量曲线（P－Ⅲ型曲线），对丰水期拟定 50%保证率，枯水期拟定 90%保证率，分别确定两个时期河道径流量，即为河道适宜生态需水量（李捷等，2007）。

Tennant 法：Tennant 法是国际上对河道内生态需水量计算结果进行验证的常用方法（潘扎荣等，2011；宋兰兰等，2006；门宝辉等，2005）。依据Tennant法分类标准，结合塔里木河干流水资源利用现状，将年内划分为一般用水期（10 月～次年 3 月）和用水敏感期（4～9 月），以不同用水期相应的天然径流量均值百分比作为河道生态健康的评价标准（表 4.1）。

表 4.1 Tennant 法评价河流生态健康标准 （单位：%）

河流生态状况	最大	最佳	极好	非常好	极差
一般用水期（10 月～次年 3 月）	200	60～100	40	30	0～10
用水敏感期（4～9 月）	200	60～100	60	50	0～10

4.1.1.3 下游河道最小生态需水量计算方法

河道内生态需水量的计算通常需要有足够多的大断面几何形状作为支撑，同时需要相应径流、水位等基础水文资料。近十几年来，塔里木河下游生态输水工程的实施，为下游河道内生态需水量计算提供了可能。受人类活动影响的增加，下游段在 20 世纪 70 年代以后，多年断流，缺乏连续的、受人为影响较小的径流资料，水文学方法使用受到限制，本书选取水力学方法中的湿周法对下游段河道基流生态需水量进行计算。

湿周法（wetted perimeter method）是利用湿周（过水断面上，河槽被水流浸湿部分的周长）作为衡量栖息指标的质量来估算河道内流量的最小值。湿周通常随着河流流量的增大而增加，当湿周超过某一临界值后，河流流量的大幅度增加也只能导致湿周的微小变化，即河流湿周存在一个临界值。保护好临界湿周区域，也就满足河道需水的最低要求。

湿周法通过建立湿周与流量的关系曲线及曲线上的临界点确定河道内最小生态需水量，计算公式如下：

$$P = \sum_{i=1}^{n} \sqrt{(x_i - x_{i-1})^2 + (y_i + y_{i-1})^2} \tag{4.5}$$

式中，x_i 和 y_i 为实测点的起点距和高程；n 为分段数。

选择下游英苏、阿拉干和依干不及麻 3 个有实测径流资料的典型断面（图 4.1），通过典型断面最小生态流量计算间接确定河道基流生态需水量。

吉利娜等针对不同的河道断面形状，推导出相应流量与湿周的关系。发现三角形断面、U 形断面和抛物线形断面符合幂函数变化规律，梯形和矩形断面符合对数变化规律。英苏、阿拉干和依干不及麻 3 个典型断面形状如图 4.2 所示。从图 4.2 中可知，英苏和依干不及麻断面为近似三角形断面，阿拉干断面为宽浅的近似梯形断面。

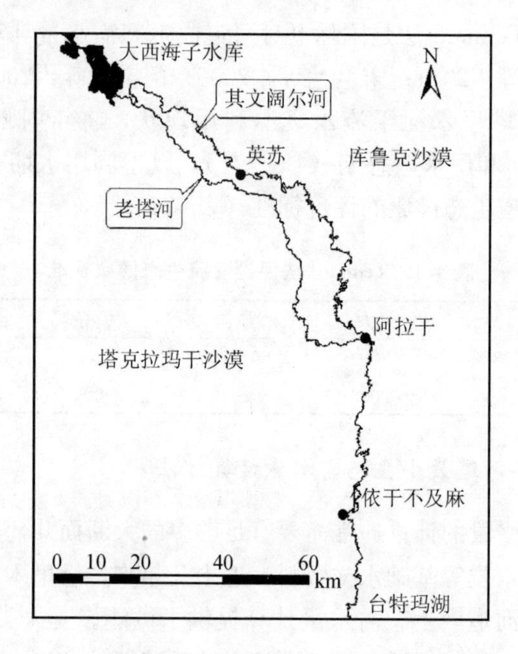

图 4.1　大西海子以下水系分布

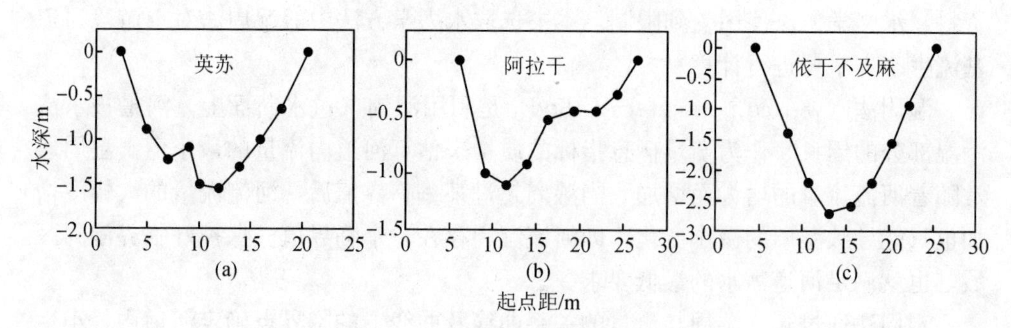

图 4.2　下游河道典型断面形状

获取 2003～2005 年大西海子以下英苏、阿拉干和依干不及麻 3 个典型水文断面河宽、高程和起点距等资料，断面位置如图 4.1 所示。获取 2003 年 3～11 月以及 2005 年 4～11 月两次生态输水时 3 个断面的逐日水位、流量、水深等监测资料，这两次生态输水均为双河道过水，输水均到达尾闾台特玛湖。

4.1.2　数据来源

分析采用了塔里木河三源流阿克苏河的协合拉和沙里桂兰克、叶尔羌河的玉孜门勒克和瓦群、和田河的乌鲁瓦提和同古孜洛克 6 个出山口水文站 1957～2010 年的年径流量实测数据（上述 6 个水文站所测径流数据均未经分流和人为引流，可以看作天然径流量），以及分别位于干流源头阿拉尔、干流上游段新渠满、上中游分界点英巴扎、中游段乌斯满和中下游分界点恰拉 5 个水文站1957～2010 年的逐月径流量实测数据。以上水文观测数据均由塔里木河流域管理局提供。

4.2　塔里木河干流河道内生态需水量分析

4.2.1　源流和干流年径流量变化趋势

塔里木河三源流阿克苏河、和田河和叶尔羌河 1957～2006 年出山口年径流量监测资料表明，近 50 年来塔里木河源流径流量年际间呈波动变化［图 4.3（a)］。源流出山口径流量受人类活动干扰较小，可看作近似天然径流量，径流量的丰枯变化与水文序列的周期性变化相关；在整个时间序列上，三源流年径流量呈增加趋势，径流量的增加与近 50 年来流域内气候变暖造成山区冰川融水增加有关（陶辉等，2009）。

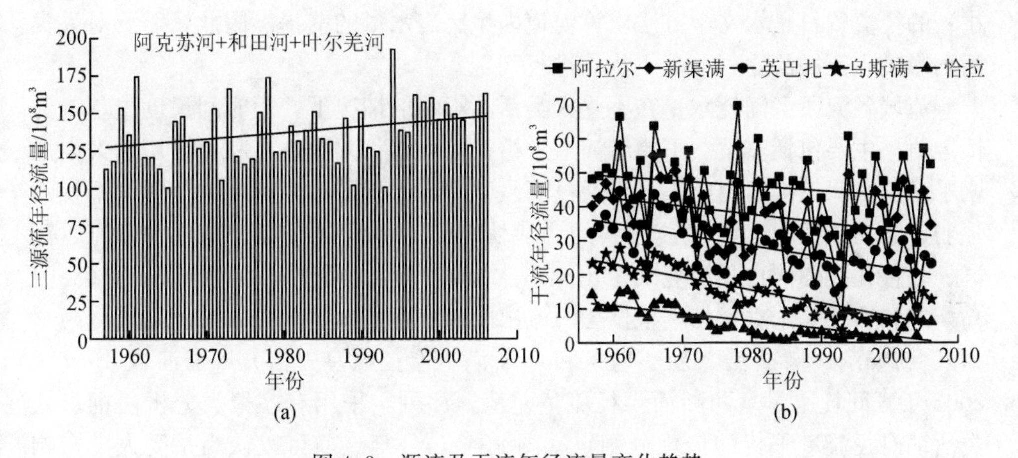

图 4.3　源流及干流年径流量变化趋势

塔里木河干流水文断面阿拉尔、新渠满、英巴扎、乌斯满和恰拉 1957～2006 年的年径流量统计资料表明，近 50 年来塔里木河干流年际间径流量也呈波动变化，上游段波动幅度明显大于下游段［图 4.3（b)］；在整个时间序列上，各水文断面年径流量均呈下降趋势。源流年径流量的增加与干流年径流量的下降，反映出近 50 年来，人类活动对塔里木河流域径流量的影响不断加深。

对源流区和干流区各水文站年径流量变化趋势进行线性拟合，并对拟合方程显著性进行检验（表 4.2）。从线性拟合曲线斜率来看，三源流斜率为正，干流 5 个水文站点斜率均为负，也验证了源流水量增加和干流水量减少。线性回归方程显著性检验表明，除阿拉尔水文站外，其他站点回归方程均达到显著水平

($p<0.05$)。

表 4.2 线性拟合方程（$y=ax+b$）显著性检验

水文站	斜率 a	截距 b	R^2	Sig.
三源流	0.19	380.71	0.08	0.03
阿拉尔	−0.14	317.73	0.02	0.17
新渠满	−0.24	510.01	0.11	0.01
英巴扎	−0.33	684.42	0.30	0.00
乌斯满	−0.38	771.93	0.70	0.00
恰拉	−0.22	448.91	0.56	0.00

4.2.2 人类活动对径流量显著干扰点判别

近半个世纪以来，人类活动对塔里木河水资源时空分配格局的影响显而易见，反映出自然界水文循环演变和河流水文周期的固有规律受到人类活动的干扰，从而造成流域相关水文统计资料的不一致，而不受人类活动干扰（或扰动较小）的径流资料是水文学方法求算河道内生态需水量的前提。因此，需要对人类活动影响干流径流序列显著干扰点进行判别。

流域各河段区间耗水量在不受人类活动影响的情况下，短时间尺度内基本为恒定值，主要包括蒸发、下渗和河道外植被耗水等。人类生产和生活用水大大加剧了河段区间耗水。因此，可以通过河段区间耗水量的大小反映人类活动干扰的强弱。本书依托有实测径流资料的源流协合拉、沙里桂兰克、玉孜门勒克、瓦群、乌鲁瓦提和同古孜洛克 6 个出山口水文站和干流阿拉尔、新渠满、英巴扎、乌斯满和恰拉 5 个水文站，根据三源流出山口—阿拉尔、阿拉尔—新渠满（阿—新）、新渠满—乌斯满（新—乌）和乌斯满—恰拉（乌—恰）4 个河段 1957～2006 年区间耗水量（两断面年径流量差值）序列，采用有序聚类分析法推求人类活动对径流量干扰的最优分割点（图 4.4），分割点前可以认为是受人类影响较小的近似天然径流量。

通过塔里木河源流和干流 1957～2006 年 4 个河段区间耗水量序列，求算各区段人类活动干扰的突变点。结果表明，近 50 年来三源流出山口—阿拉尔段受人类活动显著干扰点为 1993 年，干流阿拉尔—新渠满段受人类活动显著干扰点为 1976 年，新渠满—乌斯满段和乌斯满—恰拉段分别为 1993 年和 1984 年（图 4.4）。

上游河段径流量变化趋势受人类活动影响发生变化，必然导致下游河段径流序列固有规律发生变化。图 4.4 表明，干流上游段阿拉尔—新渠满区间耗水量受人类活动影响最早发生突变（1976 年），源流区和干流中、下游区段相对滞后。因此，以 1976 年作为干流径流的人类活动的干扰突变点，将 1957～1976 年这 20

年的径流序列作为求算河道内生态需水量的依据。同时，对阿拉尔—新渠满、新渠满—乌斯满和乌斯满—恰拉 1976 年前后区间耗水量进行方差分析（表 4.3），干流各区段耗水量差异显著（$p<0.05$），说明将 1976 年作为人类活动干扰强弱的分割点是合理的。研究表明，塔里木河三源流径流水文周期为 3～22 年。因此，20 年的径流资料基本能够反映塔里木河年径流变化的固有规律。

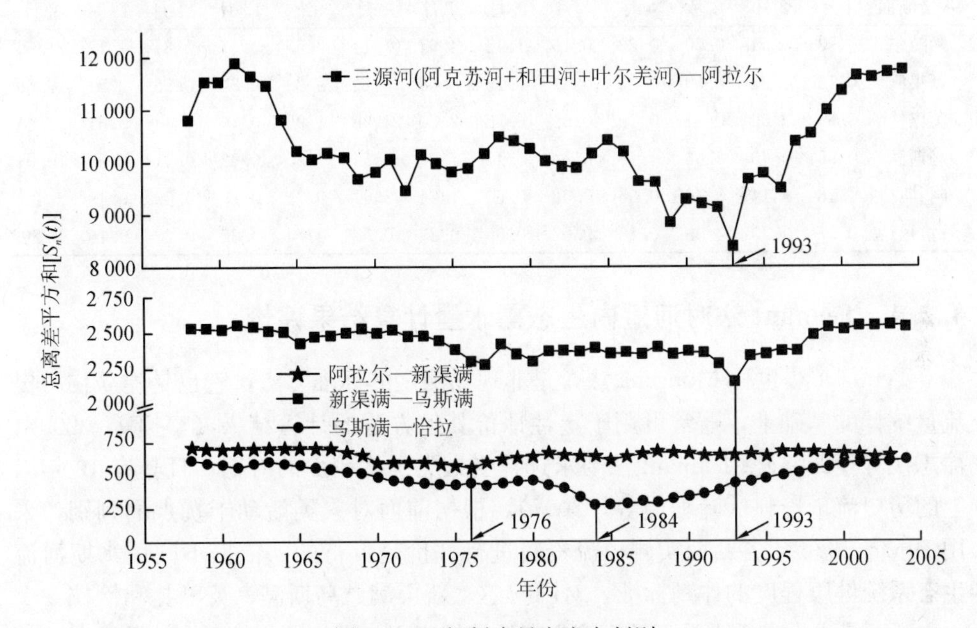

图 4.4　区间耗水量突变点判别

表 4.3　人类显著干扰点（1976 年）前后区间耗水量 ANOVA 分析

河段区间	平方和	自由度	均方和	F	Sig.
阿拉尔—新渠满	157.002	1	157.002	13.568	0.001
新渠满—乌斯满	253.987	1	253.987	5.298	0.026
乌斯满—恰拉	182.760	1	182.760	20.023	0.000

4.2.3　干流典型水文断面河道内最小生态需水量

河道内最小生态需水量是保障河流生态系统遭受损害后可恢复的下限。当河道中的径流量小于河道在自然条件下的最小生态需水量时，河道的水文条件超过生态系统和一些物种的耐受限度，会导致某些物种消失、种群结构发生变化，流域生态系统可能遭受不可恢复的破坏（冯夏清等，2010）。以塔里木河干流典型水文断面新渠满、乌斯满、英巴扎和恰拉 1957～1976 年的实测径流资料为计算依据，采用逐月最小生态径流量计算法求得各水文断面年内逐月最小生态径流量（表 4.4）。统计结果表明，阿拉尔、新渠满、英巴扎、乌斯满、阿其克和恰拉河道内年最小生态径流量分别为 21.50×10^8 m^3、17.68×10^8 m^3、14.15×10^8 m^3、10.03×10^8 m^3、6.88×10^8 m^3 和 3.29×10^8 m^3。阿拉尔河道最小生态需水量，即整个干流段阿拉尔—台特玛湖河道生态需水量。

表 4.4 典型水文断面河道内最小生态需水量 （单位：×10^8 m^3）

水文断面	1月	2月	3月	4月	5月	6月	7月	8月	9月	10月	11月	12月	总计
阿拉尔	0.93	0.94	0.70	0.22	0.19	1.14	4.64	7.14	2.55	1.07	0.81	1.17	21.50
新渠满	0.75	0.82	0.69	0.20	0.11	0.75	3.68	6.20	2.29	0.84	0.55	0.81	17.69
英巴扎	0.60	0.65	0.61	0.19	0.09	0.52	2.80	4.98	1.96	0.70	0.44	0.61	14.15
乌斯满	0.55	0.60	0.56	0.18	0.09	0.47	1.97	2.54	1.50	0.62	0.41	0.55	10.04
阿其克	0.18	0.14	0.16	0.06	0.02	0.60	1.24	2.61	0.74	0.19	0.09	0.19	6.22
恰拉	0.17	0.20	0.33	0.18	0.07	0.06	0.23	0.58	0.73	0.36	0.22	0.16	3.29

4.2.4 Tennant 法对河道内生态需水量计算结果评价

Tennant 法也称 Montana 法，是非现场测定的标准方法，它也是建立在历史流量统计的基础上，通常可用于定性评价其他方法的计算结果（李捷等，2007；徐志侠等，2004）。Tennant 法要求选择受人类干扰较少的时期，且具有 10 年以上的历史流量资料（叶朝霞等，2007），根据前面对人类活动干扰点的判别，采用 1957～1976 年各断面实测径流资料进行评价是可行的。依据不同用水期河流生态系统健康程度的评判标准，对阿拉尔、新渠满、乌斯满、英巴扎和恰拉 5 个水文断面最小生态需水量下的河流生态系统健康程度进行评价，评价结果见表 4.5。

表 4.5 Tennant 法对河道内生态需水量计算结果评价

水文断面	最小生态需水量	
	10 月～次年 3 月	4～9 月
阿拉尔	62.4* （最佳）	43.2（极好）
新渠满	51.3（极好）	27.8（差）
英巴扎	64.7（最佳）	66.9（最佳）
乌斯满	53.5（极好）	32.1（中）
恰拉	30.7（非常好）	31.2（中）

注：* 该值为表 4.4 求得河道最小需水量与相应时间段内多年平均径流量的比值。

由表 4.5 可知，一般用水期（10 月～次年 3 月），阿拉尔、新渠满、英巴扎、乌斯满和恰拉河道内最小生态需水量评价结果均在“非常好”等级以上，表明这一时期河道内最小需水量可以保证河道内生态系统健康；用水敏感期（4～9 月），最小需水量下除新渠满评价等级为“差”外，其余断面均在“中”以上，基本能保持河道内生态功能健康。

4.2.5 下游河道生态需水量

以下游生态输水为契机，采用 2003 年第五次和 2005 年第七次的生态输水时测定的湿周和流量数据（第五次和第七次生态输水均为双河道过水，且水量均达到台特玛湖），对英苏和依干不及麻 2 个断面的湿周-流量采用幂函数曲线模拟，阿拉干断面采用对数曲线模拟（图 4.5），可知拟合曲线的可决系数均在 0.8 以上，说明拟合效果较好。在对各断面湿周-流量曲线模拟的基础上确定流量变化的临界点。

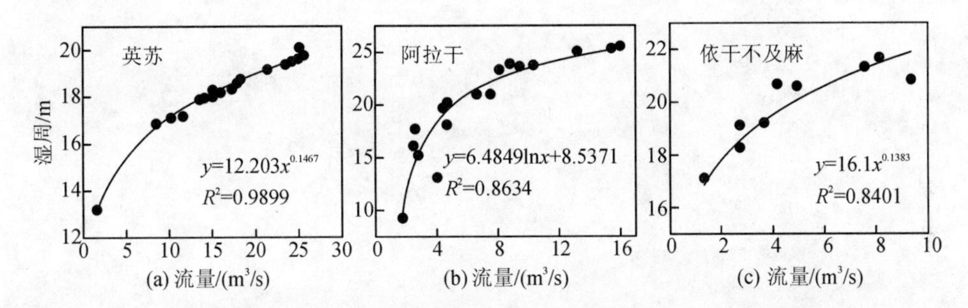

图 4.5 典型断面湿周-流量关系曲线

目前，确定湿周-流量曲线的方法主要有两种，分别为斜率法和曲率法。刘苏峡、吉利娜等研究表明，湿周法估算河道最小生态需水量时采用斜率法对临界点取值存在较大的不确定性，采用曲率法确定临界点更符合实际情况。根据叶朝霞塔里木河下游断流河道最小生态流量研究，曲率的定义如下：

$$K_{曲} = \left| \frac{\dfrac{d^2P}{dQ^2}}{\left[1+\left(\dfrac{dP}{dQ}\right)^2\right]^{3/2}} \right| \tag{4.6}$$

式中，P 为湿周；Q 为流量。

对上式等号右边求导，得到相应于湿周-流量关系曲线上曲率对流量的导数。数学上曲率最大的点对应于曲率对流量的导数为 0 的点。令曲率对流量的导数为 0，计算得到 Q 值就是河道最小生态流量。

湿周法计算结果表明，大西海子水库以下英苏、阿拉干和依干不及麻 3 个断面的过水流量分别为 1.125m³/s、4.586m³/s 和 1.463m³/s。

就塔里木河下游而言，水流从上而下呈纯耗散状态，河道上段的过水流量应该大于河道下段，通过对英苏、阿拉干和依干不及麻河道生态流量进行计算，中间断面阿拉干过水流量在 3 个断面中值最大，而上游英苏断面流量最小。其原因主要是，本书采用的是 2005～2006 年第五次和第六次输水所测定资料进行计算的结果，而这两次输水均为其文阔尔河和老塔里木河双河道输水，造成阿拉干和依干不及麻的最小生态径流量均大于英苏。

近年来，考虑下游均实行双河道输水措施，本书采用3个断面的最大值阿拉干的最小径流量作为下游河道生态流量下限值，假设下游河道全年过水，则大西海子以下河道基流生态需水为$1.455\times10^8m^3$。另外，考虑塔里木河来水量具有明显的季节性特征，干流在每年的3～6月为枯水期，假定枯水期下游河道不过水，仅每年7月～次年2月河道过水，则下游大西海子以下河道生态需水量为$0.965\times10^8m^3$。

5 塔里木河干流河道外天然植被生态需水量研究

5.1 资料收集与研究方法

5.1.1 不同植被类型面积确定

本书采用的遥感数据来源于2005年7～8月的中巴地球资源卫星（CBERS）影像。CBERS即中巴地球资源一号卫星，是由中国与巴西于1999年10月合作发射，也是我国第一颗数字传输资源卫星，它结束了我国长期依赖国外卫星遥感数据的历史。其空间分辨率为19.5m，覆盖范围为185km×185km，重复覆盖周期为26天，经处理的图像信息可满足1：100 000比例尺的制图要求。图5.1为塔里木河干流的CBERS影像。

为获取研究区地物类型和空间格局，便于从遥感影像上解读景观格局信息，需要建立统一规范的景观分类标准和规范的地物解译标志对影像进行分类。通过解译标志可以将图像信息和地物地表特征有效的联系起来。因此，一个分类系统具有两个关键的组成部分，即一套分类规则和一套解译标志。参照中国科学院土地利用分类系统和有关学者在干旱区绿洲研究中土地利用分类系统，考虑影像分辨率和本书的需要，将研究区天然植被划分成4种类型，分别为疏林地、有林地、低覆盖度草地和高覆盖度草地（图5.2），分类系统见表5.1。

图5.1 塔里木河干流CBERS影像

图 5.2 塔里木河干流天然植被类型

表 5.1 塔里木河干流天然植被分类系统

类别	特征说明	标志颜色
疏林地	盖度为 5%～30%，各种疏散的乔灌木	
有林地	盖度在 30%以上，主要包括较为茂密的胡杨、柽柳林	
低覆盖度草地	盖度为 5%～20%的天然草地，水分条件差，植被生长稀疏	
高覆盖度草地	盖度大于 20%的天然草地，一般水分条件较好，生长较茂密	

对获取的 CBERS 遥感影像采用 4、3、2 波段假彩色合成，在 ArcGIS 9.3 的支持下，参照土地利用类型分级系统对遥感影像进行目视解译、建立拓扑关系，并根据野外样地调查校准分类结果，获得塔里木河干流天然植被类型分布图，按照典型水文断面阿拉尔、新渠满、英巴扎、乌斯满和恰拉将干流划分为 5 个区段（图 5.3）。

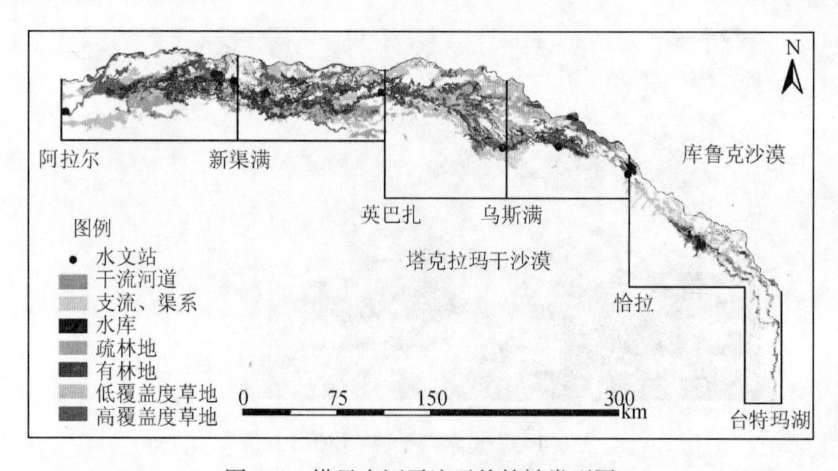

图 5.3 塔里木河干流天然植被类型图

5.1.2　植被分布及地下水埋深调查

为校正干流景观类型图分类结果，实地调查干流各河段植被分布特征，在干流上、中游河道两岸垂直河道0～5km设置植被调查样带，共设置样带19条(其中南岸8条，北岸11条)，在样带上每隔1km设3个25m×25m的乔、灌木样方，并在每个乔灌木样方内设置2个1m×1m或5m×5m的草本样方。主要调查乔灌草比例，植被的盖度、种类、数量、冠幅、高度，胡杨胸径、长势等级等。同时，记录距离河岸100～2500m范围地下水监测设施，具有自动监测设施井12口，人工监测井30口。野外作业工作照如图5.4所示。

(a)　(b)　(c)

图5.4　干流天然植被分布特征实地调查

5.1.3　潜水蒸发法

潜水蒸发法适合于干旱区植被生存主要依赖于地下水的情况。塔里木河干流平原区降水稀少，两岸多为中旱生的非地带性植被，主要依靠地下潜水维持生命。因此，本书在干流植被景观类型遥感解译的基础上，选择潜水蒸发法来估算天然植被需水量。潜水蒸发法，即某一植被类型在某一潜水位的面积乘以该潜水位下的潜水蒸发量。计算公式为

$$W = \sum_{i=1}^{4} W_i = \sum_{i=1}^{4} A_i \cdot \mathrm{Wg}_i \tag{5.1}$$

式中，W为植被需水量（$10^8\mathrm{m}^3$）；A_i为植被类型i的面积（$10^4\mathrm{hm}^2$）；Wg_i为植被类型i在地下水某一地下水埋深时的潜水蒸发量（mm）。

植被的面积（A_i）通过遥感解译获得，潜水蒸发量（Wg_i）是潜水蒸发法计算植被生态需水量的关键，以阿维利扬诺夫公式计算较为常见。

计算公式如下：

$$\mathrm{Wg}_i = a(1 - h_i/h_{\max})^b E_{\Phi 20} \tag{5.2}$$

式中，a、b为经验系数；h_i为植被类型i的地下水埋深（m）；$h_{\max}$为潜水蒸发极

限埋深（m）；$E_{\Phi20}$为常规蒸发皿蒸发量（mm）。干流上、中游各河段蒸发量（$E_{\Phi20}$）根据阿克苏、阿拉尔、库车、轮台、库尔勒和铁干里克 6 个气象观测站 1992～2001 年监测资料计算。

该方法适用于基础工作较好的地区与植被类型，如防风固沙林、人工绿洲以及农田系统等人工植被的生态需水量的计算。以某一地区某一类型植被的面积乘以其生态需水定额计算得到该类型植被的生态需水量，某地区各类型植被生态需水量之和，即该地区植被生态需水总量，其计算公式为

$$W=\sum_{i=1}^{4}W_i=\sum_{i=1}^{4}A_i\cdot r_i \tag{5.3}$$

式中，W 为植被生态需水量（m^3）；W_i为植被类型 i 的生态需水量（m^3）；A_i为植被类型 i 的面积（hm^2）；r_i为植被类型 i 的生态需水定额（m^3/hm^2）。

面积定额法计算植被生态需水量的关键是要确定不同类型植被的生态需水定额，即确定单位时间内、单位面积上某一植被类型所需消耗水量。事实上，影响植被耗水的因子非常多，各种自然条件下植被的耗水定额很难测定。目前，大多数学者对不同植被生态需水定额的确定，主要采用前人实际测定的不同植物类型蒸散量以及灌溉用水量，并结合不同地区的植被系数来确定不同植物类型的生态需水定额。

5.1.4 下游地下水恢复量

地下水恢复量（ΔW）示意图见图 5.5，根据宋郁东等对地下水恢复量采用公式（5.4）计算

$$\Delta W=M\cdot\Delta H\cdot F\cdot n \tag{5.4}$$

式中，ΔH 为潜水水位上升幅度；M 为水位变动带的饱和差；F 为计算面积；n 为土壤容重。

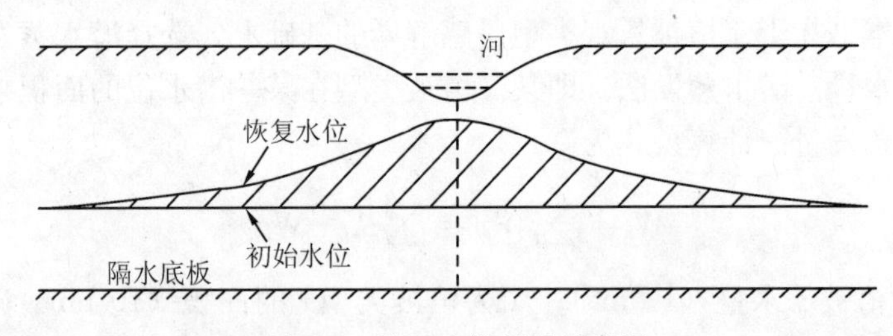

图 5.5 地下水恢复量示意图

沿塔里木河下游输水河道布设有地下水监测设施，齐文阔尔河布设监测断面 9 个，老塔里木河监测断面 2 个，各监测断面垂直河道横向每隔 200～300m 布设监测井 1～7 口，井深 8～17m。本书选择恰拉、英苏、老英苏、喀尔达依、阿拉干、依干不及麻和台特玛湖断面，获取各监测井 2000～2010 年输水过程中地下水埋深监测资料。

5.2 胡杨分布特征

5.2.1 干流上、中游天然植被保护范围

以胡杨和柽柳为主体的荒漠河岸林是塔里木河干流生态系统中的建群种，也是阻挡绿洲沙漠化的主要物种，确保沿线林地生态健康是维持干流生态安全和保证区域内绿洲可持续发展的基础。因此，将林地保护范围视为各河段天然植被的保护范围。20世纪70年代以后，下游河段常年断流，沿线天然植被极度衰败，分布范围狭窄，在本节研究中不做考虑，应当实施重点保护，主要针对干流上、中游（阿拉尔—恰拉，简称阿—恰）保护范围进行探讨。

以河道两岸林地（主要是胡杨和柽柳）作为干流植被主要保护对象，通过ArcGIS 9.3空间分析模块中的缓冲区分析，提取遥感分类图中垂直于河道不同距离林地面积（疏林地+有林地），绘制各河段垂直河道每千米林地面积频率分布曲线（图5.6）。

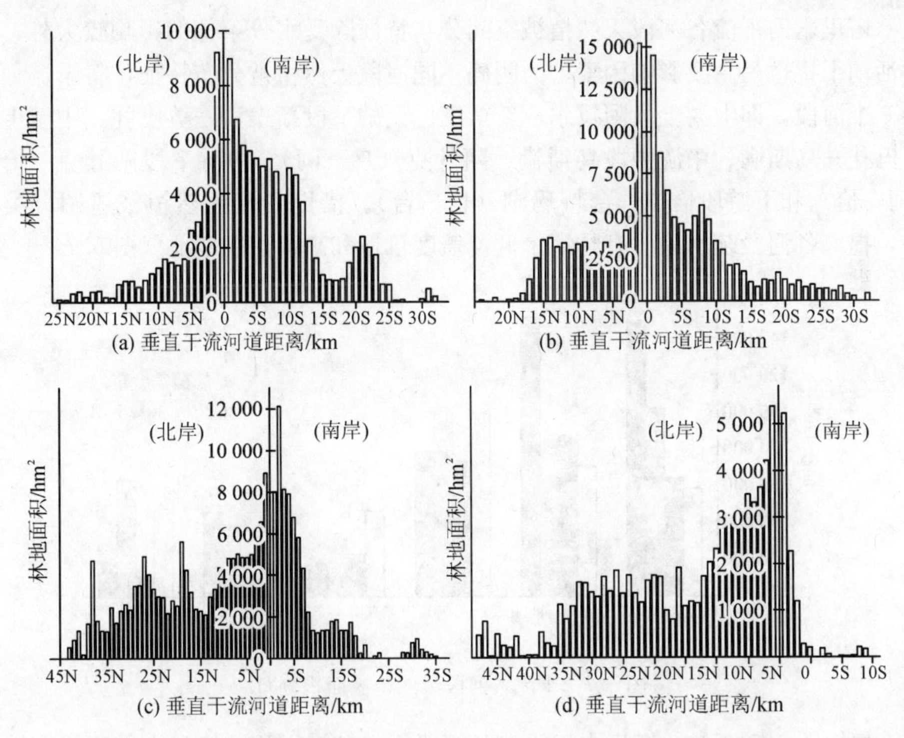

图5.6 干流上、中游两岸林地频率分布（N表示北岸，S表示南岸）

注：(a) 阿拉尔—新渠满；(b) 新渠满—英巴扎；(c) 英巴扎—乌斯满；(d) 乌斯满—恰拉

由图 5.6 可知，上游河段：①阿拉尔—新渠满，北岸天然植被宽幅为 16～60km，南岸天然植被宽幅为 12～40km；②新渠满—英巴扎（新—英），北岸植被宽幅为 30～80km，南岸天然植被宽幅为 16～40km。中游河段：①英巴扎—乌斯满（英—乌），北岸天然植被宽幅为 30～40km，南岸天然植被宽幅为 15～40km；②乌斯满—恰拉，北岸天然植被宽幅为 30～50km，南岸天然植被宽幅为 1～10km。下游段北岸恰拉至大西海子段北岸分布有新疆生产建设兵团农二师（以下简称农二师）31 团、32 团、33 团和 34 团四个农垦团场，沿线耕地斑块状分布，人类活动对天然林地破坏严重。大西海子水库附近地下潜水埋深浅，少量分布覆盖度较高的沼泽化草甸。阿拉干以下天然植被分布范围窄，草地基本退化，植被仅分布在河岸 1～2km。

林地分布总体表现出随离河道距离的增加波动下降趋势，峰值处反映出该范围内水分条件较好，主河道附近林地分布面积最大，古河道、支流和低洼处林地分布面积也相对较大，充分说明河水漫溢对植被分布、物种更新的重要性。

5.2.2 干流天然植被分布特征

塔里木河干流各河段天然植被空间分布特征除受水分条件的影响较大外，人类活动干扰也是主要影响因素。为明确不同河段天然植被分布特征，将干流划分为 6 个河段，即上游上段阿拉尔—新渠满、上游下段新渠满—英巴扎、中游上段英巴扎—乌斯满、中游中段乌斯满—阿其克（乌—阿）、中游下段阿其克—恰拉（阿—恰）和下游段恰拉—台特玛湖（恰—台）。借助干流天然植被遥感分类结果，提取各河段疏林地、有林地、低覆盖度草地和高覆盖度草地（图 5.7）。

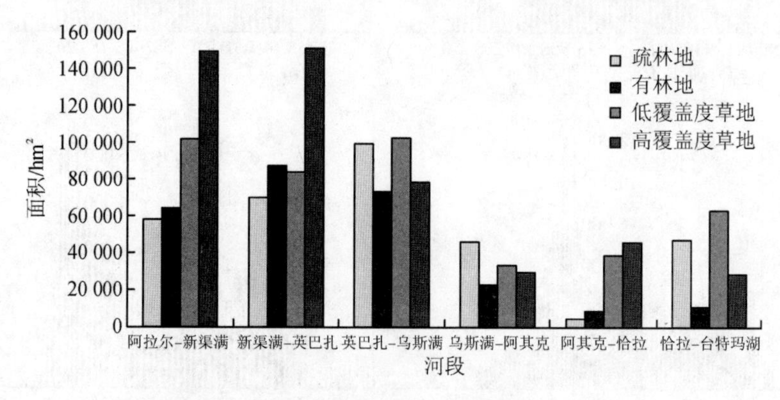

图 5.7　干流各河段天然植被面积分布

根据图 5.7 可知，塔里木河干流各河段天然植被面积总体呈上游河段向下游河段下降趋势，具体分布特征如下。

(1) 塔里木河干流天然植被总面积为 1 504 448.0hm²，其中，阿拉尔—新渠满、新渠满—英巴扎、英巴扎—乌斯满、乌斯满—阿其克、阿其克—恰拉、恰拉—台特玛湖 6 个河段的天然植被面积分别为 373 823.7hm²、391 534.4hm²、354 186.0hm²、134 860.0hm²、98 538.2hm²、151 506.0hm²，分别占总天然植被面积的 24.8%、26.0%、23.5%、9.0%、6.5%、10.1%。

（2）各河段植被类型分布特征：①从 6 个河段总体来看，疏林地面积为 327 224.8hm²，有林地为 269 419.6hm²，低覆盖度草地为 424 247.2hm²，高覆盖度草地为 483 556.6hm²，分别占天然植被总面积的 21.8%、17.9%、28.2% 和 32.1%；②从阿拉尔至台特玛湖 6 个河段各种植被类型的面积分布比例分别为疏林地为 17.9%、21.3%、30.4%、14.4%、1.4% 和 14.6%；有林地为 23.9%、32.4%、27.4%、8.8%、3.3% 和 4.2%；低覆盖度草地为 24%、19.7%、24.1%、8.0%、9.3% 和 14.9%；高覆盖度草地为 30.8%、31.2%、16.3%、6.2%、9.5% 和 6.0%。

塔里木河干流各河段南、北岸天然植被分布宽幅、种群结构等存在显著差异，为明确各河段南、北岸天然植被类型分布特征，对干流各河段南、北岸的天然植被面积分别进行提取，其分布特征如图 5.8 所示。

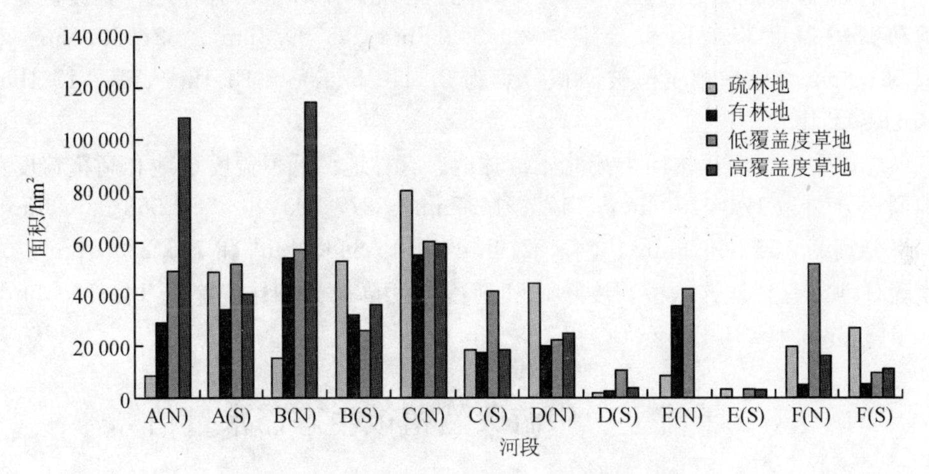

图 5.8 干流不同河段南、北岸天然植被面积分布

A. 阿拉尔—新渠满；B. 新渠满—英巴扎；C. 英巴扎—乌斯满；D. 乌斯满—阿其克；E. 阿其克—恰拉；F. 恰拉—台特玛湖。N 表示北岸，S 表示南岸

从图 5.8 可知，各河段南、北岸天然植被类型面积分布特征如下：

上游河段。①阿拉尔—新渠满：北岸疏林地、有林地、低覆盖度草地和高覆盖度草地的面积分别为 9017.4hm²、29 858.0hm²、49 511.5hm² 和 108 817.3hm²；南岸相应的天然植被面积分别为 49 429.6hm²、34 545.8hm²、52 391.8hm² 和 40 252.4hm²。②新渠满—英巴扎：北岸疏林地、有林地、低覆盖度草地和高覆盖度草地的面积分别为 16 094.5hm²、54 576.7hm²、57 186.9hm² 和 114 649.8hm²；

南岸相对应的天然植被面积分别为53 747.9hm^2、32 590.3hm^2、26 522.8hm^{2}和36 165.3hm^2。上游河段北岸疏林地面积比南岸少78 065.6hm^2，有林地北岸较南岸多17 298.6hm^2，总体表现为南岸林地面积分布多，而北岸林地覆盖度高、长势较好。

中游河段。①英巴扎—乌斯满：北岸疏林地、有林地、低覆盖度草地和高覆盖度草地的面积分别为80 478.1hm^2、55 652.6hm^2、60 360.6hm^{2}和59 838.4hm^2；南岸相应植被类型面积分别为18 943.3hm^2、18 056.3hm^2、41 890.1hm^{2}和18 966.7hm^2。②乌斯满—阿其克：北岸疏林地、有林地、低覆盖度草地和高覆盖度草地的面积分别为44 582.93hm^2、20 572.26hm^2、22 680.86hm^{2}和25 483.43hm^2，南岸相应面积分别为2656.65hm^2、3174.43hm^2、11 272.85hm^{2}和4436.53hm^2。③阿其克—恰拉：北岸疏林地较南岸少，有林地、低覆盖度草地和高覆盖度草地的面积较南岸多。中游段南、北岸植被面积分布差异最为显著，北岸疏林地、有林地、低覆盖度草地和高覆盖度草地的面积分别比南岸高出100 013.0hm^2、63 528.6hm^2、61 644.1hm^{2}和100 857.7hm^2。

下游河段。以其文阔尔河划分南、北岸，北岸疏林地、有林地、低覆盖度草地和高覆盖度草地面积分别为20 306.8hm^2、5709.8hm^2、52 439.3hm^{2}和17 081.6hm^2，南岸相应植被面积分别为27 440.5hm^2、5923.1hm^2、10 712.4hm^{2}和11 892.4hm^2。

总体看来，塔里木河干流北岸疏林地、有林地、低覆盖度草地和高覆盖度草地面积分别为171 019.2hm^2、175 016.7hm^2、277 700.9hm^{2}和368 326.5hm^2，南岸分别为156 205.6hm^2、94 402.9hm^2、146 546.3hm^{2}和115 230.1hm^2。北岸疏林地、有林地、低覆盖度草地和高覆盖度草地分别比南岸高14 813.6hm^2、80 613.8hm^2、131 154.6hm^{2}和253 096.4hm^2。

5.3 干流上、中游天然植被生态需水量估算

根据宋郁东和樊自立等的研究，塔里木河自然植被的最低生态需水量采用潜水蒸发法进行计算，计算的理论依据如下。

（1）地表蒸发和植被蒸腾所消耗的土壤水分中，来自于地下水（潜水）的那部分水量，称为潜水蒸发量。潜水蒸发是水循环的一部分，也是浅层地下水向土壤水和大气水自然转化的一种主要形式。

（2）潜水蒸发是地下水垂直向上运动或是由液态转化为气态而形成的一种现象，当地下水埋深较浅时，潜水通过毛管水的作用，上升或扩散到非饱和带土壤内；一方面以土壤蒸发的方式进入大气中，另一方面由根系吸收再散发到大气内。这样，土壤水分因蒸散而不断减少，而潜水通过毛管又不断加以补充，使地

下水位下降。在一定时间段内，这一时段地下水位降幅内所失去的水量就是该时段的潜水蒸发量。

(3) 潜水蒸发量是指浅层地下水在毛管作用下，向上运动所形成的蒸发量。它包括：一部分受气候（如气温、湿度、风力等）影响的蒸发散失；一部分湿润土壤中存在的土壤水；还有一部分被植被根系吸收供其生长所需，即包括棵间蒸发和被植被根系吸收所造成的叶面蒸发量两部分。

塔里木河干流两岸分布的自然植被，主要是非地带性的隐域植被，它不依赖于大气降水，而是靠地下水供给其蒸腾和蒸发。因此，自然植被的实际蒸散量是由潜水向上输送供给的。而影响植被生长的土壤水分状况取决于潜水蒸发量的大小，从较大的空间尺度来说，当土壤处于稳定蒸发时，不仅地表的蒸发强度保持稳定，土壤含水量也不随时间而变化，即潜水蒸发量、土壤水分通量和土壤蒸散强度三者相等。因此，干旱区依靠潜水生长的天然植被的实际蒸散近似地等于潜水蒸发量，天然植被的生态需水可通过潜水蒸发来估算。

塔里木河干流沿岸自然植被的水分利用方式包括洪水漫溢和地下水渗漏补给灌溉，与农业生产中按农作物定额灌溉存在显著区别。一次洪水既可以淹灌乔灌木林地，也可以淹灌草地。因此，林地和草地得到的灌水量是一样的。另外，在地下水位相同的地方可能同时生长着乔灌木林地和草地。根据自然植被吸收利用地下水的特点，生态需水按植被蒸散耗水即潜水蒸发计算是符合实际的。

5.3.1 基于潜水蒸发法的天然植被生态需水量估算

根据樊自立和叶朝霞等研究，将塔里木潜水蒸发的极限埋深（h_{max}）确定为5.0m。公式中a、b是与土壤类型有关的经验系数，宋郁东等在《中国塔里木河水资源与生态问题研究》中将a取值为0.62，b取值为2.8。不同河段蒸发量利用干流阿克苏、阿拉尔、库车、轮台、库尔勒和铁干里克6个气象观测站点1992～2001年不同河段的年均蒸发量取值（表5.2）。

表5.2 不同河段蒸发量取值（1992～2001年）

	阿拉尔—新渠满	新渠满—英巴扎	英巴扎—乌斯满	乌斯满—恰拉	恰拉—台特玛湖
气象站	阿克苏、阿拉尔	库车、轮台	轮台、库尔勒	库尔勒、铁干里克	铁干里克
蒸发量/mm	1948.09	2059.27	2357.30	2617.13	2754.02

根据胡顺军对塔里木河干流乔、灌、草不同植被盖度和不同植被结构下水埋深分布特征的研究，结合干流中游段2006～2009年地下水埋深实际监测资料和观测井附近植被样方调查，确定疏林地、有林地、低覆盖度草地和高覆盖度草地4种植被类型下地下水埋深（表5.3）。

表 5.3　不同植被类型地下潜水埋深

植被类型	植被盖度	地下水埋深/m	地下水平均埋深/m
疏林地	5%～30%	2.5～8.0	4.5
有林地	>30%	1.0～4.0	2.5
低覆盖度草地	5%～20%	>4.0	4.0
高覆盖度草地	>20%	1.0～4.0	2.5

还需考虑不同潜水埋深的植被影响系数，采用《阿克苏农业考察报告》中提供的不同埋深时的植被影响系数（表 5.4）。

表 5.4　不同地下水埋深的植被系数

地下水埋深/m	1.0	1.5	2.0	2.5	3.0	3.5	≥4
植被影响系数	1.98	1.63	1.56	1.45	1.38	1.29	1.00

通过阿维利扬诺夫公式计算不同植被类型的潜水蒸发量（Wg_i）如表 5.5 所示。

表 5.5　干流上、中游各河段不同植被类型潜水蒸发量　（单位：m^3/hm^2）

河　段	疏林地	有林地	低覆盖度草地	高覆盖度草地
阿拉尔—新渠满	19.14	2514.69	133.32	2514.69
新渠满—英巴扎	20.24	2658.20	140.92	2658.20
英巴扎—乌斯满	23.16	3042.91	161.32	3042.91
乌斯满—恰拉	25.72	3378.32	179.10	3378.32

通过提取研究区范围内疏林地、有林地、低覆盖度草地和高覆盖度草地的面积（A_i）。采用阿维利扬诺夫公式（式 5.2）计算 4 种植被类型下的潜水蒸发量（Wg_i），并通过潜水蒸发公式（式 5.1）计算相应植被类型的生态需水量（W），在此基础上考虑不同潜水埋深下的植被系数，结果见表 5.6。干流上、中游疏林地、有林地、低覆盖度草地和高覆盖度草地的生态需水量分别为 $0.062\times10^8 m^3$、$7.278\times10^8 m^3$、$0.550\times10^8 m^3$ 和 $12.719\times10^8 m^3$，总计 $20.609\times10^8 m^3$。

表 5.6　潜水蒸发法估算天然植被生态需水量　（单位：$\times10^8 m^3$）

河　段	南北岸	$S_林$	$Y_林$	$D_草$	$G_草$	总计	河段总计
阿拉尔—新渠满	北岸	0.002	0.751	0.066	2.736	3.555	5.515
	南岸	0.009	0.869	0.070	1.012	1.960	
新渠满—英巴扎	北岸	0.003	1.451	0.081	3.048	4.582	6.458
	南岸	0.011	0.866	0.037	0.961	1.876	
英巴扎—乌斯满	北岸	0.019	1.693	0.097	1.821	3.630	4.829
	南岸	0.004	0.549	0.068	0.577	1.199	

续表

河　段	南北岸	$S_{林}$	$Y_{林}$	$D_{草}$	$G_{草}$	总计	河段总计
乌斯满—阿其克	北岸	0.011	0.695	0.041	0.861	1.608	1.886
	南岸	0.001	0.107	0.020	0.150	0.278	
阿其克—恰拉	北岸	0.001	0.292	0.064	1.434	1.790	1.921
	南岸	0.001	0.004	0.007	0.119	0.130	
总　计	—	0.062	7.278	0.550	12.719	20.609	20.609

注：$S_{林}$为疏林地；$Y_{林}$为有林地；$D_{草}$为低覆盖度草地；$G_{草}$为高覆盖度草地。

5.3.2　基于面积定额法的天然植被生态需水量估算

面积定额法计算天然植被生态需水量的计算见式5.3。根据王让会等对塔里木河“四源一干”生态需水量的研究成果，确定塔里木河干流不同植被类型的单位面积生态需水定额（表5.7）。

表5.7　单位面积植被需水量　　（单位：m^3/hm^2）

植被类型	疏林地	有林地	低覆盖度草地	高覆盖度草地
生态需水量	444.70	3042.65	629.70	2343.80

通过表5.7可知，塔里木河干流上、中游疏林地、有林地、高覆盖度草地和低覆盖度草地4种植被类型生态需水定额分别为444.70m^3/hm^2、3042.65m^3/hm^2、2343.80m^3/hm^2和629.70m^3/hm^2。4种植被类型面积（A_i）通过遥感影像分类结果获得，根据面积定额公式［式（5.3）］计算得到塔里木河流域干流上、中游阿拉尔—新渠满、新渠满—英巴扎、英巴扎—乌斯满、乌斯满—阿其克和阿其克—恰拉5个河段南、北岸天然植被生态需水量（表5.8）。

表5.8　面积定额法估算天然植被生态需水量　（单位：$\times 10^8 m^3$）

河　段	南北岸	$S_{林}$	$Y_{林}$	$D_{草}$	$G_{草}$	总计	河段总计
阿拉尔—新渠满	北岸	0.040	0.908	0.312	2.550	3.810	6.354
	南岸	0.220	1.051	0.330	0.943	2.544	
新渠满—英巴扎	北岸	0.072	1.661	0.360	2.687	4.78	7.026
	南岸	0.239	0.992	0.167	0.848	2.246	
英巴扎—乌斯满	北岸	0.358	1.693	0.380	1.402	3.833	5.175
	南岸	0.084	0.549	0.264	0.445	1.342	
乌斯满—阿其克	北岸	0.198	0.626	0.143	0.597	1.564	1.848
	南岸	0.012	0.097	0.071	0.104	0.284	
阿其克—恰拉	北岸	0.002	0.263	0.224	0.995	1.484	1.611
	南岸	0.018	0.003	0.024	0.082	0.127	
总　计	—	1.243	7.843	2.275	10.653	22.05	22.014

注：$S_{林}$为疏林地；$Y_{林}$为有林地；$D_{草}$为低覆盖度草地；$G_{草}$为高覆盖度草地。

统计结果显示，面积下确定的塔里木河干流阿拉尔—新渠满、新渠满—英巴扎、英巴扎—乌斯满、乌斯满—阿其克和阿其克—恰拉 5 个河段天然植被生态需水量分别为 $6.35\times10^8m^3$、$7.03\times10^8m^3$、$5.18\times10^8m^3$、$1.85\times10^8m^3$ 和 $1.61\times10^8m^3$，总计 $22.014\times10^8m^3$。

为避免单一方法误差过大，对两种方法的计算结果进行平均（表 5.9），确定塔里木河干流上、中游天然植被生态需水量为 $21.312\times10^8m^3$。

表 5.9 估算天然植被生态需水量 （单位：$\times10^8m^3$）

河 段	南北岸	$S_林$	$Y_林$	$D_草$	$G_草$	总计	河段总计
阿拉尔—新渠满	北岸	0.021	0.8295	0.189	2.643	3.683	5.935
	南岸	0.1145	0.96	0.2	0.9775	2.252	
新渠满—英巴扎	北岸	0.0375	1.556	0.2205	2.8675	4.681	6.742
	南岸	0.125	0.929	0.102	0.9045	2.061	
英巴扎—乌斯满	北岸	0.1885	1.693	0.2385	1.6115	3.732	5.002
	南岸	0.044	0.549	0.166	0.511	1.27	
乌斯满—阿其克	北岸	0.1045	0.6605	0.092	0.729	1.586	1.867
	南岸	0.0065	0.102	0.0455	0.127	0.281	
阿其克—恰拉	北岸	0.001	0.2775	0.144	1.2145	1.637	1.766
	南岸	0.0095	0.0035	0.0155	0.1005	0.129	
总 计	—	0.652	7.56	1.413	11.686	21.312	—

注：$S_林$为疏林地；$Y_林$为有林地；$D_草$为低覆盖度草地；$G_草$为高覆盖度草地。

5.4 干流下游天然植被生态需水量估算

5.4.1 地下水恢复需水量

叶朝霞等（2007）对塔里木河下游地下水埋深与物种数、植被盖度和植被总高度建立关系曲线，认为 5m 是植被特征显著变化的水埋深，并将 5m 确定为塔里木河下游潜水蒸发极限埋深。樊自立等综合考虑潜水蒸发与土壤盐渍化和荒漠化的关系，确定塔里木河流域适宜地下水埋深为 2～4m。考虑下游实际供水情况，本书认为下游地下水埋深恢复 4～5m 较为合理。自 2000 年下游实施生态输水措施以来，河道两岸地下水埋深有所抬升，但由于输水的“间歇性”特征，监测表明，地下水埋深并没有抬升至绝大多数天然植被正常生长的潜水水位。

以 2009 年和 2010 年塔里木河下游各监测断面监测井年平均值作为各监测井现状地下水埋深（H），各监测断面距河道不同距离所有监测井的平均值作为该断面地下水埋深现状值，两断面间地下水埋深现状值取两断面的均值。根据宋郁东等对下游地下水分布特征的研究，确定下游不同河段水位变动带的饱和差

(M)；下游段土壤容重（n）取均值 1.36g/cm^3；面积（F）按照距离河道两岸各 1km 作为地下水最大影响范围确定，根据公式计算得塔里木河下游大西海子以下地下水埋深恢复至 4m 和 5m 时需水量，见表 5.10。

表 5.10 地下水恢复至 4m 和 5m 时恢复需水量

河段	M	H/m	ΔH (4m)/m	ΔH (5m)/m	F /×10^{4}hm^2	n/ (g/cm^3)	ΔW (4m)/×10^{8}m^3	ΔW (5m)/×10^{8}m^3
大西海子—英苏(齐河)	0.1403	5.26	1.26	0.26	1.44	1.36	0.35	0.05
英苏—喀尔达依(齐河)	0.1403	7.02	3.02	2.02	0.68	1.36	0.39	0.39
喀尔达依—阿拉干(齐河)	0.1403	8.00	4.00	3.00	2.18	1.36	1.66	0.57
阿拉干—依干不及麻(齐河)	0.2018	7.90	3.90	2.90	1.92	1.36	2.05	0.79
依干不及麻—台特玛湖(齐河)	0.2018	5.87	1.87	0.87	1.14	1.36	0.58	0.24
大西海子—老英苏(老塔里木河)	0.1403	6.08	2.08	1.08	1.08	1.36	0.43	0.21
老英苏—阿拉干(老塔里木河)	0.1724	8.36	4.36	3.36	1.82	1.36	1.86	0.79
总计	1.1372	48.49	20.49	13.49	10.26	9.52	7.33	3.04

通过计算，若要塔里木河下游地下水埋深恢复至 5m，总的恢复需水量为 3.04×10^{8}m^3；若要地下水埋深恢复至 4m，总的恢复需水量为 7.33×10^{8}m^3。当前，塔里木河下游大西海子以下年规划下泄生态用水 3.5×10^{8}m^3，地下水恢复量集中一年中恢复是不可能的。假定地下水量恢复需要 5 年完成，若地下水埋深恢复至 5m，每年恢复水量需要 0.608×10^{8}m^3；若地下水埋深恢复至 4m，则每年需恢复水量 1.466×10^{8}m^3。

为保持干流河道生态需水量计算结果的完整性，确定下游恰拉—大西海子（恰—大）河道基流生态需水量为恰拉河道最小过水流量 3.289×10^{8}m^3 与大西海子以下河道需水量（河道最小生态需水量＋地下水恢复量）2.431×10^{8}m^3 的差值为 0.858×10^{8}m^3。

5.4.2 下游天然植被生态需水量

通过 ArcGIS 9.3 对下游不同类型植被面积进行统计，确定下游恰拉至台特玛湖疏林地、有林地、低覆盖度草地和高覆盖度草地的面积分别为 47 747.3hm^2、11 632.9hm^2、63 151.0hm^2 和 28 974.0hm^2，通过潜水蒸发模型计算植被生态需水量为 1.576×10^{8}m^3，通过面积定额法计算结果为 1.642×10^{8}m^3。恰拉—台特玛湖天然植被生态需水量取潜水蒸发法和面积定额法计算结果的均值为 1.609×10^{8}m^3。

大西海子以下至台特玛湖疏林地、有林地、低覆盖度草地和高覆盖度草地的面积分别为 38 879.4hm^2、11 005.9hm^2、28 503.6hm^2 和 17 737.0hm^2，通过潜水蒸发模型计算植被生态需水量为 1.086×10^{8}m^3，通过面积定额法计算结果为 1.103×10^{8}m^3。大西海子至台特玛湖天然植被生态需水量取潜水蒸发法和面积定额法计算结果的均值为 1.095×10^{8}m^3。

6　塔里木河干流社会经济发展与需水预测研究

6.1　需水预测依据与原则

塔里木河流域需水预测依据与原则如下。

（1）根据塔里木河流域水量分配关键技术研究任务书，按6个监测区段进行分段分析。

（2）灌区农业灌溉面积及节水灌溉面积现状及规划数据主要由塔里木河流域管理局（简称塔管局）提供，并结合干流段所属县市农田水利基本建设综合规划，对农业、林业、畜牧及水利的当前发展方向进行适当的调整。灌溉水利用系数主要依据《塔里木河流域综合治理五年实施方案》经适当校正后拟定。

（3）规划年干流段需水总量按最严格水资源管理实行总量控制的原则确定。

1）上中游段地方灌区

用水总量根据《塔里木河流域“四源一干”地表水水量分配方案》（简称《水量分配方案》）要求，干流上中游段（阿拉尔—恰拉）地表水限额用水量为8.76亿m^3（不含兵团用水）。其中，轮南油田石油工业用水1.26亿m^3，农业等其他用水7.5亿m^3。

考虑轮南油田尚在开发早期，其现状及近期用水量较小、限额富余较多，现状实际这部分水量是调归农业使用。因此，本书仍以8.76亿m^3为用水总量控制目标，并考虑水库库损因素，要求干流上中游段需水总量不超过8.01亿m^3；行业用水中，油田用水富余部分可调剂农业使用。

干流上中游段地下水根据《塔里木河流域综合治理五年实施方案》要求基本不开采，而《新疆水资源综合规划》中规定塔里木河干流区（含下游段）地下水开采限额宜控制在0.96亿m^3以内。考虑实际现状已开采近1亿m^3，规划年按两种方案确定地下水供水量。方案一是按《塔里木河综合治理五年实施方案》要求，地下水主要用于一般工业和生活用水，总量控制在0.1亿m^3以内；方案二是照顾现状实际，按《新疆水资源综合规划》要求，地下水开采控制在0.86亿m^3以内，可适当用于农业发展滴灌。

以上两个方案无论地下水用水量多寡，区域总用水量均不得突破8.76亿m^3

的总用水控制目标。即增加地下水用水限额，需相应消减地表水用水限额。

2）下游段兵团灌区

目前，下游灌区水源情况比较复杂，其用水总量根据《塔里木河流域“四源一干”地表水水量分配方案》要求，灌区水源来自塔里木河和孔雀河两个途径，其中塔里木河干流地表水供水限额水量为2亿 m^3（全部为兵团用水），孔雀河地表水供水限额2.5亿 m^3；此外，孔雀河还负责给塔里木河下游供给生态水2亿 m^3。

考虑下游灌区水源主要来自孔雀河，且水量的季节性调配也主要依靠调蓄孔雀河水的恰拉水库。为简化起见，本书不作下游灌区的需水分析；塔里木河地表水供水按各水平年均维持2亿 m^3 总量不变；供水过程可参照近两年实际月供水量平均值推算，按固定过程供水。

下游灌区的地下水用水量依据《塔里木河流域综合治理五年实施方案》要求，主要用于一般工业和生活用水，结合现状开采情况和《新疆水资源综合规划》地下水开采限额规定，下游段地下水开采总量控制在0.1亿 m^3 以内，基本维持现状。

6.2　农业种植结构与发展规划

6.2.1　国民经济发展指标预测

1）人口发展预测

根据塔里木河流域管理局提供的统计资料，塔里木河干流总人口为10.01万人。规划年人口发展指标预测采用自然增长率法，自然增长率取12‰。人口发展预测见表6.1。

表6.1　人口发展预测表　（单位：万人）

分断面	2010年	2020年	2030年
阿拉尔—新渠满	58 969	66 440	74 857
新渠满—英巴扎	14 774	16 646	18 755
英巴扎—乌斯满	7 340	8 270	9 318
乌斯满—阿其克	9 987	11 252	12 678
阿其克—恰拉	9 036	10 181	11 471
合　计	100 106	112 789	127 079

注：人口增长率按12‰增长。

2）工业发展预测

塔里木河干流段工业主要有石油、电力、建材、农副产品加工等，2010 年工业总产值达 2.294 亿元。由于本区石油工业（轮南油田，英巴扎—乌斯满段）用水较大且有专门水量限额，本书工业发展按石油工业和一般工业分别预测。

一般工业增长率根据分区间所属各县县级农田水利综合规划，预测近期为15%，远期为12%。石油工业参照近年来新疆石油及石化工业大发展的情况，增长率近期预测为20%，远期为15%。工业产值发展预测见表 6.2。

表 6.2　工业产值发展预测表　（单位：万元）

年份	阿拉尔—新渠满	新渠满—英巴扎	英巴扎—乌斯满	乌斯满—阿其克	阿其克—恰拉	合计	石油
2010	3 800	133	2 389	2 424	2 194	10 940	12 000
2020	15 373	538	9 665	9 808	8 874	44 258	74 301
2030	47 747	1671	30 018	30 463	27 562	137 460	300 588

3）畜牧业发展预测

干流段畜牧养殖目前以牛、羊、驴为主，2010 年年末牲畜自然存栏折标准畜为 72.12 万头。规划年牲畜增长率 2020 年按 2.0%考虑、2030 年按 1.5%考虑。牲畜发展预测见表 6.3。

表 6.3　牲畜发展预测表　（单位：头）

分断面	2010 年	2020 年	2030 年
阿拉尔—新渠满	328 311	400 210	464 460
新渠满—英巴扎	182 992	223 067	258 878
英巴扎—乌斯满	92 744	113 055	131 205
乌斯满—阿其克	69 120	84 257	97 784
阿其克—恰拉	48 037	58 557	67 958
合　计	721 204	879 146	1 020 285

6.2.2　农业发展规划

1）灌溉面积发展规划

干流段各区间各规划水平年灌溉面积发展情况分别为：规划 2020 年和 2030 年干流段总灌溉面积保持现状 85.69 万亩不变，农、林、草用地比例为 89∶6∶5。各年份灌溉面积及大农业用地结构发展规划详见表 6.4 和表 6.5。

表 6.4 现状年及规划水平年灌溉面积表 （单位：万亩）

作　物	阿拉尔—新渠满	新渠满—英巴扎	英巴扎—乌斯满	乌斯满—阿其克	阿其克—恰拉	合计
水稻	0.00	0.00	0.00	0.00	0.00	0.00
小麦	0.59	0.59	0.26	0.00	0.00	1.44
正播玉米	0.18	0.30	0.08	0.00	0.00	0.56
复播玉米	0.00	0.00	0.00	0.00	0.00	0.00
棉花	25.83	30.12	16.00	3.00	3.00	77.95
油料	0.00	0.00	0.00	0.00	0.00	0.00
瓜菜	0.59	0.70	0.00	0.00	0.00	1.29
其他	0.00	0.00	0.00	0.00	0.00	0.00
园地	0.24	0.10	0.10	0.00	0.00	0.44
林地	1.22	2.40	0.15	0.00	0.00	3.77
苜蓿	0.10	0.00	0.14	0.00	0.00	0.24
灌溉面积合计	28.75	34.21	16.73	3.00	3.00	85.69

表 6.5 大农业用地结构比例 （单位：%）

年　份	项目	阿拉尔—新渠满	新渠满—英巴扎	英巴扎—乌斯满	乌斯满—阿其克	阿其克—恰拉	合计
2010	种植业	93.9	91.8	97.2	100.0	100.0	95
	林果业	5.1	7.3	1.5	0.0	0.0	5
	牧草业	0.3	0.0	0.8	0.0	0.0	0
	合计	99.3	99.1	99.5	100.00	100.00	100
2020	种植业	94.6	92.7	97.7	100.0	100.0	95
	林果业	50.1	7.3	1.5	0.0	0.0	5
	牧草业	0.3	0.0	0.8	0.0	0.0	0
	合计	100.0	100.0	100.0	100.0	100.0	100
2030	种植业	94.6	92.7	97.7	100.0	100.0	95
	林果业	5.1	7.3	1.5	0.0	0.0	5
	牧草业	0.3	0.0	0.8	0.0	0.0	0
	合计	100.0	100.0	100.0	100.0	100.0	100

2）节水灌溉规划

由表 6.6 可知，干流段现有高效节水灌溉面积共 12.37 万亩，全部为滴灌。

根据干流段所属各县市农业节水发展计划及当地农业节水发展潜力，对 2020 年制定了两种方案。

方案一：均衡发展渠道防渗与高效节水，滴灌面积达到 27 万亩，常规灌渠系利用系数达到 0.53；

方案二：适度发展渠道防渗，大力发展高效节水农业，滴灌面积达到41.5万亩，常规灌渠系利用系数达到0.51。

规划2030年滴灌面积达到58万亩，三级渠道防渗基本完成，常规灌渠系利用系数达到0.58。

6.3 灌区各行业需水预测

6.3.1 工业、人畜及渔业需水预测

1）工业用水量预测

工业需水量按万元产业总产值需水量进行预测。根据调查，干流段现状万元工业产值用水量为240m^3。今后随着工业产业结构的调整以及工业节水水平的提高，工业用水定额将逐年降低，规划2020年为185m^3/万元，2030年为150m^3/万元。

石油工业由于主要以采油为主，随着开采年限增加，开采需要大量注水加压，其用水定额是逐渐增加的，预测其万元产值用水定额2020年为250m^3/万元，较现状略有增加；2030年考虑油田寿命的不可预见性，设置高低两个方案分别为400m^3/万元与270m^3/万元。工业用水量见表6.7。

2）人畜生活用水量预测

根据调查，现状人均日用水定额为70L。规划年人均用水定额不变。牲畜按存栏头数（标准畜）每只日用水量10L不变。

人畜生活需水量详见表6.7。

6.3.2 农业需水预测

1）农业灌溉制度

影响灌溉制度的因素很多，主要有灌区的气候、土壤条件、水源条件、灌区地下水位、灌溉技术和灌溉方式等因素。本书塔里木河干流段灌溉制度的制定结合所属各县市水管部门的灌溉统计资料，并参考塔里木河综合治理五年实施方案成果综合分析确定。高效节水灌溉作物的灌溉制度通过调查当地已建工程的灌溉经验，并参考类似区域的灌溉试验成果拟定。详见灌溉制度表6.8。

表 6.6 各水平年高效节水灌溉面积规划表 （单位:万亩）

年 份	灌溉型式	作物	阿拉尔—新渠满	新渠满—英巴扎	英巴扎—乌斯满	乌斯满—阿其克	阿其克—恰拉	合计
2010	滴灌	棉花	4	1.87	3	1.5	2	12.37
2020(方案一)	滴灌	棉花	8	9.5	5	2	2.5	27
2020(方案二)	滴灌	棉花	13.5	15	8	2.5	2.5	41.5
2030	滴灌	棉花	18.5	21.5	12	3	3	58

表 6.7 各水平年工业及人畜生活毛需水量计算表 （单位:万 m^3）

年 份	项目	阿拉尔—新渠满	新渠满—英巴扎	英巴扎—乌斯满	乌斯满—阿其克	阿其克—恰拉	合计
2010	居民生活	150.7	37.7	18.8	25.5	23.1	255.8
	牲畜	119.8	66.8	33.9	25.2	17.5	263.2
	一般工业	91.2	3.2	57.3	58.2	52.6	262.5
	石油工业	—	—	240	—	—	240
2020	居民生活	194	48.6	24.1	32.9	29.7	329.3
	牲畜	146.1	81.4	41.3	30.8	21.4	321
	一般工业	284.4	10	178.8	181.5	164.2	818.8
	石油工业	—	—	1857.5	—	—	1857.5
2030(方案一)	居民生活	245.9	61.6	30.6	41.6	37.7	417.4
	牲畜	169.5	94.5	47.9	35.7	24.8	372.4
	一般工业	716.2	25.1	450.3	456.9	413.4	2061.9
	石油工业	—	—	12 023.5	—	—	12 023.5
2030(方案二)	居民生活	245.9	61.6	30.6	41.6	37.7	417.4
	牲畜	169.5	94.5	47.9	35.7	24.8	372.4
	一般工业	716.2	25.1	450.3	456.9	413.4	2061.9
	石油工业	—	—	8115.9	—	—	8115.9

表 6.8　规划年灌溉制度表

作　物	灌水次序/次	灌水时间/（日/月～日/月）	灌水定额/（m^3/亩）
瓜菜	1～2	5/4～25/4	80
	3～4	10/5～25/5	80
	5～6	5/6～20/6	80
	7～8	10/7～25/7	80
	9～10	10/8～25/8	80
	11～12	10/9～25/9	80
	13	10/10～25/10	20
	合计	—	500
其他	1	5/4～25/4	70
	2	5/6～25/6	60
	3	1/7～20/7	60
	4	20/7～10/8	60
	5	10/8～30/8	50
	合计	—	300
果园	1	20/3～20/4	75
	2	1/6～30/6	75
	3	1/7～30/7	80
	4	5/8～25/8	80
	5	1/9～20/9	75
	6	20/10～20/11	85
	合计	—	470
林地	1	1/5～25/5	75
	2	10/7～25/7	75
	3	10/8～25/8	75
	4	1/11～10/12	75
	合计	—	300
苜蓿	1	5/5～20/5	55
	2	1/6～30/6	60
	3	10/7～25/7	60
	4	5/8～25/8	55
	5	5/10～25/10	70
	合计	—	300
棉花（滴灌）	1	15/11～15/12	90
		15/3～20/4	90
	2	15/6～25/6	35
	3	26/6～5/7	30
	4	6/7～13/7	35
	5	14/7～21/7	35

续表

作 物	灌水次序/次	灌水时间/（日/月～日/月）	灌水定额/（m^3/亩）
棉花（滴灌）	6	22/7～30/7	35
	7	1/8～10/8	30
	8	10/8～20/8	25
	9	25/8～5/9	15
	合计	—	420
冬小麦	1	10/9～30/9	70
	2	20/10～10/11	60
	3	20/3～10/4	55
	4	20/4～10/5	60
	5	10/5～25/5	60
	6	1/6～15/6	55
	合计	—	360
正播玉米	1	20/3～20/4	90
	2	1/6～20/6	55
	3	20/6～10/7	55
	4	10/7～25/7	55
	5	25/7～15/8	55
	合计	—	310
复播玉米	1	15/6～30/6	60
	2	15/7～30/7	60
	3	5/8～20/8	60
	4	1/9～15/9	60
	合计	—	240
棉花	1	15/11～15/12	90
		15/2～10/4	90
	2	5/6～25/6	70
	3	1/7～20/7	65
	4	20/7～10/8	65
	5	20/8～5/9	60
	合计	—	440

2）灌溉水利用系数

现状年在收集整理塔里木河干流段所属各县市渠系防渗率、渠系水利用系数、灌溉水利用系数调查资料的基础上，结合各县市农田水利综合规划成果，制定各县市地面灌区灌溉水利用系数。

根据节水灌溉规范要求，制定各年份高效节水灌溉利用系数如下：

井水滴灌管系水利用系数为 0.97，田间水利用系数为 0.95，灌溉水利用系数为 0.922；河水滴灌在井水滴灌水利用系数的基础上，再乘以地面灌斗口以上利用系数 0.7。

灌区各水平年灌溉水利用系数规划详见表 6.9。

表 6.9　干流段各区间灌溉水利用系数规划

分断面	地面灌												滴灌(地表水)			
	2010 年			2020 年(方案一)			2020 年(方案二)			2030 年						
	渠系	田间	灌溉	渠系	田间	灌溉	渠系	田间	灌溉	渠系	田间	灌溉	斗口以上渠系	管系	田间	灌溉
阿拉尔—新渠满	0.45	0.85	0.383	0.51	0.885	0.451	0.49	0.880	0.431	0.56	0.90	0.504	0.7	0.97	0.95	0.645
新渠满—英巴扎	0.42	0.85	0.357	0.49	0.885	0.432	0.46	0.880	0.408	0.55	0.90	0.495	0.7	0.97	0.95	0.645
英巴扎—乌斯满	0.48	0.85	0.408	0.54	0.885	0.478	0.52	0.880	0.458	0.57	0.90	0.513	0.7	0.97	0.95	0.645
乌斯满—阿其克	0.52	0.85	0.442	0.56	0.885	0.496	0.54	0.880	0.479	0.60	0.90	0.540	0.7	0.97	0.95	0.645
阿其克—恰拉	0.52	0.85	0.442	0.56	0.885	0.496	0.54	0.880	0.479	0.60	0.90	0.540	0.7	0.97	0.95	0.645

3）灌溉需水量

各水平年农业灌溉需水量计算详见表6.10。

表6.10　干流段各区间不同水平年各行业毛需水量汇总表　（单位：万 m³）

年份	项目	阿拉尔—新渠满	新渠满—英巴扎	英巴扎—乌斯满	乌斯满—阿其克	阿其克—恰拉	合计
2010	居民生活	150.7	37.7	18.8	25.5	23.1	255.8
	牲畜	119.8	66.8	33.9	25.2	17.5	263.2
	一般工业	91.2	3.2	57.3	58.2	52.6	262.5
	石油工业	—	—	240.0	—	—	240.0
	农业	34 366.7	44 887.2	18 695.1	2 831.9	2 667.2	103 448.2
	南岸	18 058.7	2 693.2	2 243.4	—	—	22995.4
	北岸	16 669.6	42 301.7	16 801.7	2 940.8	2 760.5	81 474.3
	合计	34 728.3	44 994.9	19 045.1	2 940.8	2 760.5	104 469.6
2020（方案一）	居民生活	194.0	48.6	24.1	32.9	29.7	329.3
	牲畜	146.1	81.4	41.3	30.8	21.4	321.0
	一般工业	284.4	10.0	178.8	181.5	164.2	818.9
	石油工业	—	—	1 857.5	—	—	1 857.5
	农业	25 944.9	31 790.0	14 395.8	2 357.0	2 281.0	76 768.7
	南岸	13 816.1	1 907.4	1 727.5	—	—	17 451.0
	北岸	12 753.3	30 022.6	14 770.0	2 602.1	2 496.2	62 644.2
	合计	26 569.4	31 930.0	16 497.5	2 602.1	2 496.2	80 095.1
2020（方案二）	居民生活	194.0	48.6	24.1	32.9	29.7	329.3
	牲畜	146.1	81.4	41.3	30.8	21.4	321.0
	一般工业	284.4	10.0	178.8	181.5	164.2	818.9
	石油工业	—	—	1 857.5	—	—	1 857.5
	农业	25 739.2	31 993.5	14 356.3	2 328.9	2 328.9	76 746.8
	南岸	13 709.1	1 919.6	1 722.8	—	—	17 351.5
	北岸	12 654.6	30 213.9	14 735.3	2 574.0	2 544.2	62 722.0
	合计	26 363.7	32 133.5	16 458.1	2 574.0	2 544.2	80 073.5
2030（方案一）	居民生活	245.9	61.6	30.6	41.6	37.7	417.4
	牲畜	169.5	94.5	47.9	35.7	24.8	372.4
	一般工业	716.2	25.1	450.3	456.9	413.4	2 061.9
	石油工业	—	—	12 023.5	—	—	12 023.5
	农业	22 019.5	26 355.6	12 597.2	2 116.2	2 116.2	65 204.7
	南岸	12 038.6	1 581.3	1 511.7	—	—	15 131.6
	北岸	11 112.6	24 955.4	23 637.8	2 650.5	2 592.1	64 948.4
	合计	23 151.2	26 536.7	25 149.5	2 650.5	2 592.1	80 080.0

续表

年份	项目	阿拉尔—新渠满	新渠满—英巴扎	英巴扎—乌斯满	乌斯满—阿其克	阿其克—恰拉	合计
2030（方案二）	居民生活	245.9	61.6	30.6	41.6	37.7	417.4
	牲畜	169.5	94.5	47.9	35.7	24.8	372.4
	一般工业	716.2	25.1	450.3	456.9	413.4	2 061.9
	石油工业	—	—	8 115.9	—	—	8 115.9
	农业	22 019.5	26 355.6	12 597.2	2 116.2	2 116.2	65 204.7
	南岸	12 038.6	1 581.3	1 511.7	—	—	15 131.6
	北岸	11 112.6	24 955.4	23 637.8	2 650.5	2 592.1	64 948.4
	合计	23 151.2	26 536.7	25 149.5	2 650.5	2 592.1	80 080.0

6.3.3 农业用水水平

各水平年农业灌溉需水量见表 6.11～表 6.34。

1）净灌溉定额

随着规划年高效节水灌溉面积比重逐步上升，以及灌区种植结构的调整，灌区农业净灌溉需水定额总体呈逐步下降趋势。净灌溉需水定额由现状年的 471m^3/亩降至 2030 年的 418m^3/亩，下降了 53m^3/亩，降幅为 11%。

2）毛灌溉定额

随着灌区渠系防渗率的提高、高新节水灌溉面积的加大，规划年灌区农业综合毛灌溉需水定额呈现较大幅度的下降。综合毛灌溉需水定额由现状年的 1207m^3/亩下降至 2030 年的 761m^3/亩，亩需水量下降了 446m^3，总降幅为 37%。

各水平年农业灌溉需水量、灌溉定额、综合灌溉水利用系数变化情况详见表 6.35。

3）综合灌溉水利用系数

随着塔里木河干流段各区间农业节水水平的增强，渠系防渗率的提高，节水灌溉面积比例的增大，综合灌溉水利用系数变化较为明显。综合灌溉水利用系数由现状年的 0.39 提高至 2030 年的 0.55，提高 16 个百分点，平均水平满足节水灌溉规范对中型灌区的要求。详见图 6.1。

表 6.11 2010年农业灌溉需水量计算汇总表

灌水方式	作物	面积/万亩	1月	2月	3月	4月	5月	6月	7月	8月	9月	10月	11月	12月	年需水量
地面灌	水稻	0.00	0.00	0.00	0.00	0.00	0.00	0.00	0.00	0.00	0.00	0.00	0.00	0.00	0.00
	小麦	1.44	0.00	0.00	144.31	86.59	86.59	86.59	0.00	0.00	86.59	86.59	0.00	0.00	577.26
	正播玉米	0.56	0.00	0.00	0.00	0.00	0.00	0.00	0.00	0.00	0.00	0.00	0.00	0.00	0.00
	复播玉米	0.00	0.00	0.00	0.00	0.00	0.00	0.00	0.00	0.00	0.00	0.00	0.00	0.00	0.00
	棉花	65.59	0.00	2 623.44	3 279.30	655.86	0.00	2 623.44	7 214.46	7 870.32	0.00	0.00	3 935.16	3 935.16	32 137.14
	油料	0.00	0.00	0.00	0.00	0.00	0.00	0.00	0.00	0.00	0.00	0.00	0.00	0.00	0.00
	瓜菜	1.29	0.00	0.00	0.00	103.04	103.04	103.04	103.04	115.92	115.92	0.00	0.00	0.00	644.00
	其他	0.00	0.00	0.00	0.00	0.00	0.00	0.00	0.00	0.00	0.00	0.00	0.00	0.00	0.00
	园地	0.44	0.00	0.00	31.05	31.05	0.00	17.74	39.92	39.92	31.05	0.00	31.05	0.00	221.78
	林地	3.77	0.00	0.00	452.11	0.00	0.00	0.00	263.73	263.73	263.73	263.73	0.00	0.00	1 507.03
	苜蓿	0.24	0.00	0.00	0.00	14.10	21.15	0.00	16.45	16.45	0.00	14.10	0.00	0.00	82.25
	净需水量	—	0.00	2 623.44	3 906.77	890.63	210.78	2 830.81	7 637.60	8 306.34	497.28	364.42	3 966.21	3 935.16	35 169.44
	毛需水量	—	0.00	6 946.52	10 380.70	2 363.44	563.30	7 502.98	20 247.4	22 019.0	1 345.14	984.75	10 501.04	10 419.78	93 274.05
滴灌	棉花	12.37	0.00	494.80	494.80	123.70	0.00	494.80	1360.70	989.60	123.70	0.00	556.65	556.65	5195.40
	园艺	0.00	0.00	0.00	0.00	0.00	0.00	0.00	0.00	0.00	0.00	0.00	0.00	0.00	0.00
	净需水量	—	0.00	494.80	494.80	123.70	0.00	494.80	1 360.70	989.60	123.70	0.00	556.65	556.65	5 195.40
	毛需水量	—	0.00	1 238.14	1 238.14	309.53	0.00	767.07	2 109.45	1 534.14	191.77	0.00	1 392.91	1 392.91	1 0174.06
毛需水量总计		—	0.00	8 184.65	11 618.84	2 672.98	563.30	8 270.06	22 356.87	23 553.15	1 536.91	984.75	11 893.95	11 812.68	103 448.14
其中南岸		—	0.00	1 800.62	2 556.14	588.06	123.93	1 819.41	4 918.51	5 181.69	338.12	216.65	2 616.67	2 598.79	22 758.59
其中北岸		—	0.00	6 384.03	9 062.69	2 084.92	439.38	6 450.64	17 438.36	18 371.46	1 198.79	768.11	9 277.28	9 213.89	80 689.55

注：表中除“面积”外，其余列的单位均为万 m^3。

表 6.12 2010 年阿拉尔—新渠满断面农业灌溉需水量计算表

灌水方式	作物	面积/万亩	1月	2月	3月	4月	5月	6月	7月	8月	9月	10月	11月	12月	年需水量
地面灌	水稻	0.00	0.00	0.00	0.00	0.00	0.00	0.00	0.00	0.00	0.00	0.00	0.00	0.00	0.00
	小麦	0.59	0.00	0.00	59.00	35.40	35.40	35.40	0.00	0.00	35.40	35.40	0.00	0.00	236.00
	正播玉米	0.18	0.00	0.00	0.00	0.00	0.00	0.00	0.00	0.00	0.00	0.00	0.00	0.00	0.00
	复播玉米	0.00	0.00	0.00	0.00	0.00	0.00	0.00	0.00	0.00	0.00	0.00	0.00	0.00	0.00
	棉花	21.83	0.00	873.28	1 091.60	218.32	0.00	873.28	2 401.52	2 619.84	0.00	0.00	1 309.92	1 309.92	10 697.68
	油料	0.00	0.00	0.00	0.00	0.00	0.00	0.00	0.00	0.00	0.00	0.00	0.00	0.00	0.00
	瓜菜	0.59	0.00	0.00	0.00	47.04	47.04	47.04	47.04	52.92	52.92	0.00	0.00	0.00	294.00
	其他	0.00	0.00	0.00	0.00	0.00	0.00	0.00	0.00	0.00	0.00	0.00	0.00	0.00	0.00
	园地	0.24	0.00	0.00	17.05	17.05	0.00	9.74	21.92	21.92	17.05	0.00	17.05	0.00	121.78
	林地	1.22	0.00	0.00	146.40	0.00	0.00	0.00	85.40	85.40	85.40	85.40	0.00	0.00	488.00
	苜蓿	0.10	0.00	0.00	0.00	6.00	9.00	0.00	7.00	7.00	0.00	6.00	0.00	0.00	35.00
	净需水量	—	0.00	873.28	1 314.05	323.81	91.44	965.46	2 562.88	2 787.08	190.77	126.8	1 326.97	1 309.92	11 872.46
	毛需水量	—	0.00	2 280.10	3 430.93	845.44	238.75	2 520.78	6 691.58	7 276.96	498.08	331.07	3 464.66	3 420.16	30 998.51
滴灌	棉花	4.00	0.00	160.00	160.00	40.00	0.00	160.00	440.00	320.00	40.00	0.00	180.00	180.00	1 680.00
	园艺	0.00	0.00	0.00	0.00	0.00	0.00	0.00	0.00	0.00	0.00	0.00	0.00	0.00	0.00
	净需水量	—	0.00	160.00	160.00	40.00	0.00	160.00	440.00	320.00	40.00	0.00	180.00	180.00	1 680.00
	毛需水量	—	0.00	417.75	417.75	104.44	0.00	248.04	682.12	496.09	62.01	0.00	469.97	469.97	3 368.14
毛需水量总计		—	0.00	2 697.86	3 848.68	949.88	238.75	2 768.83	7 373.69	7 773.04	560.09	331.07	3 934.63	3 890.13	34 366.66
其中南岸		—	0.00	1 402.89	2 001.31	493.94	124.15	1 439.79	3 834.32	4 041.98	291.25	172.16	2 046.01	2 022.87	17 870.67
其中北岸		—	0.00	1 294.97	1 847.37	455.94	114.60	1 329.04	3 539.37	3 731.06	268.84	158.91	1 888.62	1 867.26	16 495.98

注：表中除“面积”外，其余列的单位均为万 m^3。

表 6.13　2010 年新渠满—英巴扎断面农业灌溉需水量计算表

灌水方式	作物	面积/万亩	1月	2月	3月	4月	5月	6月	7月	8月	9月	10月	11月	12月	年需水量
地面灌	水稻	0.00	0.00	0.00	0.00	0.00	0.00	0.00	0.00	0.00	0.00	0.00	0.00	0.00	0.00
	小麦	0.59	0.00	0.00	59.31	35.59	35.59	35.59	0.00	0.00	35.59	35.59	0.00	0.00	237.26
	正播玉米	0.30	0.00	0.00	0.00	0.00	0.00	0.00	0.00	0.00	0.00	0.00	0.00	0.00	0.00
	复播玉米	0.00	0.00	0.00	0.00	0.00	0.00	0.00	0.00	0.00	0.00	0.00	0.00	0.00	0.00
	棉花	28.25	0.00	1 130.00	1 412.50	282.50	0.00	1 130.00	3 107.50	3 390.00	0.00	0.00	1 695.00	1 695.00	13 842.50
	油料	0.00	0.00	0.00	0.00	0.00	0.00	0.00	0.00	0.00	0.00	0.00	0.00	0.00	0.00
	瓜菜	0.70	0.00	0.00	0.00	56.00	56.00	56.00	56.00	63.00	63.00	0.00	0.00	0.00	350.00
	其他	0.00	0.00	0.00	0.00	0.00	0.00	0.00	0.00	0.00	0.00	0.00	0.00	0.00	0.00
	园地	0.10	0.00	0.00	7.00	7.00	0.00	4.00	9.00	9.00	7.00	0.00	7.00	0.00	50.00
	林地	2.40	0.00	0.00	288.00	0.00	0.00	0.00	168.00	168.00	168.00	168.00	0.00	0.00	960.00
	苜蓿	0.00	0.00	0.00	0.00	0.00	0.00	0.00	0.00	0.00	0.00	0.00	0.00	0.00	0.00
	净需水量	—	0.00	1 130.00	1 766.81	381.09	91.59	1 225.59	3 340.50	3 630.00	273.59	203.59	1 702.00	1 695.00	15 439.76
	毛需水量	—	0.00	3 165.27	4 949.05	1 067.47	256.54	3 433.01	9 357.14	10 168.07	766.35	570.27	4 767.51	4 747.90	43 248.58
滴灌	棉花	1.87	0.00	74.80	74.80	18.70	0.00	74.80	205.70	149.60	18.70	0.00	84.15	84.15	785.40
	园艺	0.00	0.00	0.00	0.00	0.00	0.00	0.00	0.00	0.00	0.00	0.00	0.00	0.00	0.00
	净需水量	—	0.00	74.80	74.80	18.70	0.00	74.80	205.70	149.60	18.70	0.00	84.15	84.15	785.40
	毛需水量	—	0.00	209.52	209.52	52.38	0.00	115.96	318.89	231.92	28.99	0.00	235.71	235.71	1638.6
毛需水量总计		—	0.00	3 374.79	5 158.57	1 119.85	256.54	3 548.98	9 676.03	10 399.99	795.34	570.27	5 003.22	4 983.62	44 887.18
其中南岸		—	0.00	202.49	309.51	67.19	15.39	212.94	580.56	624.00	47.72	34.22	300.19	299.02	2 693.23
其中北岸		—	0.00	3 172.30	4 849.06	1 052.66	241.15	3 336.04	9 095.47	9 775.99	747.62	536.05	4 703.03	4 684.60	42 193.97

注：表中除"面积"外，其余列的单位均为万 m^3。

表 6.14　2010 年英巴扎—乌斯满断面农业灌溉需水量计算表

灌水方式	作物	面积/万亩	1月	2月	3月	4月	5月	6月	7月	8月	9月	10月	11月	12月	年需水量
地面灌	水稻	0.00	0.00	0.00	0.00	0.00	0.00	0.00	0.00	0.00	0.00	0.00	0.00	0.00	0.00
	小麦	0.26	0.00	0.00	26.00	15.60	15.60	15.60	0.00	0.00	15.60	15.60	0.00	0.00	104.00
	正播玉米	0.08	0.00	0.00	0.00	0.00	0.00	0.00	0.00	0.00	0.00	0.00	0.00	0.00	0.00
	复播玉米	0.00	0.00	0.00	0.00	0.00	0.00	0.00	0.00	0.00	0.00	0.00	0.00	0.00	0.00
	棉花	13.00	0.00	520.16	650.20	130.04	0.00	520.16	1 430.44	1 560.48	0.00	0.00	780.24	780.24	6 371.96
	油料	0.00	0.00	0.00	0.00	0.00	0.00	0.00	0.00	0.00	0.00	0.00	0.00	0.00	0.00
	瓜菜	0.00	0.00	0.00	0.00	0.00	0.00	0.00	0.00	0.00	0.00	0.00	0.00	0.00	0.00
	其他	0.00	0.00	0.00	0.00	0.00	0.00	0.00	0.00	0.00	0.00	0.00	0.00	0.00	0.00
	园地	0.10	0.00	0.00	7.00	7.00	0.00	4.00	9.00	9.00	7.00	0.00	7.00	0.00	50.00
	林地	0.15	0.00	0.00	17.71	0.00	0.00	0.00	10.33	10.33	10.33	10.33	0.00	0.00	59.04
	苜蓿	0.14	0.00	0.00	0.00	8.10	12.15	0.00	9.45	9.45	0.00	8.10	0.00	0.00	47.25
	净需水量	—	0.00	520.16	700.91	160.74	27.75	539.76	1 459.22	1 589.26	32.93	34.03	787.24	780.24	6 632.24
	毛需水量	—	0.00	1 274.90	1 717.92	393.97	68.01	1 322.94	3 576.52	3 895.25	80.72	83.41	1 929.51	1 912.35	16 255.50
滴灌	棉花	3.00	0.00	120.00	120.00	30.00	0.00	120.00	330.00	240.00	30.00	0.00	135.00	135.00	1 260.00
	园艺	0.00	0.00	0.00	0.00	0.00	0.00	0.00	0.00	0.00	0.00	0.00	0.00	0.00	0.00
	净需水量	—	0.00	120.00	120.00	30.00	0.00	120.00	330.00	240.00	30.00	0.00	135.00	135.00	1 260.00
	毛需水量	—	0.00	294.12	294.12	73.53	0.00	186.03	511.59	372.06	46.51	0.00	330.88	330.88	2 439.72
毛需水量总计		—	0.00	1 569.02	2 012.03	467.50	68.01	1 508.98	4 088.11	4 267.32	127.23	83.41	2 260.40	2 243.24	18 695.25
其中南岸		—	0.00	188.28	241.44	56.10	8.16	181.08	490.57	512.08	15.27	10.01	271.25	269.19	2 243.43
其中北岸		—	0.00	1 380.74	1 770.59	411.40	59.85	1 327.90	3 597.54	3 755.24	111.96	73.40	1 989.15	1 974.05	16 451.82

注:表中除“面积”外,其余列的单位均为万 m^3。

表 6.15 2010 年乌斯满—阿其克断面农业灌溉需水量计算表

灌水方式	作物	面积/万亩	1月	2月	3月	4月	5月	6月	7月	8月	9月	10月	11月	12月	年需水量
地面灌	水稻	0.00	0.00	0.00	0.00	0.00	0.00	0.00	0.00	0.00	0.00	0.00	0.00	0.00	0.00
	小麦	0.00	0.00	0.00	0.00	0.00	0.00	0.00	0.00	0.00	0.00	0.00	0.00	0.00	0.00
	正播玉米	0.00	0.00	0.00	0.00	0.00	0.00	0.00	0.00	0.00	0.00	0.00	0.00	0.00	0.00
	复播玉米	0.00	0.00	0.00	0.00	0.00	0.00	0.00	0.00	0.00	0.00	0.00	0.00	0.00	0.00
	棉花	1.50	0.00	60.00	75.00	15.00	0.00	60.00	165.00	180.00	0.00	0.00	90.00	90.00	735.00
	油料	0.00	0.00	0.00	0.00	0.00	0.00	0.00	0.00	0.00	0.00	0.00	0.00	0.00	0.00
	瓜菜	0.00	0.00	0.00	0.00	0.00	0.00	0.00	0.00	0.00	0.00	0.00	0.00	0.00	0.00
	其他	0.00	0.00	0.00	0.00	0.00	0.00	0.00	0.00	0.00	0.00	0.00	0.00	0.00	0.00
	园地	0.00	0.00	0.00	0.00	0.00	0.00	0.00	0.00	0.00	0.00	0.00	0.00	0.00	0.00
	林地	0.00	0.00	0.00	0.00	0.00	0.00	0.00	0.00	0.00	0.00	0.00	0.00	0.00	0.00
	苜蓿	0.00	0.00	0.00	0.00	0.00	0.00	0.00	0.00	0.00	0.00	0.00	0.00	0.00	0.00
	净需水量	—	0.00	60.00	75.00	15.00	0.00	60.00	165.00	180.00	0.00	0.00	90.00	90.00	735.00
	毛需水量	—	0.00	135.75	169.68	33.94	0.00	135.75	373.30	407.24	0.00	0.00	203.62	203.62	1662.90
滴灌	棉花	1.50	0.00	60.00	60.00	15.00	0.00	60.00	165.00	120.00	15.00	0.00	67.50	67.50	630.00
	园艺	0.00	0.00	0.00	0.00	0.00	0.00	0.00	0.00	0.00	0.00	0.00	0.00	0.00	0.00
	净需水量	—	0.00	60.00	60.00	15.00	0.00	60.00	165.00	120.00	15.00	0.00	67.50	67.50	630.00
	毛需水量	—	0.00	135.75	135.75	33.94	0.00	93.02	255.79	186.03	23.25	0.00	152.71	152.71	1168.95
毛需水量总计		—	0.00	271.49	305.43	67.87	0.00	228.76	629.10	593.27	23.25	0.00	356.33	356.33	2831.83
其中南岸		—	0.00	0.00	0.00	0.00	0.00	0.00	0.00	0.00	0.00	0.00	0.00	0.00	0.00
其中北岸		—	0.00	271.49	305.43	67.87	0.00	228.76	629.10	593.27	23.25	0.00	356.33	356.33	2831.83

注：表中除“面积”外，其余列的单位均为万 m^3。

表 6.16 2010 年阿其克—恰拉断面农业灌溉需水量计算表

灌水方式	作物	面积/万亩	1月	2月	3月	4月	5月	6月	7月	8月	9月	10月	11月	12月	年需水量
地面灌	水稻	0.00	0.00	0.00	0.00	0.00	0.00	0.00	0.00	0.00	0.00	0.00	0.00	0.00	0.00
	小麦	0.00	0.00	0.00	0.00	0.00	0.00	0.00	0.00	0.00	0.00	0.00	0.00	0.00	0.00
	正播玉米	0.00	0.00	0.00	0.00	0.00	0.00	0.00	0.00	0.00	0.00	0.00	0.00	0.00	0.00
	复播玉米	0.00	0.00	0.00	0.00	0.00	0.00	0.00	0.00	0.00	0.00	0.00	0.00	0.00	0.00
	棉花	1.00	0.00	40.00	50.00	10.00	0.00	40.00	110.00	120.00	0.00	0.00	60.00	60.00	490.00
	油料	0.00	0.00	0.00	0.00	0.00	0.00	0.00	0.00	0.00	0.00	0.00	0.00	0.00	0.00
	瓜菜	0.00	0.00	0.00	0.00	0.00	0.00	0.00	0.00	0.00	0.00	0.00	0.00	0.00	0.00
	其他	0.00	0.00	0.00	0.00	0.00	0.00	0.00	0.00	0.00	0.00	0.00	0.00	0.00	0.00
	园地	0.00	0.00	0.00	0.00	0.00	0.00	0.00	0.00	0.00	0.00	0.00	0.00	0.00	0.00
	林地	0.00	0.00	0.00	0.00	0.00	0.00	0.00	0.00	0.00	0.00	0.00	0.00	0.00	0.00
	苜蓿	0.00	0.00	0.00	0.00	0.00	0.00	0.00	0.00	0.00	0.00	0.00	0.00	0.00	0.00
	净需水量	—	0.00	40.00	50.00	10.00	0.00	40.00	110.00	120.00	0.00	0.00	60.00	60.00	490.00
	毛需水量	—	0.00	90.50	113.12	22.62	0.00	90.50	248.87	271.49	0.00	0.00	135.75	135.75	1108.60
滴灌	棉花	2.00	0.00	80.00	80.00	20.00	0.00	80.00	220.00	160.00	20.00	0.00	90.00	90.00	840.00
	园艺	0.00	0.00	0.00	0.00	0.00	0.00	0.00	0.00	0.00	0.00	0.00	0.00	0.00	0.00
	净需水量	—	0.00	80.00	80.00	20.00	0.00	80.00	220.00	160.00	20.00	0.00	90.00	90.00	840.00
	毛需水量	—	0.00	181.00	181.00	45.25	0.00	124.02	341.06	248.04	31.01	0.00	203.62	203.62	1558.62
毛需水量总计		—	0.00	271.49	294.12	67.87	0.00	214.52	589.93	519.54	31.01	0.00	339.37	339.37	2667.22
其中南岸		—	0.00	0.00	0.00	0.00	0.00	0.00	0.00	0.00	0.00	0.00	0.00	0.00	0.00
其中北岸		—	0.00	271.49	294.12	67.87	0.00	214.52	589.93	519.54	31.01	0.00	339.37	339.37	2667.22

注：表中除“面积”外，其余列的单位均为万 m^3。

表 6.17 2020 年农业灌溉需水量计算汇总表(方案一)

灌水方式	作物	面积/万亩	1月	2月	3月	4月	5月	6月	7月	8月	9月	10月	11月	12月	年需水量
地面灌	水稻	0.00	0.00	0.00	0.00	0.00	0.00	0.00	0.00	0.00	0.00	0.00	0.00	0.00	0.00
	小麦	1.44	0.00	0.00	43.29	79.37	129.88	79.37	0.00	0.00	101.02	43.29	43.29	0.00	519.51
	正播玉米	0.56	0.00	0.00	22.40	28.00	0.00	47.60	47.60	28.00	0.00	0.00	0.00	0.00	173.60
	复播玉米	0.00	0.00	0.00	0.00	0.00	0.00	0.00	0.00	0.00	0.00	0.00	0.00	0.00	0.00
	棉花	50.96	0.00	2 038.24	2 038.24	509.56	0.00	3 566.92	5 095.60	3 566.92	1 019.12	0.00	2 293.02	2 293.02	22 420.64
	油料	0.00	0.00	0.00	0.00	0.00	0.00	0.00	0.00	0.00	0.00	0.00	0.00	0.00	0.00
	瓜菜	1.29	0.00	0.00	0.00	103.04	103.04	103.04	103.04	103.04	103.04	25.76	0.00	0.00	644.00
	其他	0.00	0.00	0.00	0.00	0.00	0.00	0.00	0.00	0.00	0.00	0.00	0.00	0.00	0.00
	园地	0.44	0.00	0.00	13.31	19.96	0.00	33.26	35.48	35.48	33.26	11.09	26.61	0.00	208.45
	林地	3.77	0.00	0.00	0.00	0.00	282.57	0.00	282.57	282.57	0.00	0.00	207.22	75.35	1 130.28
	苜蓿	0.24	0.00	0.00	0.00	0.00	12.93	14.10	14.10	12.93	0.00	16.45	0.00	0.00	70.51
	净需水量	—	0.00	2 038.24	2 117.24	739.93	528.41	3 844.29	5 578.39	4 028.94	1 256.44	96.59	2 570.14	2 368.37	25 166.98
	毛需水量	—	0.00	4 532.62	4 709.22	1 651.64	1 194.62	8 554.36	12 424.05	8 977.94	2 799.54	215.04	5 726.10	5 270.58	56 055.71
滴灌	棉花	27.00	0.00	1 080.00	1 080.00	270.00	0.00	1 080.00	2 970.00	2 160.00	270.00	0.00	1 215.00	1 215.00	11 340.00
	园艺	0.00	0.00	0.00	0.00	0.00	0.00	0.00	0.00	0.00	0.00	0.00	0.00	0.00	0.00
	净需水量	—	0.00	1 080.00	1 080.00	270.00	0.00	1 080.00	2 970.00	2 160.00	270.00	0.00	1 215.00	1 215.00	11 340.00
	毛需水量	—	0.00	2 370.48	2 370.48	592.62	0.00	1 674.29	4 604.29	3 348.58	418.57	0.00	2 666.79	2 666.79	20 712.89
毛需水量总计		—	0.00	6 903.09	7 079.70	2 244.26	1 194.63	10 228.65	17 028.35	12 326.51	3 218.11	215.04	8 392.89	7 937.37	76 768.60
其中南岸		—	0.00	1 518.68	1 557.53	493.74	262.82	2 250.30	3 746.24	2 711.83	707.98	47.31	1 846.44	1 746.22	16 889.09
其中北岸		—	0.00	5 384.41	5 522.17	1 750.52	931.81	7 978.35	13 282.11	9 614.68	2 510.13	167.73	6 546.45	6 191.15	59 879.51

注:表中除“面积”外,其余列的单位均为万 m^3。

表 6.18　2020 年阿拉尔—新渠满断面农业灌溉需水量计算表(方案一)

灌水方式	作物	面积/万亩	1月	2月	3月	4月	5月	6月	7月	8月	9月	10月	11月	12月	年需水量
地面灌	水稻	0.00	0.00	0.00	0.00	0.00	0.00	0.00	0.00	0.00	0.00	0.00	0.00	0.00	0.00
	小麦	0.59	0.00	0.00	17.70	32.45	53.10	32.45	0.00	0.00	41.30	17.70	17.70	0.00	212.40
	正播玉米	0.18	0.00	0.00	7.20	9.00	0.00	15.30	15.30	9.00	0.00	0.00	0.00	0.00	55.80
	复播玉米	0.00	0.00	0.00	0.00	0.00	0.00	0.00	0.00	0.00	0.00	0.00	0.00	0.00	0.00
	棉花	17.83	0.00	713.28	713.28	178.32	0.00	1 248.24	1 783.20	1 248.24	356.64	0.00	802.44	802.44	7 846.08
	油料	0.00	0.00	0.00	0.00	0.00	0.00	0.00	0.00	0.00	0.00	0.00	0.00	0.00	0.00
	瓜菜	0.59	0.00	0.00	0.00	47.04	47.04	47.04	47.04	47.04	47.04	11.76	0.00	0.00	294.00
	其他	0.00	0.00	0.00	0.00	0.00	0.00	0.00	0.00	0.00	0.00	0.00	0.00	0.00	0.00
	园地	0.24	0.00	0.00	7.31	10.96	0.00	18.26	19.48	19.48	18.26	6.09	14.61	0.00	114.45
	林地	1.22	0.00	0.00	0.00	0.00	91.50	0.00	91.50	91.50	0.00	0.00	67.10	24.40	366.00
	苜蓿	0.10	0.00	0.00	0.00	0.00	5.50	6.00	6.00	5.50	0.00	7.00	0.00	0.00	30.00
	净需水量	—	0.00	713.28	745.49	277.77	197.14	1 367.29	1 962.52	1 420.76	463.24	42.55	901.85	826.84	8 918.73
	毛需水量	—	0.00	1 581.55	1 652.96	615.89	437.12	3 031.69	4 351.49	3 150.24	1 027.15	94.34	1 999.67	1 833.35	19 775.45
滴灌	棉花	8.00	0.00	320.00	320.00	80.00	0.00	320.00	880.00	640.00	80.00	0.00	360.00	360.00	3 360.00
	园艺	0.00	0.00	0.00	0.00	0.00	0.00	0.00	0.00	0.00	0.00	0.00	0.00	0.00	0.00
	净需水量	—	0.00	320.00	320.00	80.00	0.00	320.00	880.00	640.00	80.00	0.00	360.00	360.00	3 360.00
	毛需水量	—	0.00	709.53	709.53	177.38	0.00	496.09	1 364.24	992.17	124.02	0.00	798.23	798.23	6 169.42
毛需水量总计		—	0.00	2 291.08	2 362.50	793.27	437.12	3 527.77	5 715.72	4 142.42	1 151.17	94.34	2 797.89	2 631.58	25 944.86
其中南岸		—	0.00	1 191.36	1 228.50	412.50	227.30	1 834.44	2 972.17	2 154.06	598.61	49.06	1 454.90	1 368.42	13 491.32
其中北岸		—	0.00	1 099.72	1 134.00	380.77	209.82	1 693.33	2 743.55	1 988.36	552.56	45.28	1 342.99	1 263.16	12 453.54

注:表中除“面积”外,其余列的单位均为万 m^3。

表 6.19　2020 年新渠满—英巴扎断面农业灌溉需水量计算表(方案一)

灌水方式	作物	面积/万亩	1月	2月	3月	4月	5月	6月	7月	8月	9月	10月	11月	12月	年需水量
地面灌	水稻	0.00	0.00	0.00	0.00	0.00	0.00	0.00	0.00	0.00	0.00	0.00	0.00	0.00	0.00
	小麦	0.59	0.00	0.00	17.79	32.62	53.38	32.62	0.00	0.00	41.52	17.79	17.79	0.00	213.51
	正播玉米	0.30	0.00	0.00	12.00	15.00	0.00	25.50	25.50	15.00	0.00	0.00	0.00	0.00	93.00
	复播玉米	0.00	0.00	0.00	0.00	0.00	0.00	0.00	0.00	0.00	0.00	0.00	0.00	0.00	0.00
	棉花	20.62	0.00	824.80	824.80	206.20	0.00	1 443.40	2 062.00	1 443.40	412.40	0.00	927.90	927.90	9 072.80
	油料	0.00	0.00	0.00	0.00	0.00	0.00	0.00	0.00	0.00	0.00	0.00	0.00	0.00	0.00
	瓜菜	0.70	0.00	0.00	0.00	56.00	56.00	56.00	56.00	56.00	56.00	14.00	0.00	0.00	350.00
	其他	0.00	0.00	0.00	0.00	0.00	0.00	0.00	0.00	0.00	0.00	0.00	0.00	0.00	0.00
	园地	0.10	0.00	0.00	3.00	4.50	0.00	7.50	8.00	8.00	7.50	2.50	6.00	0.00	47.00
	林地	2.40	0.00	0.00	0.00	0.00	180.00	0.00	180.00	180.00	0.00	0.00	132.00	48.00	720.00
	苜蓿	0.00	0.00	0.00	0.00	0.00	0.00	0.00	0.00	0.00	0.00	0.00	0.00	0.00	0.00
	净需水量	—	0.00	824.80	857.59	314.32	289.38	1 565.00	2 331.50	1 702.40	517.42	34.29	1 083.70	975.90	10 496.30
	毛需水量	—	0.00	1 909.30	1 985.20	727.59	669.86	3 622.70	5 397.00	3 940.70	1 197.70	79.38	2 508.60	2 259.00	24 297.03
滴灌	棉花	9.50	0.00	380.00	380.00	95.00	0.00	380.00	1 045.00	760.00	95.00	0.00	427.50	427.50	3 990.00
	园艺	0.00	0.00	0.00	0.00	0.00	0.00	0.00	0.00	0.00	0.00	0.00	0.00	0.00	0.00
	净需水量	—	0.00	380.00	380.00	95.00	0.00	380.00	1 045.00	760.00	95.00	0.00	427.50	427.50	3 990.00
	毛需水量	—	0.00	879.63	879.63	219.91	0.00	589.10	1 620.00	1 178.20	147.28	0.00	989.58	989.58	7 492.91
毛需水量总计		—	0.00	2 788.93	2 864.79	947.50	669.86	4 211.81	7 017.02	5 118.94	1 345.00	79.38	3 498.09	3 248.62	31 789.94
其中南岸		—	0.00	167.33	171.89	56.85	40.19	252.71	421.02	307.14	80.70	4.76	209.89	194.92	1 907.40
其中北岸		—	0.00	2 621.60	2 692.90	890.65	629.67	3 959.10	6 596.00	4 811.80	1 264.30	74.62	3 288.20	3 053.70	29 882.54

注:表中除“面积”外,其余列的单位均为万 m^3。

表 6.20 2020 年英巴扎—乌斯断面农业灌溉需水量计算表(方案一)

灌水方式	作物	面积/万亩	1月	2月	3月	4月	5月	6月	7月	8月	9月	10月	11月	12月	年需水量
地面灌	水稻	0.00	0.00	0.00	0.00	0.00	0.00	0.00	0.00	0.00	0.00	0.00	0.00	0.00	0.00
	小麦	0.26	0.00	0.00	7.80	14.30	23.40	14.30	0.00	0.00	18.20	7.80	7.80	0.00	93.60
	正播玉米	0.08	0.00	0.00	3.20	4.00	0.00	6.80	6.80	4.00	0.00	0.00	0.00	0.00	24.80
	复播玉米	0.00	0.00	0.00	0.00	0.00	0.00	0.00	0.00	0.00	0.00	0.00	0.00	0.00	0.00
	棉花	11.00	0.00	440.16	440.16	110.04	0.00	770.28	1 100.40	770.28	220.08	0.00	495.18	495.18	4 841.76
	油料	0.00	0.00	0.00	0.00	0.00	0.00	0.00	0.00	0.00	0.00	0.00	0.00	0.00	0.00
	瓜菜	0.00	0.00	0.00	0.00	0.00	0.00	0.00	0.00	0.00	0.00	0.00	0.00	0.00	0.00
	其他	0.00	0.00	0.00	0.00	0.00	0.00	0.00	0.00	0.00	0.00	0.00	0.00	0.00	0.00
	园地	0.10	0.00	0.00	3.00	4.50	0.00	7.50	8.00	8.00	7.50	2.50	6.00	0.00	47.00
	林地	0.15	0.00	0.00	0.00	0.00	11.07	0.00	11.07	11.07	0.00	0.00	8.12	2.95	44.28
	苜蓿	0.14	0.00	0.00	0.00	0.00	7.43	8.10	8.10	7.43	0.00	9.45	0.00	0.00	40.51
	净需水量	—	0.00	440.16	454.16	132.84	41.90	806.98	1 134.37	800.78	245.78	19.75	517.10	498.13	5 091.95
	毛需水量	—	0.00	920.84	950.13	277.91	87.65	1 688.24	2 373.16	1 675.26	514.18	41.32	1 081.79	1 042.12	10 652.60
滴灌	棉花	5.00	0.00	200.00	200.00	50.00	0.00	200.00	550.00	400.00	50.00	0.00	225.00	225.00	2 100.00
	园艺	0.00	0.00	0.00	0.00	0.00	0.00	0.00	0.00	0.00	0.00	0.00	0.00	0.00	0.00
	净需水量	—	0.00	200.00	200.00	50.00	0.00	200.00	550.00	400.00	50.00	0.00	225.00	225.00	2 100.00
	毛需水量	—	0.00	418.41	418.41	104.60	0.00	310.05	852.65	620.11	77.51	0.00	470.71	470.71	3 743.16
毛需水量总计		—	0.00	1 339.25	1 368.53	382.51	87.65	1 998.30	3 225.81	2 295.36	591.69	41.32	1 552.51	1 512.83	14 395.76
其中南岸		—	0.00	160.71	164.22	45.90	10.52	239.80	387.10	275.44	71.00	4.96	186.30	181.54	1 727.49
其中北岸		—	0.00	1 178.54	1 204.31	336.61	77.13	1 758.50	2 838.71	2 019.92	520.69	36.36	1 366.21	1 331.29	12 668.27

注:表中除“面积”外,其余列的单位均为万 m^3。

表 6.21 2020 年乌斯满—阿其克断面农业灌溉需水量计算表(方案一)

灌水方式	作物	面积/万亩	1月	2月	3月	4月	5月	6月	7月	8月	9月	10月	11月	12月	年需水量
地面灌	水稻	0.00	0.00	0.00	0.00	0.00	0.00	0.00	0.00	0.00	0.00	0.00	0.00	0.00	0.00
	小麦	0.00	0.00	0.00	0.00	0.00	0.00	0.00	0.00	0.00	0.00	0.00	0.00	0.00	0.00
	正播玉米	0.00	0.00	0.00	0.00	0.00	0.00	0.00	0.00	0.00	0.00	0.00	0.00	0.00	0.00
	复播玉米	0.00	0.00	0.00	0.00	0.00	0.00	0.00	0.00	0.00	0.00	0.00	0.00	0.00	0.00
	棉花	1.00	0.00	40.00	40.00	10.00	0.00	70.00	100.00	70.00	20.00	0.00	45.00	45.00	440.00
	油料	0.00	0.00	0.00	0.00	0.00	0.00	0.00	0.00	0.00	0.00	0.00	0.00	0.00	0.00
	瓜菜	0.00	0.00	0.00	0.00	0.00	0.00	0.00	0.00	0.00	0.00	0.00	0.00	0.00	0.00
	其他	0.00	0.00	0.00	0.00	0.00	0.00	0.00	0.00	0.00	0.00	0.00	0.00	0.00	0.00
	园地	0.00	0.00	0.00	0.00	0.00	0.00	0.00	0.00	0.00	0.00	0.00	0.00	0.00	0.00
	林地	0.00	0.00	0.00	0.00	0.00	0.00	0.00	0.00	0.00	0.00	0.00	0.00	0.00	0.00
	苜蓿	0.00	0.00	0.00	0.00	0.00	0.00	0.00	0.00	0.00	0.00	0.00	0.00	0.00	0.00
	净需水量	—	0.00	40.00	40.00	10.00	0.00	70.00	100.00	70.00	20.00	0.00	45.00	45.00	440.00
	毛需水量	—	0.00	80.65	80.65	20.16	0.00	141.13	201.61	141.13	40.32	0.00	90.73	90.73	887.10
滴灌	棉花	2.00	0.00	80.00	80.00	20.00	0.00	80.00	220.00	160.00	20.00	0.00	90.00	90.00	840.00
	果园	0.00	0.00	0.00	0.00	0.00	0.00	0.00	0.00	0.00	0.00	0.00	0.00	0.00	0.00
	净需水量	—	0.00	80.00	80.00	20.00	0.00	80.00	220.00	160.00	20.00	0.00	90.00	90.00	840.00
	毛需水量	—	0.00	161.29	161.29	40.32	0.00	124.02	341.06	248.04	31.01	0.00	181.45	181.45	1469.93
毛需水量总计		—	0.00	241.94	241.94	60.48	0.00	265.15	542.67	389.17	71.33	0.00	272.18	272.18	2357.03
其中南岸		—	0.00	0.00	0.00	0.00	0.00	0.00	0.00	0.00	0.00	0.00	0.00	0.00	0.00
其中北岸		—	0.00	241.94	241.94	60.48	0.00	265.15	542.67	389.17	71.33	0.00	272.18	272.18	2357.03

注:表中除"面积"外,其余列的单位均为万 m^3。

表 6.22　2020 年阿其克—恰拉断面农业灌溉需水量计算表(方案一)

灌水方式	作物	面积/万亩	1月	2月	3月	4月	5月	6月	7月	8月	9月	10月	11月	12月	年需水量
地面灌	水稻	0.00	0.00	0.00	0.00	0.00	0.00	0.00	0.00	0.00	0.00	0.00	0.00	0.00	0.00
	小麦	0.00	0.00	0.00	0.00	0.00	0.00	0.00	0.00	0.00	0.00	0.00	0.00	0.00	0.00
	正播玉米	0.00	0.00	0.00	0.00	0.00	0.00	0.00	0.00	0.00	0.00	0.00	0.00	0.00	0.00
	复播玉米	0.00	0.00	0.00	0.00	0.00	0.00	0.00	0.00	0.00	0.00	0.00	0.00	0.00	0.00
	棉花	0.50	0.00	20.00	20.00	5.00	0.00	35.00	50.00	35.00	10.00	0.00	22.50	22.50	220.00
	油料	0.00	0.00	0.00	0.00	0.00	0.00	0.00	0.00	0.00	0.00	0.00	0.00	0.00	0.00
	瓜菜	0.00	0.00	0.00	0.00	0.00	0.00	0.00	0.00	0.00	0.00	0.00	0.00	0.00	0.00
	其他	0.00	0.00	0.00	0.00	0.00	0.00	0.00	0.00	0.00	0.00	0.00	0.00	0.00	0.00
	园地	0.00	0.00	0.00	0.00	0.00	0.00	0.00	0.00	0.00	0.00	0.00	0.00	0.00	0.00
	林地	0.00	0.00	0.00	0.00	0.00	0.00	0.00	0.00	0.00	0.00	0.00	0.00	0.00	0.00
	苜蓿	0.00	0.00	0.00	0.00	0.00	0.00	0.00	0.00	0.00	0.00	0.00	0.00	0.00	0.00
	净需水量	—	0.00	20.00	20.00	5.00	0.00	35.00	50.00	35.00	10.00	0.00	22.50	22.50	220.00
	毛需水量	—	0.00	40.32	40.32	10.08	0.00	70.56	100.81	70.56	20.16	0.00	45.36	45.36	443.53
滴灌	棉花	2.50	0.00	100.00	100.00	25.00	0.00	100.00	275.00	200.00	25.00	0.00	112.50	112.50	1050.00
	园艺	0.00	0.00	0.00	0.00	0.00	0.00	0.00	0.00	0.00	0.00	0.00	0.00	0.00	0.00
	净需水量	—	0.00	100.00	100.00	25.00	0.00	100.00	275.00	200.00	25.00	0.00	112.50	112.50	1050.00
	毛需水量	—	0.00	201.61	201.61	50.40	0.00	155.03	426.32	310.05	38.76	0.00	226.81	226.81	1837.40
毛需水量总计		—	0.00	241.94	241.94	60.48	0.00	225.59	527.13	380.62	58.92	0.00	272.18	272.18	2280.98
其中南岸		—	0.00	0.00	0.00	0.00	0.00	0.00	0.00	0.00	0.00	0.00	0.00	0.00	0.00
其中北岸		—	0.00	241.94	241.94	60.48	0.00	225.59	527.13	380.62	58.92	0.00	272.18	272.18	2280.98

注:表中除“面积”外,其余列的单位均为万 m^3。

表 6.23 2020 年农业灌溉需水量计算汇总表(方案二)

灌水方式	作物	面积/万亩	1月	2月	3月	4月	5月	6月	7月	8月	9月	10月	11月	12月	年需水量
地面灌	水稻	0.00	0.00	0.00	0.00	0.00	0.00	0.00	0.00	0.00	0.00	0.00	0.00	0.00	0.00
	小麦	1.44	0.00	0.00	43.29	79.37	129.88	79.37	0.00	0.00	101.02	43.29	43.29	0.00	519.51
	正播玉米	0.56	0.00	0.00	22.40	28.00	0.00	47.60	47.60	28.00	0.00	0.00	0.00	0.00	173.60
	复播玉米	0.00	0.00	0.00	0.00	0.00	0.00	0.00	0.00	0.00	0.00	0.00	0.00	0.00	0.00
	棉花	36.46	0.00	1 458.24	1 458.24	364.56	0.00	2 551.92	3 645.60	2 551.92	729.12	0.00	1 640.52	1 640.52	16 040.64
	油料	0.00	0.00	0.00	0.00	0.00	0.00	0.00	0.00	0.00	0.00	0.00	0.00	0.00	0.00
	瓜菜	1.29	0.00	0.00	0.00	103.04	103.04	103.04	103.04	103.04	103.04	25.76	0.00	0.00	644.00
	其他	0.00	0.00	0.00	0.00	0.00	0.00	0.00	0.00	0.00	0.00	0.00	0.00	0.00	0.00
	园地	0.44	0.00	0.00	13.31	19.96	0.00	33.26	35.48	35.48	33.26	11.09	26.61	0.00	208.45
	林地	3.77	0.00	0.00	0.00	0.00	282.57	0.00	282.57	282.57	0.00	0.00	207.22	75.35	1 130.28
	苜蓿	0.24	0.00	0.00	0.00	0.00	12.93	14.10	14.10	12.93	0.00	16.45	0.00	0.00	70.51
	净需水量	—	0.00	1 458.24	1 537.24	594.93	528.41	2 829.29	4 128.39	3 013.94	966.44	96.59	1 917.64	1 715.87	18 786.98
	毛需水量	—	0.00	3 409.40	3 595.06	1 397.87	1 258.14	6 620.90	9 674.27	7 068.12	2 265.55	225.89	4 495.93	4 016.28	44 027.41
滴灌	棉花	41.5	0.00	1 660.00	1 660.00	415.00	0.00	1 660.00	4 565.00	3 320.00	415.00	0.00	1 867.50	1 867.50	17 430.00
	园艺	0.00	0.00	0.00	0.00	0.00	0.00	0.00	0.00	0.00	0.00	0.00	0.00	0.00	0.00
	净需水量	—	0.00	1 660.00	1 660.00	415.00	0.00	1 660.00	4 565.00	3 320.00	415.00	0.00	1 867.50	1 867.50	17 430.00
	毛需水量	—	0.00	3 839.71	3 839.71	959.93	0.00	2 573.44	7 076.97	5 146.89	643.36	0.00	4 319.68	4 319.68	32 719.37
毛需水量总计		—	0.00	7 249.12	7 434.78	2 357.80	1 258.14	9 194.33	16 751.24	12 215.0	2 908.91	225.90	8 815.60	8 335.96	76 746.78
其中南岸		—	0.00	1 594.81	1 635.65	518.72	276.79	2 022.75	3 685.27	2 687.30	639.96	49.70	1 939.43	1 833.91	16 884.29
其中北岸		—	0.00	5 654.31	5 799.13	1 839.08	981.35	7 171.58	13 065.97	9 527.70	2 268.95	176.20	6 876.17	6 502.05	59 862.49

注:表中除“面积”外,其余列的单位均为万 m^3。

表 6.24　2020 年阿拉尔—新渠满断面农业灌溉需水量计算表(方案二)

灌水方式	作物	面积/万亩	1月	2月	3月	4月	5月	6月	7月	8月	9月	10月	11月	12月	年需水量
地面灌	水稻	0.00	0.00	0.00	0.00	0.00	0.00	0.00	0.00	0.00	0.00	0.00	0.00	0.00	0.00
	小麦	0.59	0.00	0.00	17.70	32.45	53.10	32.45	0.00	0.00	41.30	17.70	17.70	0.00	212.40
	正播玉米	0.18	0.00	0.00	7.20	9.00	0.00	15.30	15.30	9.00	0.00	0.00	0.00	0.00	55.80
	复播玉米	0.00	0.00	0.00	0.00	0.00	0.00	0.00	0.00	0.00	0.00	0.00	0.00	0.00	0.00
	棉花	12.33	0.00	493.28	493.28	123.32	0.00	863.24	1 233.20	863.24	246.64	0.00	554.94	554.94	5 426.08
	油料	0.00	0.00	0.00	0.00	0.00	0.00	0.00	0.00	0.00	0.00	0.00	0.00	0.00	0.00
	瓜菜	0.59	0.00	0.00	0.00	47.04	47.04	47.04	47.04	47.04	47.04	11.76	0.00	0.00	294.00
	其他	0.00	0.00	0.00	0.00	0.00	0.00	0.00	0.00	0.00	0.00	0.00	0.00	0.00	0.00
	园地	0.24	0.00	0.00	7.31	10.96	0.00	18.26	19.48	19.48	18.26	6.09	14.61	0.00	114.45
	林地	1.22	0.00	0.00	0.00	0.00	91.50	0.00	91.50	91.50	0.00	0.00	67.10	24.40	366.00
	苜蓿	0.10	0.00	0.00	0.00	0.00	5.50	6.00	6.00	5.50	0.00	7.00	0.00	0.00	30.00
	净需水量	—	0.00	493.28	525.49	222.77	197.14	982.29	1 412.52	1 035.76	353.24	42.55	654.35	579.34	6 498.73
	毛需水量	—	0.00	1 144.50	1 219.22	516.86	457.40	2 279.10	3 277.31	2 403.16	819.59	98.72	1 518.21	1 344.18	15 078.25
滴灌	棉花	13.50	0.00	540.00	540.00	135.00	0.00	540.00	1 485.00	1 080.00	135.00	0.00	607.50	607.50	5 670.00
	园艺	0.00	0.00	0.00	0.00	0.00	0.00	0.00	0.00	0.00	0.00	0.00	0.00	0.00	0.00
	净需水量	—	0.00	540.00	540.00	135.00	0.00	540.00	1 485.00	1 080.00	135.00	0.00	607.50	607.50	5 670.00
	毛需水量	—	0.00	1 252.90	1 252.90	313.23	0.00	837.14	2 302.15	1 674.29	209.29	0.00	1 409.51	1 409.51	10 660.92
毛需水量总计		—	0.00	2 397.40	2 472.12	830.09	457.40	3 116.25	5 579.46	4 077.44	1 028.87	98.71	2 927.73	2 753.69	25 739.16
其中南岸		—	0.00	1 246.65	1 285.50	431.65	237.85	1 620.45	2 901.32	2 120.27	535.01	51.33	1 522.42	1 431.92	13 384.37
其中北岸		—	0.00	1 150.75	1 186.62	398.44	219.55	1 495.80	2 678.14	1 957.17	493.86	47.38	1 405.31	1 321.77	12 354.79

注:表中除“面积”外,其余列的单位均为万 m^3。

表 6.25 2020 年新渠满—英巴扎断面农业灌溉需水量计算表(方案二)

灌水方式	作物	面积/万亩	1月	2月	3月	4月	5月	6月	7月	8月	9月	10月	11月	12月	年需水量
地面灌	水稻	0.00	0.00	0.00	0.00	0.00	0.00	0.00	0.00	0.00	0.00	0.00	0.00	0.00	0.00
	小麦	0.59	0.00	0.00	17.79	32.62	53.38	32.62	0.00	0.00	41.52	17.79	17.79	0.00	213.51
	正播玉米	0.30	0.00	0.00	12.00	15.00	0.00	25.50	25.50	15.00	0.00	0.00	0.00	0.00	93.00
	复播玉米	0.00	0.00	0.00	0.00	0.00	0.00	0.00	0.00	0.00	0.00	0.00	0.00	0.00	0.00
	棉花	15.12	0.00	604.80	604.80	151.20	0.00	1 058.40	1 512.00	1 058.40	302.40	0.00	680.40	680.40	6 652.80
	油料	0.00	0.00	0.00	0.00	0.00	0.00	0.00	0.00	0.00	0.00	0.00	0.00	0.00	0.00
	瓜菜	0.70	0.00	0.00	0.00	56.00	56.00	56.00	56.00	56.00	56.00	14.00	0.00	0.00	350.00
	其他	0.00	0.00	0.00	0.00	0.00	0.00	0.00	0.00	0.00	0.00	0.00	0.00	0.00	0.00
	园地	0.10	0.00	0.00	3.00	4.50	0.00	7.50	8.00	8.00	7.50	2.50	6.00	0.00	47.00
	林地	2.40	0.00	0.00	0.00	0.00	180.00	0.00	180.00	180.00	0.00	0.00	132.00	48.00	720.00
	苜蓿	0.00	0.00	0.00	0.00	0.00	0.00	0.00	0.00	0.00	0.00	0.00	0.00	0.00	0.00
	净需水量	—	0.00	604.80	637.59	259.32	289.38	1 180.02	1 781.50	1 317.40	407.42	34.29	836.19	728.40	8 076.31
	毛需水量	—	0.00	1 482.35	1 562.73	635.59	709.26	2 892.21	4 366.42	3 228.92	998.57	84.05	2 049.49	1 785.29	19 794.88
滴灌	棉花	15.00	0.00	600.00	600.00	150.00	0.00	600.00	1 650.00	1 200.00	150.00	0.00	675.00	675.00	6 300.00
	园艺	0.00	0.00	0.00	0.00	0.00	0.00	0.00	0.00	0.00	0.00	0.00	0.00	0.00	0.00
	净需水量	—	0.00	600.00	600.00	150.00	0.00	600.00	1 650.00	1 200.00	150.00	0.00	675.00	675.00	6 300.00
	毛需水量	—	0.00	1 470.59	1 470.59	367.65	0.00	930.16	2 557.94	1 860.32	232.54	0.00	1 654.41	1 654.41	12 198.61
毛需水量总计		—	0.00	2 952.94	3 033.32	1 003.23	709.27	3 822.37	6 924.36	5 089.24	1 231.11	84.05	3 703.90	3 439.70	31 993.49
其中南岸		—	0.00	177.18	182.00	60.19	42.56	229.34	415.46	305.35	73.87	5.04	222.23	206.38	1 919.60
其中北岸		—	0.00	2 775.76	2 851.32	943.04	666.71	3 593.03	6 508.90	4 783.89	1 157.24	79.01	3 481.67	3 233.32	30 073.89

注:表中除“面积”外,其余列的单位均为万 m^3。

表 6.26　2020 年英巴扎—乌斯满断面农业灌溉需水量计算表(方案二)

灌水方式	作物	面积/万亩	1月	2月	3月	4月	5月	6月	7月	8月	9月	10月	11月	12月	年需水量
地面灌	水稻	0.00	0.00	0.00	0.00	0.00	0.00	0.00	0.00	0.00	0.00	0.00	0.00	0.00	0.00
	小麦	0.26	0.00	0.00	7.80	14.30	23.40	14.30	0.00	0.00	18.20	7.80	7.80	0.00	93.60
	正播玉米	0.08	0.00	0.00	3.20	4.00	0.00	6.80	6.80	4.00	0.00	0.00	0.00	0.00	24.80
	复播玉米	0.00	0.00	0.00	0.00	0.00	0.00	0.00	0.00	0.00	0.00	0.00	0.00	0.00	0.00
	棉花	8.00	0.00	320.16	320.16	80.04	0.00	560.28	800.40	560.28	160.08	0.00	360.18	360.18	3 521.76
	油料	0.00	0.00	0.00	0.00	0.00	0.00	0.00	0.00	0.00	0.00	0.00	0.00	0.00	0.00
	瓜菜	0.00	0.00	0.00	0.00	0.00	0.00	0.00	0.00	0.00	0.00	0.00	0.00	0.00	0.00
	其他	0.00	0.00	0.00	0.00	0.00	0.00	0.00	0.00	0.00	0.00	0.00	0.00	0.00	0.00
	园地	0.10	0.00	0.00	3.00	4.50	0.00	7.50	8.00	8.00	7.50	2.50	6.00	0.00	47.00
	林地	0.15	0.00	0.00	0.00	0.00	11.07	0.00	11.07	11.07	0.00	0.00	8.12	2.95	44.28
	苜蓿	0.14	0.00	0.00	0.00	0.00	7.43	8.10	8.10	7.43	0.00	9.45	0.00	0.00	40.51
	净需水量	—	0.00	320.16	334.16	102.84	41.90	596.98	834.37	590.78	185.78	19.75	382.10	363.13	3 771.95
	毛需水量	—	0.00	699.04	729.61	224.54	91.47	1 303.45	1 821.77	1 289.90	405.63	43.12	834.28	792.86	8 235.67
滴灌	棉花	8.00	0.00	320.00	320.00	80.00	0.00	320.00	880.00	640.00	80.00	0.00	360.00	360.00	3 360.00
	园艺	0.00	0.00	0.00	0.00	0.00	0.00	0.00	0.00	0.00	0.00	0.00	0.00	0.00	0.00
	净需水量	—	0.00	320.00	320.00	80.00	0.00	320.00	880.00	640.00	80.00	0.00	360.00	360.00	3 360.00
	毛需水量	—	0.00	698.69	698.69	174.67	0.00	496.09	1 364.24	992.17	124.02	0.00	786.03	786.03	6 120.63
毛需水量总计		—	0.00	1 397.73	1 428.30	399.22	91.48	1 799.53	3 186.00	2 282.07	529.66	43.12	1 620.31	1 578.89	14 356.31
其中南岸		—	0.00	167.73	171.40	47.91	10.98	215.94	382.32	273.85	63.56	5.17	194.44	189.47	1 722.77
其中北岸		—	0.00	1 230.00	1 256.90	351.31	80.50	1 583.59	2 803.68	2 008.22	466.10	37.95	1 425.87	1 389.42	12 633.54

注:表中除“面积”外,其余列的单位均为万 m^3。

表 6.27 2020 年乌斯满—阿其克断面农业灌溉需水量计算表(方案二)

灌水方式	作物	面积/万亩	1月	2月	3月	4月	5月	6月	7月	8月	9月	10月	11月	12月	年需水量
地面灌	水稻	0.00	0.00	0.00	0.00	0.00	0.00	0.00	0.00	0.00	0.00	0.00	0.00	0.00	0.00
	小麦	0.00	0.00	0.00	0.00	0.00	0.00	0.00	0.00	0.00	0.00	0.00	0.00	0.00	0.00
	正播玉米	0.00	0.00	0.00	0.00	0.00	0.00	0.00	0.00	0.00	0.00	0.00	0.00	0.00	0.00
	复播玉米	0.00	0.00	0.00	0.00	0.00	0.00	0.00	0.00	0.00	0.00	0.00	0.00	0.00	0.00
	棉花	0.50	0.00	20.00	20.00	5.00	0.00	35.00	50.00	35.00	10.00	0.00	22.50	22.50	220.00
	油料	0.00	0.00	0.00	0.00	0.00	0.00	0.00	0.00	0.00	0.00	0.00	0.00	0.00	0.00
	瓜菜	0.00	0.00	0.00	0.00	0.00	0.00	0.00	0.00	0.00	0.00	0.00	0.00	0.00	0.00
	其他	0.00	0.00	0.00	0.00	0.00	0.00	0.00	0.00	0.00	0.00	0.00	0.00	0.00	0.00
	园地	0.00	0.00	0.00	0.00	0.00	0.00	0.00	0.00	0.00	0.00	0.00	0.00	0.00	0.00
	林地	0.00	0.00	0.00	0.00	0.00	0.00	0.00	0.00	0.00	0.00	0.00	0.00	0.00	0.00
	苜蓿	0.00	0.00	0.00	0.00	0.00	0.00	0.00	0.00	0.00	0.00	0.00	0.00	0.00	0.00
	净需水量	—	0.00	20.00	20.00	5.00	0.00	35.00	50.00	35.00	10.00	0.00	22.50	22.50	220.00
	毛需水量	—	0.00	41.75	41.75	10.44	0.00	73.07	104.38	73.07	20.88	0.00	46.97	46.97	459.28
滴灌	棉花	2.50	0.00	100.00	100.00	25.00	0.00	100.00	275.00	200.00	25.00	0.00	112.50	112.50	1050.00
	果园	0.00	0.00	0.00	0.00	0.00	0.00	0.00	0.00	0.00	0.00	0.00	0.00	0.00	0.00
	净需水量	—	0.00	100.00	100.00	25.00	0.00	100.00	275.00	200.00	25.00	0.00	112.50	112.50	1050.00
	毛需水量	—	0.00	208.77	208.77	52.19	0.00	155.03	426.32	310.05	38.76	0.00	234.86	234.86	1869.61
毛需水量总计		—	0.00	250.52	250.52	62.63	0.00	228.10	530.71	383.12	59.63	0.00	281.84	281.84	2328.91
其中南岸		—	0.00	0.00	0.00	0.00	0.00	0.00	0.00	0.00	0.00	0.00	0.00	0.00	0.00
其中北岸		—	0.00	250.52	250.52	62.63	0.00	228.10	530.71	383.12	59.63	0.00	281.84	281.84	2328.91

注:表中除“面积”外,其余列的单位均为万 m^3。

表 6.28　2020 年阿其克—恰拉断面农业灌溉需水量计算表(方案二)

灌水方式	作物	面积/万亩	1月	2月	3月	4月	5月	6月	7月	8月	9月	10月	11月	12月	年需水量
地面灌	水稻	0.00	0.00	0.00	0.00	0.00	0.00	0.00	0.00	0.00	0.00	0.00	0.00	0.00	0.00
	小麦	0.00	0.00	0.00	0.00	0.00	0.00	0.00	0.00	0.00	0.00	0.00	0.00	0.00	0.00
	正播玉米	0.00	0.00	0.00	0.00	0.00	0.00	0.00	0.00	0.00	0.00	0.00	0.00	0.00	0.00
	复播玉米	0.00	0.00	0.00	0.00	0.00	0.00	0.00	0.00	0.00	0.00	0.00	0.00	0.00	0.00
	棉花	0.50	0.00	20.00	20.00	5.00	0.00	35.00	50.00	35.00	10.00	0.00	22.50	22.50	220.00
	油料	0.00	0.00	0.00	0.00	0.00	0.00	0.00	0.00	0.00	0.00	0.00	0.00	0.00	0.00
	瓜菜	0.00	0.00	0.00	0.00	0.00	0.00	0.00	0.00	0.00	0.00	0.00	0.00	0.00	0.00
	其他	0.00	0.00	0.00	0.00	0.00	0.00	0.00	0.00	0.00	0.00	0.00	0.00	0.00	0.00
	园地	0.00	0.00	0.00	0.00	0.00	0.00	0.00	0.00	0.00	0.00	0.00	0.00	0.00	0.00
	林地	0.00	0.00	0.00	0.00	0.00	0.00	0.00	0.00	0.00	0.00	0.00	0.00	0.00	0.00
	苜蓿	0.00	0.00	0.00	0.00	0.00	0.00	0.00	0.00	0.00	0.00	0.00	0.00	0.00	0.00
	净需水量	—	0.00	20.00	20.00	5.00	0.00	35.00	50.00	35.00	10.00	0.00	22.50	22.50	220.00
	毛需水量	—	0.00	41.75	41.75	10.44	0.00	73.07	104.38	73.07	20.88	0.00	46.97	46.97	459.28
滴灌	棉花	2.50	0.00	100.00	100.00	25.00	0.00	100.00	275.00	200.00	25.00	0.00	112.50	112.50	1050.00
	园艺	0.00	0.00	0.00	0.00	0.00	0.00	0.00	0.00	0.00	0.00	0.00	0.00	0.00	0.00
	净需水量	—	0.00	100.00	100.00	25.00	0.00	100.00	275.00	200.00	25.00	0.00	112.50	112.50	1050.00
	毛需水量	—	0.00	208.77	208.77	52.19	0.00	155.03	426.32	310.05	38.76	0.00	234.86	234.86	1869.61
毛需水量总计		—	0.00	250.52	250.52	62.63	0.00	228.10	530.71	383.12	59.63	0.00	281.84	281.84	2328.91
其中南岸		—	0.00	0.00	0.00	0.00	0.00	0.00	0.00	0.00	0.00	0.00	0.00	0.00	0.00
其中北岸		—	0.00	250.52	250.52	62.63	0.00	228.10	530.71	383.12	59.63	0.00	281.84	281.84	2328.91

注:表中除“面积”外,其余列的单位均为万 m^3。

表 6.29 2030 年农业灌溉需水量计算汇总表

灌水方式	作物	面积/万亩	1月	2月	3月	4月	5月	6月	7月	8月	9月	10月	11月	12月	年需水量
地面灌	水稻	0.00	0.00	0.00	0.00	0.00	0.00	0.00	0.00	0.00	0.00	0.00	0.00	0.00	0.00
	小麦	1.44	0.00	0.00	43.29	79.37	129.88	79.37	0.00	0.00	101.02	43.29	43.29	0.00	519.51
	正播玉米	0.56	0.00	0.00	22.40	28.00	0.00	47.60	47.60	28.00	0.00	0.00	0.00	0.00	173.60
	复播玉米	0.00	0.00	0.00	0.00	0.00	0.00	0.00	0.00	0.00	0.00	0.00	0.00	0.00	0.00
	棉花	19.96	0.00	798.24	798.24	199.56	0.00	1 396.92	1 995.60	1 396.92	399.12	0.00	898.02	898.02	8 780.64
	油料	0.00	0.00	0.00	0.00	0.00	0.00	0.00	0.00	0.00	0.00	0.00	0.00	0.00	0.00
	瓜菜	1.29	0.00	0.00	0.00	103.04	103.04	103.04	103.04	103.04	103.04	25.76	0.00	0.00	644.00
	其他	0.00	0.00	0.00	0.00	0.00	0.00	0.00	0.00	0.00	0.00	0.00	0.00	0.00	0.00
	园地	0.44	0.00	0.00	13.31	19.96	0.00	33.26	35.48	35.48	33.26	11.09	26.61	0.00	208.45
	林地	3.77	0.00	0.00	0.00	0.00	282.57	0.00	282.57	282.57	0.00	0.00	207.22	75.35	1 130.28
	苜蓿	0.24	0.00	0.00	0.00	0.00	12.93	14.10	14.10	12.93	0.00	16.45	0.00	0.00	70.51
	净需水量	0.00	0.00	798.24	877.24	429.93	528.41	1 674.29	2 478.39	1 858.94	636.44	96.59	1 175.14	973.37	11 526.98
	毛需水量	0.00	0.00	1 590.67	1 748.11	857.85	1 057.42	3 337.13	4 943.14	3 708.66	1 269.10	192.2	2 344.21	1 940.64	22 989.13
滴灌	棉花	58.00	0.00	2 320.00	2 320.00	580.00	0.00	2 320.00	6 380.00	4 640.00	580.00	0.00	2 610.00	2 610.00	24 360.00
	果园	0.00	0.00	0.00	0.00	0.00	0.00	0.00	0.00	0.00	0.00	0.00	0.00	0.00	0.00
	净需水量	0.00	0.00	2 320.00	2 320.00	580.00	0.00	2 320.00	6 380.00	4 640.00	580.00	0.00	2 610.00	2 610.00	24 360.00
	毛需水量	0.00	0.00	4 585.74	4 585.74	1 146.44	0.00	3 596.62	9 890.71	7 193.24	899.16	0.00	5 158.96	5 158.96	42 215.57
毛需水量总计		0.00	0.00	6 176.42	6 333.86	2 004.29	1 057.42	6 933.76	14 833.85	10 901.9	2 168.26	192.18	7 503.17	7 099.60	65 204.71
其中南岸		—	0.00	1 358.81	1 393.45	440.94	232.63	1 525.43	3 263.45	2 398.42	477.02	42.28	1 650.70	1 561.91	14 345.04
其中北岸		—	0.00	4 817.61	4 940.41	1 563.35	824.79	5 408.33	11 570.4	8 503.48	1 691.24	149.9	5 852.47	5 537.69	50 859.67

注：表中除“面积”外，其余列的单位均为万 m^3。

表 6.30　2030 年阿拉尔—新渠满断面农业灌溉需水量计算表

灌水方式	作物	面积/万亩	1月	2月	3月	4月	5月	6月	7月	8月	9月	10月	11月	12月	年需水量
地面灌	水稻	0.00	0.00	0.00	0.00	0.00	0.00	0.00	0.00	0.00	0.00	0.00	0.00	0.00	0.00
	小麦	0.59	0.00	0.00	17.70	32.45	53.10	32.45	0.00	0.00	41.30	17.70	17.70	0.00	212.40
	正播玉米	0.18	0.00	0.00	7.20	9.00	0.00	15.30	15.30	9.00	0.00	0.00	0.00	0.00	55.80
	复播玉米	0.00	0.00	0.00	0.00	0.00	0.00	0.00	0.00	0.00	0.00	0.00	0.00	0.00	0.00
	棉花	7.33	0.00	293.28	293.28	73.32	0.00	513.24	733.20	513.24	146.64	0.00	329.94	329.94	3 226.08
	油料	0.00	0.00	0.00	0.00	0.00	0.00	0.00	0.00	0.00	0.00	0.00	0.00	0.00	0.00
	瓜菜	0.59	0.00	0.00	0.00	47.04	47.04	47.04	47.04	47.04	47.04	11.76	0.00	0.00	294.00
	其他	0.00	0.00	0.00	0.00	0.00	0.00	0.00	0.00	0.00	0.00	0.00	0.00	0.00	0.00
	园地	0.24	0.00	0.00	7.31	10.96	0.00	18.26	19.48	19.48	18.26	6.09	14.61	0.00	114.45
	林地	1.22	0.00	0.00	0.00	0.00	91.50	0.00	91.50	91.50	0.00	0.00	67.10	24.40	366.00
	苜蓿	0.10	0.00	0.00	0.00	0.00	5.50	6.00	6.00	5.50	0.00	7.00	0.00	0.00	30.00
	净需水量	—	0.00	293.28	325.49	172.77	197.14	632.29	912.52	685.76	253.24	42.55	429.35	354.34	4 298.73
	毛需水量	—	0.00	581.90	645.80	342.79	391.15	1 254.55	1 810.56	1 360.63	502.47	84.42	851.88	703.06	8 529.21
滴灌	棉花	18.50	0.00	740.00	740.00	185.00	0.00	740.00	2 035.00	1 480.00	185.00	0.00	832.50	832.50	7 770.00
	园艺	0.00	0.00	0.00	0.00	0.00	0.00	0.00	0.00	0.00	0.00	0.00	0.00	0.00	0.00
	净需水量	—	0.00	740.00	740.00	185.00	0.00	740.00	2 035.00	1 480.00	185.00	0.00	832.50	832.50	7 770.00
	毛需水量	—	0.00	1 468.25	1 468.25	367.06	0.00	1 147.20	3 154.79	2 294.40	286.80	0.00	1 651.79	1 651.79	13 490.33
毛需水量总计		—	0.00	2 050.16	2 114.06	709.86	391.15	2 401.75	4 965.35	3 655.03	789.27	84.42	2 503.67	2 354.84	22 019.56
其中南岸		—	0.00	1 066.08	1 099.31	369.13	203.40	1 248.91	2 581.98	1 900.62	410.42	43.90	1 301.91	1 224.52	11 450.18
其中北岸		—	0.00	984.08	1 014.75	340.73	187.75	1 152.84	2 383.37	1 754.41	378.85	40.52	1 201.76	1 130.32	10 569.38

注：表中除“面积”外，其余列的单位均为万 m^3。

表 6.31 2030 年新渠满—英巴扎断面农业灌溉需水量计算表

灌水方式	作物	面积/万亩	1月	2月	3月	4月	5月	6月	7月	8月	9月	10月	11月	12月	年需水量
地面灌	水稻	0.00	0.00	0.00	0.00	0.00	0.00	0.00	0.00	0.00	0.00	0.00	0.00	0.00	0.00
	小麦	0.59	0.00	0.00	17.79	32.62	53.38	32.62	0.00	0.00	41.52	17.79	17.79	0.00	213.51
	正播玉米	0.30	0.00	0.00	12.00	15.00	0.00	25.50	25.50	15.00	0.00	0.00	0.00	0.00	93.00
	复播玉米	0.00	0.00	0.00	0.00	0.00	0.00	0.00	0.00	0.00	0.00	0.00	0.00	0.00	0.00
	棉花	8.62	0.00	344.80	344.80	86.20	0.00	603.40	862.00	603.40	172.40	0.00	387.90	387.90	3 792.80
	油料	0.00	0.00	0.00	0.00	0.00	0.00	0.00	0.00	0.00	0.00	0.00	0.00	0.00	0.00
	瓜菜	0.70	0.00	0.00	0.00	56.00	56.00	56.00	56.00	56.00	56.00	14.00	0.00	0.00	350.00
	其他	0.00	0.00	0.00	0.00	0.00	0.00	0.00	0.00	0.00	0.00	0.00	0.00	0.00	0.00
	园地	0.10	0.00	0.00	3.00	4.50	0.00	7.50	8.00	8.00	7.50	2.50	6.00	0.00	47.00
	林地	2.40	0.00	0.00	0.00	0.00	180.00	0.00	180.00	180.00	0.00	0.00	132.00	48.00	720.00
	苜蓿	0.00	0.00	0.00	0.00	0.00	0.00	0.00	0.00	0.00	0.00	0.00	0.00	0.00	0.00
	净需水量	—	0.00	344.80	377.59	194.32	289.38	725.02	1 131.50	862.40	277.42	34.29	543.69	435.90	5 216.31
	毛需水量	—	0.00	696.57	762.81	392.57	584.60	1 464.69	2 285.86	1 742.22	560.44	69.28	1 098.37	880.61	10 538.01
滴灌	棉花	21.50	0.00	860.00	860.00	215.00	0.00	860.00	2 365.00	1 720.00	215.00	0.00	967.50	967.50	9 030.00
	园艺	0.00	0.00	0.00	0.00	0.00	0.00	0.00	0.00	0.00	0.00	0.00	0.00	0.00	0.00
	净需水量	—	0.00	860.00	860.00	215.00	0.00	860.00	2 365.00	1 720.00	215.00	0.00	967.50	967.50	9 030.00
	毛需水量	—	0.00	1 737.37	1 737.37	434.34	0.00	1 333.23	3 666.38	2 666.46	333.31	0.00	1 954.55	1 954.55	15 817.56
毛需水量总计		—	0.00	2 433.94	2 500.19	826.91	584.61	2 797.92	5 952.24	4 408.68	893.74	69.28	3 052.91	2 835.15	26 355.57
其中南岸		—	0.00	146.04	150.01	49.61	35.08	167.88	357.13	264.52	53.62	4.16	183.17	170.11	1581.33
其中北岸		—	0.00	2 287.90	2 350.18	777.30	549.53	2 630.04	5 595.11	4 144.16	840.12	65.12	2 869.74	2 665.04	24 774.24

注：表中除“面积”外，其余列的单位均为万 m^3。

表 6.32　2030 年英巴扎—乌斯满断面农业灌溉需水量计算表

灌水方式	作物	面积/万亩	1月	2月	3月	4月	5月	6月	7月	8月	9月	10月	11月	12月	年需水量
地面灌	水稻	0.00	0.00	0.00	0.00	0.00	0.00	0.00	0.00	0.00	0.00	0.00	0.00	0.00	0.00
	小麦	0.26	0.00	0.00	7.80	14.30	23.40	14.30	0.00	0.00	18.20	7.80	7.80	0.00	93.60
	正播玉米	0.08	0.00	0.00	3.20	4.00	0.00	6.80	6.80	4.00	0.00	0.00	0.00	0.00	24.80
	复播玉米	0.00	0.00	0.00	0.00	0.00	0.00	0.00	0.00	0.00	0.00	0.00	0.00	0.00	0.00
	棉花	4.00	0.00	160.16	160.16	40.04	0.00	280.28	400.40	280.28	80.08	0.00	180.18	180.18	1 761.76
	油料	0.00	0.00	0.00	0.00	0.00	0.00	0.00	0.00	0.00	0.00	0.00	0.00	0.00	0.00
	瓜菜	0.00	0.00	0.00	0.00	0.00	0.00	0.00	0.00	0.00	0.00	0.00	0.00	0.00	0.00
	其他	0.00	0.00	0.00	0.00	0.00	0.00	0.00	0.00	0.00	0.00	0.00	0.00	0.00	0.00
	园地	0.10	0.00	0.00	3.00	4.50	0.00	7.50	8.00	8.00	7.50	2.50	6.00	0.00	47.00
	林地	0.15	0.00	0.00	0.00	0.00	11.07	0.00	11.07	11.07	0.00	0.00	8.12	2.95	44.28
	苜蓿	0.14	0.00	0.00	0.00	0.00	7.43	8.10	8.10	7.43	0.00	9.45	0.00	0.00	40.51
	净需水量	—	0.00	160.16	174.16	62.84	41.90	316.98	434.37	310.78	105.78	19.75	202.10	183.13	2 011.95
	毛需水量	—	0.00	312.20	339.49	122.50	81.67	617.89	846.73	605.80	206.20	38.50	393.95	356.98	3 921.91
滴灌	棉花	12.00	0.00	480.00	480.00	120.00	0.00	480.00	1 320.00	960.00	120.00	0.00	540.00	540.00	5 040.00
	园艺	0.00	0.00	0.00	0.00	0.00	0.00	0.00	0.00	0.00	0.00	0.00	0.00	0.00	0.00
	净需水量	—	0.00	480.00	480 .00	120.00	0.00	480.00	1 320.00	960.00	120.00	0.00	540.00	540.00	5 040.00
	毛需水量	—	0.00	935.67	935.67	233.92	0.00	744.13	2 046.35	1 488.26	186.03	0.00	1 052.63	1 052.63	8 675.29
毛需水量总计		—	0.00	1 247.88	1 275.17	356.41	81.67	1 362.02	2 893.08	2 094.06	392.23	38.50	1 446.58	1 409.61	12 597.21
其中南岸		—	0.00	149.75	153.02	42.77	9.80	163.44	347.17	251.29	47.07	4.62	173.59	169.15	1 511.67
其中北岸		—	0.00	1 098.13	1 122.15	313.64	71.87	1 198.58	2 545.91	1 842.77	345.16	33.88	1 272.99	1 240.46	11 085.54

注：表中除“面积”外，其余列的单位均为万 m^3。

表 6.33 2030 年乌斯满—阿其克断面农业灌溉需水量计算表

灌水方式	作物	面积/万亩	1月	2月	3月	4月	5月	6月	7月	8月	9月	10月	11月	12月	年需水量
地面灌	水稻	0.00	0.00	0.00	0.00	0.00	0.00	0.00	0.00	0.00	0.00	0.00	0.00	0.00	0.00
	小麦	0.00	0.00	0.00	0.00	0.00	0.00	0.00	0.00	0.00	0.00	0.00	0.00	0.00	0.00
	正播玉米	0.00	0.00	0.00	0.00	0.00	0.00	0.00	0.00	0.00	0.00	0.00	0.00	0.00	0.00
	复播玉米	0.00	0.00	0.00	0.00	0.00	0.00	0.00	0.00	0.00	0.00	0.00	0.00	0.00	0.00
	棉花	0.00	0.00	0.00	0.00	0.00	0.00	0.00	0.00	0.00	0.00	0.00	0.00	0.00	0.00
	油料	0.00	0.00	0.00	0.00	0.00	0.00	0.00	0.00	0.00	0.00	0.00	0.00	0.00	0.00
	瓜菜	0.00	0.00	0.00	0.00	0.00	0.00	0.00	0.00	0.00	0.00	0.00	0.00	0.00	0.00
	其他	0.00	0.00	0.00	0.00	0.00	0.00	0.00	0.00	0.00	0.00	0.00	0.00	0.00	0.00
	园地	0.00	0.00	0.00	0.00	0.00	0.00	0.00	0.00	0.00	0.00	0.00	0.00	0.00	0.00
	林地	0.00	0.00	0.00	0.00	0.00	0.00	0.00	0.00	0.00	0.00	0.00	0.00	0.00	0.00
	苜蓿	0.00	0.00	0.00	0.00	0.00	0.00	0.00	0.00	0.00	0.00	0.00	0.00	0.00	0.00
	净需水量	—	0.00	0.00	0.00	0.00	0.00	0.00	0.00	0.00	0.00	0.00	0.00	0.00	—
	毛需水量	—	0.00	0.00	0.00	0.00	0.00	0.00	0.00	0.00	0.00	0.00	0.00	0.00	—
滴灌	棉花	3.00	0.00	120.00	120.00	30.00	0.00	120.00	330.00	240.00	30.00	0.00	135.00	135.00	1260.00
	果园	0.00	0.00	0.00	0.00	0.00	0.00	0.00	0.00	0.00	0.00	0.00	0.00	0.00	0.00
	净需水量	—	0.00	120.00	120.00	30.00	0.00	120.00	330.00	240.00	30.00	0.00	135.00	135.00	1260.00
	毛需水量	—	0.00	222.22	222.22	55.56	0.00	186.03	511.59	372.06	46.51	0.00	250.00	250.00	2116.19
毛需水量总计		—	0.00	222.22	222.22	55.56	0.00	186.03	511.59	372.06	46.51	0.00	250.00	250.00	2116.19
其中南岸		—	0.00	0.00	0.00	0.00	0.00	0.00	0.00	0.00	0.00	0.00	0.00	0.00	0.00
其中北岸		—	0.00	222.22	222.22	55.56	0.00	186.03	511.59	372.06	46.51	0.00	250.00	250.00	2116.19

注：表中除“面积”外，其余列的单位均为万 m^3。

表 6.34　2030 年阿其克—恰拉断面农业灌溉需水量计算表

灌水方式	作物	面积/万亩	1月	2月	3月	4月	5月	6月	7月	8月	9月	10月	11月	12月	年需水量
地面灌	水稻	0.00	0.00	0.00	0.00	0.00	0.00	0.00	0.00	0.00	0.00	0.00	0.00	0.00	0.00
	小麦	0.00	0.00	0.00	0.00	0.00	0.00	0.00	0.00	0.00	0.00	0.00	0.00	0.00	0.00
	正播玉米	0.00	0.00	0.00	0.00	0.00	0.00	0.00	0.00	0.00	0.00	0.00	0.00	0.00	0.00
	复播玉米	0.00	0.00	0.00	0.00	0.00	0.00	0.00	0.00	0.00	0.00	0.00	0.00	0.00	0.00
	棉花	0.00	0.00	0.00	0.00	0.00	0.00	0.00	0.00	0.00	0.00	0.00	0.00	0.00	0.00
	油料	0.00	0.00	0.00	0.00	0.00	0.00	0.00	0.00	0.00	0.00	0.00	0.00	0.00	0.00
	瓜菜	0.00	0.00	0.00	0.00	0.00	0.00	0.00	0.00	0.00	0.00	0.00	0.00	0.00	0.00
	其他	0.00	0.00	0.00	0.00	0.00	0.00	0.00	0.00	0.00	0.00	0.00	0.00	0.00	0.00
	园地	0.00	0.00	0.00	0.00	0.00	0.00	0.00	0.00	0.00	0.00	0.00	0.00	0.00	0.00
	林地	0.00	0.00	0.00	0.00	0.00	0.00	0.00	0.00	0.00	0.00	0.00	0.00	0.00	0.00
	苜蓿	0.00	0.00	0.00	0.00	0.00	0.00	0.00	0.00	0.00	0.00	0.00	0.00	0.00	0.00
	净需水量	—	0.00	0.00	0.00	0.00	0.00	0.00	0.00	0.00	0.00	0.00	0.00	0.00	0.00
	毛需水量	—	0.00	0.00	0.00	0.00	0.00	0.00	0.00	0.00	0.00	0.00	0.00	0.00	0.00
滴灌	棉花	3.00	0.00	120.00	120.00	30.00	0.00	120.00	330.00	240.00	30.00	0.00	135.00	135.00	1260.00
	果园	0.00	0.00	0.00	0.00	0.00	0.00	0.00	0.00	0.00	0.00	0.00	0.00	0.00	0.00
	净需水量	—	0.00	120.00	120.00	30.00	0.00	120.00	330.00	240.00	30.00	0.00	135.00	135.00	1260.00
	毛需水量	—	0.00	222.22	222.22	55.56	0.00	186.03	511.59	372.06	46.51	0.00	250.00	250.00	2116.19
毛需水量总计		—	0.00	222.22	222.22	55.56	0.00	186.03	511.59	372.06	46.51	0.00	250.00	250.00	2116.19
其中南岸		—	0.00	0.00	0.00	0.00	0.00	0.00	0.00	0.00	0.00	0.00	0.00	0.00	0.00
其中北岸		—	0.00	222.22	222.22	55.56	0.00	186.03	511.59	372.06	46.51	0.00	250.00	250.00	2116.19

注：表中除“面积”外，其余列的单位均为万 m^3。

表 6.35 塔里木河干流段各区间农业灌溉需水量、灌溉定额、综合灌溉水利用系数汇总表

年 份	项目	阿拉尔—新渠满	新渠满—英巴扎	英巴扎—乌斯满	乌斯满—阿其克	阿其克—恰拉	合计
2010 年	净需水量/万 m^3	13 552	16 225	7 892	1 365	1 330	40 365
	毛需水量/万 m^3	34 367	44 887	18 695	2 832	2 667	103 448
	净灌溉定额/（m^3/亩）	471	474	472	455	443	471
	毛灌溉定额/（m^3/亩）	1 195	1 312	1 118	944	889	1 207
	综合灌溉水利用系数	0.39	0.36	0.42	0.48	0.50	0.39
2020 年（方案一）	净需水量/万 m^3	12 279	14 486	7 192	1 280	1 270	36 507
	毛需水量/万 m^3	25 945	31 790	14 396	2 357	2 281	76 769
	净灌溉定额/（m^3/亩）	427	423	430	427	423	426
	毛灌溉定额/（m^3/亩）	902	929	861	786	760	896
	综合灌溉水利用系数	0.47	0.46	0.50	0.54	0.56	0.48
2020 年（方案二）	净需水量/万 m^3	12 169	14 376	7 132	1 270	1 270	36 217
	毛需水量/万 m^3	25 739	31 994	14 356	2 329	2 329	76 747
	净灌溉定额/（m^3/亩）	423	420	426	423	423	423
	毛灌溉定额/（m^3/亩）	895	935	858	776	776	896
	综合灌溉水利用系数	0.47	0.45	0.50	0.55	0.55	0.47
2030 年	净需水量/万 m^3	12 069	14 246	7 052	1 260	1 260	35 887
	毛需水量/万 m^3	22 020	26 356	12 597	2 116	2 116	65 205
	净灌溉定额/（m^3/亩）	420	416	422	420	420	419
	毛灌溉定额/（m^3/亩）	766	770	753	705	705	761
	综合灌溉水利用系数	0.55	0.54	0.56	0.60	0.60	0.55

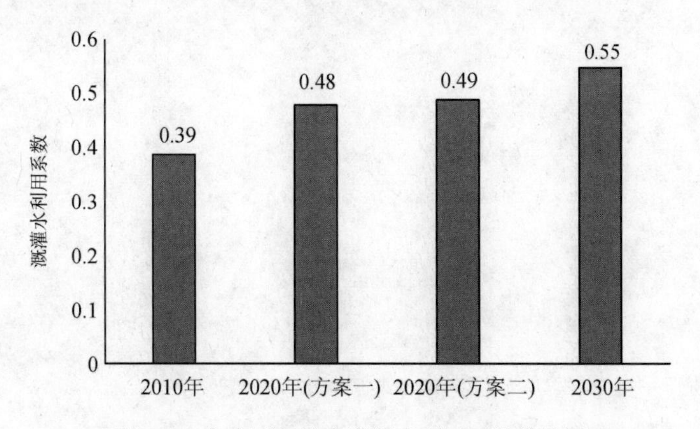

图 6.1 各水平年综合灌溉水利用系数变化图

6.4 塔里木河干流向下游农二师供水预测

下游段农二师灌区用水涉及阿其克—恰拉和恰拉—大西海子两个河段。对规划年农二师需水不做预测分析，以保证 2 亿 m^3 总供水量为基础，依据近年来实际逐月供水统计资料确定塔里木河干流规划供水过程线（表 6.36）。

表 6.36 下游段兵团灌区规划年塔里木河逐月供水过程分析表（单位：万 m^3）

河段	年份	引水口	1月	2月	3月	4月	5月	6月	7月	8月	9月	10月	11月	12月	全年
阿其克—恰拉	2010	东河滩枢纽	0	0	0	0	0	0	0	0	4 693	4 860	628	0	10 181
	2011		0	0	0	0	1 235	434	333.4	3 240	1 928	0	0	0	7 170.4
	现状年平均供水		0	0	0	0	618	217	166.7	1 620	3 310	2 430	314	0	8 675.7
	规划年计划供水		0	0	0	0	462	162	125	1 212	2 477	1 818	235	0	6 491
恰拉—大西海子	2010	恰铁干渠	0	0	0	0	1 371	3 465	2 790.7	7 980	2 107	0	0	0	17 713.7
	2011		0	0	547	709	1 649	3 549	2 632.6	5 378	1 106	271.7	2 500	44.9	18 387.2
	现状年平均供水		0	0	273	3 555	1 510	3 507	2 712	6 679	1 607	135.9	1 250	22.45	21 251.35
	规划年计划供水		0	0	204	265	1 130	2 624	2 029	4 998	1 202	102	935	17	13 506

7 塔里木河干流水资源配置模型及关键技术问题研究

7.1 塔里木河干流水资源配置思路

塔里木河干流水资源合理调配的核心是，确定6个主要监测断面的水量控制过程，以及确保大西海子多年平均向台特玛湖下泄3.5亿 m^3 生态水量。采用地下水与灌区库群（平原水库）联合调节，供给上、中游及下游灌区农业灌溉及生活、生态用水。对这样一个复杂的水资源系统，应综合考虑，统筹兼顾，应用系统科学的方法建立水资源系统优化调配模型，采用系统工程算法进行长系列优化调节计算，寻求水资源系统合理配置的方法，论证方案的合理性，使之能够解决各用水部门的矛盾，尽可能发挥水资源的综合利用最大效益。

7.2 水资源配置原则及蓄供水方式

7.2.1 水资源合理配置原则

水资源合理配置的目标是，满足人口、资源、环境与经济协调发展对水资源在时间上、空间上、用途与数量上的要求，使有限的水资源获得最大的利用效益，促进社会经济的发展，改善生态环境。因此，塔里木河水资源合理配置必须遵循如下原则。

（1）综合利用水资源，保障社会、经济、生态可持续发展，以水资源综合利用为核心，优化配置区域内的地表水与地下水资源，遵循充分利用地表水、合理开采地下水的原则，实现水资源的合理配置。

（2）充分开发利用有限的水资源，采取节水与增水相结合的方式，坚持节约与保护的原则。

（3）公平公正原则，地方与兵团、上中下游要统筹兼顾。

（4）《塔里木河流域“四源一干”地表水水量分配方案》（新政函［2003］203号文）。

（5）来水资料采用1958～2010年共53年系列资料。

（6）正确处理好本流域开发与上、中、下游生态环境保护的关系，满足大西海子多年平均下泄水量 3.5 亿 m^3，水流到达台特玛湖的生态供水的要求。

（7）河道外生态主要采用 7、8、9 月集中供给的方式。

（8）下泄水量和区间耗水量都随来水量变化——丰增枯减。

7.2.2　蓄供水方式

1）水库灌区

目前，干流参与水量分配的平原水库包括：结然力克水库、大寨水库、其满水库、帕满水库、喀尔曲尕水库、塔里木河水库、恰拉水库。水库运行方式为：汛期在引洪灌溉的同时，引蓄多余水量入库，在 11 月前后的枯水段水库供水秋冬灌，然后再蓄冬闲水入库，供春夏枯水期灌溉用水。水库年内进行两次蓄水，即夏蓄—秋供—冬蓄—春供。节点之间上、中、下游不同灌区平原水库的蓄水量按节点平原水库的可用库容进行分配。

2）河（泵）灌区

河（泵）灌区由于没有水库调节，引水过程受塔里木河来水情况影响较大。具有以下引水特点：①春夏灌溉期引水少。由于该时期天然河道来水量很少，加上上游排碱水进入河道，水体矿化度偏高，部分水量农业灌溉无法利用；另外，上游区水库在春夏枯水期引水，导致中游灌区河道断流，所以在此期间河灌区农作物基本上不灌溉。②汛期灌区根据洪水历时和大小引洪灌溉，保证作物生长的中、后期需水量。③秋冬期，天然河道有一定的径流量，灌区大量引水进行秋、冬灌，以保证在春夏枯水期作物的前期需水量。

7.2.3　供水优先次序

在满足河道内生态基流的基础上，按照各用水单元的上下游位置进行供水，先满足农业灌溉用水，其次是河道外生态用水。

（1）河道内生态基流。

（2）大西海子断面多年平均下泄水量 3.5 亿 m^3。

（3）各用水单元农业灌溉用水。

（4）河道外生态需水量。

（5）多余水量充蓄平原水库。

（6）农业需水不足水量由地下水补给。

7.2.4　配置依据

（1）目前，我国正在实施最严格的水资源管理制度，其核心是按“三条红线”进行水资源的严格管理。“三条红线”即水资源开发利用总量控制红线、用水效率控制红线、水功能区限制纳污红线。

(2) 现状年为2010年，近期规划水平年为2020年，远期规划水平年为2030年。

(3) 生态基流设计保证率90%、农业灌溉设计保证率75%、河道外生态设计保证率50%、大西海子断面下泄流量多年平均3.5亿m^3。

本书在水资源配置中，主要考虑了“三条红线”中的第一条红线——总量控制红线，经优化模型配置获得不同频率来水年塔里木河干流6个主要控制断面、8个灌区、5个生态闸群的总量控制红线（图7.1）。

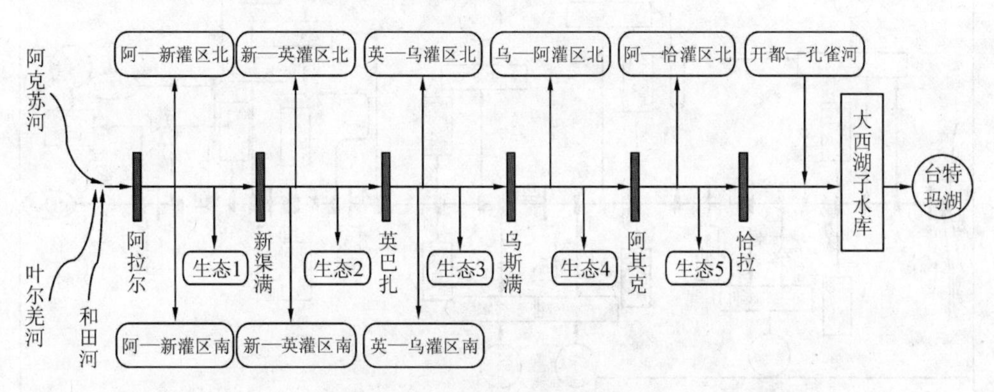

图7.1 干流断面控制示意图

7.3 塔里木河干流水资源系统网络节点图制定

7.3.1 节点划分

根据行政区划、主要控制断面及供水方式等对塔里木河干流流域进行节点划分，干流水量分配主要6个控制断面为：阿拉尔、新渠满、英巴扎、乌斯满、阿其克、恰拉。干流参与水量分配的平原水库包括大寨水库、其满水库、帕满水库、喀尔曲尕水库、塔里木河水库。结合主要控制断面，按河道南、北两岸，将干流流域划分为阿—新南、阿—新北、新—英南、新—英北、英—乌南、英—乌北、乌—阿北、阿—恰北等8个用水单元和5个生态供水区。

7.3.2 水资源配置节点图构建

根据流域水资源利用情况，描述水资源、经济和生态三大系统，以节点、水传输系统构建流域水资源配置系统网络节点图（图7.2），反映需水与供给、利用与耗水的关系。

节点包括水源节点、需水节点和输水节点等。其中，水库、引水枢纽、地下水管井等均为水源节点；城镇生活、农村生活、工业及农业、生态用水户和水电站等均为需（用）水节点；河流、渠道的交汇点或分水点，行政区间断面、水资源分区间断面、水汇等为输水节点。水传输系统包括地表水系统和地下水系统。用水户、水利枢纽（包括蓄、引、提等工程）、人工渠系、天然河道等相互连接构成了地表水传输系统。塔里木河干流水资源系统网络节点如图 7.2 所示。

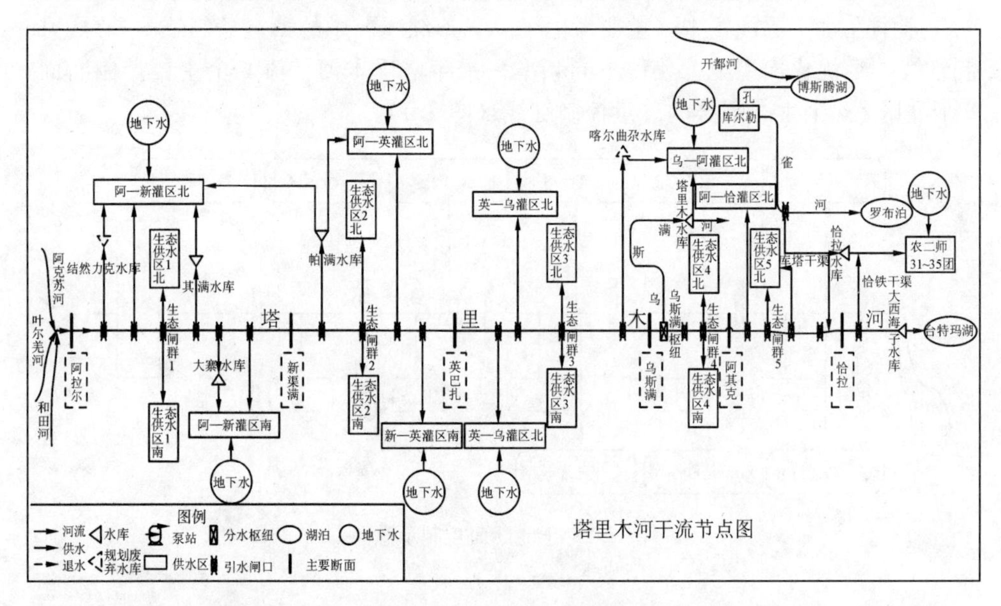

图 7.2 塔里木河干流水资源配置网络节点图

详细节点列出如下：①涉及行政区域有沙雅县、库车县、轮台县、尉犁县、农二师；②主要控制断面有阿拉尔、新渠满、英巴扎、乌斯满、阿其克、恰拉；③水库有结然力克水库、大寨水库、其满水库、帕满水库、喀尔曲尕水库、塔里木河水库、恰拉水库；④渠首有乌斯满枢纽、阿其克分水枢纽、东河滩分水枢纽、恰拉枢纽；⑤干流生态闸总数 49，结合主要控制断面，将生态闸进行聚合为 5 个生态闸群，分别为生态闸群 1、生态闸群 2、生态闸群 3、生态闸群 4、生态闸群 5；⑥泵站有泰昌农场泵站、阿克雅苏克泵站、轮南镇泵站；⑦用水单元为阿—新北、阿—新南、新—英北、新—英南、英—乌北、英—乌南、乌—阿北、阿—恰北；⑧生态供水区有生态供水区北 1、生态供水区南 1、生态供水区北 2、生态供水区南 2、生态供水区北 3、生态供水区南 3、生态供水区北 4、生态供水区南 4、生态供水区北 5、生态供水区南 5。

7.4 塔里木河干流水资源配置方案设置

根据流域水资源系统调配研究思路，结合流域的实际情况，在保证塔里木河生态下放水量的前提下，考虑经济社会与生态环境两大系统用水，设置 2020 规划水平年和 2030 规划水平年水资源配置方案，其目的主要是分析和研究在不同方案下，流域水资源系统是否能实现水资源合理配置，并充分开发利用水资源，支持社会经济的可持续发展，方案设置见表 7.1。

表 7.1 2020 规划水平年和 2030 规划水平年水资源配置方案设置

水资源调配方案集	地下水限额		平原水库		2020 年				2030 年	
					高效节水规模		常规灌溉水利用系数		石油工业需水	
	低方案	高方案	5 座	7 座	低方案（27 万亩）	高方案（41.5 万亩）	低方案（0.45）	高方案（0.47）	低方案	高方案
方案一	★			★	★			★		
方案二		★		★	★			★		
方案三	★			★		★	★			
方案四		★		★		★	★			
方案五	★			★					★	
方案六	★			★						★
方案七		★		★					★	
方案八		★		★						★

水资源调配方案设置中，考虑最严格水资源管理实施用水总量控制的要求，对下游段按《塔里木河流域水量分配协议》要求 2020 年和 2030 年均维持 2 亿 m^3 供水量不变。对上中游段 2020 年其总用水量按照《塔里木河综合治理干流段五年实施方案》和《塔里木河流域水量分配协议》要求控制为不超过 8.76 亿 m^3，考虑水库损失，总需水量按不超过 8.01 亿 m^3 控制；2030 年考虑石油用水的不确定性，设置石油用水高低两个用水水平，总需水量相应按 8.01 亿 m^3 和 7.56 亿 m^3 设置两个控制目标。

考虑高效节水与渠道防渗发展程度、地表水地下水供水比例、平原水库废弃情况，组合设置了 8 种水资源调配方案。

方案一：规划水平年 2020 年高效节水面积发展至 27 万亩，常规灌溉水利用系数提高至 0.47，地下水可利用量为 0.1 亿 m^3，工业生活需水量为 0.33 亿 m^3，灌溉需水量为 12.17 亿 m^3，河道外生态需水量为 22.36 亿 m^3，流域有平原水库 7 座（含恰拉水库，下同）。

方案二：规划水平年 2020 年高效节水面积发展至 27 万亩，常规灌溉水利用系数提高至 0.47，地下水可利用量为 0.6 亿 m^3，工业生活需水量为 0.33 亿 m^3，灌溉需水量为 12.17 亿 m^3，河道外生态需水量为 22.36 亿 m^3，流域有平原水库 7 座。

方案三：规划水平年 2020 年高效节水面积发展至 41.5 万亩，常规灌溉水利用系数提高至 0.45，地下水可利用量为 0.1 亿 m^3，工业生活需水量为 0.33 亿 m^3，灌溉需水量为 12.17 亿 m^3，河道外生态需水量为 22.36 亿 m^3，流域有平原水库 7 座。

方案四：规划水平年 2020 年高效节水面积发展至 41.5 万亩，常规灌溉水利用系数提高至 0.45，地下水可利用量为 0.6 亿 m^3，工业生活需水量为 0.33 亿 m^3，灌溉需水量为 12.17 亿 m^3，河道外生态需水量为 22.36 亿 m^3，流域有平原水库 7 座。

方案五：规划水平年 2030 年地下水可利用量为 0.2 亿 m^3，工业生活需水量为 1.09 亿 m^3，灌溉需水量为 11.02 亿 m^3，河道外生态需水量为 22.36 亿 m^3，平原水库保留 7 座。

方案六：规划水平年 2030 年地下水可利用量为 0.2 亿 m^3，工业生活需水量为 1.48 亿 m^3，灌溉需水量为 11.02 亿 m^3，河道外生态需水量为 22.36 亿 m^3，平原水库保留 7 座。

方案七：规划水平年 2030 年地下水可利用量为 0.8 亿 m^3，工业生活需水量为 1.09 亿 m^3，灌溉需水量为 11.02 亿 m^3，河道外生态需水量为 22.36 亿 m^3，平原水库保留 7 座。

方案八：规划水平年 2030 年地下水可利用量为 0.8 亿 m^3，工业生活需水量为 1.48 亿 m^3，灌溉需水量为 11.02 亿 m^3，河道外生态需水量为 22.36 亿 m^3，平原水库保留 7 座。

7.5 塔里木河干流水资源配置模型建立及求解

7.5.1 塔里木河干流水资源配置模型建立

1）目标函数

塔里木河干流流域水资源配置目标是，使水资源系统与生态环境系统、社会经济系统良性循环，具体包括生态环境目标、水资源利用目标、社会经济效益目标等。为便于建立模型并求解，将多目标问题转化为单目标问题，其他目标则作为模型约束条件。目标函数有：①缺水量最小；②综合利用效益最大；③非汛期生态供水量最大。

把缺水量最小作为主模型，其他目标则作为模型约束条件。具体如下：

目标函数

$$\mathrm{ob}:\mathrm{que}(i)=\min\sum_{j=1}^{J}\sum_{n=1}^{N}\max\{0,[\mathrm{Wg_x}(n,i,j)-\mathrm{Wg}(n,i,j)]\}\quad \forall n,j \tag{7.1}$$

$$P(\mathrm{gg})=\sum i[\mathrm{que}(i)>0]/(I+1) \tag{7.2}$$

式中，I 为年数，$i=1$，2，…，52，$I=52$；J 为以年为计算周期内的月时段数，$j=1$，2，…，12，$J=12$；N 为断面区间数，$n=1$，2，…，N；$\mathrm{Wg_x}$（n，j）为断面区间 n 在第 i 年 j 时段的需水量；Wg（n，i，j）为在第 i 年 j 时段供给断

面区间 n 的水量；que（i）为第 i 年 N 个断面区间的总缺水量；P（gg）为灌溉保证率；max 为取括号里数值中最大的值。

2）约束条件

模型约束条件包括流域水量平衡约束、节点水量平衡约束、水库水量平衡约束、供水总量约束、断面生态水量约束、水库水位库容约束、变量非负约束等。

流域水量平衡约束：

$$W_{来水}(i,j)=W_{供水}(i,j)+W_{损失}(i,j)\pm W_{水库蓄、供水}(i,j) \tag{7.3}$$

系统的水量在各时段及多年平均必须要满足水量平衡约束，即来水＝供水＋损失±水库蓄、供水。

水库水量平衡约束：

$$V_m(i,j+1)=V_m(i,j)+3600\times[QV_m(i,j)-QC_m(i,j)]\times\Delta t \tag{7.4}$$

式中，V_m（i，j）、W_m（i，$j+1$）分别为第 m 个水库第 i 年第 $j+1$ 时段与第 j 时段的水库库容；QV_m（i，j）为第 m 个水库第 i 年第 j 时段入库流量；QC_m（i，j）为第 m 个水库第 i 年第 j 时段出库流量。

库容约束：

$$V_m^{min}(j)\leqslant V_m(i,j)\leqslant V_m^{max}(j) \tag{7.5}$$

式中，V_m^{min}（j）、V_m^{max}（j）分别为第 m 个水库第 i 年第 j 时段的上、下限库容约束。

灌溉供水约束：

$$QG_g(i)\leqslant QG_x(i) \tag{7.6}$$

式中，QG_g（i）、QG_x（i）分别为各节点灌溉供水之和、各节点灌溉需水之和。

生态供水约束：

$$QS_g(i)\geqslant QS_x(i) \tag{7.7}$$

式中，QS_g（i）、QS_x（i）分别为生态供水、生态需水。

7.5.2 塔里木河干流水资源配置模型求解

1）河道外生态供水量求解

河道外生态采用 7 月、8 月、9 月三个月集中供给，通过决策动态寻优自适应算法，对塔里木河的河道外生态供水量进行求解，模型求解方法如下。

自适应迭代算法：

$$W(i)=W(i)+L\cdot QK_1(i,j) \tag{7.8}$$

$$L=(X、Y、Z) \tag{7.9}$$

$$X+Y+Z=1 \tag{7.10}$$

式中，W（i）为第 i 年河道外生态供水总量；L 为河道外生态供水比例；QK_1（i，j）

为第 i 年 j 时段的来水量；X、Y、Z 分别为各年 7 月、8 月、9 月三个月的供水比例。

每一个 i，三个月都会提供一部分河道外生态用水，但三个变量需要从 0～1 任意组合，如不设定限制，将有无数种组合。因此，这里限定 X、Y、Z 取值范围为 0～1 中步长为 0.1 的值，这样组合方式大幅度减少，便于计算，能快速寻求最优解。

2）水资源配置模型求解

采用模拟优化人机对话算法进行本次计算，各种方案的求解思路基本一致，不同之处在于生态需水的变化、石油工业需水的变化、一般工业生活需水的变化以及平原水库的变化。以第一种方案塔里木河干流灌区水资源的调配过程为例，来说明模型的求解方法。

此算法的基本思路是，流域以阿拉尔、新渠满、英巴扎、乌斯满、阿其克、恰拉 6 个断面为控制断面，对任意第 i 年第 j 时段灌区的灌溉需水、河道外生态需水、下泄台特玛湖生态需水和生态基流之和折合到控制断面作为总控制量，以需定供，用平原水库调蓄天然径流，蓄丰补枯。计算过程中要以满足各种约束条件为前提，并研究水资源在各节点灌区灌溉供水、生态供水之间的最优分配。当长系列计算结束后，决策者可通过输出的结果进行决策，计算各子灌区的农业保证率及生态保证率，若供水保证率不合理，再通过改变供水系数进行迭代计算。当所有年份计算结束，进行统计分析，输出统计指标，包括农业保证率、生态保证率、生态基流保证率等值，看其是否合理，若不合理，再通过改变供水系数进行下一轮调整计算。

基于上述思路，平原水库及地下水联合调节的模拟模型计算步骤为：①输入 1958～2010 共 52 年天然长系列径流、N 个节点设计水平年第 j 月灌溉需水量 Wg_x（n，j）、大西海子断面 6～9 月需下放的生态水量 Wg_{st}（j）、各节点连接的平原水库有效库容 V_{max}（n）、平原水库损失、河道的损失率 He（n，j）等资料值。②若来水量满足灌区用水要求，多余水充蓄各灌区平原水库，若平原水库都充满则多余水用于生态供水 Wg_{st1}（j）。③7、8、9 月集中供给生态用水。④由各节点的平原水库以最大限度提供节点灌区的灌溉用水，第 N 个节点平原水库供水量为 Vg_2（n，j）。⑤若水库下泄水量仍不能满足灌区灌溉需水，用灌区地下水进行补给。此时若缺水小于本时段要求的生态水 Wg_{st}（j），则不能满足生态供水，可满足灌溉用水；若缺水大于 Wg_{st}（j），则灌溉缺水，按缺水原则在各灌区进行分配。⑥输出长系列统计指标，若农业保证率没有达到要求，则适当改变生态供水率，将生态水与灌溉水合理分配，在保证灌溉保证率的基础上提高生态保证率。

输出最终统计值，计算结束。

模拟优化人机对话计算如图 7.3 所示。

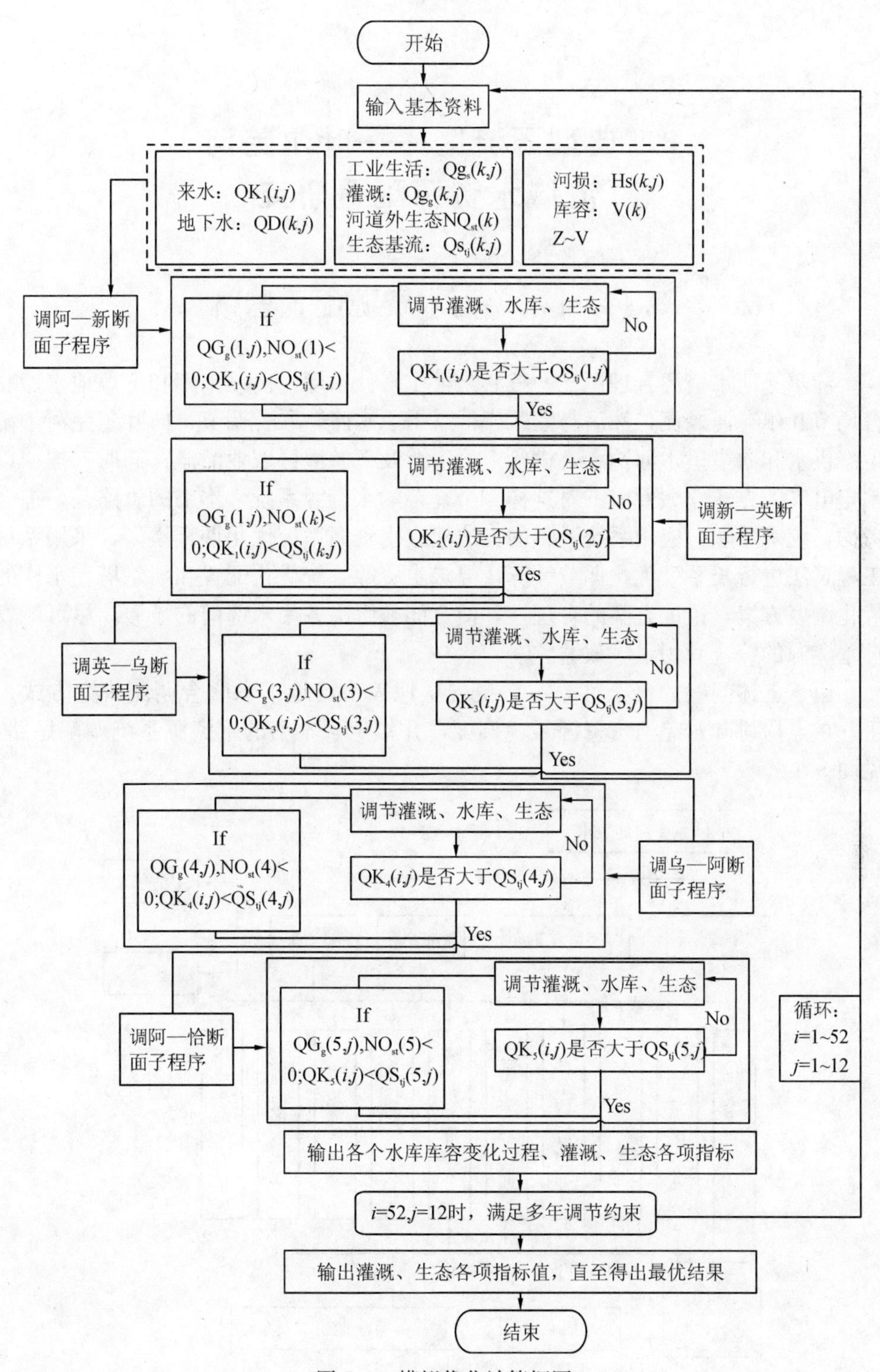

图 7.3　模拟优化计算框图

8 典型源流区——叶尔羌河流域水资源配置研究

8.1 叶尔羌河水资源配置思路

叶尔羌河水资源合理调配的核心是阿尔塔什水库，由该水库和下坂地水库联合调节叶尔羌河径流，然后与灌区库群（平原水库）联合调节，向叶尔羌河下游生态供水和向塔里木河输水，供给上、中游及下游灌区农业灌溉；同时，按“以水定电”的方式兼顾发电。对这样一个复杂的水资源系统，本书的思路是，综合考虑，统筹兼顾，应用系统科学的方法建立水资源系统优化调配模型，采用系统工程算法进行长系列优化调节计算，寻求水资源系统优化配置和阿尔塔什水库的优化调度方案，论证方案的合理性，使之能够解决各用水部门的矛盾，尽可能发挥水资源的综合利用最大效益。

由于上述问题的复杂性，本次报告从地表水与地下水联合调配研究方式入手，重点探讨叶尔羌河水资源最优调配，并拟定了本书的水资源系统调配思路，见图 8.1。

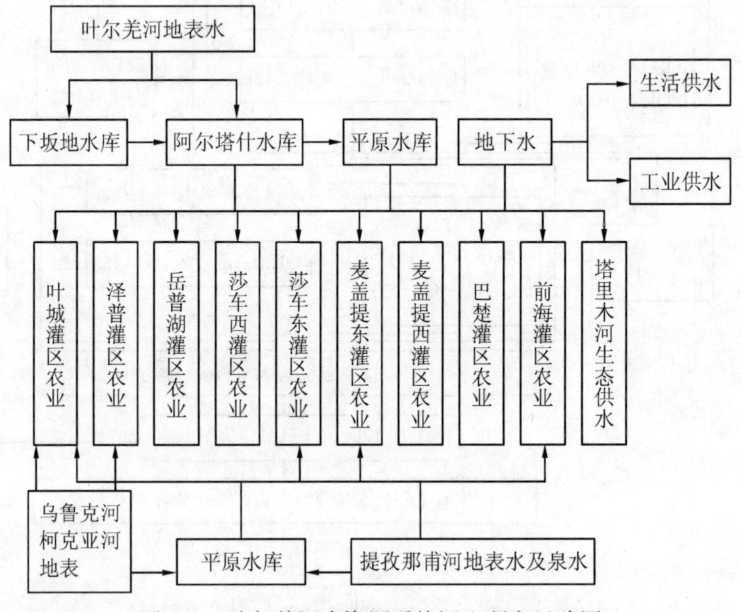

图 8.1 叶尔羌河水资源系统调配研究思路图

8.2 叶尔羌河水资源合理配置原则及蓄供水优先次序

8.2.1 水资源合理调配原则

1）综合利用水资源，保障社会、经济可持续发展

以水资源综合利用为核心，优化配置区域内的地表水与地下水资源，遵循充分利用地表水、限制开采地下水的原则，实现水资源的合理配置。

2）充分开发利用有限的水资源，坚持节约与保护的原则

用山区水库替代平原水库，减少平原水库的蒸发渗漏损失以及渠系下渗损失。达到充分开发利用水资源，节约用水、减少水量损失的目的。

3）公平公正原则

当天然来水能满足每个灌区需水时，按每个子灌区需水量进行分配；当天然来水不能满足总灌区需水时，按每个子灌区需水打折方式进行水量合理分配。

4）正确处理本流域开发与下游生态环境保护的关系，满足给塔里木河干流生态供水的要求

依据新政函［2003］203号文，黑尼亚孜水文站为叶尔羌河流域给塔里木河下放生态水的最终水量控制断面，但是由于黑尼亚孜水文站离流域的最末一级水量调配节点——艾里克塔木渠首还有340km，距离远，中间没有水量监测断面，且这段河道的疏浚工作尚未展开，输送到黑尼亚孜水文站的水量很难准确控制。所以，在本次规划中考虑以流域最末一级控制渠首——艾里克塔木渠首为控制断面，在规划水平年2030年给塔里木河下放生态水。即通过在水资源配置中采取工程和非工程措施，到规划水平年，在50%保证率下，满足流域在艾里克塔木断面给塔里木河下放8.26亿m^3生态水量的要求。

5）充分利用山区控制性水利工程，增强流域的水资源调控能力

通过利用山区控制性水利工程，改善水资源时空分布不均的自然状况，提高流域水行政主管部门对水资源的调控能力，缓解“春旱、夏洪、秋缺、冬枯”等供用水矛盾。

8.2.2 平原水库蓄水优先次序

在叶尔羌河灌区，7～9 月为丰水期，平原水库配合阿尔塔什水库向塔里木河下泄生态水，多余水蓄库，节点之间上中游不同灌区平原水库的蓄水量按节点平原水库的可用库容进行分配，蓄满后则充蓄下游前海灌区平原水库；10 月～次年2 月，平原水库发挥反调节作用，拦蓄阿尔塔什水库发电放水；3～6 月供水期，平原水库先向灌区供水，不足水量由阿尔塔什水库补充。每一节点上不同平原水库的蓄水取决于蓄水次序，该蓄水次序根据各平原水库的库容、运行状况确定。提孜那甫河灌区的平原水库蓄水方式与叶尔羌河灌区相同。

8.2.3 供水优先次序

阿尔塔什与下坂地水库联合补偿调节水量加入卡群渠首引水，供给塔里木河和叶尔羌河平原灌区，其供水顺序是：①7～9 月向塔里木河输 3.3 亿 m^3 生态水；②叶尔羌河向其 9 个子灌区供农业用水；③提孜那甫河、柯克亚河、乌鲁克河及泉水向提孜那甫河灌区供农业用水；④蓄水期向上中游 8 个子灌区平原水库充水；⑤蓄水期向下游前海灌区平原水库充水；⑥农业不足水量由地下水补给；⑦兼顾发电用水。

8.3 叶尔羌河流域水资源系统网络节点图的制定

叶尔羌河灌区灌溉体系包括地表水引蓄工程和地下水提水工程。地表水及泉水通过引水枢纽及平原水库联合调度供给灌区，各引水枢纽一方面通过库外渠道直接供给灌区，另一方面经水库调蓄后进入灌区；地下水通过机井直接进入灌区供给工业、城乡生活用水以及部分农业用水。由于地下水在满足灌区工业、城乡生活用水后还有剩余，故本书仅将农业及生态用水进行调节计算。

根据叶尔羌河流域下游水资源利用情况，描述水资源、经济和生态三大系统，以节点、水传输系统构建水资源调配系统网络图，来反映需水与供给、利用与耗水的关系。节点包括水源节点、需水节点和输水节点等。其中，水库、引水枢纽、地下水管井等均为水源节点；生活、工业及农业、生态用水户和水电站等均为需（用）水节点；河流、渠道的交汇点或分水点，行政区间断面、水资源分区间断面、水汇等为输水节点。

水传输系统包括地表水系统和地下水系统。用水户、水利枢纽（包括蓄、引、提等工程）、人工渠系、天然河道等相互连接构成了地表水传输系统。叶尔羌河灌区水资源系统网络节点见图 8.2。

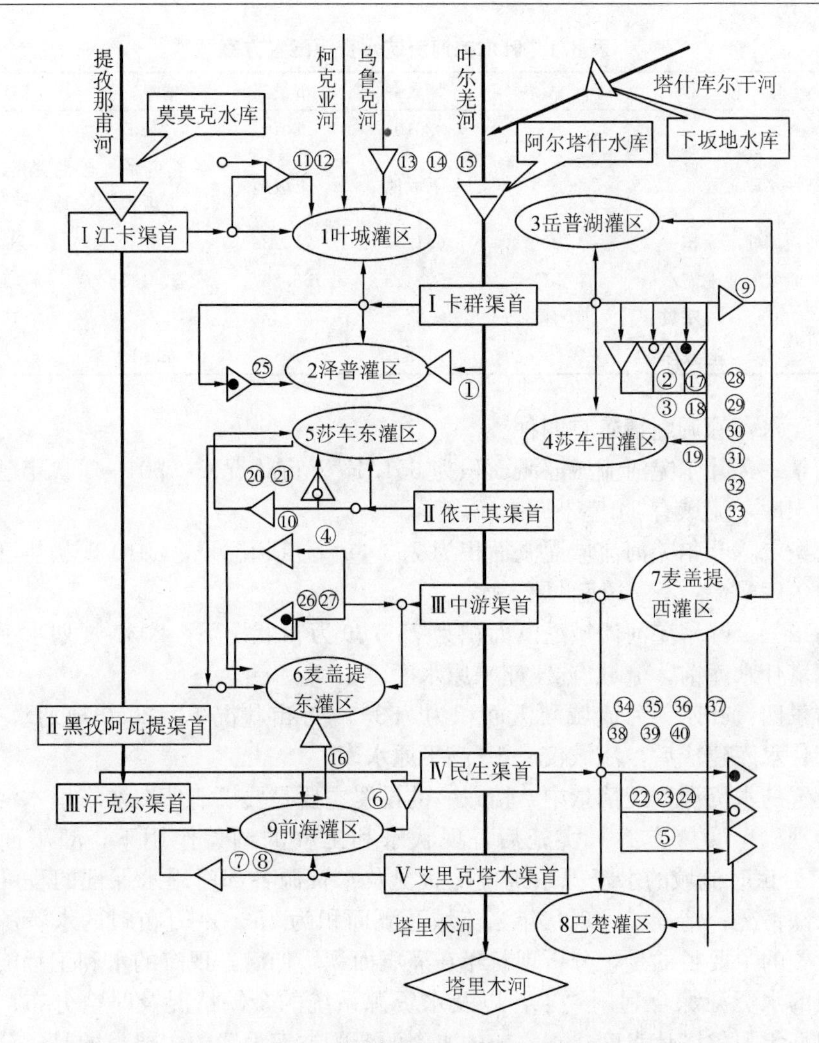

图 8.2 叶尔羌河灌区水资源系统网络节点图

泉水；渠首；灌区；①～㊵平原水库序号；Ⅰ～Ⅵ渠首编号；1～9 灌区编号；

山区水库；保留的平原水库；二期废弃的平原水库；一期废弃的平原水库

8.4 叶尔羌河水资源配置方案设置

根据上述确定的水资源系统调配研究思路，结合流域的实际情况，在保证塔里木河生态下放水量的前提下，考虑经济社会与生态环境两大系统用水，设置现状 2010 年和 2030 规划水平年水资源配置方案，其目的主要是分析和研究在不同情景下流域水资源系统是否能实现水资源合理配置，并充分开发利用水资源，支持社会经济的可持续发展，方案设置见表 8.1。

表 8.1 叶尔羌河流域水资源配置方案

项目		单位	情景一	情景二	情景三	情景四
水平年		—	2010	2010	2030	2030
山区控制性水库工程		—	下坂地	下坂地	莫莫克、下坂地	莫莫克、下坂地、阿尔塔什
叶尔羌河流域灌溉面积		万亩	651.47	753.39	753.39	753.39
叶尔羌河流域农业毛需水量		$\times 10^8 m^3$	59.413	66.207	57.142	57.142
平原水库	座数	座	24	24	24	16
	有效库容	$\times 10^8 m^3$	10.4	10.4	8.91	7.66

设置水资源调配情景有四种。

情景一：叶尔羌河流域灌溉面积为 651.47 万亩状况下，2010 现状年已建立下坂地水库，流域有 24 座平原水库。

情景二：叶尔羌河流域灌溉面积为 753.39 万亩状况下，2010 现状年已建立下坂地水库，流域有 24 座平原水库。

情景三：叶尔羌河流域灌溉面积为 753.39 万亩状况下，2030 规划水平年建立阿尔塔什水库前，流域有 24 座平原水库。

情景四：叶尔羌河流域灌溉面积为 753.39 万亩状况下，2030 规划水平年，阿尔塔什水库建成后，流域仅有 16 座平原水库。

设置的水资源调配情景中，情景一的设置主要是要搞清楚在《塔里木河流域综合治理五年实施方案》实施后，现状水利工程的调蓄作用下，灌溉面积为 651.47 万亩时流域的水资源系统调配状况及水资源各部门用水保证的程度和水量的余缺情况；情景二，现状年当流域灌溉面积为 753.39 万亩时的水资源调配方案设置的主要目的是，分析现状年在灌溉面积增加后，现有的水利工程能否满足流域的水资源综合利用要求，以及水资源系统的余缺情况及时空分布；情景三，规划年阿尔塔什水库建立之前的水资源调配方案设置的主要目的是，分析规划年在应用节水技术后，灌溉面积为 753.39 万亩情况下，不修建阿尔塔什水库，只有下坂地、莫莫克和平原水库能否满足流域的水资源综合利用要求，以及水资源的余缺情况及时空分布；情景四，规划年阿尔塔什水库建成后的水资源调配方案设置的主要目的是，分析修建阿尔塔什水库对灌区生态、灌溉所做的贡献，以及水资源的余缺情况及时空分布。

8.5 叶尔羌河水资源优化调配关键问题的处理

8.5.1 计算时段的选取

水资源量虽是一个连续的变量，但用解析数学描述很难，这个连续变量一般均用离散化方法处理。离散可以按小时、日、旬、月、年等时段进行。限于本次是规划研究的性质，故取月为计算时段。在建立数学模型时，按水文年7月～次年6月为一年，由于下坂地水库和阿尔塔什水库是多年调节水库。因此，不易选典型年进行调节计算，应采用1957～2008共52年的长系列资料进行分析计算。

8.5.2 平原水库的等效聚合

灌区内由于平原水库座数多，若要一一调节计算，大大增加了所需资料的数量，以及问题的复杂性和难度。在目前现有资料条件下，为了使问题得以求解，研究中把同一子灌区、蓄同一水源的平原水库聚合为1座等效水库，即将叶尔羌河灌区的平原水库聚合为9座等效水库，将提孜那甫河灌区的水库聚合为4座平原水库。

8.5.3 来水资料处理

叶尔羌河流域灌区的水资源主要有地表水、泉水和地下水三部分。灌区可开采的地下水已能满足灌区的生活、工业需水，多余的地下水及泉水将与地表水一起共同参与农业需水的供给；生态需水只能由地表水供应。由于灌区气候干旱，降雨稀少，年降水仅50mm左右，有效水量微不足道，故在水资源计算中未计入灌区降雨径流量，直接用卡群径流资料及提孜那甫河径流资料作为流域的地表水。

8.6 叶尔羌河水资源优化调配模型的建立及求解

8.6.1 叶尔羌河流水资源配置模型建立

8.6.1.1 目标函数

叶尔羌河流域水资源系统应本着统筹兼顾、综合利用、一水多用的原则。根据前面所述，叶尔羌河流域水资源系统优化调配的目标是，在保证生态和农业供水的基础上，提高农业和生态供水的保证率，使得破坏年份总缺水量最小，以水定电，并兼顾发电。故目标函数以流域总缺水量最小为目标：

$$\text{ob}:\text{que}(i)=\min\sum_{j=1}^{J}\sum_{n=1}^{N}\max\{0,\text{Wg}_{x}(n,i,j)-[\text{Wg}_{平}(n,i,j)+\text{Wg}_{山区}(n,i,j)]\}\quad\forall n,j \tag{8.1}$$

$$P(\text{gg})=\sum i[\text{que}(i)>0]/(I+1) \tag{8.2}$$

式中，I为年数，i=1，2，…，51，I=51；J为以年为计算周期内的月时段数，

$j=1,2,\cdots,12$，$J=12$；N 为灌区数，$n=1,2,\cdots,N$，$N=9$；$Wg_x(n,j)$ 为子灌区 n 在第 i 年 j 时段的需水量；$Wg_{平}(n,i,j)$ 为平原水库在第 n 年 j 时段供给灌区 n 的水量；$Wg_{山区}(n,i,j)$ 为阿尔塔什水库与下坂地水库联合调节作用下在第 n 年 j 时段供给灌区 n 的水量；que（i）为第 i 年 N 个灌区的总缺水量；P（gg）为灌溉保证率；max 为取括号里数值中最大的值。

8.6.1.2 约束条件

约束条件如下：

（1）系统水量平衡约束。

$$W_{天然}(i,j)=W_{供灌溉}(i,j)+W_{供生态}(i,j)+W_{损失}(i,j)\pm W_{m水库蓄、供水}(i,j) \tag{8.3}$$

系统的水量在各时段及多年平均必须要满足水量平衡约束，即来水＝供水＋损失±水库蓄、供水。式中：$W_{天然}(i,j)$ 为天然径流量；$W_{供灌溉}(i,j)$ 为 9 个灌区实际的供水量；$W_{供生态}(i,j)$ 为卡群断面处下放生态水量；$W_{损失}(i,j)$ 为灌区总损失，包括河道损失及水库损失；$W_{m水库蓄、供水}(i,j)$ 为水库时段末库容与初库容之差，此值为正时代表水库此时段为系统蓄水，公式中用“＋”号，负时则为系统供水，公式中用“－”号，水库多年平均蓄水应等于供水；m 为水库编号，$m=1,2,3$。当 $m=1$ 时为下坂地水库；$m=2$ 时为阿尔塔什水库；$m=3$ 时为平原水库（反调节水库）。

（2）水库水量平衡约束。

$$V_m(i,j+1)=V_m(i,j)+3600\times[QV_m(i,j)-QC_m(i,j)]\cdot\Delta t \tag{8.4}$$

式中，$V_m(i,j)$、$V_m(i,j+1)$ 分别为第 m 个水库第 i 年第 $j+1$ 时段与第 j 时段的水库库容；$QV_m(i,j)$ 为第 m 个水库第 i 年第 j 时段入库流量；$QC_m(i,j)$ 为第 m 个水库第 i 年第 j 时段出库流量。

（3）库容约束。

$$V_m^{\min}(j)\leqslant V_m(i,j)\leqslant V_m^{\max}(j) \tag{8.5}$$

式中，$V_m^{\min}(j)$、$V_m^{\max}(j)$ 第 m 个水库第 i 年第 j 时段的上、下限库容约束。

（4）出力约束。

$$N_m^{\min}\leqslant N_m(i,j)\leqslant N_m^{\max} \tag{8.6}$$

式中，$N_m^{\min}(j)$、$N_m^{\max}(j)$ 为第 m 水电站最小、最大允许出力，一般最小值为水库保证出力，最大值为装机容量。

（5）灌溉供水约束。

$$QG_g(i)\leqslant QC_x(i) \tag{8.7}$$

式中，$QG_g(i)$、$QC_x(i)$ 分别为各节点灌溉供水之和、各节点灌溉需水之和。

（6）生态供水约束。

$$QS_g(i) \geqslant QS_x(i) \tag{8.8}$$

式中，QS_g（i）、QS_x（i）分别为生态供水、生态需水。

8.6.2 叶尔羌河干流水资源配置模型求解

采用模拟优化人机对话算法求解水资源配置模型，四种情景的求解思路基本一致，不同之处在于需水的变化、平原水库有效库容的变化以及山区水库的有无。以第四种情景即下坂地及阿尔塔什水库投运后叶尔羌河灌区水资源调配过程为例，来说明模型的求解方法。

此算法的基本思路是，叶尔羌河灌区以卡群断面为控制断面，提孜那甫河灌区以江卡渠首断面为控制断面，以任意第 i 年第 j 时段灌区的灌溉需水和下泄塔里木河生态需水之和折合到控制断面作为总控制量，以需定供，用平原水库和山区水库共同调蓄天然径流，蓄丰补枯，计算过程中要以满足各种约束条件为前提，并研究水资源在各节点灌区灌溉供水、生态供水之间的最优分配，当长系列计算结束后，决策者可通过输出的库群运行策略结果进行决策，计算各子灌区的农业保证率及生态保证率，若供水保证率不合理，再通过改变供水系数进行迭代计算。为保证计算获得可靠的运行策略，可事先按供水保证率、系统出力等要求，计算出允许破坏年数或时段，然后在计算过程中，由决策者对破坏年数加以控制，以满足系统可靠性要求。当所有年份计算结束，进行统计分析，输出统计指标，包括农业保证率、生态保证率、保证出力、多年平均发电量等值，看其是否合理，若不合理，再通过改变供水系数进行下一轮调整计算。

由阿尔塔什水库与下坂地水库联合调节计算的原则可知，发电任务要服从于供水，即以水定电，在丰水期，满足灌溉用水和生态供水的前提下，水库以蓄库为主，可兼顾发电；在枯水期，由于天然径流较小，阿尔塔什水库以春旱补水，即放水为主，若不能满足灌溉需水再由下坂地进行补偿，因此系统的出力值取决于春旱补水量。

基于上述思路，阿尔塔什与下坂地联合调蓄的优化模拟计算步骤如下。

（1）输入 1957～2008 共 51 年天然长系列径流，N 个节点设计水平年第 j 月灌溉需水量 Wg_x（n，j），卡群断面 6～9 月需下放的生态水量 Wg_{st}（j），各节点连接的平原水库有效库容 V_{max}（n），阿尔塔什水库及下坂地水库的水库特征参数、特征曲线、最小最大出力值，山区水库、平原水库损失，河道的损失率 He（n，j）等资料值。

（2）由各节点的平原水库以最大限度提供节点灌区的灌溉用水，第 N 个节点平原水库供水量为 Vg_2（n，j）。

（3）下坂地水库按保证出力 Nf_x 进行放水（当补偿阿尔塔什水库时，下泄补偿水量)，用下坂地水库的库容进行约束，若库满则下泄多余水量，加大出力运行；若时段末库容小于始库容，则减小放水，减小出力运行。

(4) 将下库放水与叶尔羌河干流来水之和作为阿尔塔什水库的入库水量。

(5) 计算叶尔羌河各灌区平原水库不能提供的农业需水量与塔里木河的生态需水量之和折合到卡群断面的水量 $\sum[Wg_x(n,j)-Vg_2(n,j)]/He(n,j)+Wg_{st}(j)$，将此水量与阿卡区间的天然径流之和作为阿尔塔什水库应下泄水量，将此水量与阿尔塔什入库水量进行平衡分析。若库满，则加大放水；若库容小于始库容则减小下泄水量，得阿尔塔什水库应下泄水量 W_{p1}。

(6) 根据阿尔塔什应下泄水量计算阿尔塔什电站出力，若不满足出力则加大放水，得阿尔塔什水库实际下泄水量 W_{xxa}。

(7) 若 $Wx_{xa} \geqslant W_{p1}$，实际下泄水量满足灌区用水要求，多余水充蓄各灌区平原水库，若平原水库都充满则多余水用于下放塔里木河生态供水 Wg_{st1} (j)。

(8) 若 $Wx_{xa} < W_{p1}$，实际下泄水量不能满足下游用水要求，缺水由下坂地水库补给，返回 (3)。

(9) 若加大下坂地放水后阿尔塔什水库下泄水量仍不能满足灌区灌溉需水，用灌区地下水进行补给。此时若缺水小于本时段要求下放的生态水 Wg_{st} (j)，则不能满足生态供水，可满足灌溉用水；若缺水大于 Wg_{st} (j)，则灌溉缺水，按缺水原则在各灌区进行分配。

(10) 令 $j=j+1$，转向 (1)，直到 $j=J$。

(11) 输出长系列统计指标，若农业保证率没有达到要求，则适当改变生态供水率，将生态水与灌溉水合理分配，在保证灌溉保证率的基础上提高生态保证率。

(12) 输出最终阿尔塔什水库与下坂地水库联合调节的 J 年运行过程和平原水库及此两座山区水库的各项统计值，计算结束。

9 塔里木河干流水资源配置成果分析

9.1 现状水平年流域水资源配置成果分析

现状情况下塔里木河干流流域灌溉面积为85.69万亩，流域灌溉水量在天然来水量不足时主要靠7座平原水库及地下水联合调节。

9.1.1 水资源调配成果

2010现状水平年，塔里木河干流（上中游）流域农业总需水量10.3448亿m^3，其中，阿拉尔—新渠满农业需水3.4367亿m^3、新渠满—英巴扎农业需水4.4887亿m^3、英巴扎—乌斯满农业需水1.8695亿m^3、乌斯满—阿其克农业需水0.2832亿m^3、阿其克—恰拉农业需水0.2667亿m^3；流域地下水可开采量为1.0752亿m^3，扣除生活工业用水0.1022亿m^3后可供农业的地下水量为0.975亿m^3。为了搞清在现状需水情况下塔里木河（上中游）水资源调配情况，把基本资料带入模拟优化人机对话模型，进行52年长系列调配计算。

9.1.2 水资源调配模型合理性分析

由于八种方案的水资源调配使用的模型及算法基本一致，因此我们用现状年方案一的调配成果来对模型及算法进行检验，以说明本书建立的模型及采用算法的正确性和合理性。在后面方案的分析中，我们将仅使用算例进行各种平衡分析，对模型及算法的合理性不再赘述。

1）水量平衡分析

以1958年6月～2010年5月52年长系列资料计算结果的年总量，对各节点的供需情况进行平衡计算，塔里木河干流灌区水资源供需情况见图9.1，水量平衡公式：

$$W_{地表}+W_{地下}+12(V_{初}-V_{末})=W_{灌溉}+W_{生态}+W_{工业生活}+W_{损失}+2.99\pm\Delta W \tag{9.1}$$

(46.97) (4.5) (0.92)(0) (10.37) (17.64) (0.10) (15.1) (2.99)

按式（9.1）（公式下方括号中显示各项的多年平均值）对塔里木河干流灌区的多年平均及各个时段灌区水量进行计算，水量均是平衡的，说明计算结果满足水量平衡，是正确的。

等号左边：46.97＋4.5＋0.92＋0＝52.39

等号右边：10.37＋6.19＋17.64＋0.10＋15.1＋2.99＝52.39

左边＝右边，满足水量平衡。

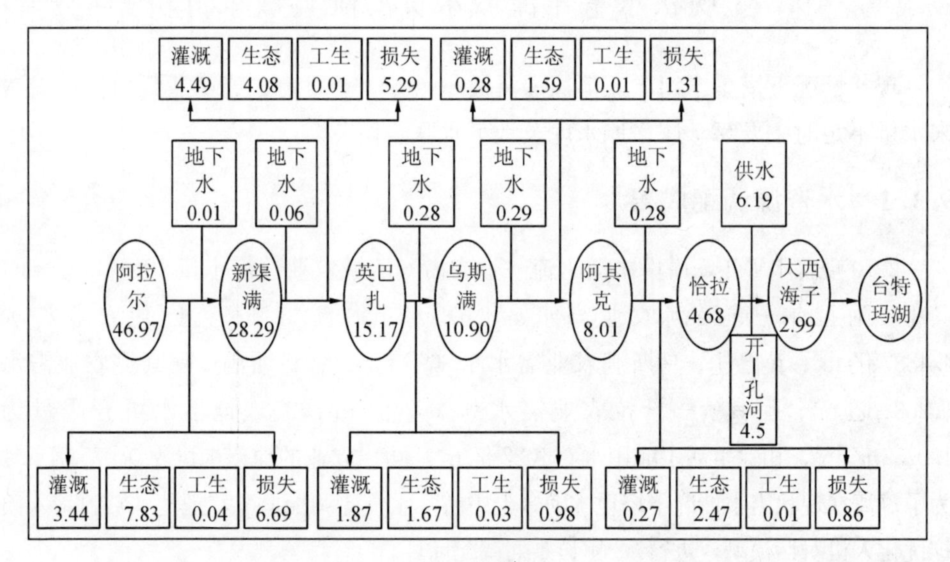

(a)（50%）

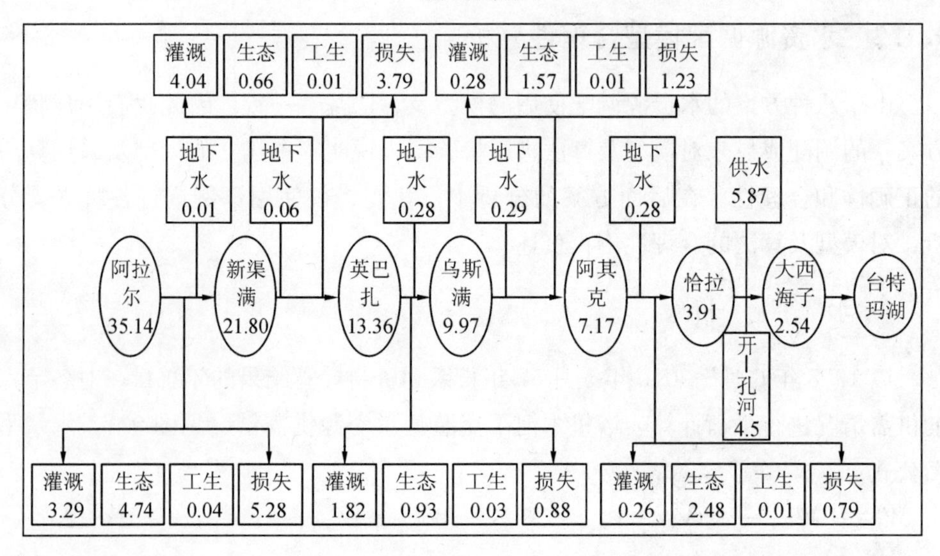

(b)（75%）

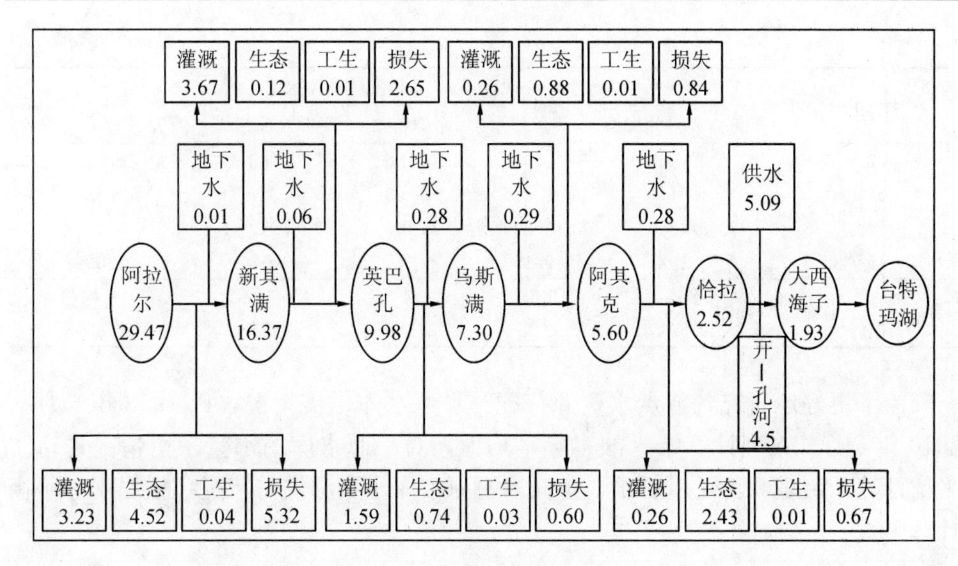

(c)(90%)

图 9.1 断面供水平衡示意图

2)农业供需平衡分析

根据灌区农业供需情况，由供需平衡公式：

$$W_{需水} - W_{农业供水} = W_{缺水} \quad (9.2)$$

(10.345) (9.848) (0.497)

按式(9.2)(公式下方括号中显示各项的多年平均值)对塔里木河干流灌区的多年平均及各个时段农业供需水量进行计算，水量均是平衡的，说明计算结果满足农业供需水量平衡，是正确的。

3)平原水库水量平衡分析

现状年2010年平原水库水量平衡分析见表9.1。

表9.1 现状年2010年平原水库水量平衡分析 (单位：亿 m^3)

月份	现状年2010年流域平原水库				
	平原水库月初库容	平原供水	平原蓄水	平原水库损失	平原水库月末库容
6	0.086	0.068	0.08	0.01	0.088
7	0.088	0	1.09	0.074	1.104
8	1.104	0.053	0.819	0.339	1.532
9	1.532	0.273	0.394	0.195	1.458
10	1.458	0.030	0.251	0.192	1.487
11	1.487	0.659	0.245	0.082	0.991
12	0.991	0.469	0.187	0.029	0.681
1	0.681	0	0.302	0.027	0.956

续表

月　份	现状年2010年流域平原水库				
	平原水库月初库容	平原供水	平原蓄水	平原水库损失	平原水库月末库容
2	0.956	0.020	0.138	0.063	1.011
3	1.011	0.646	0.108	0.047	0.425
4	0.425	0.295	0.103	0.042	0.192
5	0.192	0.159	0.070	0.018	0.086
年（平均）总量	平均 0.834	总 2.671	总 3.789	总 1.118	平均 0.834

为了更好地研究各节点水资源分配、平原水库供需情况，以1958年6月～2010年5月长系列计算结果的多年平均值，对平原水库的水量平衡情况进行了平衡计算，由表9.1可以看出，各时段平原水库水资源供需情况。根据水库平衡计算公式：

$$12V_{初} - W_{供水} + W_{蓄水} - W_{损失} = 12V_{末}$$
$$(0.834)(2.671)(3.789)(1.118)\ (0.834) \tag{9.3}$$

按式（9.3）（公式下方括号中显示表9.1流域平原水库各项的多年平均值）对表9.1中多年平均及各个时段平原水库水量进行平衡计算，水量均平衡，说明平原水库运行满足平衡方程；其中平原水库损失约占其蓄水量的30%，说明平原水库调节计算结果是正确的。

以多年平均值为例，

式（9.3）等号左边：0.834×12－2.671＋3.789－1.1181＝10.008，

式（9.3）等号右边：0.834×12＝10.008，左边＝右边，满足水量平衡。

9.1.3　水资源调配成果分析

2010现状年，（上中游）灌溉面积为85.69万亩，灌区农业需水10.344 8亿m^3，灌区农业保证率53%～74%，灌区多年平均缺水0.497亿m^3；河道外生态保证率32%～45%，生态基流保证率68%～81%，大西海子断面多年平均向台特玛湖下泄生态水2.99亿m^3。显然灌区农业、河道外生态、生态基流和大西海子下泄生态水量均得不到满足（表9.2）。

表9.2　现状年流域水资源配置各项保证率　　（单位：%）

水资源配置	阿—新	新—英	英—乌	乌—阿	阿—恰	恰—大
工业	98	98	98	98	98	98
生活	98	98	98	98	98	98
生态基流	75	70	68	70	79	81
河道外生态	45	36	36	45	32	45
农业	58	64	62	74	53	74

9.1.3.1　农业供水分析

1）塔里木河干流流域农业缺水分析

在现状2010年，灌区灌溉面积为85.69万亩，农业需水10.3448亿m^3，52年中有31年不缺水，相应的农业保证率为53%～74%，达不到农业设计保证率75%的要求。

2）各子灌区农业缺水及农业保证率分析

各子灌区农业供水情况见表9.3，由表可知：塔里木河干流灌区的8个子灌区中阿—新北和阿—新南两个灌区虽然平原水库库容较大，在丰水期能够充分利用平原水库蓄水，用于枯水期的农灌补给，但由于灌溉需水量较大，故此两子灌区农业保证率不高。而英—乌北、乌—阿北、阿—恰北这3个灌区灌溉需水量较小，且地下水供给较大，故保证率较高。

表9.3　现状年2010年各子灌区农业供水情况

现状年	阿—新		新—英		英—乌		乌—阿		阿—恰	
	北	南	北	南	北	南	北	南	北	南
需水量/亿m^3	1.65	1.79	4.22	0.27	1.65	0.22	0.28	0	0.27	0
缺水量/亿m^3	1.58	1.72	15.23	0.97	5.07	0.69	0.36	0	0.23	0
多年平均缺水量/亿m^3	0.03	0.03	0.29	0.02	0.1	0.01	0.01	0	0	0
缺水年平均缺水量/亿m^3	0.08	0.08	0.85	0.05	0.27	0.04	0.03	0	0.02	0
缺水年数/年	21	21	18	18	19	19	13	0	14	0
农业保证率/%	58	58	64	64	62	62	74	—	72	—

9.1.3.2　生态供水分析

1）生态基流配置结果分析

现状年各断面生态基流供需分析见表9.4，系列中各月第一断面不满足生态基流出现次数见表9.5。

表9.4　现状年各断面生态基流供需分析　（单位：亿m^3/年）

现状年	阿—新	新—英	英—乌	乌—阿	阿—恰	恰—大
需水量/（亿m^3/年）	21.51	12.93	9.04	5.89	3.78	2.3
缺水年缺水总量/（亿m^3/年）	−27.43	−12.72	−22.93	−21.16	−11.38	−7.76
缺水年平均缺水量/（亿m^3/年）	−2.29	−1.53	−1.43	−1.41	−1.14	−0.86
保证率/%	45.3	70	68	70	79	81

表 9.5　系列年中各月第一断面不满足生态基流出现次数　（单位：次）

月份	1	2	3	4	5	6	7	8	9	10	11	12
次数	13	12	4	4	3	1	1	5	0	0	15	20

由表 9.4、9.5 分析知：生态基流保证率未达到 90%要求。整个系列中第一断面不满足生态基流的年数为 24 年，占系列年的 46%。其中，满足率最低的月份分别是 12 月、11 月、1 月和 2 月。

2）大西海子生态供水

由表 9.6 分析可知，向台特玛湖生态供水，在现状条件下，52 年长系列中大西海子断面生态供水量仅有 19 年大于要求的 3.5 亿 m^3 生态供水量，相应的生态保证率为 37%，小于设计保证率 50%的要求，最大连续破坏年数达到 9 年。大西海子断面多年平均生态供水量为 2.99 亿 m^3，小于设计值 3.5 亿 m^3，生态供水量及生态保证率均不满足塔里木河近期综合治理目标的要求，若不采取相应措施，塔里木河将不能完成向台特玛湖生态输水的任务。大西海子多年生态输水如图 9.2 所示。

表 9.6　大西海子断面下泄水量　（单位：亿 m^3）

时间	水量	时间	水量	时间	水量	时间	水量	时间	水量
1958～1959 年	3.1	1969～1970 年	3.8	1980～1981 年	1.5	1991～1992 年	0.7	2002～2003 年	6.5
1959～1960 年	7.1	1970～1971 年	1.9	1981～1982 年	7.3	1992～1993 年	3.0	2003～2004 年	6.2
1960～1961 年	2.0	1971～1972 年	3.6	1982～1983 年	1.8	1993～1994 年	0.3	2004～2005 年	0.6
1961～1962 年	7.8	1972～1973 年	0.9	1983～1984 年	1.4	1994～1995 年	6.3	2005～2006 年	3.9
1962～1963 年	3.3	1973～1974 年	4.1	1984～1985 年	0.7	1995～1996 年	3.2	2006～2007 年	2.9
1963～1964 年	3.5	1974～1975 年	1.0	1985～1986 年	−0.2	1996～1997 年	6.1	2007～2008 年	0.5
1964～1965 年	5.2	1975～1976 年	0.9	1986～1987 年	1.2	1997～1998 年	1.8	2008～2009 年	1.5
1965～1966 年	1.2	1976～1977 年	0.7	1987～1988 年	1.5	1998～1999 年	6.8	2009～2010 年	−2.1
1966～1967 年	7.9	1977～1978 年	3.8	1988～1989 年	4.4	1999～2000 年	1.0		
1967～1968 年	2.9	1978～1979 年	9.5	1989～1990 年	1.9	2000～2001 年	0.9		
1968～1969 年	4.8	1979～1980 年	1.3	1990～1991 年	2.4	2001～2002 年	1.7		
平均	2.99								

1958～2010 年大西海子生态输水多年平均达 2.99 亿 m^3，向下输水可到达大西海子水库以下 321km，而大西海子至台特玛湖距离为 363km，无法保持台特玛湖生态需水。其中，1983～1987 年连续 4 年大西海子断面来水小于 1 亿 m^3，接着 1987～1993 年连续 6 年大西海子断面来水不足 2 亿 m^3，在 1989 年和 1994 年，台特玛湖几乎干枯（图 9.3）。

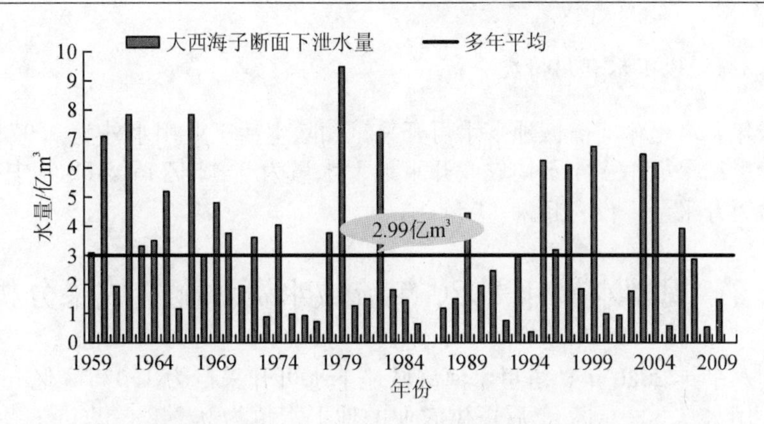

图 9.2　1958～2010 年大西海子断面下泄水量

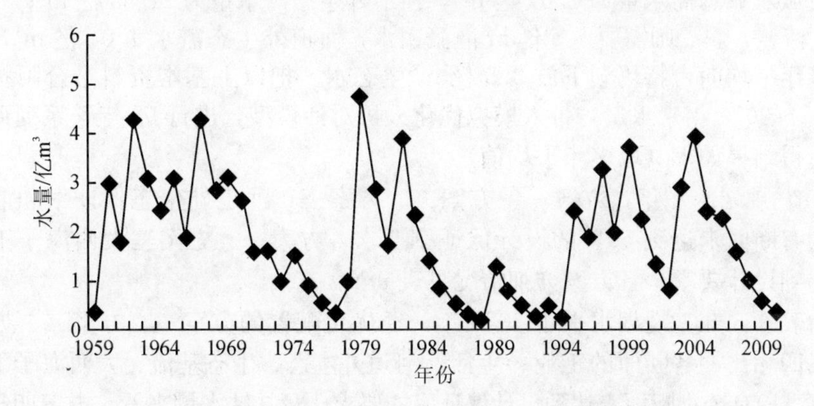

图 9.3　1958～2010 年台特玛湖水量过程线

3）河道外生态供需水量分析

现状年各断面河道外生态供需分析见表 9.7。

表 9.7　现状年各断面河道外生态供需分析

现状年	阿—新	新—英	英—乌	乌—阿	阿—恰	恰—大
需水量/亿 m³	7.8	8.1	5.3	2.2	3.0	2.5
保证率/%	45	36	36	45	32	45

由表 9.7 可知，河道外生态保证率均未达到 50%要求。

9.1.3.3　平原水库调节作用和水量损失分析

现状年流域有平原水库 7 座，有效库容为 2.127 亿 m³，平原水库全年平均蓄水量为 3.789 亿 m³，全年平均供水量为 2.671 亿 m³，其蒸发、渗漏损失多年平均为 1.118 亿 m³。

9.1.3.4 地下水利用情况分析

现状年，塔里木河灌区地下水可开采量扣除生活工业用水外为 0.973 亿 m^3，长系列计算结果显示多年平均农业开采地下水量为 0.92 亿 m^3，52 年中有 39 年都达到最大开采量，没有超采。

9.2 规划水平年 2020 年流域水资源配置成果分析

规划水平年 2020 年，塔里木河流域地下水可开采量为 1.075 2 亿 m^3，扣除生活工业用水 0.332 6 亿 m^3 后可供农业的地下水量为 0.742 6 亿 m^3；恰拉断面以上流域农业总需水量为 7.67 亿 m^3，河道外生态需水量为 21.32 亿 m^3；恰拉断面以下流域，农二师需要 4.5 亿 m^3 灌溉用水，河道外生态需水 1.04 亿 m^3，大西海子多年平均向台特玛湖下放 3.5 亿 m^3 生态水。把以上基本资料结合阿拉尔断面 1958～2010 年来水量，带入模拟优化人机对话模型，进行 52 年长系列调配计算，所得结果如下（取多年平均值）。

2020 规划水平年，方案一、方案二、方案三，河道外生态保证率和灌溉保证率均有断面未达到 50%的设计保证率要求，方案一、方案三大西海子下泄水量未达到设计要求。各方案详细情况见表 9.8。

由表 9.8 知，规划水平年 2020 年，经优化配置的方案一、方案二、方案三和方案四相比，各断面的工业、生活、河道外生态、生态基流、大西海子下泄水量、灌溉均有个别断面未达到设计保证率的要求，且从缺水量来看，方案四与方案一相比，缺水量减少了 0.51 亿 m^3；与方案二相比，缺水量减少了 0.101 亿 m^3，与方案三相比，缺水量减少了 0.42 亿 m^3。经综合考虑，最终推荐方案四。推荐方案年内分配见表 9.9。

表 9.8 规划水平年 2020 年流域水资源配置结果

	断面	阿—新	新—英	英—乌	乌—阿	阿—恰	恰—大
方案一	工业	98%	98%	98%	98%	98%	98%
	生活	98%	98%	98%	98%	98%	98%
	生态基流	92.0%	92.5%	94.3%	94.3%	94.3%	94.3%
	河道外生态	50.9%	49.1%	56.6%	45.3%	58.5%	54.7%
	大西海子下泄水量/亿 m^3	3.23					
	大西海子下泄水量保证率/%	46.1					
	灌溉	阿—新北	阿—新南	新—英北	新—英南	乌—阿北	乌—阿南
		81.1%	81.1%	81.1%	81.1%	75.5%	75.5%
		乌—阿北	阿—恰北	恰—大			
		62.3%	75.5%	75.0%			
	缺水量/亿 m^3	7.350					

续表

方案	项目						
方案二	断面	阿—新	新—英	英—乌	乌—阿	阿—恰	恰—大
	工业	98%	98%	98%	98%	98%	98%
	生活	98%	98%	98%	98%	98%	98%
	生态基流	88.7%	94.3%	88.7%	96.2%	96.2%	96.2%
	河道外生态	49.1%	49.1%	54.7%	52.8%	71.7%	54.7%
	大西海子下泄水量/亿 m^3	3.426					
	大西海子下泄水量保证率/%	48.9					
	灌溉	阿—新北	阿—新南	新—英北	新—英南	乌—阿北	乌—阿南
		79.2%	79.2%	79.2%	79.2%	77.4%	77.4%
		乌—阿北	阿—恰北	恰—大			
		79.2%	79.2%	75.0%			
	缺水量/亿 m^3	6.941					
方案三	断面	阿—新	新—英	英—乌	乌—阿	阿—恰	恰—大
	工业	98%	98%	98%	98%	98%	98%
	生活	98%	98%	98%	98%	98%	98%
	生态基流	92.0%	94.3%	94.3%	88.7%	96.2%	96.2%
	河道外生态	50.9%	50.9%	54.7%	45.3%	71.7%	54.7%
	大西海子下泄水量/亿 m^3	3.26					
	大西海子下泄水量保证率/%	46.63					
	灌溉	阿—新北	阿—新南	新—英北	新—英南	乌—阿北	乌—阿南
		73.6%	73.6%	79.2%	79.2%	77.4%	77.4%
		乌—阿北	阿—恰北	恰—大			
		54.7%	71.7%	75.0%			
	缺水量/亿 m^3	7.26					
方案四	断面	阿—新	新—英	英—乌	乌—阿	阿—恰	恰—大
	工业	98%	98%	98%	98%	98%	98%
	生活	98%	98%	98%	98%	98%	98%
	生态基流	92.0%	94.3%	94.3%	96.2%	96.2%	96.2%
	河道外生态	50.9%	50.9%	54.7%	52.8%	71.7%	54.7%
	大西海子下泄水量/亿 m^3	3.519					
	大西海子下泄水量保证率/%	50.3					
	灌溉	阿—新北	阿—新南	新—英北	新—英南	乌—阿北	乌—阿南
		79.2%	79.2%	79.2%	79.2%	77.4%	77.4%
		乌—阿北	阿—恰北	恰—大			
		79.2%	79.2%	75.0%			
	缺水量/亿 m^3	6.84					

推荐方案四，多年平均配置结果如下。

(1) 大西海子多年平均向台特玛湖下泄水量 3.519 亿 m^3。

(2) 河道外生态保证率均大于 50%。

(3) 生态基流保证率为 92%～96.2%，满足设计要求 90%。

(4) 各灌区农业保证率为 75%～79.2%，基本满足设计要求 75%。

表 9.9　2020 年 50%来水频率年流域各月水资源配置成果

（单位：亿 m^3）

断面	配水单元	6月	7月	8月	9月	10月	11月	12月	次年1月	次年2月	次年3月	次年4月	次年5月	合计
阿拉尔—新渠满	生态基流	1.04	5.43	14.37	3.21	1.62	1.35	1.71	1.26	0.92	1.14	0.2	0.11	32.36
	灌区	0.31	0.56	0.41	0.1	0.01	0.29	0.28	0	0.24	0.25	0.08	0.05	2.58
	河道外生态	0	2.37	2.08	1.78	0	0	0	0	0	0	0.08	0.06	6.37
新渠满—英巴扎	生态基流	0.52	3.3	9.52	1.96	0.7	0.15	0.49	1.02	0.48	0.71	0.08	0.09	19.02
	灌区	0.38	0.69	0.51	0.12	0.01	0.37	0.34	0	0.3	0.3	0.1	0.07	3.19
	河道外生态	0	1.06	2.85	0.82	0.65	0.68	0.68	0	0	0	0	0	6.74
英巴扎—乌斯满	生态基流	0.35	2.7	4.42	1.5	0.62	0.08	0.19	0.95	0.31	0.54	0.05	0.08	11.79
	灌区	0.18	0.32	0.23	0.05	0	0.16	0.16	0	0.14	0.14	0.04	0.01	1.43
	河道外生态	0	0.16	4.32	0.35	0.04	0	0.12	0	0	0	0	0	4.99
乌斯满—阿其克	生态基流	0.34	1.58	2.85	0.74	0.57	0.09	0.19	0.87	0.27	0.48	0.06	0.02	8.06
	灌区	0.02	0.05	0.04	0.01	0	0.03	0.03	0	0.03	0.03	0.01	0	0.25
	河道外生态	0	0.75	1.12	0.56	0	0	0	0	0	0	0	0.06	2.49
阿其克—恰拉	生态基流	0.33	0.31	1.91	0.67	0.52	0.07	0.16	0.79	0.22	0.43	0.06	0.03	5.50
	灌区	0.02	0.05	0.04	0.01	0	0.03	0.03	0	0.03	0.03	0.01	0	0.25
	河道外生态	0	1.06	0.71	0	0	0	0	0	0	0	0	0	1.77
总计	生态基流	2.58	13.32	33.07	8.08	4.03	1.74	2.74	4.89	2.20	3.3	0.45	0.33	76.73
	灌区	0.91	1.67	1.23	0.29	0.02	0.88	0.84	0	0.74	0.75	0.24	0.13	7.70
	河道外生态	0	5.4	11.08	3.51	0.69	0.68	0.8	0	0	0	0.08	0.12	22.36
	大西海子	0.33	0.31	1.91	0.67	0.52	0.07	0.16	0.79	0.22	0.43	0.06	0.03	5.50

9.3 规划水平年2030年流域水资源配置成果分析

规划水平年2030年，塔里木河流域地下水可开采量为1.075 2亿m³，2030年工业需水量高方案1.48亿m³和低方案1.09亿m³均超过地下水可开采量。因此，地下水只供给工业生活需水；恰拉断面以上流域农业总需水量为6.52亿m³，河道外生态需水量为21.32亿m³；恰拉断面以下流域，农二师需要4.5亿m³灌溉用水，河道外生态需水1.04亿m³，大西海子多年平均向台特玛湖下放3.5亿m³生态水。把以上基本资料结合阿拉尔断面1958～2010年来水量，带入模拟优化人机对话模型，进行52年长系列调配计算，所得结果如下（取多年平均值）。

2030规划水平年，各方案各断面保证率、大西海子下泄水量及下泄水量保证率、各方案总缺水量等详细情况见表9.10。

由表9.10知：规划水平年2030年，经优化配置的方案五、方案六、方案七和方案八四个方案相比，各断面的工业、生活、河道外生态、生态基流、大西海子下泄水量、灌溉均有个别断面未达到设计保证率的要求，且从缺水量来看，方案七缺水量为6.355亿m³，明显比其他三方案缺水严重，最多相差0.706亿m³，而缺水量最少的方案六，出现断面间生态保证率参差不齐，最高的英—乌断面保证率高达92%，而最低的阿—恰断面仅为40%，且大西海子下泄流量3.67亿m³，说明该方案没有充分利用塔里木河干流来水，经综合考虑，最终推荐方案八。推荐方案年内分配见表9.11。

推荐方案八，配置结果如下。

（1）大西海子多年平均向台特玛湖下泄水量3.513亿m³。

（2）河道外生态保证率均大于50%。

（3）生态基流保证率为92%～96.2%，高于设计要求90%。

（4）各灌区农业保证率为75%～86.8%，高于设计要求75%。

表9.10 规划水平年2030年流域水资源配置结果

方案	断面	阿—新	新—英	英—乌	乌—阿	阿—恰	恰—大
方案五	工业	98%	98%	98%	98%	98%	98%
	生活	98%	98%	98%	98%	98%	98%
	生态基流	92.0%	94.3%	94.3%	92.5%	96.2%	96.2%
	河道外生态	50.9%	50.9%	54.7%	49.1%	71.7%	54.7%
	大西海子下泄水量/亿m³	3.244					
	大西海子下泄水量保证率/%	46.3					
	灌溉	阿—新北	阿—新南	新—英北	新—英南	乌—阿北	乌—阿南
		75.5%	75.5%	77.4%	77.4%	75.5%	75.5%
		乌—阿北	阿—恰北	恰—大			
		73.6%	75.5%	75.0%			
	缺水量/亿m³	6.017					

续表

方案	断面	阿—新	新—英	英—乌	乌—阿	阿—恰	恰—大
方案六	工业	98%	98%	98%	98%	98%	98%
	生活	98%	98%	98%	98%	98%	98%
	生态基流	92.0%	94.3%	94.3%	98.1%	98.1%	96.2%
	河道外生态	50.9%	50.9%	54.7%	75.5%	75.5%	54.7%
	大西海子下泄水量/亿 m^3	3.67					
	大西海子下泄水量保证率/%	52.5					
	灌溉	阿—新北	阿—新南	新—英北	新—英南	乌—阿北	乌—阿南
		75.5%	75.5%	81.1%	81.1%	77.4%	77.4%
		乌—阿北	阿—恰北	恰—大			
		92.5%	79.2%	75.0%			
	缺水量/亿 m^3	5.649					
方案七	断面	阿—新	新—英	英—乌	乌—阿	阿—恰	恰—大
	工业	98%	98%	98%	98%	98%	98%
	生活	98%	98%	98%	98%	98%	98%
	生态基流	88.7%	88.7%	94.3%	92.5%	92.5%	88.7%
	河道外生态	50.9%	50.9%	52.8%	49.1%	71.7%	49.0%
	大西海子下泄水量/亿 m^3	3.037					
	大西海子下泄水量保证率/%	43.4					
	灌溉	阿—新北	阿—新南	新—英北	新—英南	乌—阿北	乌—阿南
		75.5%	75.5%	77.4%	77.4%	75.0%	75.0%
		乌—阿北	阿—恰北	恰—大			
		73.6%	66.0%	75.0%			
	缺水量/亿 m^3	6.355					
方案八	断面	阿—新	新—英	英—乌	乌—阿	阿—恰	恰—大
	工业	98%	98%	98%	98%	98%	98%
	生活	98%	98%	98%	98%	98%	98%
	生态基流	92.0%	94.3%	94.3%	94.3%	96.2%	96.2%
	河道外生态	50.9%	50.9%	54.7%	50.9%	71.7%	54.7%
	大西海子下泄水量/亿 m^3	3.513					
	大西海子下泄水量保证率/%	50.2					
	灌溉	阿—新北	阿—新南	新—英北	新—英南	乌—阿北	乌—阿南
		75.5%	75.5%	77.4%	77.4%	81.1%	81.1%
		乌—阿北	阿—恰北	恰—大			
		86.8%	75.5%	75.0%			
	缺水量/亿 m^3	5.972					

表 9.11 2030 年 50%来水频率年流域水资源配置成果 （单位：亿 m^3）

断面	配水单元	6 月	7 月	8 月	9 月	10 月	11 月	12 月	次年 1 月	次年 2 月	次年 3 月	次年 4 月	次年 5 月	合计
阿拉尔—新渠满	生态基流	1.04	5.43	14.37	3.21	1.62	1.35	1.71	1.26	0.92	1.14	0.2	0.11	32.35
	灌区	0.31	0.56	0.41	0.1	0.01	0.29	0.28	0	0.24	0.25	0.08	0.05	2.58
	河道外生态	0	2.37	2.08	1.78	0	0	0	0	0	0	0.08	0.06	6.37
新渠满—英巴扎	生态基流	0.52	3.3	9.52	1.96	0.7	0.15	0.49	1.02	0.48	0.71	0.08	0.09	19.02
	灌区	0.38	0.69	0.51	0.12	0.01	0.37	0.34	0	0.3	0.3	0.1	0.07	3.19
	河道外生态	0	1.06	2.85	0.82	0.65	0.68	0.68	0	0	0	0	0	6.74
英巴扎—乌斯满	生态基流	0.35	2.7	4.42	1.5	0.62	0.08	0.19	0.95	0.31	0.54	0.05	0.08	11.79
	灌区	0.18	0.32	0.23	0.05	0	0.16	0.16	0	0.14	0.14	0.04	0.01	1.43
	河道外生态	0	0.16	4.32	0.35	0.04	0	0.12	0	0	0	0	0	4.99
乌斯满—阿其克	生态基流	0.34	1.58	2.85	0.74	0.57	0.09	0.19	0.87	0.27	0.48	0.06	0.02	8.06
	灌区	0.02	0.05	0.04	0.01	0	0.03	0.03	0	0.03	0.03	0.01	0	0.25
	河道外生态	0	0.75	1.12	0.56	0	0	0	0	0	0	0	0.06	2.49
阿其克—恰拉	生态基流	0.33	0.31	1.91	0.67	0.52	0.07	0.16	0.79	0.22	0.43	0.06	0.03	5.50
	灌区	0.02	0.05	0.04	0.01	0	0.03	0.03	0	0.03	0.03	0.01	0	0.25
	河道外生态	0	1.06	0.71	0	0	0	0	0	0	0	0	0	1.77
总计	生态基流	2.58	13.32	33.07	8.08	4.03	1.74	2.74	4.89	2.20	3.3	0.45	0.33	76.73
	灌区	0.91	1.67	1.23	0.29	0.02	0.88	0.83	0	0.74	0.75	0.24	0.13	7.70
	河道外生态	0	5.4	11.08	3.51	0.69	0.68	0.8	0	0	0	0.08	0.12	22.36
	大西海子	0.33	0.31	1.91	0.67	0.52	0.07	0.16	0.79	0.22	0.43	0.06	0.03	5.50

9.4　总量控制红线

本书塔里木河干流流域配置结果初步考虑了“三条红线”的水资源开发利用总量控制红线：根据优化配置结果方案四、方案八给出了近期规划水平年2020年、远期规划水平年2030年的50%、75%、90%不同来水频率年塔里木河干流各断面、灌区、生态闸群的控制总量。

9.4.1　近期规划水平年2020年控制总量

1）50%来水频率年塔里木河干流各断面、灌区、生态闸群控制总量

50%来水频率年各断面灌溉、生态控制水量如图9.4所示，塔里木河干流阿拉尔断面来水46.97亿 m^3。其中，灌溉供水控制总量为12.17亿 m^3，生态供水控制总量为23.43亿 m^3，大西海子断面向台特玛湖下泄生态水量3.502亿 m^3，灌溉、生态均满足设计保证率。

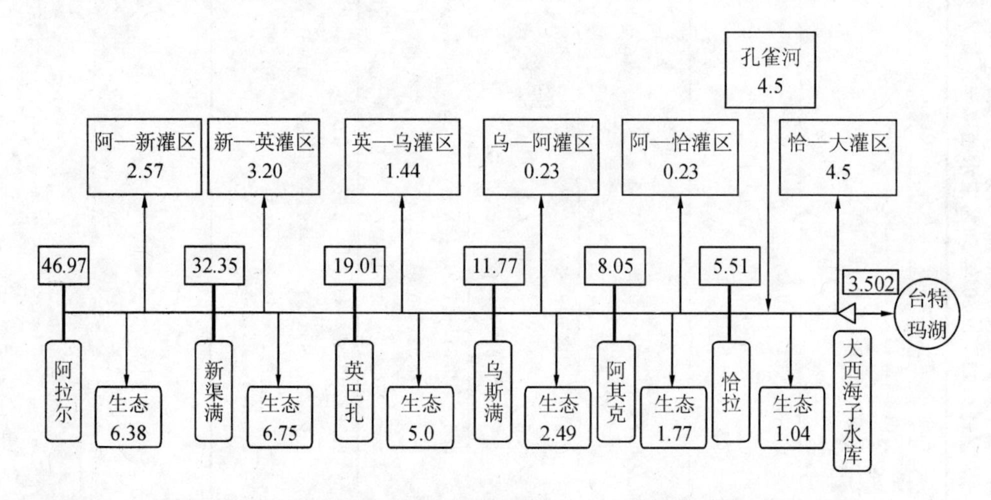

图9.4　50%来水频率年塔里木河干流各断面、灌区、生态闸群控制总量（单位：亿 m^3）

2）75%来水频率年塔里木河干流各断面、灌区、生态闸群的控制总量

75%来水频率年各断面灌溉、生态控制水量见图9.5，塔里木河干流阿拉尔断面来水35.14亿 m^3。其中，灌溉供水控制总量为12.17亿 m^3，生态供水控制总量为13.96亿 m^3，大西海子断面向台特玛湖下泄生态水量为2.95亿 m^3，灌溉满足设计保证率，生态则遭到破坏。

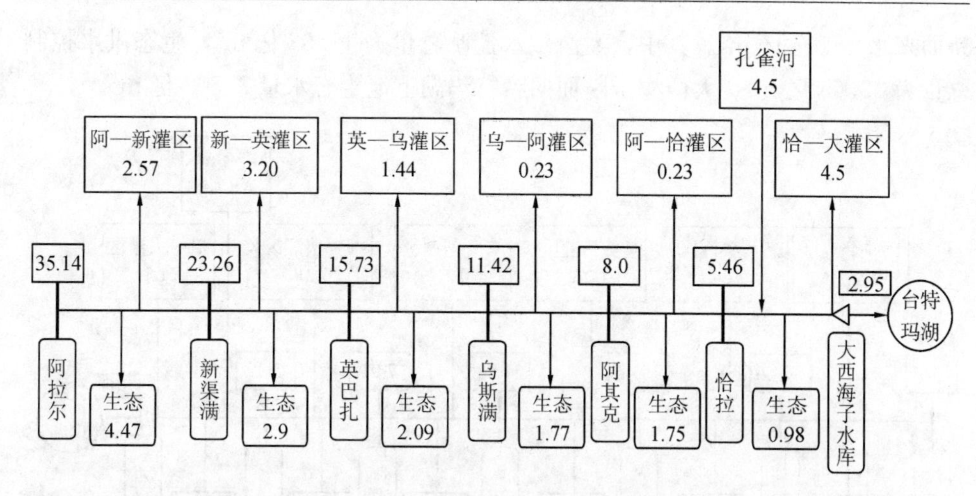

图 9.5 75%来水频率年塔里木河干流各断面、灌区、生态闸群控制总量（单位：亿 m³）

3）90%来水频率年塔里木河干流各断面、灌区、生态闸群的控制总量

90%来水频率年各断面灌溉、生态控制水量见图 9.6，塔里木河干流阿拉尔断面来水 29.47 亿 m³。其中，灌溉供水控制总量为 10.64 亿 m³，生态供水控制总量为 11.07 亿 m³，大西海子断面向台特玛湖下泄生态水量 2.62 亿 m³，灌溉、生态均遭到破坏。

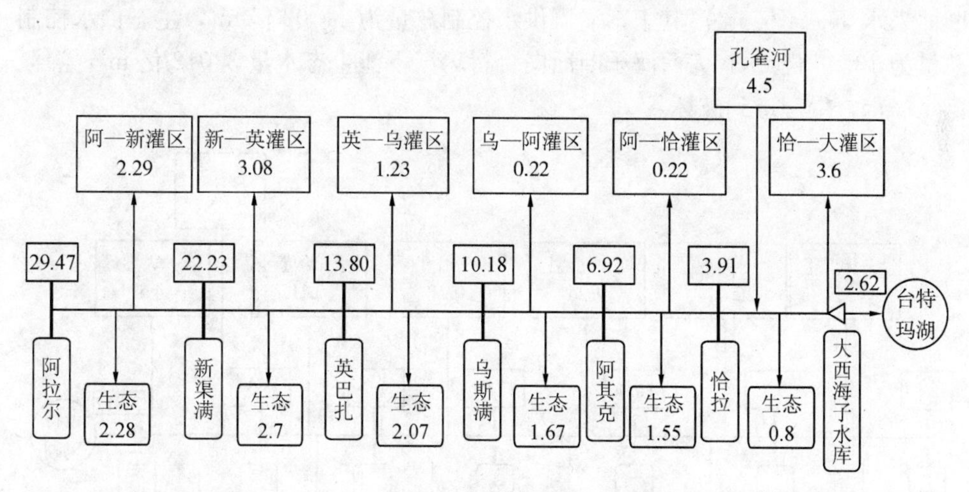

图 9.6 90%来水频率年塔里木河干流各断面、灌区、生态闸群控制总量（单位：亿 m³）

9.4.2 远期规划水平年 2030 年控制总量

1）50%来水频率年塔里木河干流各断面、灌区、生态闸群的控制总量

50%来水频率年各断面灌溉、生态控制水量见图 9.7，塔里木河干流阿拉尔

断面来水 46.97 亿 m^3。其中，灌溉供水控制总量为 11.02 亿 m^3，生态供水控制总量为 23.65 亿 m^3，大西海子断面向台特玛湖下泄生态水量 3.503 亿 m^3。

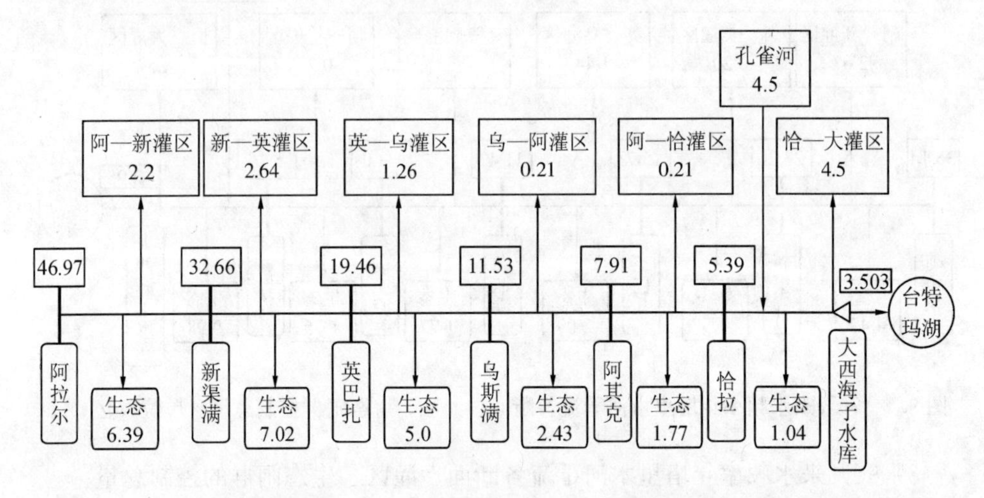

图 9.7　50%来水频率年塔里木河干流各断面、灌区、生态闸群控制总量（单位：亿 m^3）

2）75%来水频率年塔里木河干流各断面、灌区、生态闸群的控制总量

75%来水频率年各断面灌溉、生态控制水量见图 9.8，塔里木河干流阿拉尔断面来水 35.14 亿 m^3。其中，灌溉供水控制总量为 11.02 亿 m^3，生态供水控制总量为 13.94 亿 m^3，大西海子断面向台特玛湖下泄生态水量 3.012 亿 m^3，灌溉满足需求，生态遭到破坏。

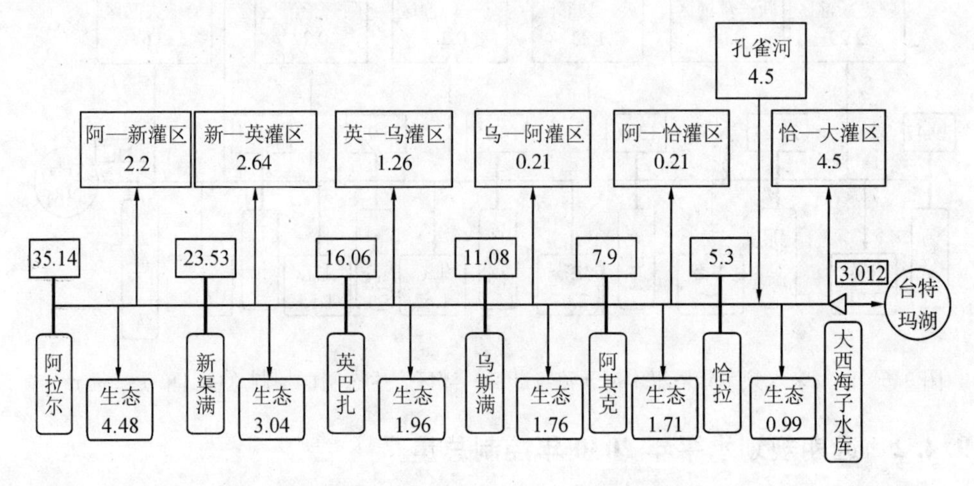

图 9.8　75%来水频率年塔里木河干流各断面、灌区、生态闸群控制总量（单位：亿 m^3）

3）90％来水频率年塔里木河干流各断面、灌区、生态闸群的控制总量

90％来水频率年各断面灌溉、生态控制水量见图 9.9，塔里木河干流阿拉尔断面来水 29.47 亿 m^3。其中，灌溉供水控制总量为 8.99 亿 m^3，生态供水控制总量为 11.12 亿 m^3，大西海子断面向台特玛湖下泄生态水量 2.66 亿 m^3，灌溉、生态均遭到破坏。

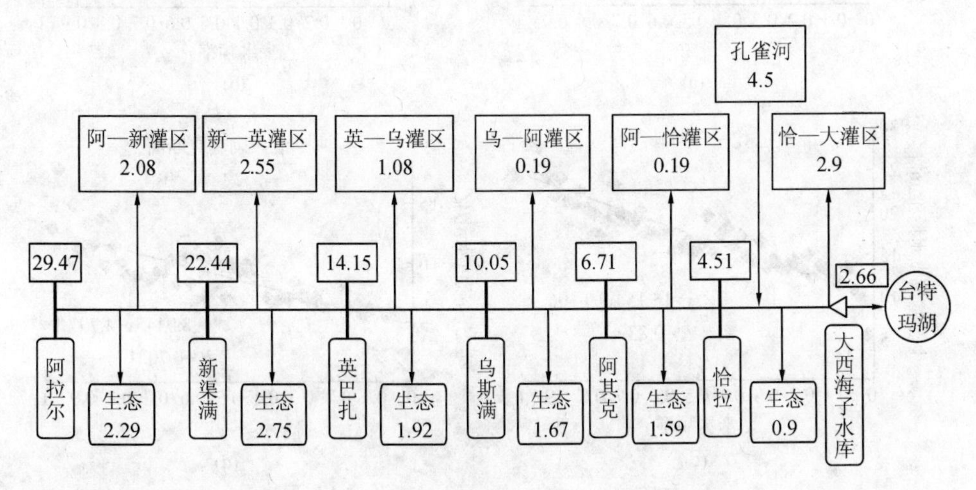

图 9.9 90％来水频率年塔里木河干流各断面、灌区、生态闸群控制总量（单位：亿 m^3）

9.5 水资源配置规律分析

根据塔里木河流域 1958～2010 年上游年来水量结合第二、三节所得塔里木河流域水资源配置结果，采用数理统计方法，对两者之间的相关关系进行分析。

9.5.1 上游来水与生态基流的关系

上游来水与各断面生态基流供水量关系如图 9.10 所示，相关方程如表 9.12 所示（P 为来水频率）。

从表 9.12 可看出，塔里木河流域各断面生态基流供水量与上游来水均显著相关，相关性较好。其中阿拉尔—新渠满断面的上游来水和生态基流相关系数最高为 0.963，从阿拉尔断面开始沿着塔里木河干流依次减小，最小的阿其克—恰拉断面相关系数为 0.6856。

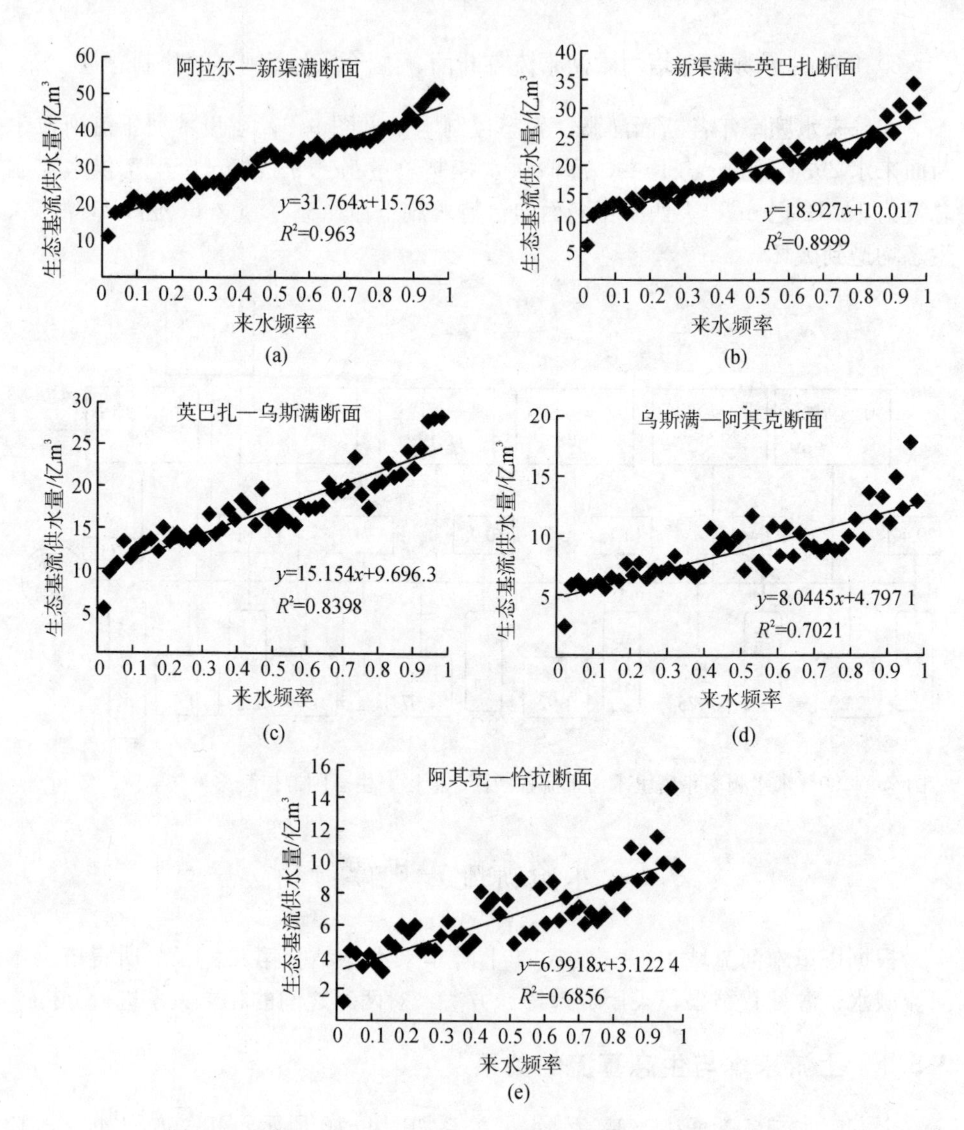

图 9.10　塔里木河流域各断面生态基流供水与上游来水关系图

表 9.12　塔里木河流域各断面生态基流供水与上游来水相关方程表

站　名	相关方程	相关系数 R^2
阿拉尔—新渠满	$y=31.764x+15.763$	0.963
新渠满—英巴扎	$y=18.927x+10.017$	0.8999
英巴扎—乌斯满	$y=15.154x+9.6963$	0.8398
乌斯满—阿其克	$y=8.0445x+4.7971$	0.7021
阿其克—恰拉	$y=6.9918x+3.1224$	0.6856

9.5.2 上游来水与农业供水量的关系

上游来水与各断面农业供水量关系如图 9.11 所示，相关方程如表 9.13 所示。

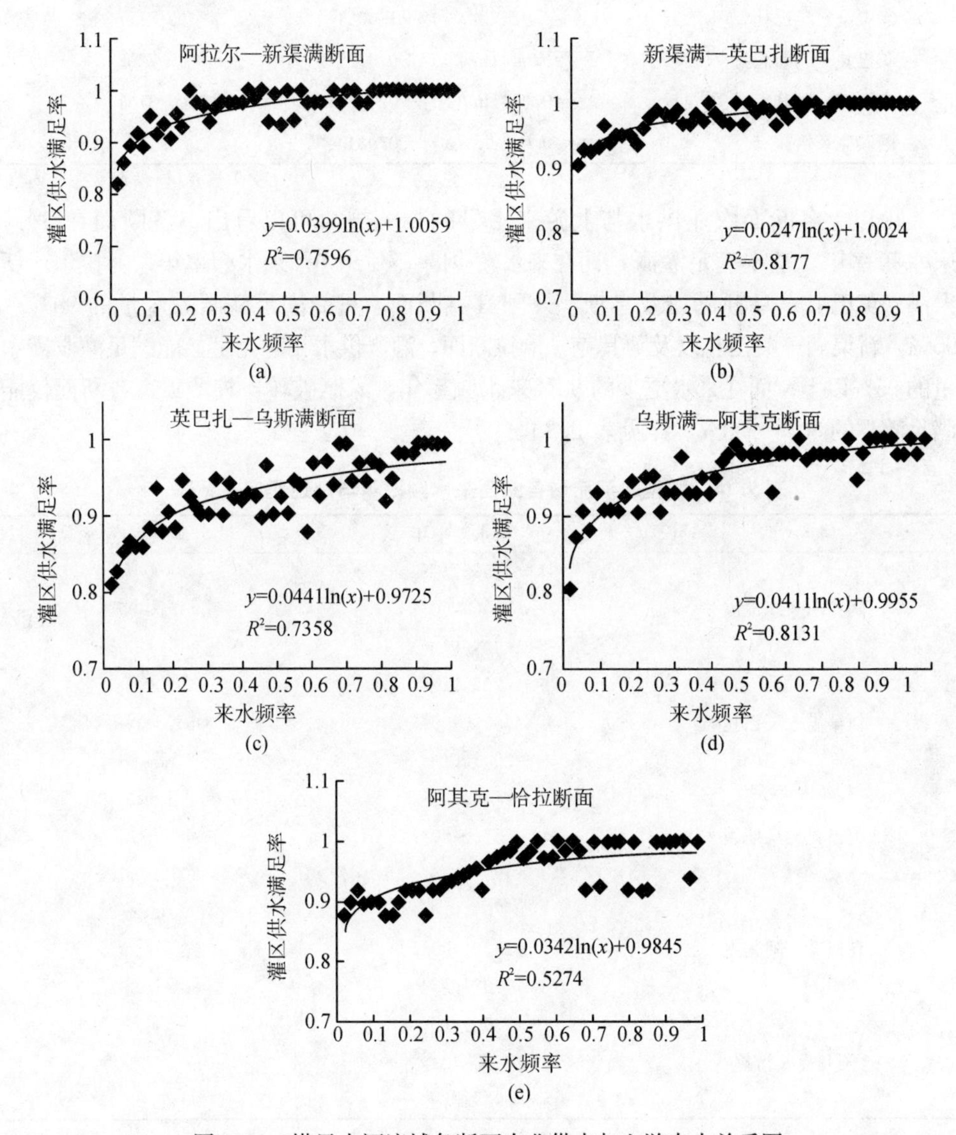

图 9.11 塔里木河流域各断面农业供水与上游来水关系图

从表 9.13 可看出，塔里木河流域各断面农业供水与上游来水量均显著相关，相关性较好。其中新渠满—英巴扎断面的上游来水和生态基流相关系数最高为 0.8177，其次为乌斯满—阿其克断面其相关系数为 0.8131，最小的阿其克—恰拉断面相关系数为 0.5274。

表 9.13 塔里木河流域各断面农业供水与上游来水相关方程表

站 名	相关方程	相关系数 R^2
阿拉尔—新渠满	$y=0.0399\ln(x)+1.0059$	0.7596
新渠满—英巴扎	$y=0.0247\ln(x)+1.0024$	0.8177
英巴扎—乌斯满	$y=0.0441\ln(x)+0.9725$	0.7358
乌斯满—阿其克	$y=0.0411\ln(x)+0.9955$	0.8131
阿其克—恰拉	$y=0.0342\ln(x)+0.9845$	0.5274

由以上各断面农业供水与上游来水量的相关规律可以看出，各断面在 50% 来水频率年，基本满足灌溉；而在来水较少的 75%～90%来水频率年，阿拉尔—新渠满、英巴扎—乌斯满以及乌斯满—阿其克断面，只能满足灌溉需水量的 90%～95%，新渠满—英巴扎以及阿其克—恰拉断面，灌溉供水相对充足，能满足灌溉需水量的 95%以上；而在来水更少的 90%来水频率年，灌溉破坏比较严重，各断面仅能满足灌溉的 80%～90%，详见表 9.14。

表 9.14 塔里木河流域各断面来水频率年与满足程度关系表

断 面	来水频率年	满足程度
阿拉尔—新渠满	75%以下	100%
	75%～90%	90%～95%
	90%以上	80%～90%
新渠满—英巴扎	75%以下	100%
	75%～90%	95%～100%
	90%以上	90%～95%
英巴扎—乌斯满	75%以下	100%
	75%～90%	90%～95%
	90%以上	80%～90%
乌斯满—阿其克	75%以下	100%
	75%～90%	90%～95%
	90%以上	80%～90%
阿其克—恰拉	75%以下	100%
	75%～90%	95%～100%
	90%以上	90%～95%

9.5.3 上游来水与河道外生态供水的关系

上游来水与各断面河道外生态供水量关系如图 9.12 所示，相关方程如表 9.15 所示。

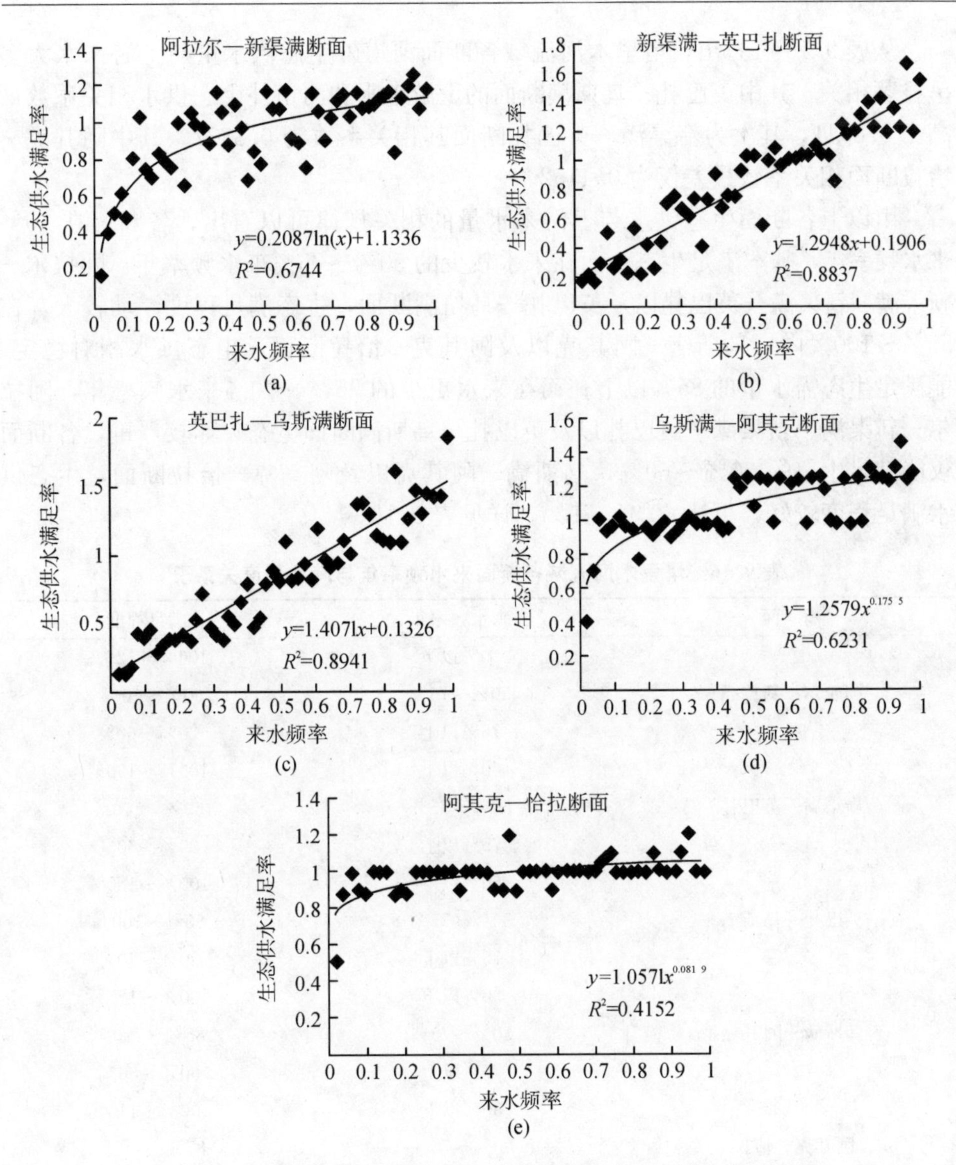

图 9.12 塔里木河流域各断面河道外生态供水与上游来水关系图

表 9.15 塔里木河流域各断面河道外生态供水与上游来水相关方程表

站 名	相关方程	相关系数 R^2
阿拉尔—新渠满	$y=0.2087\ln(x)+1.1336$	0.6744
新渠满—英巴扎	$y=1.2948x+0.1906$	0.8837
英巴扎—乌斯满	$y=1.4071x+0.1326$	0.8941
乌斯满—阿其克	$y=1.2579x^{0.1755}$	0.6231
阿其克—恰拉	$y=1.0571x^{0.0819}$	0.4152

从表 9.15 可看出，塔里木河流域各断面河道外生态供水量与上游来水大多呈显著相关，其中英巴扎—乌斯满断面的上游来水和河道外生态供水相关系数最高为 0.8941，其次为新渠满—英巴扎断面其相关系数为 0.8837，其中阿其克—恰拉断面相关系数最差仅为 0.4152。

由以上各断面生态供水与上游来水量的相关规律可以看出，各断面在 50% 来水频率年，基本满足生态；而在来水较少的 50%～75%来水频率年，阿拉尔—新渠满、新渠满—英巴扎以及英巴扎—乌斯满断面，生态满足程度浮动较大，在 55%～100%内，乌斯满—阿其克以及阿其克—恰拉断面，生态供水相对稳定，能满足生态需水量的 85%以上；而在来水更少的 75%～90%来水频率年，阿拉尔—新渠满、新渠满—英巴扎以及英巴扎—乌斯满断面生态破坏较严重，各断面仅能满足生态的 20%～60%，乌斯满—阿其克以及阿其克—恰拉断面，生态供水满足程度较好，可达 60%～80%，详见表 9.16。

表 9.16　塔里木河流域各断面来水频率年与满足程度关系表

断　面	来水频率年	满足程度
阿拉尔—新渠满	50%以下	100%～125%
	50%～75%	60%～100%
	75%以上	20%～60%
新渠满—英巴扎	50%以下	100%～150%
	50%～75%	60%～100%
	75%以上	20%～60%
英巴扎—乌斯满	50%以下	100%～150%
	50%～75%	55%～100%
	75%以上	20%～40%
乌斯满—阿其克	50%以下	100%～125%
	50%～75%	85%～100%
	75%以上	60%～80%
阿其克—恰拉	50%以下	100%～110%
	50%～75%	85%～110%
	75%以上	60%～80%

10 典型源流区——叶尔羌河流域水资源配置成果分析

10.1 情景一：五年实施方案下的叶尔羌河流域水资源调配成果分析

2001年，黄河水利委员会（简称黄委会）组织编制的《塔里木河工程与非工程措施五年实施方案》（以下简称《五年实施方案》）中，灌溉面积按651.47万亩计，《五年实施方案》实施后，叶尔羌河流域的水资源主要靠下坂地水库、众多的平原水库和无坝引水枢纽联合运行进行调配，下坂地水库的建成替代了流域16座平原水库，保留24座平原水库，减少了平原水库的蒸发和渗漏损失，使水资源能充分高效利用，对实现水资源的优化配置及塔里木河综合治理发挥了重要作用。

10.1.1 水资源调配成果

《五年实施方案》中，灌溉面积为651.47万亩时，叶尔羌河流域灌区农业需水量为59.413亿m^3；地下水可开采量10.22亿m^3，扣除泉水2.8亿m^3（泉水在地表水中考虑），满足生活工业用水1.144亿m^3后，供农业的地下水可开采量为6.276亿m^3。为了搞清情景一《五年实施方案》完成后，下坂地工程参与调蓄的叶尔羌河流域水资源调配情况，把基本资料带入模拟优化人机对话模型，进行51年长系列调配计算，其年计算结果见表10.1。

10.1.2 水资源调配模型合理性分析

由于四种情景的水资源调配使用的模型及算法基本一致，因此我们用情景一的调配成果对模型及算法进行检验，说明本书建立的模型及采用算法的正确性和合理性。在后面三种情景的分析中，我们将仅使用算例进行各种平衡分析，对模型及算法的合理性不再赘述。

1）卡群断面水量平衡分析

以1957年7月～2008年6月长系列计算结果的年总量，对各节点的供需情况进行平衡计算，由表10.1可以看出全流域水资源供需情况。

表 10.1　情景一　流域年总量计算结果统计表

（单位：亿 m^3）

年　份	地表水（含泉水）	河道损失	平原水库月初平均库容	平原水库月末平均库容	平原水库损失	卡群断面生态供水	塔里木河生态供水	灌区生态补充水量	平原水库反调节供水	地表水农业供水	地下水农业供水	农业供水	农业缺水
1957～1958	62.132	9.792	4.966	4.428	6.830	3.009	1.023	0.000	14.013	34.949	5.935	54.946	4.467
1958～1959	72.620	12.428	4.671	4.671	6.404	1.057	0.359	0.000	14.473	38.258	5.830	58.561	0.000
1959～1960	88.645	12.053	5.797	5.797	7.355	13.103	4.455	3.292	12.945	39.892	5.837	58.674	0.000
1960～1961	78.606	12.613	5.805	5.888	7.449	4.108	1.396	0.000	12.648	40.788	5.977	59.413	0.000
1961～1962	93.673	12.816	5.940	5.857	8.341	20.459	6.953	1.011	11.522	40.524	6.277	58.323	1.090
1962～1963	67.698	11.458	3.305	3.303	4.307	0.000	0.000	0.000	13.024	38.910	6.186	58.119	1.294
1563～1964	67.988	11.366	4.043	4.048	5.150	0.000	0.000	0.000	16.008	35.464	6.055	57.527	1.886
1964～1965	64.860	10.713	2.999	2.999	3.550	0.000	0.000	0.000	9.946	40.651	6.277	56.874	2.539
1965～1966	59.575	10.534	1.421	1.428	1.956	0.000	0.000	0.000	9.182	37.820	6.277	53.280	6.133
1966～1967	79.970	12.995	5.975	6.033	7.500	2.890	0.982	0.074	12.630	43.191	3.592	59.413	0.000
1967～1968	90.294	13.301	5.092	5.036	7.303	16.939	5.774	0.000	15.248	38.126	6.038	59.413	0.000
1968～1969	73.772	11.874	4.056	4.048	5.689	4.402	1.496	0.000	13.620	38.286	6.147	58.053	1.360
1969～1970	68.503	11.228	4.355	4.355	5.844	1.359	0.462	0.000	15.905	34.168	6.165	56.233	3.175
1970～1971	76.105	12.617	5.251	5.289	6.461	0.393	0.134	1.237	11.536	43.394	4.432	59.413	0.000
1971～1972	83.937	12.356	4.893	4.854	6.700	13.261	4.507	0.000	16.225	35.862	5.950	58.037	1.376
1972～1973	62.198	10.229	1.737	1.737	1.941	0.000	0.000	0.000	7.339	42.668	6.277	56.305	3.108
1973～1974	95.699	13.251	5.978	5.985	8.372	20.603	7.002	0.959	12.056	40.376	6.277	58.709	0.000
1974～1975	69.625	11.966	4.260	4.254	5.819	0.000	0.000	0.000	14.605	37.317	6.208	58.129	1.284
1975～1976	63.535	11.315	4.007	4.007	5.149	0.000	0.000	0.000	16.587	35.484	5.343	57.914	1.499
1976～1977	75.764	13.041	4.848	4.890	6.980	3.315	1.127	0.000	12.573	39.359	6.277	58.209	1.204
1977～1978	83.817	13.261	4.965	4.924	7.211	10.819	3.677	0.000	16.622	36.395	5.748	58.765	0.000
1978～1979	89.766	13.063	5.161	5.160	7.468	17.556	5.967	0.000	15.306	36.378	6.277	57.961	1.452
1979～1980	75.860	12.342	3.885	3.886	5.516	5.226	1.776	0.000	14.673	38.093	6.256	59.022	0.000
1980～1981	64.148	10.592	2.855	2.854	3.310	0.000	0.000	0.000	13.921	36.335	6.239	56.495	2.918
1981～1982	80.126	12.804	4.858	4.858	6.699	7.667	2.606	0.000	15.665	37.295	5.646	58.606	0.000
1982～1983	77.027	11.804	4.967	4.967	6.194	5.777	1.963	0.000	16.907	36.346	5.206	58.459	0.000

续表

年份	地表水（含泉水）	河道损失	平原水库月初平均库容	平原水库月末平均库容	平原水库损失	卡群断面生态供水	塔里木河生态供水	灌区生态补充水量	平原水库反调节供水	地表水农业供水	地下水农业供水	农业供水	农业缺水
1983～1984	82.630	11.904	5.431	5.431	6.947	9.442	3.209	1.675	12.934	39.728	6.056	58.717	0.000
1984～1985	86.295	11.955	5.348	5.348	6.964	15.090	5.129	0.000	11.661	40.624	6.224	58.509	0.000
1985～1986	79.194	12.576	5.128	5.128	6.975	7.258	2.467	0.000	15.599	36.786	6.021	58.405	0.000
1986～1987	71.940	11.906	3.939	3.939	5.575	3.042	1.034	0.000	13.900	37.517	6.277	57.694	1.719
1987～1988	69.149	11.361	3.933	3.940	4.520	0.000	0.000	0.000	12.480	40.706	5.490	58.676	0.000
1988～1989	82.929	13.046	5.250	5.243	7.415	10.207	3.469	0.000	16.056	36.287	5.821	58.164	1.249
1989～1990	63.812	11.046	1.650	1.657	2.090	0.000	0.000	0.000	10.111	40.483	6.277	56.872	2.541
1990～1991	82.643	13.001	6.294	6.287	8.365	7.838	2.664	0.000	13.549	39.971	5.715	59.235	0.000
1991～1992	66.015	10.772	3.107	3.107	3.369	0.000	0.000	0.000	10.985	40.889	5.917	57.792	1.621
1992～1993	73.762	12.293	6.063	6.068	7.643	0.000	0.000	0.000	13.802	39.967	5.644	59.413	0.000
1993～1994	61.097	10.157	1.476	1.479	1.726	0.000	0.000	0.000	8.578	40.610	6.277	55.465	3.948
1994～1995	103.262	13.329	6.240	6.233	8.633	27.768	9.437	0.418	12.539	40.657	6.033	59.230	0.000
1995～1996	79.409	13.424	4.621	4.734	6.553	4.499	1.529	0.000	15.514	38.068	5.830	59.413	0.000
1996～1997	73.799	11.879	4.787	4.678	6.133	3.600	1.223	0.000	15.709	37.776	5.927	59.416	0.000
1997～1998	82.899	12.871	5.121	5.116	7.374	11.185	3.801	0.000	14.996	36.526	6.174	57.696	1.717
1998～1999	82.645	12.816	6.241	6.342	7.887	5.952	2.023	0.975	13.995	39.814	5.604	59.413	0.000
1999～2000	94.537	13.628	7.309	7.311	9.494	14.061	4.779	0.972	12.759	43.598	3.056	59.413	0.000
2000～2001	84.403	14.233	6.320	6.366	8.670	5.680	1.930	0.000	11.492	43.776	4.144	59.413	0.000
2001～2002	77.511	11.806	5.444	5.295	7.569	9.514	3.234	0.000	13.929	36.478	6.164	59.570	2.843
2002～2003	76.367	11.926	5.787	5.802	7.178	3.589	1.220	0.000	13.073	40.421	5.919	59.413	0.000
2003～2004	78.758	13.039	6.426	6.431	8.406	3.200	1.087	0.000	14.266	39.666	5.481	59.413	0.000
2004～2005	84.775	15.045	5.156	5.478	6.451	0.000	0.000	0.000	13.972	45.441	0.000	59.413	0.000
2005～2006	92.911	13.511	7.367	7.252	9.819	13.832	4.701	1.289	12.144	43.694	3.575	59.413	0.000
2006～2007	98.935	13.739	5.980	5.875	8.197	22.333	7.590	0.000	15.165	40.761	3.487	59.413	0.000
2007～2008	90.439	15.070	6.644	7.050	8.896	4.943	1.680	1.040	10.687	44.933	3.792	59.413	0.000
多年平均	78.256	12.316	4.846	4.846	6.438	6.569	2.233	0.254	13.434	39.245	5.573	58.252	0.989

水量平衡公式为

$$W_{地表}+12(V_{初}-V_{末})-W_{河道损失}-W_{水库损失}-W_{灌区生态}=W_{地表供水}+W_{平原水库供水}+W_{生态供水}$$

(78.256)(4.846)(4.846)(12.316)(6.438)(0.254)(39.245)　(13.434)　(6.569)

(10.1)

按式（10.1）（公式下方括号中显示各项的多年平均值）对表 10.1 的多年平均及各个时段灌区水量进行计算，水量均是平衡的，说明计算结果满足水量平衡，是正确的。

以多年平均值为例，

等号左边:78.256+(4.846−4.846)×12−12.316−6.438−0.254=59.248，

等号右边：39.245+13.434+6.569=59.248，

左边=右边，满足水量平衡。

2）农业供需平衡分析

由表 10.1 中可以看出，灌区农业供需情况。由供需平衡公式：

$$W_{需水}-W_{农业供水}=W_{缺水} \tag{10.2}$$

(59.413)(58.252)(0.989)

按式（10.2）（公式下方括号中显示各项的多年平均值）对表 10.1 的多年平均及各个时段农业供需水量进行计算，水量均是平衡的，说明计算结果满足农业供需水量平衡，是正确的。

以多年平均值为例：59.413−58.252=1.161≈0.989，满足水量平衡。

3）平原水库水量平衡分析

为了更好地研究各节点水资源分配、平原水库供需情况，以 1957 年 7 月～2008 年 6 月长系列计算结果的多年平均值，对平原水库的水量平衡情况进行了平衡计算，计算结果见表 10.2。

表 10.2　情景一　平原水库水量平衡分析　　（单位：亿 m^3）

月　份	平原水库月初库容	平原水库供水	平原水库蓄水	平原水库损失	平原水库月末库容
7	0.483	0	5.574	0.393	5.664
8	5.664	0	4.697	1.869	8.492
9	8.492	2.198	1.683	1.039	6.938
10	6.938	0	1.899	0.988	7.85
11	7.85	2.909	0.767	0.443	5.265
12	5.265	1.075	0.956	0.176	4.97
1	4.97	0	1.525	0.188	6.307
2	6.307	0.22	0.313	0.401	5.999
3	5.999	2.882	0.384	0.304	3.197
4	3.197	1.874	0.988	0.347	1.964
5	1.964	1.438	0.695	0.196	1.024
6	1.024	0.838	0.391	0.095	0.483
年（平均）总量	4.846	13.433	19.872	6.439	4.846

由表 10.2 可以看出各时段平原水库水资源供需情况。根据水库平衡计算公式：

$$12V_{初} - W_{供水} + W_{蓄水} - W_{损失} = 12V_{末} \tag{10.3}$$

(4.846)(13.433)(19.872)(6.439)(4.846)

按式（10.3）（公式下方括号中显示各项的多年平均值）对表 10.2 中多年平均及各个时段平原水库水量进行平衡计算，水量均平衡，说明平原水库运行满足平衡方程；其中平原水库损失约占其蓄水量的 30%，说明平原水库调节计算结果是正确的。

以多年平均值为例，

等号左边：4.846×12－13.433＋19.872－6.439＝58.152，

等号右边：4.846×12＝58.152，

左边＝右边，满足水量平衡。

10.1.3 水资源调配成果分析

《五年实施方案》实施后，灌溉面积为 651.47 万亩时，流域农业需水 59.413 亿 m^3，通过长系列调节计算，灌区农业保证率 57.7%，龙口断面多年平均缺水 0.791 亿 m^3，卡群断面多年平均向塔里木河下泄生态水 6.569 亿 m^3，生态保证率 26.9%。灌区内各业需水要求均得不到满足，且未达到向塔里木河输水目标。

10.1.3.1 农业供水分析

1）叶尔羌河流域灌区农业缺水分析

由表 10.1 可知，2009 现状年灌溉面积为 651.47 万亩时，农业需水 59.413 亿 m^3，由下坂地水库与流域平原水库的联合调节得不到满足。叶尔羌河流域 51 年中农业有 21 年缺水，相应的农业保证率为 57.7%，未达到设计保证率 75%的要求。其中，累计春旱缺水量达 50.439 亿 m^3，多年平均春旱缺水 0.989 亿 m^3，缺水年份平均缺水量为 2.402 亿 m^3。

2）各子灌区农业缺水及农业保证率分析

各子灌区农业供水情况见表 10.3，由表可知叶城、岳普湖、巴楚 3 个子灌区相应的农业保证率较高，为 90%以上；其他子灌区农业保证率均低于 75%。这是由于叶城、岳普湖、巴楚 3 个子灌区地下水较丰富，在来水少的年份的枯水期，这 3 个灌区的地下水能够起到很好的补偿作用，故农业保证率达到了农业设计保证率要求；而其他 6 个子灌区由于地下水量偏少，且缺少水库的有效调配，故春旱缺水严重，没有达到设计灌溉保证率要求。

表 10.3　情景一　各子灌区农业供水情况

供水情况	子灌区								
	叶城	泽普	岳普湖	莎车西	莎车东	麦盖提东	麦盖提西	巴楚	前海
需水量/亿 m^3	9.397	5.855	0.938	12.376	5.312	6.990	0.666	8.950	8.927
缺水年平均缺水量/亿 m^3	0.484	0.328	0.028	0.710	0.287	0.320	0.032	0.000	0.501
(缺水量/需水量)/%	5.15	5.60	2.99	5.74	5.40	4.58	4.80	0.00	5.61
缺水年数/年	4	21	2	18	18	15	21	0	16
农业保证率/%	90.4	57.7	94.2	63.5	63.5	69.2	57.7	98.1	67.3

10.1.3.2　向塔里木河生态输水分析

由表 10.1 分析可知，叶尔羌河向塔里木河生态供水 51 年中，卡群断面生态供水量有 14 年大于要求的 9.71 亿 m^3 生态供水量，相应的生态保证率为 26.9%，小于设计保证率 50%的要求；卡群断面多年平均生态供水量 6.57 亿 m^3，小于设计值 9.71 亿 m^3，多年平均向塔里木河生态供水 2.23 亿 m^3，小于设计值 3.3 亿 m^3，生态供水量及生态保证率均不能满足向塔里木河生态输水的目标要求，卡群断面至塔里木河多年平均生态输水过程如图 10.1 所示。

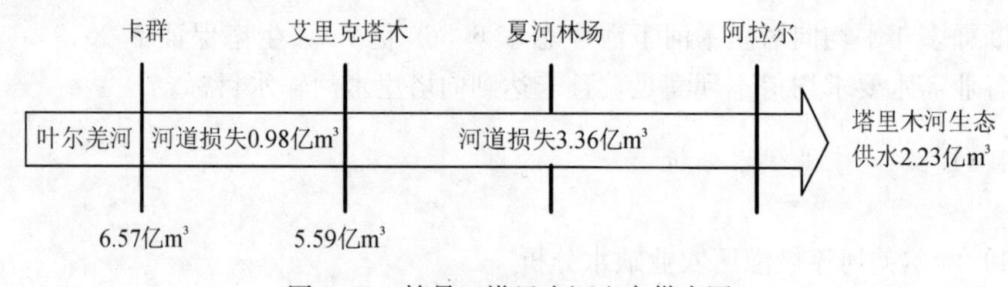

图 10.1　情景一塔里木河生态供水图

10.1.3.3　平原水库调节作用和水量损失分析

现状年流域有平原水库 24 座，有效库容为 10.40 亿 m^3，由表 10.2 可知，平原水库多年平均年蓄水量为 19.871 亿 m^3，多年平均年供水量为 13.433 亿 m^3，其多年平均蒸发、渗漏损失为 6.438 亿 m^3。叶尔羌河流域来水靠下坂地水库和平原水库联合调节，平原水库发挥反调节作用。全流域多年平均河道损失为 12.316 亿 m^3，灌区生态补充水量为 0.254 亿 m^3。

10.1.3.4　地下水利用情况分析

现状年，叶尔羌河流域地下水农业用水可开采量为 6.276 亿 m^3，长系列计算结果显示多年平均农业开采地下水量 5.573 亿 m^3，51 年中有 10 年达到最大开采量，没有超采。

10.1.4 流域水资源分配及来、供、耗水分析

以水循环和水量平衡原理为理论基础，把流域看成一个系统，把来水、供水、耗水等视为既相互联系又相互制约的各个子系统，分析区内的水量转换情况，研究来、供、耗水的转化及数量关系，并找到区内各项来水的消耗途径，计算出区内的消耗水量和流出区外的水量。其中，灌区耗水包括城乡生活与工业、牲畜、农林牧灌溉地植物生长用水，水面、河道、渠道、田间蒸发等；灌区内入渗的地表水包括平原水库损失水量的60%，河道损失水量的80%，渔业用水量的60%，以及渠系及田间的入渗水量。情景一流域来、供、耗水量转化关系如图10.2所示。

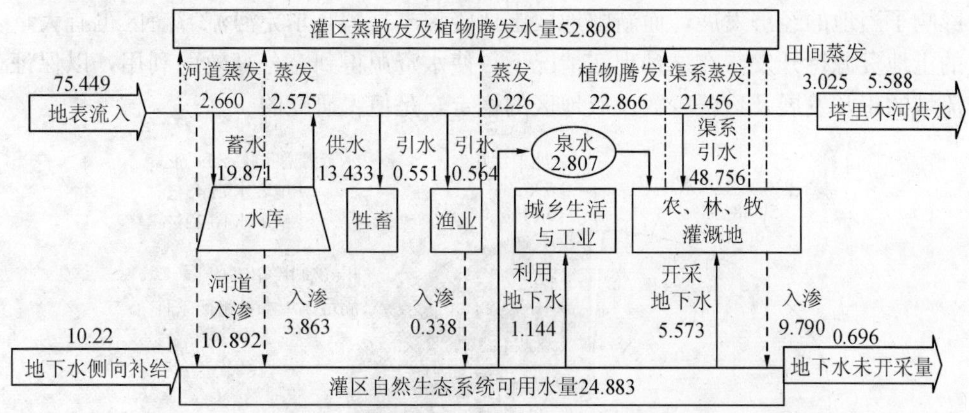

图10.2 情景一 流域来、供、耗水量转化关系图（单位：亿 m^3）

情景一，流域的来水为85.669亿 m^3，其中，地表天然来水量为75.449亿 m^3（卡群水文站断面及江卡渠首断面来水量之和），地下水侧向补给量为10.22亿 m^3（其中泉水利用量为2.807亿 m^3）；地表水及地下水向流域供水总计59.395亿 m^3，包括：向牲畜供水0.551亿 m^3，向渔业供水0.564亿 m^3，向城乡工业及生活供水1.144亿 m^3，向农、林、牧灌溉地供水57.136亿 m^3；河道及水库损失总计19.99亿 m^3；流域的来水经灌区内的经济社会和灌区外的生态植被消耗后，地表流出水量为5.588亿 m^3（即艾里克塔木断面下泄水量），地下水未开采水量为0.696亿 m^3。

流域灌区总耗水量54.503亿 m^3，其中河道、渠道、水库、鱼塘和田间的蒸散量为29.942亿 m^3，牲畜的耗水量为0.551亿 m^3，城乡生活与工业耗水量为1.144亿 m^3，农、林、牧灌溉作物的腾发量为22.866亿 m^3。灌区利用的水资源量79.386亿 m^3中，除去耗水54.503亿 m^3外，河道、渠道、水库、鱼塘、灌溉地的入渗水量为24.883亿 m^3，均用于补给灌区自然生态水。

通过以上分析，流域内水资源的主要消耗途径为：一方面，流域内的地表来水通过河道、渠道、水库等途径在输水过程中蒸发和渗漏损失补给地下水；另一方面，地表来水被引入灌区用于农、林、牧业灌溉和牲畜引水。同时，地表来水

转化补给的地下水量中的一部分又被开采出来补充给农业灌溉，另一部分则转移到非灌溉地成为自然生态用水的主要来源。图 10.3 为情景一流域灌区水资源的分配情况，由图可知，此情景下水资源转化补给灌区自然生态系统的水量为 24.883 亿 m^3，占来水总量的 29%。

综上所述，由情景一《五年实施方案》实施后灌溉面积为 651.47 万亩状况下的调配成果可知，叶尔羌河流域在建立下坂地水库后，不能完成向塔里木河输水 3.3 亿 m^3 的目标，农业及生态供水保证率均得不到满足，五年实施方案没有圆满完成。而事实上，651.47 万亩的灌溉面积在现状条件下已造成叶尔羌河流域灌区人粮、草畜的不平衡现象，有悖于灌区农业和生态的可持续发展要求，并影响了当地的经济发展，而新疆地区土地资源丰富，叶尔羌河流域灌区也有大量的土地资源待开发，在这种现实情况下，使水资源得到充分高效的利用，以保证流域的正常发展及边疆少数民族地区的稳定，是值得研究的。

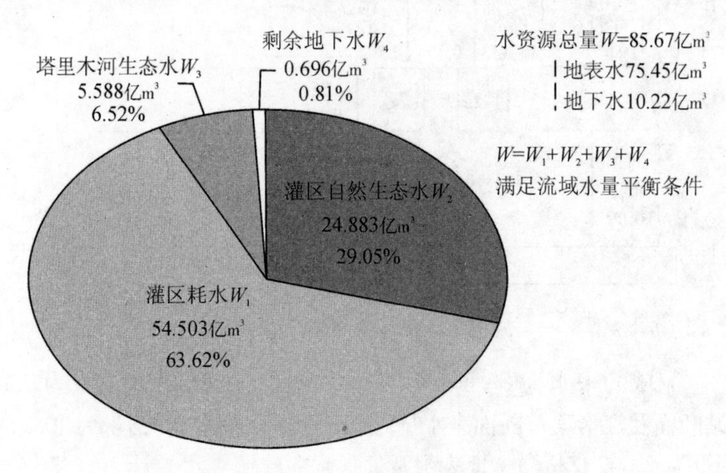

图 10.3　情景一　流域灌区水资源分配情况图

10.2　情景二：现状水平年下的叶尔羌河流域水资源调配成果分析

根据《叶尔羌河流域规划》报告中提出的现状情况下流域灌溉面积为 753.39 万亩时，叶尔羌河流域水资源主要靠下坂地和 24 座平原水库及无坝引水枢纽联合调节。由于叶尔羌河流域可划分为提孜那甫河灌区和叶尔羌河灌区，其中，叶尔羌河干流控制的灌溉面积为 630.89 万亩，提孜那甫河、乌鲁克河、柯克亚河等河流控制的灌溉面积为 122.5 万亩。由于阿尔塔什水利枢纽工程建设在叶尔羌河干流河段，只能调节叶尔羌河的水量，无法调节其他河流水量。因此，阿尔塔什水利枢纽工程控制的灌溉面积为 630.89 万亩。为了更好地反映阿尔塔什水利枢纽工程对叶尔羌河灌区的贡献，我们将叶尔羌河流域分为提孜那甫河灌区及叶尔羌河灌区分别进行分析。

10.2.1 水资源调配成果

在 2009 现状水平年灌溉面积扩大为 753.39 万亩时，全流域农业总需水量为 66.207 亿 m^3。其中，叶尔羌河灌区农业需水 55.182 亿 m^3，提孜那甫河灌区农业需水 11.025 亿 m^3；叶尔羌河灌区地下水可开采量 6.214 亿 m^3，扣除生活工业用水 0.918 亿 m^3后可供农业的地下水量为 5.296 亿 m^3，提孜那甫河灌区地下水可开采量 4.014 亿 m^3，扣除生活工业用水 0.226 亿 m^3后可供农业的地下水量为 3.788 亿 m^3。为了搞清情景二下坂地工程参与调蓄的叶尔羌河水资源调配情况，把基本资料带入模拟优化人机对话模型，进行 51 年长系列调配计算，流域及叶尔羌河灌区平原水库的水量平衡计算结果见表 10.4，叶尔羌河灌区的年计算结果见表 10.5，提孜那甫河灌区的年计算结果见表 10.6。

表 10.4 情景二 平原水库水量平衡分析 （单位：亿 m^3）

项目	月份	平原水库月初库容	平原供水	平原蓄水	平原水库损失	平原水库月末库容
流域平原水库（24 座）	7	0.292	0	4.872	0.314	4.85
	8	4.85	0.15	4.686	1.608	7.777
	9	7.777	1.736	2.253	0.983	7.312
	10	7.312	0.161	1.108	0.95	7.309
	11	7.309	3.32	1.172	0.398	4.763
	12	4.763	2.348	0.933	0.136	3.212
	1	3.212	0	1.503	0.129	4.586
	2	4.586	0.077	1.028	0.312	5.225
	3	5.225	3.606	0.556	0.232	1.944
	4	1.944	1.324	0.359	0.187	0.792
	5	0.792	0.514	0.682	0.104	0.857
	6	0.857	0.72	0.223	0.067	0.292
	年（平均）总量	4.076	13.956	19.375	5.42	4.076
叶尔羌河灌区平原水库（18 座）	7	0.135	0	4.272	0.267	4.14
	8	4.14	0	4.34	1.449	7.031
	9	7.031	1.194	1.876	0.913	6.799
	10	6.799	0	1.013	0.899	6.913
	11	6.913	3.018	1.062	0.382	4.575
	12	4.575	2.218	0.834	0.131	3.061
	1	3.061	0	1.398	0.123	4.336
	2	4.336	0	0.967	0.299	5.004
	3	5.004	3.418	0.5	0.223	1.863
	4	1.863	1.259	0.306	0.179	0.731
	5	0.731	0.46	0.554	0.094	0.73
	6	0.73	0.637	0.095	0.053	0.135
	年（平均）总量	3.777	12.204	17.217	5.012	3.777

表 10.5　情景一　叶尔羌河灌区年总量计算结果统计表　（单位:亿 m³）

年份	叶尔羌河来水	河道损失	平原水库月初库容	平原水库月末库容	平原水库损失	卡群断面	塔里木河生态供水	灌区生态	平原水库反调节供水	地表水农业供水	地下水农业供水	农业供水	农业缺水
1957～1958	51.039	8.844	2.028	1.818	2.608	0.000	0.000	0.000	10.825	31.287	5.296	47.409	7.560
1958～1959	60.610	10.980	2.699	2.699	3.476	0.000	0.000	0.000	14.458	31.696	5.296	51.450	3.476
1959～1960	77.626	11.298	4.652	4.652	5.852	10.331	3.511	2.297	12.299	35.550	5.296	53.146	1.907
1960～1961	67.050	11.462	4.619	4.619	5.962	1.508	0.513	0.140	12.632	35.345	5.296	53.274	1.339
1961～1962	81.838	12.391	5.104	5.104	7.273	15.692	5.333	0.061	11.964	34.457	5.296	51.718	2.737
1962～1963	57.096	10.091	1.528	1.528	1.895	0.000	0.000	0.000	10.549	34.560	5.296	50.406	4.303
1963～1964	57.388	10.082	2.106	2.106	2.621	0.000	0.000	0.000	8.923	35.761	5.296	49.931	4.875
1964～1965	54.092	9.338	3.044	3.044	4.008	0.000	0.000	0.000	9.102	31.644	5.296	46.042	8.329
1965～1966	48.579	8.993	0.929	0.929	1.146	0.000	0.000	0.000	5.867	32.573	5.296	43.736	11.432
1966～1967	65.391	11.389	4.128	4.128	5.066	0.000	0.000	0.000	12.415	36.520	5.296	54.232	0.000
1967～1968	77.321	12.902	4.572	4.572	6.739	10.021	3.406	0.000	12.096	35.563	5.296	52.955	2.032
1968～1969	63.446	11.138	3.624	3.624	4.912	0.509	0.173	0.000	15.873	31.015	5.296	52.184	2.903
1969～1970	57.914	10.074	3.009	3.009	3.930	0.000	0.000	0.000	14.751	29.159	5.296	49.207	5.961
1970～1971	65.247	11.384	4.006	4.006	4.587	0.000	0.000	0.000	12.026	37.250	5.296	54.573	0.000
1971～1972	73.411	11.658	4.302	4.302	5.821	9.237	3.139	0.000	12.300	34.396	5.296	51.992	2.894
1972～1973	51.650	8.949	1.934	1.934	2.539	0.000	0.000	0.000	7.479	32.683	5.296	45.458	9.530
1973～1974	83.774	12.487	5.304	5.304	7.547	17.398	5.913	0.028	12.472	33.840	5.296	51.608	2.945
1974～1975	57.297	10.325	2.222	2.222	2.735	0.000	0.000	0.000	12.386	31.851	5.296	49.533	5.391
1975～1976	56.493	9.753	3.698	3.698	5.014	0.000	0.000	0.000	14.096	27.631	5.296	47.023	8.008
1976～1977	62.847	11.623	3.740	3.740	5.211	0.000	0.000	0.000	13.970	32.044	5.296	51.310	3.461
1977～1978	71.972	12.739	4.473	4.473	6.638	5.390	1.832	0.000	11.597	35.608	5.296	52.501	2.514
1978～1979	78.534	12.559	4.793	4.793	7.085	12.712	4.320	0.000	11.034	35.144	5.296	51.474	3.663
1979～1980	64.533	11.618	3.839	3.839	5.275	0.283	0.096	0.000	16.311	31.046	5.296	52.653	2.398
1980～1981	53.102	9.211	1.388	1.388	1.375	0.000	0.000	0.000	9.133	33.383	5.296	47.813	7.084
1981～1982	66.175	11.548	3.986	3.986	5.460	2.672	0.908	0.000	15.275	31.220	5.296	51.791	3.094
1982～1983	62.905	9.690	3.973	3.973	5.301	6.510	2.212	0.000	14.483	26.921	5.296	46.701	8.432

续表

年份	叶尔羌河来水	河道损失	平原水库月初库容	平原水库月末库容	平原水库损失	卡群断面	塔里木河生态供水	灌区生态	平原水库反调节供水	地表水农业供水	地下水农业供水	农业供水	农业缺水
1983～1984	68.441	10.887	4.372	4.372	5.612	4.401	1.496	0.693	11.860	34.988	5.296	52.144	2.641
1984～1985	74.672	11.066	4.444	4.444	5.856	11.388	3.870	0.000	12.284	34.079	5.296	51.660	3.082
1985～1986	66.696	11.554	4.424	4.424	5.901	2.425	0.824	0.000	12.125	34.690	5.296	52.112	2.793
1986～1987	61.096	10.932	3.261	3.261	4.373	0.000	0.000	0.000	15.734	30.057	5.296	51.088	3.865
1987～1988	55.290	9.402	3.252	3.252	3.994	0.000	0.000	0.000	10.605	31.289	5.296	47.171	7.287
1988～1989	71.009	12.186	4.523	4.523	6.422	5.549	1.886	0.000	12.213	34.640	5.296	52.149	2.793
1989～1990	50.686	9.143	1.100	1.100	1.042	0.000	0.000	0.000	6.551	33.950	5.296	45.797	9.385
1990～1991	70.211	11.919	5.130	5.130	6.824	3.954	1.344	0.000	13.149	34.366	5.296	52.811	1.765
1991～1992	54.977	9.364	3.116	3.116	3.758	0.000	0.000	0.000	10.213	31.643	5.296	47.153	7.377
1992～1993	61.770	10.741	3.479	3.479	4.212	0.000	0.000	0.000	12.200	34.616	5.296	52.113	2.902
1993～1994	50.028	8.662	1.806	1.806	2.394	0.000	0.000	0.000	9.952	29.020	5.296	44.268	10.638
1994～1995	90.284	12.603	5.101	5.101	7.314	23.285	7.914	0.000	12.143	34.939	5.296	52.379	2.507
1995～1996	67.335	12.222	3.871	3.871	5.430	1.327	0.451	0.000	15.217	33.140	5.296	53.653	0.640
1996～1997	62.548	10.955	3.353	3.353	4.161	0.000	0.000	0.000	11.555	35.877	5.296	52.728	2.229
1997～1998	72.268	12.196	4.670	4.670	6.693	6.972	2.369	0.000	11.834	34.573	5.296	51.704	3.129
1998～1999	69.457	11.777	4.953	4.953	6.210	2.162	0.735	0.536	13.092	35.681	5.296	54.069	0.000
1999～2000	81.334	12.501	5.936	6.013	7.598	9.462	3.216	0.784	15.838	34.227	5.117	55.182	0.000
2000～2001	70.348	12.866	5.093	5.046	6.965	1.272	0.432	0.000	11.938	37.865	5.296	55.099	0.000
2001～2002	64.058	11.381	4.409	4.379	6.226	2.010	0.683	0.000	15.227	29.579	5.296	50.102	5.080
2002～2003	62.391	10.565	4.083	4.083	5.026	0.000	0.000	0.000	12.274	34.525	5.296	52.096	2.828
2003～2004	63.469	11.344	3.966	3.966	5.098	0.000	0.000	0.000	11.272	35.755	5.296	52.324	2.641
2004～2005	68.652	12.617	2.224	2.332	2.488	0.000	0.000	0.000	9.260	42.993	2.929	55.182	0.000
2005～2006	76.714	13.191	6.226	6.184	8.420	4.909	1.668	0.142	15.132	35.418	4.632	55.182	0.000
2006～2007	83.998	13.220	4.843	4.860	6.763	13.765	4.678	0.000	13.789	36.250	5.143	55.182	0.000
2007～2008	77.180	13.883	5.271	5.398	6.791	1.291	0.439	0.663	12.644	40.388	2.151	55.182	0.000
多年平均	65.926	11.171	3.777	3.777	5.013	3.656	1.242	0.105	12.204	33.77	5.169	51.151	3.723

表 10.6　情景二　提孜那甫河灌区年总量计算结果统计表　（单位：亿 m^3）

年　份	提孜那甫河、柯克亚河、乌鲁克河来水	河道损失	平原水库月初库容	平原水库月末库容	平原水库损失	灌区生态补充水量	平原水库反调节供水	地表水农业供水	地下水农业供水	农业供水	农业缺水
1957～1958	8.286	1.316	0.349	0.309	0.496	0.600	1.593	4.765	3.788	10.145	0.870
1958～1959	9.202	1.606	0.325	0.325	0.467	0.000	1.694	5.436	3.788	10.917	0.000
1959～1960	8.212	1.308	0.192	0.192	0.232	0.000	1.424	5.247	3.788	10.459	0.532
1960～1961	8.749	1.587	0.142	0.149	0.179	0.000	0.999	5.897	3.788	10.684	0.314
1961～1962	9.028	1.577	0.313	0.306	0.474	0.072	1.628	5.365	3.788	10.781	0.000
1962～1963	7.795	1.367	0.138	0.138	0.174	0.000	1.379	4.875	3.788	10.041	0.819
1963～1964	7.793	1.284	0.154	0.154	0.179	0.000	1.253	5.077	3.788	10.118	0.907
1964～1965	7.961	1.375	0.183	0.183	0.239	0.000	1.242	5.105	3.788	10.135	0.890
1965～1966	8.189	1.541	0.150	0.174	0.242	0.000	1.605	4.516	3.788	9.908	1.105
1966～1967	11.773	1.963	0.453	0.467	0.593	0.564	2.325	6.163	2.536	11.025	0.000
1967～1968	10.166	1.613	0.370	0.347	0.534	1.067	1.752	5.485	3.788	11.025	0.000
1968～1969	7.519	1.320	0.138	0.125	0.181	0.000	0.894	5.289	3.788	9.971	0.929
1969～1970	7.782	1.358	0.135	0.135	0.178	0.000	1.017	5.230	3.788	10.034	0.858
1970～1971	8.051	1.384	0.249	0.249	0.345	0.079	1.617	4.626	3.788	10.031	0.870
1971～1972	7.719	1.303	0.146	0.146	0.169	0.000	1.048	5.199	3.788	10.035	0.889
1972～1973	7.741	1.280	0.136	0.136	0.125	0.000	1.044	5.292	3.788	10.124	0.836
1973～1974	9.118	1.703	0.243	0.245	0.369	0.000	2.111	4.913	3.756	10.780	0.225
1974～1975	9.521	1.641	0.269	0.291	0.372	0.000	1.874	5.363	3.788	11.025	0.000
1975～1976	9.234	1.530	0.330	0.314	0.449	0.211	1.948	5.289	3.788	11.025	0.000
1976～1977	10.109	1.839	0.256	0.274	0.409	0.302	2.093	5.249	3.599	10.940	0.081
1977～1978	9.038	1.617	0.300	0.274	0.431	0.203	2.297	4.808	3.788	10.893	0.000
1978～1979	8.425	1.524	0.251	0.251	0.377	0.000	2.208	4.316	3.788	10.965	0.531
1979～1980	8.520	1.466	0.165	0.165	0.184	0.000	1.366	5.504	3.788	10.657	0.279
1980～1981	8.239	1.367	0.314	0.314	0.470	0.056	1.631	4.716	3.788	10.135	0.859
1981～1982	11.143	1.955	0.402	0.438	0.581	0.311	2.113	5.752	3.160	11.025	0.000
1982～1983	11.316	1.897	0.436	0.456	0.603	0.710	2.212	5.653	3.159	11.025	0.000

续表

年份	提孜那甫河、柯克亚河、乌鲁克河来水	河道损失	平原水库月初库容	平原水库月末库容	平原水库损失	灌区生态补充水量	平原水库反调节供水	地表水农业供水	地下水农业供水	农业供水	农业缺水
1983～1984	11.382	1.529	0.497	0.485	0.673	2.119	2.232	4.968	3.764	10.965	0.060
1984～1985	8.816	1.441	0.345	0.301	0.461	0.341	1.720	5.384	3.788	10.892	0.000
1985～1986	9.691	1.703	0.344	0.347	0.517	0.194	1.633	5.554	3.788	11.025	0.000
1986～1987	8.036	1.430	0.147	0.144	0.185	0.000	1.395	5.065	3.788	10.248	0.720
1987～1988	11.051	1.931	0.406	0.422	0.544	0.181	2.461	5.744	2.819	11.025	0.000
1988～1989	9.113	1.561	0.303	0.292	0.451	0.228	1.519	5.544	3.738	10.850	0.000
1989～1990	10.320	1.903	0.228	0.269	0.320	0.000	1.828	5.786	3.412	11.025	0.000
1990～1991	9.624	1.580	0.412	0.384	0.580	0.566	1.937	5.301	3.788	11.025	0.000
1991～1992	8.231	1.408	0.204	0.192	0.235	0.000	1.365	5.367	3.788	10.520	0.478
1992～1993	9.185	1.553	0.232	0.241	0.292	0.000	1.822	5.415	3.788	11.025	0.000
1993～1994	8.262	1.495	0.146	0.137	0.165	0.000	1.233	5.422	3.788	10.493	0.467
1994～1995	10.171	1.764	0.331	0.402	0.574	0.344	2.034	5.203	3.788	11.025	0.000
1995～1996	9.267	1.677	0.246	0.258	0.285	0.000	1.728	5.433	3.788	10.948	0.009
1996～1997	8.444	1.463	0.239	0.206	0.299	0.000	1.417	5.660	3.788	10.864	0.107
1997～1998	7.824	1.415	0.189	0.189	0.273	0.000	1.828	4.308	3.788	9.924	0.990
1998～1999	10.381	1.698	0.310	0.317	0.364	0.000	1.497	6.746	2.782	11.025	0.000
1999～2000	10.395	1.886	0.398	0.409	0.568	0.030	2.265	5.513	3.247	11.025	0.000
2000～2001	11.248	1.906	0.296	0.320	0.445	0.950	2.298	5.354	3.351	11.003	0.000
2001～2002	10.646	1.553	0.460	0.446	0.626	1.394	2.128	5.109	3.788	11.025	0.000
2002～2003	11.169	1.801	0.487	0.467	0.635	0.654	2.350	5.970	2.705	11.025	0.000
2003～2004	12.482	1.965	0.601	0.605	0.783	1.127	2.174	6.387	2.464	11.025	0.000
2004～2005	13.316	2.225	0.491	0.568	0.679	1.048	2.212	6.237	2.576	11.025	0.000
2005～2006	13.390	1.842	0.675	0.587	0.816	2.443	1.936	7.404	1.685	11.025	0.000
2006～2007	12.130	1.951	0.468	0.475	0.631	1.138	2.339	5.993	2.693	11.025	0.000
2007～2008	10.452	1.821	0.244	0.277	0.295	0.000	1.503	6.442	3.080	11.025	0.000
多年平均	9.523	1.612	0.300	0.300	0.407	0.332	1.751	5.420	3.521	10.693	0.287

10.2.2 水资源调配成果分析

水资源调配成果的合理性分析同 10.1.2 节所述，本节仅将成果表 10.4～表 10.6 中各多年平均值带入各水量平衡公式，列出计算结果以证明成果的合理性，此处不再赘述。

1）叶尔羌河灌区

$$W_{地表}+12(V_{初}-V_{末})-W_{河道损失}-W_{水库损失}-W_{灌区生态}=W_{地表供水}+W_{平原水库供水}+W_{生态供水} \tag{10.4}$$

(65.926) (3.777) (3.777) (11.171) (5.013) (0.105)
(33.778) (12.204) (3.656)

等号左边：65.926＋0－11.171－5.013－0.105＝49.637，
等号右边：33.778＋12.204＋3.656＝49.608，左边≈右边，满足水量平衡。

$$W_{需水}-W_{农业供水}=W_{缺水} \tag{10.5}$$

(55.182) (51.151) (3.723)

55.182－51.151＝4.031≈3.723，满足水量平衡。

$$12V_{初}-W_{供水}+W_{蓄水}-W_{损失}=12V_{末} \tag{10.6}$$

(3.777) (12.204) (17.217) (5.013) (3.777)

等号左边：3.777×12－12.204＋17.217－5.013＝45.324，
等号右边：3.777×12＝45.324，左边＝右边，满足水量平衡。

2）提孜那甫河灌区

$$W_{地表}+12(V_{初}-V_{末})-W_{河道损失}-W_{水库损失}-W_{灌区生态}=W_{地表供水}+W_{平原水库供水} \tag{10.7}$$

(9.523) (0.300) (0.300) (1.612) (0.407) (0.332) (5.420) (1.751)

等号左边：9.523＋0－1.612－0.407－0.332＝7.172，
等号右边：5.420＋1.751＝7.171，左边＝右边，满足水量平衡。

$$W_{需水}-W_{农业供水}=W_{缺水} \tag{10.8}$$

(11.025) (10.693) (0.287)

11.025－10.693≈0.332≈0.287，满足水量平衡。

3）全流域

$$12V_{初}-W_{供水}+W_{蓄水}-W_{损失}=12V_{末} \tag{10.9}$$

(4.076) (13.956) (19.375) (5.420) (4.076)

等号左边：4.076×12－13.956＋19.375－5.420＝48.911，

等号右边：4.076×12=48.912，左边=右边，满足水量平衡。

2010现状年灌溉面积为753.39万亩时，提孜那甫河灌区农业需水11.025亿 m^3，灌区农业保证率51.9%，龙口断面多年平均缺水0.287亿 m^3；叶尔羌河灌区农业需水55.182亿 m^3，灌区农业保证率17.3%，龙口断面多年平均缺水3.723亿 m^3，卡群断面多年平均向塔里木河下泄生态水3.656亿 m^3。显然灌区农业得不到满足，向塔里木河生态供水也没有达到下泄水量要求。

10.2.2.1 农业供水分析

1）叶尔羌河流域农业缺水分析

由表10.5可知，在现状2010年，叶尔羌河灌区灌溉面积为630.89万亩时，农业需水55.182亿 m^3，51年中有9年不缺水，相应的农业保证率为17.3%，远远达不到农业设计保证率75%的要求。其中，累计春旱缺水189.87亿 m^3，多年平均春旱缺水3.723亿 m^3，缺水年份平均缺水量4.521亿 m^3；提孜那甫河灌区灌溉面积为122.5万亩，农业需水11.025亿 m^3，51年中有27年不缺水，相应的农业保证率为52.9%，也达不到设计保证率75%的要求，其中，累计春旱缺水14.637亿 m^3，多年平均缺水0.287亿 m^3，缺水年份平均缺水0.61亿 m^3。

2）各子灌区农业缺水及农业保证率分析

各子灌区农业供水情况见表10.7，由表可知，叶尔羌河灌区的9个子灌区缺水最严重的是叶城、泽普两个灌区，这两个灌区由于没有平原水库，且地下水量

表10.7 情景二 各子灌区农业供水情况

供水情况	叶尔羌河子灌区								
	叶城	泽普	岳普湖	莎车西	莎车东	麦盖提东	麦盖提西	巴楚	前海
需水量/亿 m^3	2.341	5.663	1.092	13.731	5.150	6.102	0.717	10.543	9.843
缺水年平均缺水量/亿 m^3	0.222	0.533	0.094	1.258	0.498	0.580	0.072	0.945	1.006
（缺水量/需水量）/%	9.48	9.41	8.61	9.16	9.67	9.51	10.04	8.96	10.22
缺水年数/年	42	42	34	41	41	41	40	17	40
农业保证率/%	17.3	17.3	32.7	19.2	19.2	19.2	21.2	65.4	21.2

供水情况	提孜那甫河子灌区				
	叶城	泽普	莎车东	麦盖提东	前海
需水量/亿 m^3	7.817	0.573	0.743	1.416	0.477
缺水年平均缺水量/亿 m^3	0.324	0.081	0.097	0.177	0.061
（缺水量/需水量）/%	4.14	14.14	13.01	12.50	12.79
缺水年数/年	16	23	23	23	21
农业保证率/%	67.3	53.8	53.8	53.8	57.7

较小，故保证率最低；巴楚灌区由于平原水库库容较大，在丰水期能够充分利用平原水库蓄水，用于枯水期的农灌补给，故此灌区农业保证率较高；岳普湖灌区则是由于有较丰富的地下水，故农业保证率较其他灌区高。提孜那甫河灌区的5个子灌区中，由于叶城和前海灌区的平原水库库容较大，故农业保证率较高，其他子灌区保证率较低。

10.2.2.2　向塔里木河生态输水分析

由表10.5分析可知，在增加灌溉面积后的现状条件下，51年长系列中卡群断面生态供水量仅有8年大于要求的9.71亿m^3生态供水量，相应的生态保证率为15.7%，远远小于设计保证率50%的要求；卡群断面多年平均生态供水量为3.656亿m^3，小于设计值9.71亿m^3，多年平均向塔里木河生态供水为1.242亿m^3，小于设计值3.3亿m^3，生态供水量及生态保证率均不满足向塔里木河生态输水的目标要求，卡群断面至塔里木河多年平均生态输水过程如图10.4所示。

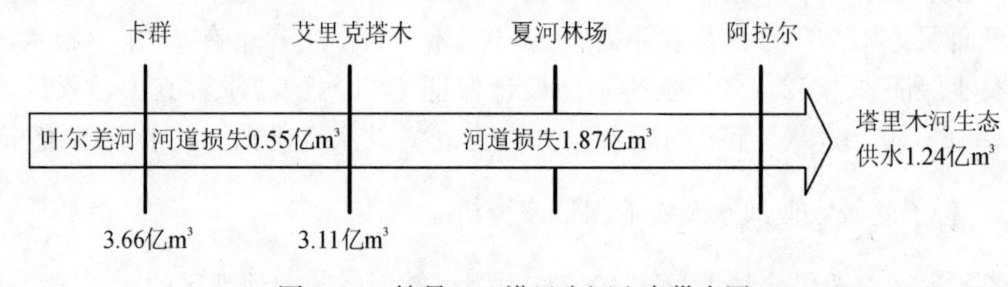

图10.4　情景二　塔里木河生态供水图

10.2.2.3　平原水库调节作用和水量损失分析

现状年流域有平原水库24座，有效库容为10.40亿m^3，由表10.4可知，平原水库全年平均蓄水量为19.375亿m^3，全年平均供水量为13.956亿m^3，其蒸发、渗漏损失多年平均为5.42亿m^3。叶尔羌河流域来水靠下坂地水库和平原水库联合调节，平原水库发挥反调节作用。全流域多年平均河道损失为12.783亿m^3，灌区生态补充水量为0.437亿m^3。

10.2.2.4　地下水利用情况分析

现状年，叶尔羌河灌区地下水可开采量扣除生活工业用水外为5.296亿m^3，长系列计算结果显示多年平均农业开采地下水量为5.169亿m^3，51年中有46年都达到最大开采量，没有超采。提孜那甫河灌区地下水可开采量扣除生活工业用水外为3.788亿m^3，长系列计算结果显示多年平均农业开采地下水量为3.521亿m^3，34年达到最大开采量，没有超采。

10.2.3 叶尔羌河灌区水资源分配及来、供、耗水分析

由于阿尔塔什水利枢纽工程建设在叶尔羌河干流河段，只能调节叶尔羌河的水量，无法调节其他河流水量。因此，阿尔塔什水利枢纽工程控制的灌溉面积为630.89万亩。为了便于之后的比较分析，更好地反映阿尔塔什水利枢纽工程对叶尔羌河灌区自然生态系统的影响，在情景二、情景三、情景四中，将仅对叶尔羌河干流灌区的来、供、耗水进行分析，情景二叶尔羌河灌区来、供、耗水量转化关系如图10.5所示。

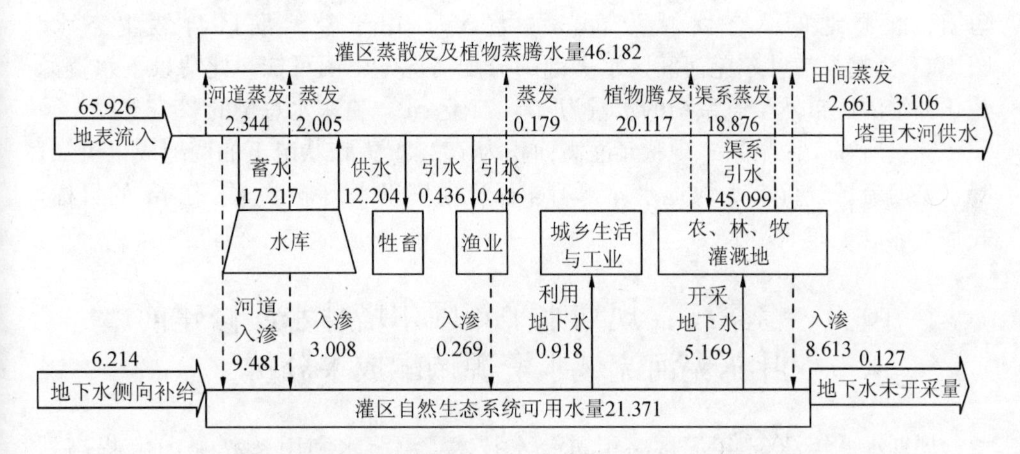

图10.5 情景二 叶尔羌尔羌河灌区来、供、耗水量转化关系图（单位：亿m³）

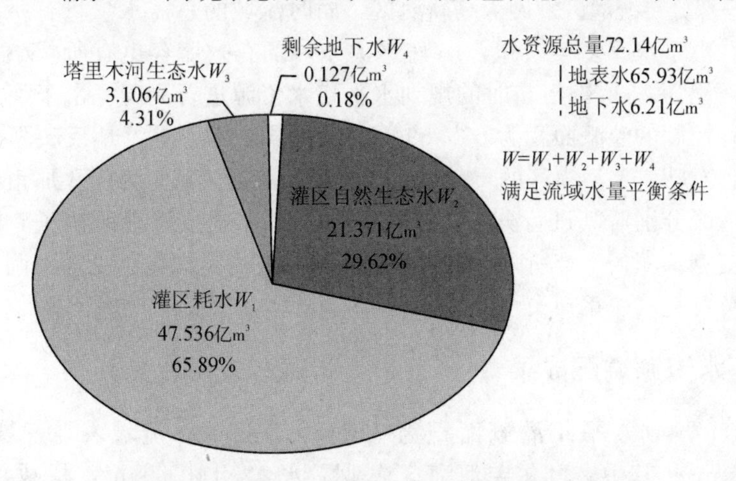

图10.6 情景二 叶尔羌河灌区水资源分配情况图

情景二，叶尔羌河灌区的来水为72.14亿m³。其中，地表天然来水量为65.926亿m³（卡群水文站断面），地下水侧向补给量为6.214亿m³，地表水及地下水向灌区供水总计52.07亿m³，包括：向牲畜供水0.436亿m³，向渔业供

水0.448亿m^3，向城乡工业及生活供水0.918亿m^3，向农、林、牧灌溉地供水50.268亿m^3；河道及水库损失总计16.838亿m^3；灌区的来水经灌区内的经济社会和灌区外的生态植被消耗后，地表流出水量为3.106亿m^3（即艾里克塔木断面下泄塔里木河生态水量），地下水未开采水量为0.127亿m^3。

叶尔羌河灌区总耗水量为47.536亿m^3。其中，河道、渠道、水库、鱼塘和田间的蒸发水量为26.065亿m^3，牲畜的耗水量为0.436亿m^3，城乡生活与工业耗水量为0.918亿m^3，农、林、牧灌溉作物的腾发量为20.117亿m^3。灌区利用的水资源量68.907亿m^3中，除去耗水47.536亿m^3外，河道、渠道、水库、鱼塘、灌溉地的入渗水量为21.371亿m^3，用于补给灌区自然生态水。图10.6为情景二叶尔羌河灌区水资源的分配情况，由图可知，此情景下水资源转化补给灌区自然生态系统的水量为21.371亿m^3，占来水总量的29.6%。

综上所述，由情景二现状年灌溉面积为753.39万亩状况下的调配成果可知，叶尔羌河流域若仅有下坂地水库，不能保证向塔里木河输水3.3亿m^3的目标，并且不能满足农业用水。

10.3 情景三：规划水平年阿尔塔什水库修建前叶尔羌河流域水资源调配成果分析

规划水平年2030年灌区将引进节水技术，灌溉水利用系数由0.40提高到0.50，将一部分传统灌区发展为高新灌区，届时流域的总需水量将有所减小；但与此同时，由于水库多年淤积，16座平原水库的有效库容也有所减小。本节将流域灌溉面积为753.39万亩时的规划水平年水资源进行调配。由于阿尔塔什水利枢纽工程控制的灌溉面积为630.89万亩，同样，为了更好地反映阿尔塔什水利枢纽工程对叶尔羌河灌区的贡献，我们将叶尔羌河流域分为提孜那甫河灌区及叶尔羌河灌区分别对其进行分析。2030规划水平年提孜那甫河在江卡渠首上游将建立莫莫克水库，本节所采用的提孜那甫河径流为考虑莫莫克水库调蓄后的径流系列（莫莫克水库年损失水量为0.021亿m^3）。

10.3.1 水资源调配成果

在2030规划水平年灌溉面积为753.39万亩时，流域农业总需水量为57.142亿m^3。其中，叶尔羌河灌区农业需水47.140亿m^3，提孜那甫河灌区农业需水10.002亿m^3；叶尔羌河灌区地下水可开采量为5.68亿m^3，扣除生活工业用水2.058亿m^3后可供农业的地下水量为3.623亿m^3，提孜那甫河灌区地下水可开采量为3.51亿m^3，扣除生活工业用水0.502亿m^3后可供农业的地下水量为3.013亿m^3。为了搞清情景三2030规划水平年灌区采用节水技术后的水资源利用情况，把基本资料带入模拟优化人机对话模型，进行 51 年长系列调配计算，叶尔羌河灌区平原水库的水量平衡计算结果见表 10.8，叶尔羌河灌区的年计算结果见表 10.9，提孜那甫河灌区的年计算结果见表 10.10。

表 10.8 情景三 平原水库水量平衡分析 （单位：亿 m^3）

月 份	平原水库月初库容	平原供水	平原蓄水	平原水库损失	平原水库月末库容
7	0.263	0	4.617	0.309	4.57
8	4.57	0	3.894	1.516	6.948
9	6.948	0.258	1.075	0.922	6.844
10	6.844	0	0.991	0.916	6.918
11	6.918	2.96	1.046	0.389	4.615
12	4.615	1.357	0.938	0.149	4.047
1	4.047	0	1.4	0.156	5.292
2	5.292	0	1.05	0.367	5.975
3	5.975	3.585	0.367	0.283	2.474
4	2.474	1.414	0.209	0.25	1.02
5	1.02	0.656	0.338	0.111	0.591
6	0.591	0.462	0.188	0.055	0.263
年（平均）总量	4.13	10.692	16.113	5.423	4.13

10.3.2 水资源调配成果分析

水资源调配成果的合理性分析同 10.1.2 节所述，本节仅将成果表 10.9～表 10.11 中各多年平均值带入各水量平衡公式，列出计算结果以证明成果的合理性，此处不再赘述。

1）叶尔羌河灌区

$$W_{地表}+12(V_{初}-V_{末})-W_{河道损失}-W_{水库损失}-W_{灌区生态}=W_{地表供水}+W_{平原水库供水}+W_{生态供水} \tag{10.10}$$

(65.926)(4.130)(4.130)　(10.392)　(5.423)　(0.183)

(30.785)　(10.692)　(8.452)

等号左边：65.926+0−10.392−5.423−0.183=49.928，

等号右边：30.785+10.692+8.452=49.929，左边=右边，满足水量平衡。

$$W_{需水}-W_{农业供水}=W_{缺水} \tag{10.11}$$

(47.140)(45.006)　(1.827)

47.140−45.006=2.134≈1.827，满足水量平衡。

表 10.9 情景三 叶河灌区年总量计算结果统计表

（单位：亿 m³）

年份	叶河来水	河道损失	平原水库月初库容	平原水库月末库容	平原水库损失	卡群断面生态供水	塔里木河生态供水	灌区生态补充水量	平原水库反调节供水	地表水农业供水	地下水农业供水	农业供水	农业缺水
1957～1958	51.039	8.278	4.553	4.097	6.003	3.438	1.168	0.000	9.277	29.511	3.623	42.411	4.242
1958～1959	60.610	10.623	4.201	4.201	5.552	2.382	0.809	0.000	10.259	31.794	3.623	45.676	0.949
1959～1960	77.626	10.288	4.611	4.611	5.805	18.009	6.121	1.613	11.392	30.520	3.623	45.535	1.237
1960～1961	67.050	10.406	4.291	4.291	5.522	8.771	2.981	0.306	10.969	31.076	3.623	45.668	0.000
1961～1962	81.838	10.951	4.526	4.526	6.359	23.594	8.018	0.331	10.768	29.835	3.623	44.226	2.908
1962～1963	57.096	10.091	3.906	3.906	4.924	0.000	0.000	0.000	11.272	30.809	3.623	45.705	0.874
1963～1964	57.388	9.945	3.967	3.967	5.111	1.235	0.420	0.000	10.552	30.545	3.623	44.720	2.420
1964～1965	54.092	9.338	3.403	3.403	4.015	0.000	0.000	0.000	10.033	30.706	3.623	44.362	2.670
1965～1966	48.579	8.993	1.579	1.579	2.328	0.000	0.000	0.000	9.238	28.020	3.623	40.881	5.265
1966～1967	65.391	10.571	4.317	4.317	5.492	5.632	1.914	0.566	11.564	31.565	3.623	46.753	0.000
1967～1968	77.321	11.415	4.487	4.487	6.248	17.243	5.860	0.000	10.805	31.610	3.623	46.038	0.000
1968～1969	63.446	10.197	3.777	3.777	4.947	6.782	2.305	0.000	13.489	28.032	3.623	45.143	1.718
1969～1970	57.914	9.529	4.061	4.061	5.261	3.630	1.234	0.000	10.735	28.758	3.623	43.116	3.945
1970～1971	65.247	10.816	4.172	4.174	5.319	5.213	1.772	0.470	10.689	32.722	3.325	46.736	0.404
1971～1972	73.411	10.727	4.333	4.332	5.889	15.529	5.278	0.000	10.545	30.739	3.623	44.907	1.934
1972～1973	51.650	8.949	2.170	2.170	2.413	0.000	0.000	0.000	8.341	31.947	3.623	43.911	3.117
1973～1974	83.774	10.868	4.581	4.581	6.368	25.675	8.726	0.298	10.448	30.117	3.623	44.188	2.952
1974～1975	57.297	10.096	3.647	3.647	4.807	1.526	0.518	0.000	13.443	27.425	3.623	44.491	2.648
1975～1976	56.493	9.629	3.825	3.825	4.789	0.825	0.280	0.000	10.800	30.450	3.623	44.873	2.266
1976～1977	62.847	10.885	4.482	4.482	6.220	4.900	1.665	0.000	8.839	32.003	3.623	44.466	1.947
1977～1978	71.972	11.252	4.439	4.439	6.200	12.612	4.286	0.000	11.261	30.647	3.623	45.53	1.326
1978～1979	78.534	10.966	4.248	4.248	6.088	20.988	7.133	0.000	9.791	30.701	3.623	44.114	2.703
1979～1980	64.533	10.541	3.473	3.473	4.793	7.461	2.536	0.000	9.516	32.220	3.623	45.360	1.780
1980～1981	53.102	9.211	3.257	3.257	3.854	0.000	0.000	0.000	10.026	30.011	3.623	43.660	3.479
1981～1982	66.175	10.647	4.195	4.195	5.699	8.673	2.948	0.000	10.569	30.587	3.623	44.779	2.299
1982～1983	62.905	9.629	4.318	4.318	5.321	6.917	2.351	0.000	10.971	30.068	3.623	44.662	2.458
1983～1984	68.441	9.830	4.024	4.024	5.110	11.664	3.964	0.860	10.728	30.249	3.623	44.600	2.246
1984～1985	74.672	9.940	3.845	3.845	5.059	19.218	6.531	0.000	10.047	30.407	3.623	44.077	2.759

续表

年份	叶河来水	河道损失	平原水库月初库容	平原水库月末库容	平原水库损失	卡群断面生态供水	塔里木河生态供水	灌区生态补充水量	平原水库反调节供水	地表水农业供水	地下水农业供水	农业供水	农业缺水
1985～1986	66.696	10.588	4.361	4.361	5.868	9.082	3.087	0.000	10.768	30.389	3.623	44.781	2.143
1986～1987	61.096	10.138	3.657	3.657	4.864	5.296	1.800	0.000	13.903	26.896	3.623	44.422	2.717
1987～1988	55.290	9.402	3.713	3.713	4.273	0.000	0.000	0.000	11.003	30.611	3.623	45.238	1.624
1988～1989	71.009	11.046	4.688	4.688	6.463	12.048	4.095	0.000	11.204	30.248	3.623	45.075	1.605
1989～1990	50.686	9.143	1.889	1.889	2.211	0.000	0.000	0.000	7.682	31.650	3.623	42.955	3.159
1990～1991	70.211	10.898	4.843	4.843	6.553	11.009	3.741	0.151	11.382	30.218	3.623	45.223	1.560
1991～1992	54.977	9.364	3.566	3.566	3.981	0.000	0.000	0.000	11.240	30.393	3.623	45.256	1.884
1992～1993	61.770	10.230	4.402	4.402	5.648	3.811	1.295	0.319	11.196	30.566	3.623	45.386	1.482
1993～1994	50.028	8.662	2.087	2.087	2.235	0.000	0.000	0.000	7.296	31.834	3.623	42.754	4.342
1994～1995	90.284	11.010	4.623	4.623	6.416	31.562	10.726	0.000	10.877	30.420	3.623	44.920	2.014
1995～1996	67.335	11.322	4.074	4.074	5.637	7.327	2.490	0.000	10.729	32.320	3.623	46.672	0.000
1996～1997	62.548	10.355	4.292	4.292	5.467	3.839	1.305	0.443	11.221	31.223	3.623	46.067	0.000
1997～1998	72.268	10.871	4.434	4.434	6.244	14.445	4.909	0.000	10.587	30.121	3.623	44.331	2.500
1998～1999	69.457	10.751	4.830	4.830	6.148	9.632	3.274	0.178	11.648	31.101	3.623	46.371	0.000
1999～2000	81.334	11.356	5.388	5.398	6.973	16.518	5.614	2.181	13.557	30.630	2.952	47.140	0.000
2000～2001	70.348	11.967	4.742	4.809	6.568	7.623	2.591	0.000	10.297	33.092	3.325	46.714	0.398
2001～2002	64.058	9.999	4.669	4.592	6.415	9.345	3.176	0.000	10.836	28.384	3.623	42.843	3.888
2002～2003	62.391	9.696	4.197	4.197	5.280	6.017	2.045	0.323	10.857	30.217	3.623	44.697	1.674
2003～2004	63.469	10.668	4.669	4.669	6.196	4.922	1.673	0.000	11.318	30.365	3.623	45.307	1.618
2004～2005	68.652	12.617	4.807	5.218	6.171	0.000	0.000	0.000	9.713	35.220	2.207	47.140	0.000
2005～2006	76.714	10.484	5.858	5.557	7.705	17.342	5.894	0.987	10.780	33.035	3.325	47.140	0.000
2006～2007	83.998	11.904	5.071	5.013	6.907	20.939	7.116	0.000	11.757	33.184	2.198	47.140	0.000
2007～2008	77.180	12.916	5.061	5.465	6.837	8.370	2.845	0.305	9.065	34.836	3.239	47.140	0.000
多年平均	65.926	10.392	4.130	4.130	5.423	8.452	2.872	0.183	10.692	30.785	3.529	45.006	1.827

表 10.10　情景三　提河灌区年总量计算结果统计表

（单位：亿 m^3）

年　份	提孜那甫河、柯克亚河、乌鲁克河来水	河道损失	平原水库月初库容	平原水库月末库容	平原水库损失	灌区生态补充水量	平原水库反调节供水	地表水农业供水	地下水农业供水	农业供水	农业缺水
1957～1958	8.266	1.108	0.468	0.392	0.510	1.096	1.751	4.713	3.013	9.477	0.445
1958～1959	9.182	1.469	0.304	0.308	0.391	0.164	1.824	5.289	2.889	10.002	0.000
1959～1960	8.191	1.200	0.178	0.174	0.217	0.000	1.553	5.267	3.013	9.833	0.000
1960～1961	8.728	1.485	0.107	0.144	0.100	0.000	0.749	5.946	3.013	9.707	0.054
1961～1962	9.007	1.396	0.424	0.395	0.534	0.437	2.003	4.985	3.013	10.002	0.000
1962～1963	7.774	1.255	0.139	0.131	0.134	0.000	1.003	5.483	3.013	9.499	0.130
1963～1964	7.773	1.209	0.172	0.172	0.116	0.000	1.026	5.422	3.013	9.461	0.169
1964～1965	7.940	1.262	0.209	0.209	0.162	0.000	1.186	5.330	3.013	9.529	0.137
1965～1966	8.168	1.447	0.152	0.206	0.172	0.000	1.080	4.822	3.013	8.915	0.001
1966～1967	11.752	1.771	0.454	0.476	0.609	1.166	2.950	4.990	2.061	10.002	0.000
1967～1968	10.146	1.382	0.419	0.370	0.547	1.688	1.622	5.490	2.889	10.002	0.000
1968～1969	7.498	1.207	0.173	0.146	0.171	0.000	1.359	5.090	3.013	9.462	0.054
1969～1970	7.762	1.245	0.114	0.114	0.106	0.000	0.970	5.440	3.013	9.423	0.513
1970～1971	8.030	1.351	0.064	0.084	0.051	0.000	0.489	5.893	3.013	9.395	0.603
1971～1972	7.698	1.190	0.228	0.208	0.171	0.000	1.464	5.120	3.013	9.597	0.351
1972～1973	7.721	1.224	0.074	0.074	0.045	0.000	0.597	5.854	3.013	9.465	0.111
1973～1974	9.098	1.590	0.298	0.330	0.301	0.000	1.532	5.290	3.013	9.835	0.014
1974～1975	9.500	1.503	0.350	0.337	0.475	0.233	1.845	5.602	2.554	10.002	0.000
1975～1976	9.214	1.404	0.413	0.405	0.412	0.309	2.820	4.366	2.815	10.002	0.000
1976～1977	10.089	1.794	0.322	0.380	0.506	0.048	1.458	5.588	2.955	10.002	0.000
1977～1978	9.018	1.427	0.485	0.445	0.538	0.514	1.959	5.058	2.984	10.002	0.000
1978～1979	8.405	1.399	0.422	0.393	0.479	0.073	1.765	5.034	3.013	9.813	0.000
1979～1980	8.500	1.399	0.137	0.146	0.097	0.000	0.891	6.008	3.013	9.912	0.000
1980～1981	8.219	1.311	0.136	0.127	0.085	0.000	0.940	5.987	3.013	9.940	0.000
1981～1982	11.123	1.804	0.307	0.383	0.475	0.567	1.965	5.398	2.638	10.002	0.000
1982～1983	11.295	1.698	0.400	0.340	0.542	1.332	1.916	6.519	1.567	10.002	0.000
1983～1984	11.361	1.589	0.419	0.408	0.565	1.670	1.703	5.958	2.340	10.002	0.000
1984～1985	8.795	1.399	0.364	0.362	0.362	0.017	2.288	4.749	2.964	10.002	0.000

续表

年 份	提孜那甫河、柯克亚河、乌鲁克河来水	河道损失	平原水库月初库容	平原水库月末库容	平原水库损失	灌区生态补充水量	平原水库反调节供水	地表水农业供水	地下水农业供水	农业供水	农业缺水
1985～1986	9.671	1.576	0.331	0.340	0.460	0.391	1.804	5.327	2.870	10.002	0.000
1986～1987	8.016	1.318	0.160	0.146	0.147	0.000	1.016	5.704	3.013	9.734	0.049
1987～1988	11.030	1.805	0.329	0.389	0.477	0.345	2.061	5.620	2.320	10.002	0.000
1988～1989	9.092	1.339	0.428	0.368	0.528	0.727	2.041	5.177	2.783	10.002	0.000
1989～1990	10.299	1.762	0.240	0.315	0.331	0.132	1.246	5.919	2.837	10.002	0.000
1990～1991	9.604	1.352	0.455	0.399	0.569	1.195	2.106	5.062	2.834	10.002	0.000
1991～1992	8.210	1.296	0.269	0.250	0.202	0.000	1.718	5.228	3.013	9.959	0.000
1992～1993	9.165	1.442	0.207	0.214	0.265	0.000	1.925	5.442	2.635	10.002	0.000
1993～1994	8.241	1.383	0.086	0.106	0.083	0.000	0.643	5.892	3.013	9.549	0.453
1994～1995	10.150	1.565	0.427	0.422	0.554	0.857	2.240	4.993	2.769	10.002	0.000
1995～1996	9.247	1.565	0.234	0.274	0.208	0.000	1.470	5.518	3.013	10.002	0.000
1996～1997	8.423	1.333	0.486	0.435	0.501	0.135	1.993	5.064	2.944	10.002	0.000
1997～1998	7.803	1.302	0.230	0.217	0.242	0.000	1.759	4.656	3.013	9.429	0.399
1998～1999	10.360	1.666	0.310	0.354	0.394	0.000	1.587	6.190	2.224	10.002	0.000
1999～2000	10.375	1.669	0.456	0.475	0.599	0.650	1.813	5.425	2.763	10.002	0.000
2000～2001	11.228	1.649	0.372	0.386	0.557	1.563	1.520	5.767	2.715	10.002	0.000
2001～2002	10.625	1.354	0.444	0.372	0.581	1.996	2.091	5.470	2.440	10.002	0.000
2002～2003	11.148	1.742	0.376	0.416	0.503	0.549	2.334	5.542	2.126	10.002	0.000
2003～2004	12.461	1.765	0.497	0.498	0.680	1.924	1.238	6.842	1.922	10.002	0.000
2004～2005	13.295	1.825	0.501	0.533	0.679	2.544	1.614	6.259	2.129	10.002	0.000
2005～2006	13.369	1.825	0.498	0.450	0.653	2.541	1.445	7.478	1.078	10.002	0.000
2006～2007	12.110	1.789	0.433	0.457	0.617	1.645	2.083	5.691	2.227	10.002	0.000
2007～2008	10.432	1.697	0.432	0.456	0.576	0.169	2.243	5.459	2.300	10.002	0.000
多年平均	9.502	1.481	0.312	0.312	0.378	0.523	1.622	5.458	2.723	9.843	0.088

$$12V_{初} - W_{供水} + W_{蓄水} - W_{损失} = 12V_{水} \tag{10.12}$$

(4.130)　(10.692)(16.115)(5.423)(4.130)

等号左边：4.130×12－10.692＋16.115－5.423＝49.56，

等号右边：4.130×12＝49.56，左边＝右边，满足水量平衡。

2）提孜那甫河灌区

$$W_{地表} + 12(V_{初} - V_{末}) - W_{河道损失} - W_{水库损失} - W_{灌区生态} = W_{地表供水} + W_{平原水库供水} \tag{10.13}$$

(9.502) (0.312)(0.312)　(1.481)　(0.378)　(0.523)　(5.498)　(1.622)

等号左边：9.502＋0－1.481－0.378－0.523＝7.12，

等号右边：5.498＋1.622＝7.12，左边＝右边，满足水量平衡。

$$W_{需水} - W_{农业供水} = W_{缺水} \tag{10.14}$$

(10.002) (9.843)　(0.088)

10.002－9.843＝0.159≈0.088，满足水量平衡。

2030 规划水平年，叶尔羌河仅有下坂地水库时，叶尔羌河灌区农业需水 47.14 亿 m^3，灌区农业保证率为 21.2％，龙口断面多年平均缺水 1.827 亿 m^3，卡群断面多年平均向塔里木河下泄生态水 8.452 亿 m^3，向塔里木河生态供水未能达到下泄水量要求，且灌区农业得不到满足。提孜那甫河上游莫莫克水库建成后，提孜那甫河灌区农业需水 10.002 亿 m^3，灌区农业保证率为 71.2％，龙口断面多年平均缺水 0.088 亿 m^3，提孜那甫河灌区农业基本得到满足。

10.3.2.1　农业供水分析

1）叶尔羌河流域农业缺水分析

由表 10.9 可知，规划水平年，叶尔羌河灌区灌溉面积为 630.89 万亩时，农业需水量为 47.14 亿 m^3，51 年中叶尔羌河灌区有 11 年不缺水，相应的农业保证率为 21.2％，未达到农业保证率 75％的要求，其中，累计春旱缺水 93.177 亿 m^3，多年平均春旱缺水 1.827 亿 m^3，缺水年份平均缺水量为 2.329 亿 m^3；提孜那甫河灌区灌溉面积为 122.5 万亩，农业需水 10.002 亿 m^3，51 年中有 37 年不缺水，相应的农业保证率为 71.2％，其中，春旱累计缺水 4.488 亿 m^3，多年平均缺水 0.088 亿 m^3，缺水年份平均缺水 0.321 亿 m^3，基本达到农业设计标准。

与情景二相比，情景三农业保证率有所提高，这主要是由于规划水平年，在提孜那甫河干流上建立了莫莫克水库，对提孜那甫河的来水进行了调蓄作用，使得提孜那甫河灌区农业基本得到满足；叶尔羌河灌区也通过节水技术使得规划年农业需水量大大减小，所以农业供水有了一定改善，多年平均缺水量减少了

1.896 亿 m^3，但叶尔羌河灌区水资源仅靠下坂地水库和平原水库的联合调配，仍不能满足灌区的需水，对当地农业及经济的发展仍然存有很大的影响。

2）各子灌区农业缺水及农业保证率分析

各子灌区农业供水情况见表 10.11，由表可知，叶尔羌河灌区的 9 个子灌区农业保证率最小为 21.2%，最大为 42.3%，缺水最严重的是莎车西和莎车东两个灌区，这两个灌区由于在规划水平年地下水量较小，故保证率较低；巴楚和前海灌区由于平原水库库容较大，在丰水期能够充分利用平原水库蓄水，用于枯水期的农灌补给，故此两子灌区农业保证率较高。提孜那甫河灌区的 5 个子灌区中，由于莫莫克水库的调蓄作用，使得灌区的农业保证率都基本达到设计值。

表 10.11　情景三　各子灌区农业供水情况

供水情况	叶尔羌河子灌区								
	叶城	泽普	岳普湖	莎车西	莎车东	麦盖提东	麦盖提西	巴楚	前海
需水量/亿 m^3	2.174	4.954	0.885	11.628	4.361	5.235	0.615	9.069	8.219
缺水年平均缺水量/亿 m^3	0.118	0.274	0.054	0.654	0.247	0.270	0.033	0.469	0.495
（缺水量/需水量）/%	5.44	5.52	6.08	5.62	5.67	5.16	5.35	5.17	6.03
缺水年数/年	38	38	37	39	40	38	38	32	29
农业保证率/%	25.0	25.0	26.9	23.1	21.2	25.0	25.0	36.5	42.3

供水情况	提孜那甫河子灌区				
	叶城	泽普	莎车东	麦盖提东	前海
需水量/亿 m^3	7.259	0.501	0.629	1.214	0.398
缺水年平均缺水量/亿 m^3	0.365	0.030	0.032	0.068	0.020
（缺水量/需水量）/%	5.03	5.95	5.15	5.62	5.13
缺水年数/年	7	11	11	14	14
农业保证率/%	84.6	76.9	76.9	71.2	71.2

10.3.2.2　向塔里木河生态输水分析

由表 10.9 分析可知，在规划水平年，51 年长系列中卡群断面生态供水量有 16 年大于要求的 9.71 亿 m^3 生态供水量，相应的生态保证率为 30.8%，未能达到设计保证率 50%的要求，卡群断面多年平均生态供水量为 8.452 亿 m^3，小于设计值 9.71 亿 m^3，多年平均向塔里木河生态供水 2.872 亿 m^3，小于设计值 3.3 亿 m^3，生态供水量及生态保证率不能满足向塔里木河输送生态水的目标，卡群断面至塔里木河多年平均生态输水过程如图 10.7 所示。

与情景二相比，情景三塔里木河生态需水依然得不到满足，但情况略有改善，卡群断面生态供水量增加了 4.796 亿 m^3。这说明在规划水平年，由于灌溉节水技术的应用，灌区农业需水的减小有利于叶尔羌河向塔里木河生态输水量的增加。

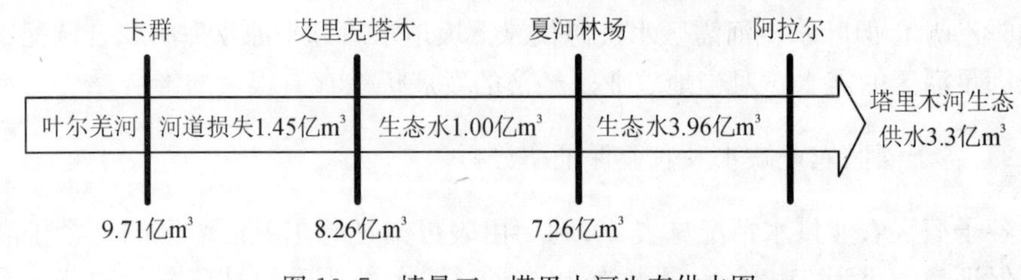

图 10.7　情景三　塔里木河生态供水图

10.3.2.3　平原水库调节作用和水量损失分析

由表 10.10 可知，规划年阿尔塔什水库修建前，流域有平原水库 24 座，其中叶尔羌河灌区有平原水库 18 座，有效库容为 8.51 亿 m^3，全年平均蓄水量为 16.115 亿 m^3，全年平均供水量为 10.692 亿 m^3，其蒸发、渗漏损失多年平均为 5.423 亿 m^3。叶尔羌河灌区来水靠下坂地水库和平原水库联合调节，平原水库发挥反调节作用。叶尔羌河灌区多年平均河道损失为 10.392 亿 m^3，灌区生态补充水量为 0.183 亿 m^3。

与情景二相比，叶尔羌河灌区平原水库损失量和灌区生态补充水量的增加，是由于灌区需水量减小后，丰水期各时段余水量增大，平原水库的利用程度也相应增加导致的；而河道损失的减小，是由灌区需水量的减小引起控制断面下泄水量的减小导致的；叶尔羌河灌区总损失量较情景二减小了 0.291 亿 m^3。

10.3.2.4　地下水利用情况分析

规划年，叶尔羌河灌区地下水可开采量扣除为生活工业用水外为 3.623 亿 m^3，长系列计算结果显示多年平均农业开采地下水量为 3.529 亿 m^3，51 年中有 44 年都达到最大开采量，没有超采。提孜那甫河灌区地下水可开采量扣除生活工业用水外为 3.013 亿 m^3，22 年达到最大开采量，没有超采。

与情景二相比，情景三由于规划年叶尔羌河灌区可供农业的地下水可开采量减小了 1.673 亿 m^3，叶尔羌河地下水的多年平均开采量也减小了 1.64 亿 m^3；提孜那甫河灌区可供农业的地下水可开采量减小了 0.775 亿 m^3，提孜那甫河地下水的多年平均开采量也减小了 0.199 亿 m^3。这与规划年灌区充分利用地表水，限制开采并保护地下水的原则相符。

10.3.2.5　叶尔羌河灌区系统水量分析

现状年与规划年，仅有下坂地水库和平原水库的联合调解，两种情景下的地表水来水过程不变，由表 10.12 可看出，情景三较情景二，农业节水技术节省出地表水 8.042 亿 m^3，减小了系统损失 0.291 亿 m^3（包括水库损失、河道损失、灌区生态补水)，这部分水节约了地下水 1.64 亿 m^3，除了弥补 1.896 亿 m^3 的农业缺水量外，多余的水量 4.796 亿 m^3 均用于增加卡群断面向塔里木河的生态供水。

表 10.12　情景二与情景三叶尔羌河灌区系统水量对比　（单位：亿 m^3）

情　景	农业需水	农业缺水	地下水开采	卡群生态供水	系统损失
情景二	55.182	3.723	5.169	3.656	16.289
情景三	47.140	1.827	3.529	8.452	15.998

10.3.3　叶尔羌河灌区水资源分配及来、供、耗水分析

情景三叶尔羌河灌区来、供、耗水量转化关系如图 10.8 所示。此情景下，叶尔羌河灌区的来水量为 71.61 亿 m^3，其中，地表天然来水量为 65.926 亿 m^3（卡群水文站断面），地下水侧向补给量为 5.68 亿 m^3；地表水及地下水向灌区供水总计 47.064 亿 m^3，包括：向牲畜供水 0.486 亿 m^3，向渔业供水 0.369 亿 m^3，向城乡生活及工业供水 2.058 亿 m^3，向农、林、牧灌溉地供水 44.151 亿 m^3；河道及水库损失总计 17.258 亿 m^3；流域的来水经灌区内的经济社会和灌区外的生态植被消耗后，地表流出水量为 7.19 亿 m^3（即艾里克塔木断面下泄塔里木河生态水量），地下水未开采水量为 0.094 亿 m^3。

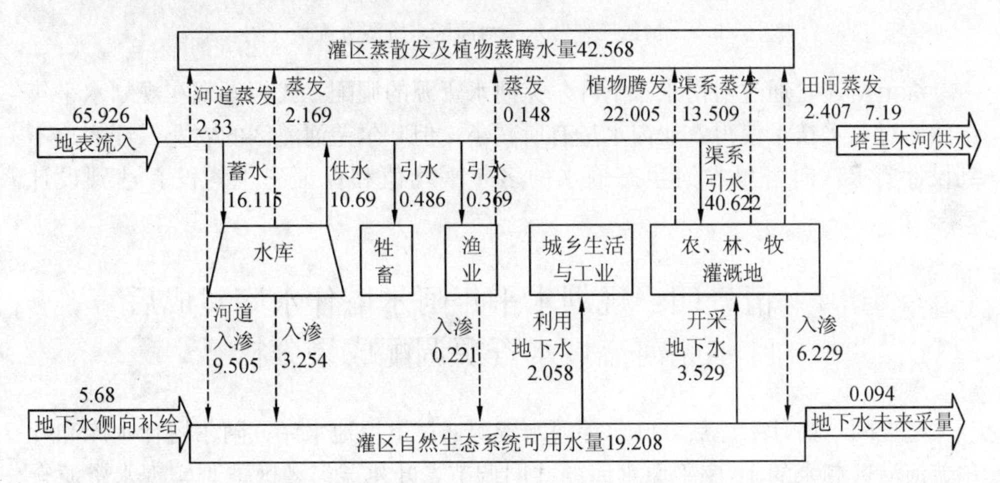

图 10.8　情景三　叶尔羌河灌区来、供、耗水量转化关系图（单位：亿 m^3）

叶尔羌河灌区总耗水量为 45.112 亿 m^3。其中，河道、渠道、水库、鱼塘和田间的蒸发水量为 20.563 亿 m^3，牲畜的耗水量为 0.486 亿 m^3，城乡生活与工业耗水量为 2.058 亿 m^3，农、林、牧灌溉作物的腾发量为 22.005 亿 m^3。灌区利用的水资源量 64.322 亿 m^3 中，除去耗水 45.112 亿 m^3 外，河道、渠道、水库、鱼塘、灌溉地的入渗水量为 19.209 亿 m^3，用于补给灌区自然生态水。图 10.9 为情景三叶尔羌河灌区水资源的分配情况图，由图可知，此情景下水资

源转化补给灌区自然生态系统的水量为19.208亿m^3，占来水总量的26.8%。

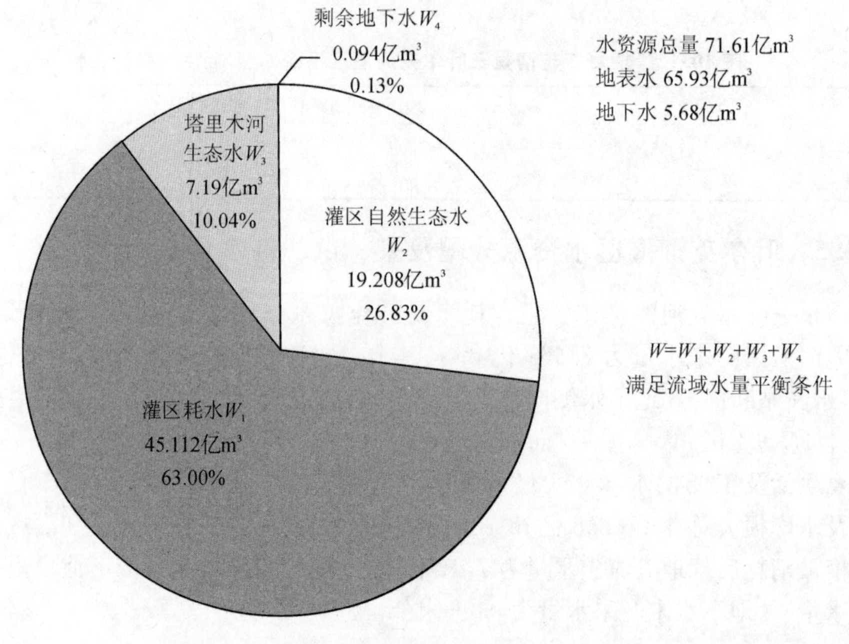

图10.9　情景三　叶尔羌河灌区水资源分配情况图

综上所述，通过对情景三下叶尔羌河水资源的调配，我们发现在规划水平年虽然通过节水技术使得农业需水量有所减小，但叶尔羌河灌区的农业保证率达不到设计要求，向塔里木河生态输水的多年平均值和保证率也均没有达到设计要求。

10.4　情景四：规划水平年阿尔塔什水库建成后叶尔羌河流域水资源调配成果分析

建立阿尔塔什水库后，叶尔羌河水资源通过下坂地水库、阿尔塔什水库和叶尔羌河灌区剩余的10座平原水库的共同调节，叶尔羌河灌区能否实现水资源合理配置的问题。由于阿尔塔什水利枢纽工程控制的是叶尔羌河干流灌区630.89万亩的灌溉面积，其对提孜那甫河灌区没有影响，提孜那甫河灌区规划年的来、供、耗水情况同情景三，因此本节仅对叶尔羌河灌区的来、供、耗水进行分析。

10.4.1　水资源调配成果

在2030规划水平年阿尔塔什水库建成后，叶尔羌河地表来水、地下水可供水量以及灌区的农业需水均不变。为了搞清2030规划水平年阿尔塔什水库建成后，通过其与下坂地水库和灌区平原水库联合调蓄，叶尔羌河灌区水资源的调配情况，把基本资料带入模拟优化人机对话模型，进行 51 年长系列调配计算，叶尔羌河灌区平原水库的水量平衡计算结果见表 10.13，叶尔羌河灌区年计算结果见表 10.14。

表 10.13　情景四　平原水库水量平衡分析　　（单位：亿 m^3）

月　份	平原水库月初库容	平原供水	平原蓄水	平原水库损失	平原水库月末库容
7	0.579	0.501	0.848	0.085	0.84
8	0.84	0.266	2.449	0.44	2.582
9	2.582	0.747	0.961	0.332	2.464
10	2.464	0	0.195	0.317	2.342
11	2.342	1.35	0.155	0.114	1.033
12	1.033	0.329	0.178	0.034	0.847
1	0.847	0	1.497	0.05	2.294
2	2.294	0	1.157	0.172	3.279
3	3.279	2.67	0.008	0.12	0.498
4	0.498	0.268	0.307	0.067	0.469
5	0.469	0.378	0.22	0.046	0.265
6	0.265	0.249	0.613	0.05	0.579
年（平均）总量	1.458	6.759	8.587	1.828	1.458

10.4.2　水资源调配成果分析

水资源调配成果的合理性分析同 10.1.2 节所述，本节仅将成果表 10.13、表 10.14 中各多年平均值带入各水量平衡公式，列出计算结果以证明成果的合理性，此处不再赘述。

系统水量平衡公式：

$$\text{s.t.}: \sum_{j=1}^{n}[a(j)]^2 = 1$$

$$\underset{(65.868)}{W_{地表}} + 12(\underset{(1.458)}{V_{初}} - \underset{(1.458)}{V_{末}}) - \underset{(9.849)}{W_{河道损失}} - \underset{(2.868)}{W_{水库损失}} - \underset{(0.168)}{W_{灌区生态}} = \underset{(36.515)}{W_{地表供水}} + \underset{(6.759)}{W_{平原水库供水}} + \underset{(9.71)}{W_{生态供水}} \tag{10.15}$$

其中，水库的初末库容及水库损失均为平原水库与阿尔塔什水库之和。

等号左边：65.868＋0－9.849－2.868－0.168＝52.983，

等号右边：36.515＋6.759＋9.71＝52.984，左边＝右边，满足水量平衡。

$$\underset{(47.14)}{W_{需水}} - \underset{(45.706)}{W_{农业供水}} = \underset{(1.297)}{W_{缺水}} \tag{10.16}$$

表 10.14　情景四　叶尔羌河灌区年总量计算结果统计表　（单位：亿 m³）

年份	阿库月初库容	阿库入库	阿库损失	阿库月末库容	阿库电量	阿卡区间来水	河道损失	平原水库月初库容	平原水库月末库容	平原水库损失	卡群断面生态供水	塔里木河生态供水	灌区生态补充水量	平原水库反调节供水	地表水农业供水	地下水农业供水	农业供水	农业缺水
1957～1958	12.863	52.365	1.040	11.890	23.897	0.280	10.355	1.662	1.582	2.603	7.448	2.531	0.320	6.124	37.395	3.621	47.140	0.000
1958～1959	10.098	59.862	1.040	10.098	23.490	0.350	8.997	1.021	0.960	0.805	7.448	2.531	0.320	6.014	36.315	3.623	45.952	0.501
1959～1960	13.365	73.412	1.040	13.365	27.494	0.454	10.401	3.336	3.336	3.516	11.208	3.809	0.560	9.052	38.087	0.000	47.140	0.000
1960～1961	12.988	69.752	1.040	12.991	26.373	0.413	10.869	1.110	1.110	1.367	9.710	3.300	0.000	5.250	41.890	0.000	47.140	0.000
1961～1962	13.806	80.607	1.040	13.803	27.266	0.459	11.329	2.933	2.933	3.931	17.665	6.004	0.000	6.981	40.159	0.000	47.140	0.000
1962～1963	6.514	60.498	1.040	6.514	21.260	0.333	9.009	0.685	0.685	0.638	7.448	2.531	0.320	6.101	36.274	3.623	45.999	0.000
1563～1964	7.349	54.938	1.040	7.349	19.910	0.321	7.725	0.548	0.548	0.455	7.448	2.531	0.320	4.683	33.588	3.623	41.894	5.241
1964～1965	6.575	52.993	1.040	6.575	18.582	0.310	7.331	0.432	0.432	0.290	7.448	2.531	0.320	3.319	33.555	3.623	40.497	6.619
1965～1966	5.072	49.239	1.040	5.072	16.413	0.295	7.426	0.562	0.562	0.815	7.448	2.531	0.320	5.160	27.326	3.623	36.109	10.625
1966～1967	11.315	66.312	1.040	11.315	25.847	0.400	10.554	0.334	0.334	0.210	7.448	2.531	0.320	2.492	44.648	0.000	47.140	0.000
1967～1968	13.981	73.809	1.040	14.386	24.864	0.440	10.426	2.537	2.537	3.511	10.097	3.432	0.000	11.508	32.798	2.834	47.140	0.000
1968～1969	12.319	62.966	1.040	11.913	24.582	0.338	10.889	1.371	1.607	2.124	7.448	2.531	0.320	7.084	36.435	3.621	47.140	0.000
1969～1970	11.971	57.951	1.040	11.971	22.342	0.338	8.471	1.126	0.890	1.222	7.448	2.531	0.320	10.191	32.430	3.623	46.244	0.000
1970～1971	9.517	67.000	1.040	9.695	24.235	0.398	9.693	0.489	0.489	0.406	9.710	3.300	0.000	4.191	40.213	2.735	47.144	0.000
1971～1972	13.980	71.910	1.040	13.802	25.892	0.425	11.926	2.452	2.452	3.341	11.695	3.975	0.000	9.406	37.734	0.000	47.144	0.000
1972～1973	7.038	52.341	1.040	7.038	18.584	0.294	9.167	0.684	0.684	0.868	7.448	2.531	0.320	5.998	29.418	3.623	39.039	6.992
1973～1974	13.958	80.837	1.040	13.958	27.478	0.495	8.259	3.079	3.079	4.336	16.890	5.740	0.000	7.380	39.759	0.000	47.140	0.000
1974～1975	10.262	59.517	1.040	10.262	23.148	0.324	9.492	0.629	0.629	0.839	7.448	2.531	0.320	5.554	35.473	3.623	44.650	2.490
1975～1976	10.544	55.994	1.040	10.544	21.753	0.327	11.597	0.600	0.600	0.746	7.448	2.531	0.320	5.311	33.197	3.623	42.131	5.008
1976～1977	10.215	62.163	1.040	10.215	24.405	0.363	11.614	0.361	0.416	0.268	7.448	2.531	0.320	2.717	40.585	3.623	46.925	0.000
1977～1978	13.638	72.118	1.040	13.677	26.015	0.431	10.028	2.225	2.170	3.255	9.710	3.300	0.000	7.840	39.300	0.000	47.140	0.000
1978～1979	13.162	75.551	1.040	13.123	25.509	0.440	7.238	2.964	2.964	4.071	12.591	4.279	0.000	6.912	40.228	0.000	47.140	0.000
1979～1980	10.823	65.307	1.040	10.823	24.659	0.371	10.128	1.049	1.096	0.819	9.710	3.300	0.000	5.943	37.574	3.623	47.140	0.000
1980～1981	6.038	52.496	1.040	6.038	18.231	0.307	9.817	0.511	0.464	0.351	7.448	2.531	0.320	4.112	32.857	3.623	40.593	6.546
1981～1982	12.379	66.412	1.040	12.379	25.131	0.388	10.209	0.722	0.843	0.945	9.710	3.300	0.000	5.846	37.673	3.621	47.140	0.000
1982～1983	12.664	63.291	1.040	12.664	24.003	0.369	1.963	0.996	1.105	1.290	7.448	2.531	0.320	8.095	35.424	3.621	47.140	0.000
1983～1984	13.290	68.245	1.040	13.290	26.332	0.410	3.209	2.117	2.260	2.452	9.710	3.300	0.000	8.614	34.905	3.621	47.140	0.000

续表

年份	阿库月初库容	阿库入库	阿库损失	阿库月末库容	阿库电量	阿卡区间来水	河道损失	平原水库月初库容	平原水库月末库容	平原水库损失	卡群断面生态供水	塔里木河生态供水	灌区生态补充水量	平原水库反调节供水	地表水农业供水	地下水农业供水	农业供水	农业缺水
1984～1985	13.175	72.539	1.040	13.175	24.141	0.423	10.146	3.178	2.894	4.057	13.987	4.753	0.000	10.204	36.935	0.000	47.140	0.000
1985～1986	12.578	68.728	1.040	12.578	26.197	0.390	10.674	0.813	1.069	1.108	9.710	3.300	0.000	4.134	39.385	3.621	47.140	0.000
1986～1987	12.605	58.139	1.040	12.605	22.153	0.340	8.530	1.115	0.859	1.344	7.448	2.531	0.320	9.364	33.499	3.621	46.484	0.000
1987～1988	9.174	56.118	1.040	9.174	20.950	0.328	8.286	0.609	0.609	0.763	7.448	2.531	0.320	5.340	33.250	3.623	42.213	4.927
1988～1989	13.916	69.943	1.040	13.916	25.709	0.408	10.804	1.886	2.100	2.713	9.710	3.300	0.000	8.962	34.557	3.621	47.140	0.000
1989～1990	5.275	51.357	1.040	5.275	17.539	0.303	7.543	0.763	0.550	0.477	7.448	2.531	0.320	6.584	30.813	3.623	41.020	5.927
1990～1991	13.734	69.989	1.040	13.734	26.888	0.414	10.843	1.401	1.685	1.882	9.710	3.300	0.000	6.317	37.202	3.621	47.140	0.000
1991～1992	8.164	57.496	1.040	8.164	21.309	0.327	8.301	0.839	0.555	0.687	7.448	2.531	0.320	8.029	35.407	3.623	47.059	5.962
1992～1993	10.488	60.263	1.040	10.488	23.486	0.352	9.024	0.467	0.467	0.381	7.448	2.531	0.320	3.964	38.437	3.623	35.437	0.000
1993～1994	4.916	48.134	1.040	4.916	15.773	0.282	7.271	0.482	0.482	0.523	7.448	2.531	0.320	4.336	27.478	3.623	47.140	0.000
1994～1995	14.011	88.480	1.040	14.116	26.928	0.544	12.133	3.114	3.114	4.562	22.892	7.780	0.000	7.155	39.985	0.000	47.140	0.669
1995～1996	12.392	67.993	1.040	12.301	26.233	0.397	10.804	0.671	0.671	0.791	9.710	3.300	0.000	5.533	41.607	0.000	47.140	10.550
1996～1997	10.148	66.195	1.040	10.165	25.243	0.359	10.546	0.351	0.351	0.223	7.448	2.531	0.320	2.633	44.507	0.000	47.140	0.000
1997～1998	13.498	70.479	1.040	13.498	26.132	0.411	11.071	1.402	1.686	2.141	9.710	3.300	0.000	8.170	35.349	3.621	47.140	0.000
1998～1999	14.269	71.391	1.040	14.894	25.361	0.418	8.900	3.222	2.938	3.645	9.710	3.300	0.000	13.973	30.455	2.712	47.140	0.000
1999～2000	14.815	73.735	1.040	14.456	26.659	0.443	11.542	3.265	3.265	4.393	14.377	4.886	0.000	7.633	39.507	0.000	47.140	0.000
2000～2001	13.842	68.819	1.040	13.748	26.972	0.413	11.030	1.120	1.120	1.449	9.710	3.300	0.000	5.074	42.066	0.000	47.140	0.000
2001～2002	13.797	69.240	1.040	13.626	25.920	0.387	11.381	1.667	1.667	2.400	9.710	3.300	0.000	8.040	39.099	0.000	47.140	0.000
2002～2003	11.532	64.101	1.040	11.532	25.044	0.364	10.091	0.815	0.931	0.652	7.448	2.531	0.320	3.915	39.602	3.623	47.140	0.000
2003～2004	12.887	64.131	1.040	12.887	25.674	0.374	9.989	0.792	0.898	0.923	7.448	2.531	0.320	5.170	38.766	3.621	47.140	0.000
2004～2005	11.327	63.636	1.040	11.595	24.115	0.382	9.464	0.999	0.777	0.910	7.448	2.531	0.320	7.516	36.766	2.858	47.140	0.000
2005～2006	14.799	70.565	1.040	14.939	26.633	0.435	10.360	2.994	2.994	3.778	9.710	3.300	0.000	10.109	34.319	2.712	47.140	0.000
2006～2007	14.636	83.598	1.040	14.753	25.317	0.484	10.994	2.752	2.752	3.985	22.236	7.557	0.000	10.928	33.500	2.712	47.140	0.000
2007～2008	14.678	76.854	1.040	15.126	27.418	0.444	10.816	3.088	3.229	3.964	9.710	3.300	0.000	9.757	34.945	2.437	47.140	0.000
多年平均	11.498	65.486	1.040	11.498	24.498	0.382	9.849	1.458	1.458	1.828	9.710	3.300	0.168	6.759	36.515	2.432	45.706	1.297

注：表中阿库为阿尔塔什库的简称。

47.14－45.706＝1.434≈1.297，满足水量平衡。

$$12V_{初} - W_{供水} + W_{蓄水} - W_{损失} = 12V_{末} \tag{10.17}$$

(1.458)(6.759) (8.587)(1.828) (1.458)

等号左边：1.458×12－6.759＋8.587－1.828＝17.496

等号右边：1.458×12＝17.496，左边＝右边，满足水量平衡。

2030规划水平年，阿尔塔什水库建成后，叶尔羌河灌区农业需水47.14亿m^3，灌区农业保证率为75%，龙口断面多年平均缺水1.297亿m^3，卡群断面多年平均向塔里木河下泄生态水9.71亿m^3，生态保证率为50%。灌区内各业需水均能得到满足，并且达到了向塔里木河生态输水的要求。

10.4.2.1 农业供水分析

1）叶尔羌河灌区农业缺水分析

由表10.14可知，规划水平年建立阿尔塔什水库后，叶尔羌河灌区灌溉面积为630.89万亩时，农业需水量为47.14亿m^3，51年中叶尔羌河灌区有39年不缺水，相应的农业保证率为75%，达到农业保证率的设计要求。其中，累计春旱缺水66.147亿m^3，多年平均春旱缺水1.297亿m^3，缺水年份平均缺水量为5.512亿m^3。这是由于规划年建立阿尔塔什水库后，其调节作用使得丰水期的水能够存蓄起来，在枯水期天然来水少时供给农业用水，使得水资源在时空上得到了有效调配和合理应用。因此，灌区的农业需水能得到满足，阿尔塔什库的建成对边疆地区的农业及经济发展做出了很大的贡献。

2）各子灌区农业缺水及农业保证率分析

各子灌区农业供水情况见表10.15，由表可知，叶尔羌河灌区的9个子灌区农业保证率均达了设计保证率要求，各子灌区缺水年数相差不到两年，阿尔塔什水库的建立体现了各子灌区农业公平公正的原则。

表10.15 情景四 各子灌区农业供水情况

供水情况	叶尔羌河子灌区								
	叶城	泽普	岳普湖	莎车西	莎车东	麦盖提东	麦盖提西	巴楚	前海
需水量/亿m^3	2.174	4.954	0.885	11.628	4.361	5.235	0.615	9.069	8.219
缺水年平均缺水量/亿m^3	0.305	0.685	0.102	1.627	0.603	0.625	0.081	1.079	1.039
(缺水量/需水量) /%	14.04	13.83	11.50	13.99	13.83	11.95	13.19	11.89	12.64
缺水年数/年	12	12	10	10	11	10	10	10	12
农业保证率/%	75.0	75.0	78.8	78.8	76.9	78.8	78.8	78.8	75.0

10.4.2.2 向塔里木河生态输水分析

由表10.14分析可知，在规划水平年，51年长系列中卡群断面生态供水量有26年大于或等于要求的9.71亿m^3生态供水量，相应的生态保证率为50%，达到设计保证率50%的要求。卡群断面多年平均生态供水量为9.71亿m^3，下放到塔里木河多年平均为3.3亿m^3，生态供水量及生态保证率均满足向塔里木河生态输水的目标要求，卡群断面至塔里木河多年平均生态输水过程如图10.10所示。这说明在规划水平年建立阿尔塔什水库后，由于阿尔塔什库对水资源时空上的调蓄，使得叶尔羌河能够均匀地向塔里木河生态输水。

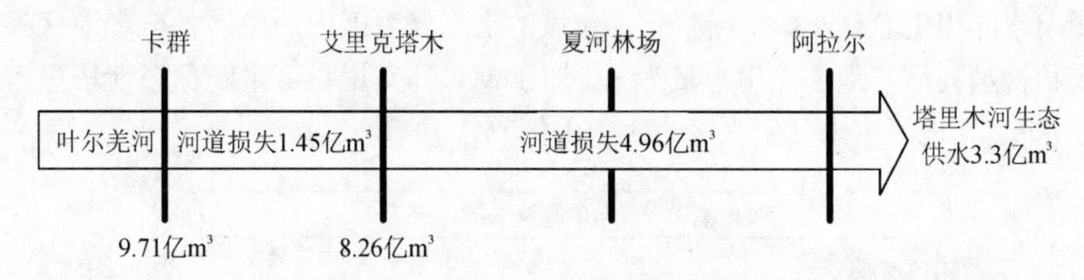

图10.10 情景四 塔里木河生态供水图

10.4.2.3 平原水库调节作用和水量损失分析

由表10.14可知，规划年阿尔塔什水库的建立可替代8座蒸发渗漏损失较大的平原水库，灌区共保留平原水库10座，有效库容为7.26亿m^3，全年平均蓄水量为8.587亿m^3，全年平均供水量为6.759亿m^3，其蒸发、渗漏损失多年平均为1.828亿m^3，平原水库的反调节作用随着阿尔塔什水库的建成虽然逐渐减弱，但无形之中减少了水量损失，增加了水资源的可利用量，这使得水资源更能得到有效利用。叶尔羌河灌区多年平均河道损失为9.849亿m^3，灌区生态补充水量为0.168亿m^3。

10.4.2.4 地下水利用情况分析

规划年，叶尔羌河灌区地下水可开采量扣除生活工业用水外为3.623亿m^3，长系列计算结果显示多年平均农业开采地下水量为2.432亿m^3，51年中仅18年达到最大开采量，没有超采，且节约了地下水资源。

10.4.2.5 发电效益

阿尔塔什水库在很好地满足叶尔羌河灌区防洪、灌溉、向塔里木河生态输水任务的同时，其发电效益也不容忽视，通过阿尔塔什水库与下坂地水库长系列联合调节计算，得到阿尔塔什水库保证出力为100MW，多年平均发电量为24.029亿kW·h，下坂地水库保证出力为35.95MW，多年平均发电量为4.7亿kW·h，系统发电量比设计值大3.52亿kW·h。

10.4.3 叶尔羌河灌区水资源分配及来、供、耗水分析

情景四叶尔羌河灌区水资源分配及转化关系如图10.11所示。此情景下，叶尔羌河灌区的来水为70.51亿m^3，其中，地表天然来水量为64.829亿m^3（卡群水文站断面），地下水侧向补给量为5.68亿m^3；地表水及地下水向灌区供水总计47.764亿m^3，包括：向牲畜供水0.486亿m^3，向渔业供水0.369亿m^3，向城乡生活及工业供水2.058亿m^3，向农、林、牧灌溉地供水44.851亿m^3；河道及水库损失总计13.295亿m^3；流域的来水经灌区内的经济社会和灌区外的生态植被消耗后，地表流出水量为8.26亿m^3（即艾里克塔木断面下泄塔里木河生态水量），地下水未开采水量为1.191亿m^3。

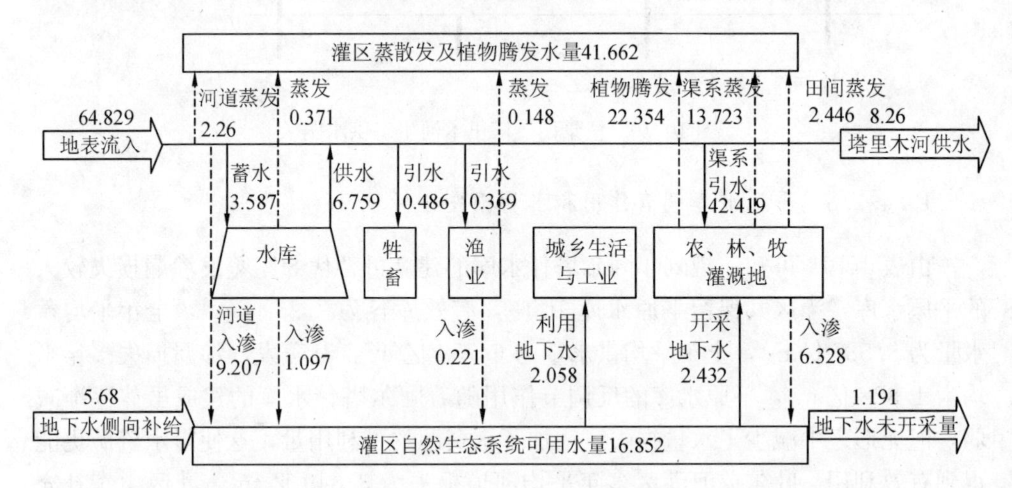

图10.11 情景四 叶河灌区来、供、耗水量转化关系图（单位：亿m^3）

叶尔羌河灌区总耗水量为44.206亿m^3。其中，河道、渠道、水库、鱼塘和田间的蒸发水量为19.308亿m^3，牲畜的耗水量为0.486亿m^3，城乡生活与工业耗水量为2.058亿m^3，农、林、牧灌溉作物的腾发量为22.354亿m^3。灌区利用的水资源量61.058亿m^3中，除去耗水44.206亿m^3外，河道、渠道、水库、鱼塘、灌溉地的入渗水量为16.853亿m^3，用于补给灌区自然生态水。图10.12为情景四叶尔羌河灌区水资源的分配情况图，由图可知此情景下水资源转化补给灌区自然生态系统的水量为16.852亿m^3，占来水总量的23.9%。

叶尔羌河流域的耗水分析按照经济社会系统和自然生态系统两大类进行。其中，经济社会系统的耗水是指由人为因素或途径消耗的总水量，包括人工灌溉、水库蓄水、工业引水、生活用水、牲畜用水等引起的水面蒸发、作物腾发等；自

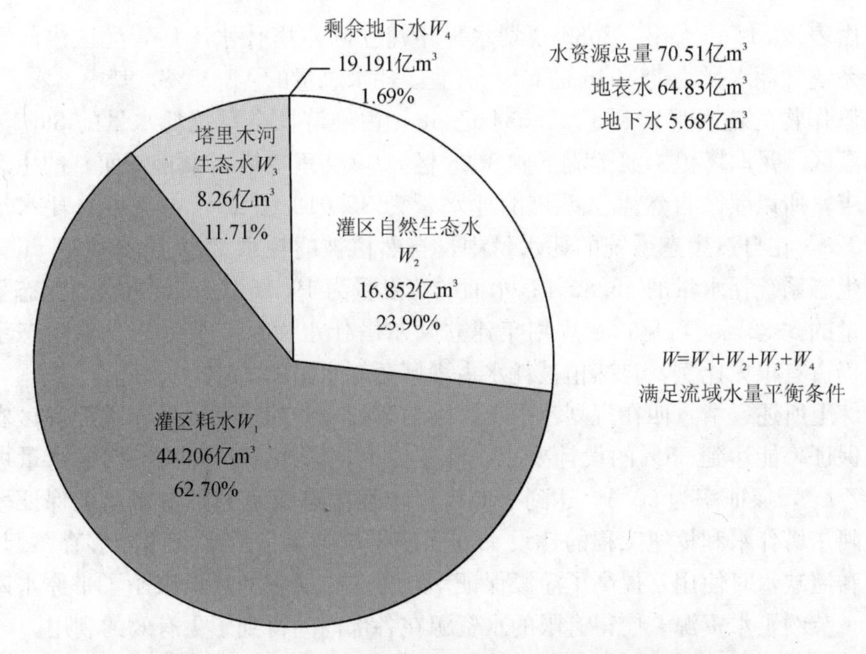

图 10.12　情景四　叶尔羌河灌区水资源分配情况图

然生态系统的耗水是指在天然状态下，维系生态系统正常发展的水循环、非人为因素和途径而消耗的水量，包括大气降水到地面直接蒸发引起的消耗，天然草场、天然林地、湖泊、沼泽、湿地等的耗水。在本书耗水分析中，不考虑植物截留所消耗的水量。

叶尔羌河灌区水资源的耗水途径主要包括：①经济社会系统。农林牧业灌溉作物生长所消耗的蒸发蒸腾量、城乡生活与工业耗水、牲畜饮用水、鱼塘蒸发量等。②自然生态系统。河道和渠道水面蒸发损失、水库水面蒸发损失以及自然生态系统通过潜水蒸发消耗的水量。详见表 10.16。

表 10.16　情景四叶尔羌河灌区耗水和自然生态水分析计算结果表

系统	用水户	叶尔羌河灌区合计/亿 m³	所占比例/%
经济社会系统	城乡生活与工业	2.058	3.37
	牲畜	0.486	0.80
	渔业	0.148	0.24
	农、林、牧灌溉作物	22.354	36.61
	小计	25.046	41.02
自然生态系统	水面	19.16	31.38
	自然植被	16.852	27.60
	小计	36.012	58.98
合计		61.058	100

由表10.16可看出，2030规划水平年建立阿尔塔什水库后，灌区内的经济社会系统的耗水量为25.046亿m^3，占灌区耗水总量的41.02%，其中，农、林、牧灌溉作物的耗水量达到了22.354亿m^3，占经济社会系统耗水量的89.25%。因为灌区满足向塔里木河干流下放8.26亿m^3（艾里克塔木渠首断面）的生态水量要求，所以灌区自然生态系统的耗水量为36.012亿m^3，占流域总耗水量的58.98%，在自然生态系统的耗水量中，自然植被的耗水量为16.852亿m^3，占自然生态系统耗水量的46.80%；水面的蒸发量为19.16亿m^3，占自然生态系统耗水量的53.2%。可见，在规划年建立阿尔塔什水库后，灌区的自然生态系统耗水仍占有很大比例，自然植被耗水占灌区总耗水量的27.60%。

综上所述，情景四在规划水平年，阿尔塔什水库建成后，叶尔羌河灌区农业灌溉保证率能达到75%的设计要求，叶尔羌河向塔里木河多年平均输水量可达3.3亿m^3，保证率为50%，达到了向塔里木河生态输水的下泄水量及保证率要求。阿尔塔什水利枢纽工程的建设一方面使得汛期丰富的水资源能够存蓄起来，供给春灌缺水时使用，提高了灌溉保证率，另一方面它的建设减小了平原水库的损失，节约了水资源，使得有限的水资源在各部门间得到了更有效的利用。

10.5　2030规划水平年方案推荐

现将情景三与情景四的主要成果进行比较，如表10.17所示，以便选择2030规划水平年的推荐方案。

表10.17　2030规划水平年方案比较

2030规划水平年	农业保证率/%	多年平均农业缺水量/亿m^3	生态保证率/%	卡群断面生态供水量/亿m^3
情景三	21.2	1.827	30.8	8.452
情景四	75	1.297	50	9.71

经比较分析可知，情景三农业保证率为21.2%，小于农业设计保证率75%，生态保证率为30.8%，小于塔里木河综合治理规定的设计保证率50%的要求，卡群断面生态供水量为8.452亿m^3，未达到多年平均下泄水量设计值9.71亿m^3的要求，对灌区生态很不利；情景四，农业保证率、生态保证率以及卡群断面生态供水量均达到了设计要求及目标，此情景下的水资源配置对灌区农业及塔里木河生态均起到了积极的作用。因此，经过多方面综合比较，选择情景四，即阿尔塔什水库建成后的水资源调配方案为2030规划水平年的推荐方案。

11 塔里木河流域水资源配置评价方法

水资源配置涉及水资源—生态环境—社会经济这个复杂大系统的不同子系统和不同层面的多维协调关系，是一个典型的半结构化、多层次、多目标的群决策，决策和操作上的复杂性使得对水资源合理配置评价成为水资源合理配置的重要组成部分。

流域水资源合理配置评价立足于流域水资源可持续发展的阶段性、层次性和区域性的客观实际，遵循公平、高效、合理的原则，从经济、社会、生态、效率及水资源开发利用等方面综合研究水资源在流域内生产、生活、生态等方面分配的合理性。

为了全面、合理评价塔里木河水资源配置方案的效果，判断各制定方案在公平用水、高效用水和水的可持续利用方面的优劣性，本章将在对国内外水资源配置研究的基础上，结合塔里木河流域水资源、生态环境、社会经济现状，分析塔里木河流域水资源合理配置评价指标体系、评价标准，选择适宜的评价方法，为开展塔里木河流域水资源合理配置方案评价提供理论基础。

11.1 国内外水资源配置评价研究现状

水资源配置评价既属于水资源配置范畴又属于水资源评价范畴，目前国内外对水资源配置的研究还是只限于配置的技术、方法和模式上，对水资源配置的合理性评价还没有足够的认识。因此，专门针对水资源配置方案评价的研究相对较少，相应较为完整的评价体系和评价标准尚未建立。水资源领域的评价主要涉及地表水、地下水的水量和水质评价、水资源开发利用评价、水资源可持续利用评价、水资源承载能力评价等方面。

11.1.1 水资源配置评价途径

1）单项评价指标体系

完全以系统总体目标函数作为评价标准，即通过建立合理的或是适合决策要求的水资源优化配置总体目标函数，满足约束条件的目标优化结果即为最终的水资源优化配置方案，如承载力评价、生态环境影响评价等。这一评价途径仅适用于区域较小、目标相对简单的水资源配置评价。

2）综合评价指标体系

根据水资源开发利用具体情况，设定评价目标和准则，构造评价指标体系，针对不同水资源配置方案，计算评价指标值，然后采用多因素综合评价方法进行方案评价。这是目前采用较多的一种评价途径，其主要研究内容包括三方面：评价指标体系构建、指标权重赋值、综合评价方法选用。

11.1.2 水资源配置评价指标体系

现有的评价指标体系大多是为区域或流域的社会经济可持续发展水平、水资源开发利用水平、水资源承载力等问题建立的，相应的指标体系主要有：水资源评价指标体系、水资源开发利用评价指标体系、水资源可持续利用评价指标体系、水资源承载力评价指标体系、水利现代化指标体系。其他还有一些针对具体目的建立的评价体系如水资源紧缺程度评价指标体系、生态环境评价指标体系等。

关于水资源配置评价指标体系，近年来也有所发展。

2004 年耿雷华等以全国水资源综合规划对水资源合理配置评价指标为要求，考虑了水资源合理配置评价的复杂性和特殊性，提出了水资源合理配置的评价指标体系，提出了构建评价指标的 6 条原则，并认为水资源配置的评价准则需要在以下 5 个方面加以研究：社会合理性、经济合理性、生态环境合理性、效率合理性和开发合理性。

2006 年曾国熙和裴源生以可持续发展理论、水资源二元承载力理论为配置评价的理论基础，针对黑河流域实际特点，建立了流域水资源配置评价指标体系，所构建的评价指标体系包括了分区指标与全局指标两个层次，涵盖了社会合理性、经济合理性、生态合理性、资源合理性、效率合理性与发展协调性六大类的多维评价指标。

2008 年黄晓荣等针对黄河基于供需严重不平衡条件下的缺水配置和输沙要求，以流域水资源禀赋为先天条件，流域水资源开发利用水平为后天基础，建立了包括资源特征、用水水平、用水结构、经济发展、生态环境五方面 19 个评价指标的水资源配置评价体系。

2010 年吕继强针对宝鸡市的水资源及用水实际，建立了基于 10 个评价指标的城市水资源配置评价体系。

这些现有的研究成果对于发展塔里木河流域水资源合理配置评价指标体系建设具有十分重要的参考价值。

11.1.3 水资源配置指标权重赋值方法

指标权重直接反映了每个评价指标或各目标属性的相对重要程度，决定着评价的结果是否客观。因此，综合评价中权重的确定非常关键。但目前对权重的研究成果还不能与权重的重要性相匹配。关于权重的研究，总体而言可分为三类。

(1) 主观赋权法。包括 Delphi 方法、AHP 方法、环比法、综合指数法等，该方法能够反映决策者的意志，但决策结果具有很大的主观随意性。

(2) 客观赋权法。包括主成分分析法、熵值法、多目标规划法等。该方法具有较强的数学理论依据，可以避免评价结果的主观随意性，但难以体现决策者的意愿，对于有大量人为因素存在的复杂系统评价问题来讲，具有其局限性。

(3) 主客观组合判别法。该方法可以兼顾对属性的偏好，同时可以力争减少主观随意性，使对属性的赋权达到主观与客观的统一，是目前应用比较广泛的权重确定方法，也是目前探索的前沿。

例如，2004 年丰伟和杨学堂应用基于熵权和改进的三标度 AHP 法确定各属性的权重；2006 年文俊等应用基于加速遗传算法的模糊层次分析法，确定区域水资源可持续利用预警指标的主观权重；黄显霞等应用专家法和熵值法分别确定指标权重，在此基础上用组合赋权法来确定指标权重并进行综合评价；2009 年袁伟结合改进的熵权法和 Delphi 法对黑河水资源配置评价指标进行权重赋值等。

11.1.4 水资源配置综合评价方法

早期的综合评价方法主要是加权算术平均法和加权几何平均法，近年来随着应用数学的发展，聚类分析、判别分析、模式识别、人工神经网络、主成分分析、模糊综合评价法、层次分析法（analytic hierarchy process，AHP)、灰色关联度评价法、数据包络分析法（DEA)、投影寻踪法等综合方法被应用到实际评价工作中。例如，2001 年阮本清用多层次灰关联综合评价方法对黄河下游沿黄地区用水水平进行了评价；2003 年王顺久等提出水资源承载能力综合评价的投影寻踪新方法，在全国 30 个省（新疆维吾尔自治区、直辖市）和淮河流域水资源承载能力的综合分析中得到成功应用；2003 年王志良运用 DEA 法对我国 1999 年各省市宏观水资源管理水平进行评价；2004 年吴泽宁等将多属性效用理论与 BP 神经网络理论相结合，建立了水资源利用效果评价的效用模拟 BP 网络综合评价模型，并以 2010 水平年黄河流域水资源调控方案为例进行效果评价；2005 年李恩宽等利用物元分析法对西安市水资源开发利用进行综合评价。这些都是评价方法和评价模型的有益探索。

随着对方案评价方法研究的不断加深，发现很多单一的评价方法在实际应用中都存在缺陷，给各种事物的评价造成了一定的困难，为了弥补不足将几种评价方法相互综合，形成合成评价法，从而更好地应用于实际问题的研究中，是目前关于评价方法研究的趋势。

11.2 塔里木河流域水资源配置评价思路

塔里木河流域水资源合理配置评价的总体目标是：从社会、经济、生态环境等方面对塔里木河流域水资源配置方案集进行全面的综合评价，确定塔里木河流域水资源最优配置方案，指导塔里木河流域的水资源合理开发利用。围绕该目标，主要研究内容包括以下三部分。

1）建立塔里木河流域水资源配置评价指标体系

根据评价的总体目标与评价准则，建立水资源配置评价指标初始集；在此基础上，系统分析初选指标的内涵及其反映的特征，根据评价指标的代表性、系统性、可度量性以及独立性等基本要求，对初始指标进行筛选，确定能够全面表征和衡量不同水资源配置状态下塔里木河流域社会、经济、生态环境之间相互协调程度，反映不同方案配置水平的评价指标体系。

2）选择适宜的评价方法，构建评价模型

根据塔里木河流域水资源条件与配置特点，选择主成分分析法、熵值法、模糊物元法和投影寻踪法等 4 种评价方法，明确指标标准化、权重赋值等关键环节的研究方法，建立评价模型。

3）进行方案评价，推荐最优配置方案

分析计算不同方案的指标值，分别采用上述 4 种评价方法对不同水平年塔里木河流域水资源配置方案进行评价，综合不同评价方法的结果，推荐最优配置方案；分析塔里木河流域水量配置方案的评价结果，对塔里木河流域的水资源开发、利用、配置模式提出建议。具体评价思路见图 11.1。

11.3 塔里木河流域水资源配置评价指标体系构建

11.3.1 构建原则

判定事物的好坏优劣需要依据一定准则，准则的选定是评价、决策的前提和基础，它决定着决策结果的合理性和准确性。在水资源合理配置这个涉及社会、经济、生态等各方面利益与发展的多层次、多目标的巨系统多属性问题中，准则的选定就是评价指标体系的构建。流域水资源合理配置评价指标体系是指能够表征和度量水资源合理配置内涵和目标，具有实际操作意义的全面反映水资源合理配置状况与进程，以及社会、经济和生态环境之间相互协调程度的综合的指标系统，是客观反映水资源配置水平的重要依据。塔里木河流域水资源合理配置评价指标体系的构建遵循以下原则。

（1）系统性。所选指标必须形成一个完整体系，不但能够从不同的侧面反映出水资源配置在社会、经济、生态、资源等方面的效果，还要全面地反映流域水资源配置这一复合系统各个方面的相互影响与互相制约的关系，各指标之间既相互独立，又彼此联系。

（2）科学性。指标体系的设计、评价指标的选择、指标的定义和计算方法等都必须客观、科学、合理，要能够真实、准确地反映所评价的对象。特别是评价指标的确定应避免加入个人的主观愿望，并注意参与指标确定人员的权威性、广泛性和代表性。

（3）代表性。一方面要针对塔里木河流域生态系统脆弱、环境问题严峻、水资源无序开发严重和利用效益低下的特点，选择与之相匹配的指标；另一方面，要结合配置方案，选择能够突出反映不同配置方案配置效果差别的有代表性的指标。

（4）可操作性。所选指标应意义明确，其原始数据容易获得，易于定量计算。

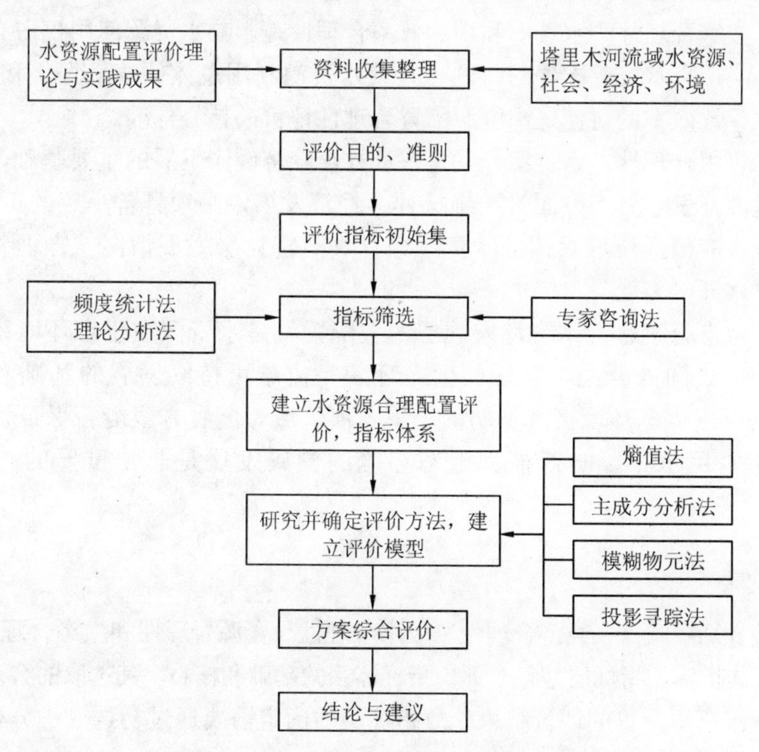

图 11.1　塔里木河流域水资源合理配置评价思路

11.3.2　指标体系结构

塔里木河流域水资源合理配置评价的目的是对塔里木河流域水资源配置方案集进行比选，得到流域最优配置方案，促使流域水资源在兼顾公平的情况下实现全流域社会、经济、生态、资源的协调持续发展。基于这个目的，结合指标体系构建原则，设计塔里木河流域水资源合理配置评价体系，其由三个层次组成。

1）目标层

推荐塔里木河流域水资源配置最优方案，综合评价配置合理性。

2）准则层

影响塔里木河流域水资源配置合理性的因素，主要包括以下四方面。

（1）社会经济合理性。水资源具有自然属性和商品属性双重属性，配置方案应在尊重水资源按经济规律向高效益行业趋向的条件下，最大可能地保证社会各经济部门和社会各群体之间水资源配置的平衡、协调，实现配置的公平性。

（2）效率合理性。水资源利用的效率合理性是影响水资源使用权占有的主要因素之一，广义水资源配置的目的也是使水资源利用总体效益最大化和最优化。不同方案配置效率的对比是水资源配置合理性评价的核心标准。

（3）资源合理性。水资源开发是保证社会经济健康发展的重要基础，一方面要避免过度开发，另一方面为了维持社会经济发展，必须具备一定的工程能力。水资源配置应根据流域具体的水资源条件和经济社会发展情况，合理确定地表水、地下水开发力度。

（4）生态合理性。水资源宏观层次上配置就是水资源在生态环境系统和社会经济系统之间的分配，良好的生态环境是流域可持续发展的基础和必要条件，尤其对于生态环境极其脆弱的塔里木河流域，配置方案能否保证流域天然生态最基本用水量，能否维持生态环境的健康发展是非常重要的一项评价准则。

3）指标层

能够分别反映社会经济合理性、效率合理性、资源合理性和生态合理性等4项准则的具体指标。指标层是整个评价指标体系的基础和核心，其选取的合理性直接影响流域水资源配置的评价结果，故指标层的确定需要通过初选——分析——筛选——最终确定等一系列反复的过程。

11.3.3 塔里木河干流评价指标选取

11.3.3.1 指标初始集

为了全面描述塔里木河干流水资源合理配置评价体系的内涵及外延，围绕塔里木河干流水资源合理配置评价的总体目标和评价准则，在暂不考虑指标的易获取性、独立性等原则的前提下，选择能够全面反映水资源配置效果的指标构成指标初始集（表 11.1）。塔里木河干流水资源合理配置评价指标初始集包含 30 项指标，其中社会经济合理性指标 11 项，效率合理性指标 5 项，资源合理性指标 7 项，生态合理性指标 7 项。

表 11.1 塔里木河干流水资源合理配置评价指标初始集

评价目标	评价准则	评价指标	计算过程或公式
塔里木河流域水资源合理配置	社会经济合理性	人口密度	人口/土地面积
		城镇化率	城镇人口/总人口
		人均 GDP	GDP/人口
		人均粮食占有量	粮食总产量/总人口
		灌溉保证率	满足正常灌溉需水的年数/（总年数+1）
		农业用水比例	农业用水量/总用水量
		工业用水比例	工业用水量/总用水量
		生活用水比例	生活用水量/总用水量
		生态用水比例	生态用水量/总用水量
		缺水率	缺水量/需水量
		水利工程投资占区域比例	水利工程投资/区域总投资
	效率合理性	农业综合灌溉定额	灌溉用水量/农田实灌面积
		农田灌溉水有效利用系数	渠系水有效利用系数×田间水利用系数
		万元工业产值用水量	工业企业生产万元产值所取用的新水量
		工业用水重复利用率	工业重复利用水量/工业总用水量
		单方水 GDP 产出	GDP/总用水量
	资源合理性	人均水资源占有量	水资源量/总人口
		人均供水量	总供水量/总人口
		水资源开发利用率	供水量/水资源量
		地表水开发利用率	地表水供水量/地表水资源量
		地下水开采率	地下水开采量/地下水允许开采量
		地表水供水比例	地表水供水量/总供水量
		地下水供水比例	地表水供水量/总供水量

续表

评价目标	评价准则	评价指标	计算过程或公式
塔里木河流域水资源合理配置	生态合理性	湖泊面积变化率	（基准年湖泊面积－现状或规划年湖泊面积）/基准年湖泊面积
		绿洲面积变化率	（基准年绿洲面积－现状或规划年绿洲面积）/基准年绿洲面积
		植被覆盖率	植被面积/土地总面积
		荒漠化指数	荒漠化土地面积/土地总面积
		水功能区达标率	达标水功能区数量/水功能区总数
		生态基流用水比例	生态基流用水量/地表水资源量
		河道外生态用水满足程度	河道外生态供水量/河道外生态需水量

11.3.3.2　评价指标筛选方法

为了满足指标体系的完备性，我们首先选取了较多的指标建立了指标初始集，但是这样所建立的指标初始集尚不能满足指标体系系统性、代表性等构建原则的要求，因此需进行指标筛选。指标筛选方法主要有频度分析法、理论分析法、专家咨询法、主成分分析法和独立分析法等，考虑塔里木河流域深处内陆，水资源十分短缺，生态环境极为脆弱，而相关的水资源开发利用研究成果较少，可借鉴资料有限，本书拟以频度分析法和理论分析法为基础，重点以专家咨询法作为评价指标筛选的主要方法。

1）频度分析法

重点对目前有关水资源合理配置评价研究的论文、著作等采用的评价指标进行统计，初步确定出采用频度较高的指标。表 11.2 列出了近年来水资源配置评价的有关成果，统计分析认为缺水率、水资源开发利用率（地表水、地下水）、不同行业用水比例（生活、农业、工业、生态）、人均供（用）水量是采用频度最高的指标，其他如供水保证率、农田灌溉水有效利用系数、灌溉定额、灌溉率、单方水 GDP 产出等指标采用频度也较高。

表 11.2　水资源合理配置评价成果汇总

序号	报告名称	评价地点或范围	时间	指标分类	指标数	作者	文献出处
1	流域水资源配置合理性评价研究——以黑河流域为例	黑河流域	2004	社会合理性 经济合理性 生态合理性 资源合理性 效率合理性 发展协调性 全局指标	63	曾国熙	四川大学硕士学位论文

续表

序号	报告名称	评价地点或范围	时间	指标分类	指标数	作者	文献出处
2	水资源配置指标体系和模型研究	安阳	2005	水资源开发利用效果 水社会效果 水经济效果 水生态环境效果	24	崔萌	郑州大学硕士学位论文
3	基于指标体系的区域水资源合理配置初探	某4城市	2005	经济状况 社会生活 资源、环境 技术、管理	18	李如忠，金菊良，钱家忠，等	系统工程理论与实践
4	区域水资源配置方案评价研究	茂名市	2006	社会合理性 经济合理性 生态环境合理性 水资源利用合理性	12	徐瑛丽	河海大学硕士学位论文
5	水资源合理配置评价指标体系研究	全国	2008	社会合理性 经济合理性 生态环境合理性 效率合理性	核心13 扩展18	耿雷华	专著
6	基于黄河健康生命的流域水资源合理配置评价研究	黄河流域	2008	水资源禀赋 水资源开发利用 关键因素	19	黄晓荣，李云玲	西北农林科技大学学报
7	基于模糊优选模型的水资源配置方案评价	临汾市	2008	社会合理性 经济合理性 生态环境合理性 水资源利用合理性	11	高波，徐建新，班培莉，等	灌溉排水学报
8	基于模糊优选理论的水资源效益评价体系	陕西某灌区	2008	经济效益 生态环境效益 社会效益	16	冯峰，许士国	水利水电科技进展
9	面向可持续发展的黑河流域水资源合理配置及其评价研究	黑河流域	2009	社会合理性 经济合理性 生态合理性 资源合理性 效率合理性 发展协调性	61	袁伟	河海大学博士学位论文
10	基于不确定性理论的宝鸡市水资源优化配置与评价模型研究	宝鸡	2010	无	7	吕继强	西安理工大学硕士学位论文
11	水资源优化配置方案综合评价的模糊熵模型	天津市	2009	社会合理性 经济合理性 资源合理性 效率合理性	10	余建星，蒋旭光，练继建	水利学报
12	水资源配置方案综合评价的多层模糊物元模型	河南人民胜利渠灌区	2010	社会合理性 经济合理性 生态环境合理性 资源利用合理性	18	马细霞，李艳，王加全，等	水资源与水工程学报
13	基于改进物元可拓模型的水资源配置方案评价	新疆台兰河灌区	2010	无	12	何格，唐德善	水电能源科学

2）理论分析法

通过对水资源配置评价的内涵、特征进行综合分析，确定出重要的、体现水资源评价特征的指标；同时，结合干流水资源配置方案，筛选或增补有针对性的可评价不同方案差别的指标；最后，根据实际资料情况，筛选出可获取的指标。

3）专家咨询法

为使评价指标更适用于塔里木河干流，更能体现塔里木河干流水资源条件与特点、开发利用情况、社会经济发展情况以及生态环境状况，在前两种方法的基础上，选择熟悉塔里木河流域水资源利用，从事水资源调度与配置研究的资深专家，采用专家咨询法最终确定塔里木河干流水资源合理配置评价指标体系。

具体做法是：首先，根据频度分析法和理论分析法的分析结果，确定待咨询的评价指标体系；其次，制定并发放专家咨询表（表 11.3）；然后，统计专家反馈意见，对半数以上专家认为合理的指标进行保留；对需修改和另需增加的指标进行修改、补充后，再次征求专家意见，经过反复咨询、修改后形成最终评价指标体系。

表 11.3　塔里木河干流水资源合理配置评价指标体系专家咨询表

评价目标	评价准则	评价指标	采用	不采用	需修改	另需增加的指标
塔里木河流域水资源合理配置	社会经济合理性	缺水率				
		人均 GDP				
		用水结构系数				
		灌溉保证率				
	效率合理性	万元工业产值用水量				
		农业综合灌溉定额				
		农田灌溉水有效利用系数				
	资源合理性	人均供水量				
		地表水开发利用率				
		地下水供水比例				
		平原水库蒸发渗漏损失水量				
	生态合理性	生态基流用水比例				
		河道外生态用水满足程度				

注：1. 请根据您的观点，在“采用”或“不采用”栏打“√”；
2. 对于您认为可以采用但需要修改的指标，请在“需修改”栏填写修改后的指标；
3. 对于您认为有必要新增加的指标，请在“另需增加的指标”栏填写新增指标。

11.3.3.3　筛选后的评价指标集

经过筛选后最终确定的塔里木河干流水资源合理配置评价指标集见表 11.4。该指标集共包含 12 个指标，其中社会经济合理性指标、效率合理性指标、资源合理性指标和生态合理性指标各3项。

1）社会经济合理性指标

（1）缺水率。反映流域水资源总需求未满足程度。计算公式：

$$缺水率=总缺水量/总需水量\times100\% \quad (11.1)$$

（2）农业用水比例。反映农业供水量在流域总供水量中的比重。计算公式：

$$农业用水比例=农业供水量/总供水量\times100\% \quad (11.2)$$

表11.4 塔里木河干流水资源合理配置方案评价指标体系

评价目标	评价准则	评价指标	指标释义	单位
塔里木河流域水资源合理配置	社会经济合理性	缺水率	总缺水量/总需水量	%
		农业用水比例	农业供水量/总供水量	%
		灌溉保证率	满足正常灌溉需水的年数/（总年数+1）	%
	效率合理性	万元工业产值用水量	工业企业生产万元产值所取用的新水量	m^3/万元
		亩均供水量	灌溉供水量/灌溉面积	m^3/亩
		农田灌溉水有效利用系数	渠系水利用系数×田间水利用系数	
	资源合理性	地表水开发利用率	地表水供水量/地表水资源量	%
		地下水利用率	地下水供水量/地下水可开采量	%
		平原水库蒸发渗漏损失率	水库蒸发渗漏损失水量/水库蓄水量	%
	生态合理性	河道内生态基流保证率	河道内生态基流需水满足的年数/（总年数+1）	%
		河道外生态用水保证率	河道外生态需水满足的年数/（总年数+1）	%
		生态用水比例	生态供水量/总供水量	%

（3）灌溉保证率。灌溉供水能够得到满足年数出现的概率，反映灌溉水资源供给的保证程度。计算公式：

$$灌溉保证率=满足正常灌溉需水的年数/（总年数+1）\times100\% \quad (11.3)$$

2）效率合理性指标

（1）万元工业产值用水量。工业企业生产万元产值所取用的新水量，反映工业用水效率计算公式：

$$万元工业产值用水量=工业产值/工业供水量 \quad (11.4)$$

（2）亩均供水量。单位灌溉面积所供水量，反映农业灌溉用水效率。计算公式：

$$亩均供水量=灌溉供水量/灌溉面积 \quad (11.5)$$

（3）农田灌溉水有效利用系数。综合衡量灌溉工程、灌水技术和灌溉用水管理水平，是反映灌溉水利用程度和效率的重要指标。计算公式：

$$农田灌溉水有效利用系数=田间用水量/取水口取水量$$

$$=渠系水利用系数\times田间水利用系数 \quad (11.6)$$

3）资源合理性指标

（1）地表水开发利用率。指流域总供水量占水资源总量的比例，是反映水资源开发利用程度高低的重要指标。计算公式：

地表水开发利用率＝地表水供水量/地表水资源量　　(11.7)

（2）地下水利用率。指流域内地下水开发利用量与地下水可采资源总量的比值，表征地下水开采强度。计算公式：

地下水利用率＝地下水供水量/地下水可开采量×100％　　(11.8)

（3）平原水库蒸发渗漏损失率。反映水资源利用情况的指标，由于塔里木河流域地处典型干旱区，且平原水库工程普遍年久失修，平原水库蒸发渗漏损失的水量较大。计算公式：

平原水库蒸发渗漏损失率＝水库蒸发渗漏损失水量/水库蓄水量×100％　　(11.9)

4）生态合理性指标

（1）河道内生态基流保证率。反映维持河流生态系统运转的基本流量得到保证的程度。计算公式：

河道内生态基流保证率＝河道内生态基流需水满足的年数/（总年数＋1）×100％　　(11.10)

（2）河道外生态用水保证率。反映天然植被生态需水量得到保证的程度。计算公式：

河道外生态用水保证率＝河道外生态需水满足的年数/（总年数＋1）×100％　　(11.11)

（3）生态用水比例。反映生态用水量占流域总供水量的比重，计算公式：

生态用水比例＝生态供水量/总供水量×100％　　(11.12)

11.3.4　叶尔羌河流域评价指标选取

叶尔羌河流域水资源开发利用特点较塔里木河干流有所差异，其生态用水主要体现在：①保证下放塔里木河生态水量 3.3 亿 m^3；②满足卡群断面以下河道沿岸生态用水量，其中，卡群渠首至艾里克塔木渠首之间河段的河道输水损失为 1.45 亿 m^3，艾里克塔木断面经过夏河林场断面，到阿拉尔断面的河道生态需水量为 4.96 亿 m^3，这一需水量是维持沿河两岸的生态水量及河岸浸润带耗水量，也是在一个相当长时期变化很少的水量，即叶尔羌河流域生态用水需满足：在卡群断面向塔里木河生态输水量应控制为 9.71 亿 m^3。针对这一配置特点，叶尔羌河流域水资源配置评价指标体系中较塔里木河干流指标体系进行了调整，舍弃了河道内生态基流保证率、河道外生态用水保证率、生态用水比例等3个指标，增加了生态水下泄比例1个指标，同时受资料所限，万元工业产值用水量指标不再保留，最终形成了由4项评价准则9个评价指标构成的叶尔羌河水资源配置评价指标体系，见表11.5。

表11.5　叶尔羌河流域水资源配置评价指标体系

评价目标	评价准则	评价指标	指标释义
叶尔羌河流域水资源合理配置	社会经济合理性	缺水率/%	总缺水量/总需水量
		农业用水比例/%	农业供水量/总供水量
		灌溉保证率/%	满足正常灌溉需水的年数/（总年数+1）
	效率合理性	亩均供水量/（m^3/亩）	灌溉供水量/灌溉面积
		农田灌溉水有效利用系数	渠系水利用系数×田间水利用系数
	资源合理性	地表水开发利用率/%	地表水供水量/地表水资源量
		地下水利用率/%	地下水供水量/地下水可开采量
		平原水库蒸发渗漏损失率/%	水库蒸发渗漏损失水量/水库蓄水量
	生态合理性	生态水下泄比例/%	河道实际下泄水量/需要向塔里木河干流下泄的水量

表11.5中，生态水下泄比例指卡群断面生态水下泄水量占该断面需下泄水量（9.71亿m^3）的百分比。其他指标意义同前。

11.4　塔里木河流域水资源配置评价指标标准

水资源合理配置评判是指在特定的历史时期和特定的区域与环境条件下对水资源利用的现状和未来趋势做出评定。通过评价指标能够反映水资源配置方案的优劣，但对于单个指标的好坏以及单个配置方案的合理性缺乏评判。对评价来讲，最关键的问题就是确定评价标准，即用什么基准值作为标准来衡量水资源配置的合理性，各个指标必须要有相应的数值刻度，用来衡量和评价水资源配置的合理性与优劣程度。

11.4.1　制定评价指标标准参考依据

水资源合理配置是一个动态发展的问题，其配置的具体情况是随着时间不断发生变化的。在评价模型中，各个指标的实际值均需与标准值比较才能得到评价等级。因此，评价标准的确定是重要的环节。我国地域辽阔，每个地区的气候条件不同，由于地域的差异、社会目标、生态类型的不同，所选择的评价标准也不尽相同，各国的评价标准差异也较大，目前尚无统一标准可循。塔里木河流域属水资源严重短缺区，为了能准确反映塔里木河流域水资源配置的合理性，在选择评价标准时，需考虑水资源禀赋对评价标准的影响，主要从以下几方面选择。

(1) 国家、行业和地方规定的标准。包括国家已发布的工业、农业用水量标准，行业发布的评价规范、规定、设计要求等，新疆维吾尔自治区地方政府颁布的标准和规划区目标、河流水系保护要求、特别区域的保护等。

(2) 参考国内外相关地区或区域的评价标准。通过当地或相似条件下的科学研究已判定的指标标准。

(3) 参考已出版和发表的著作、学术论文、期刊等中的标准值或参考范围，如耿雷华等编写的《水资源合理配置评价指标体系研究》(2008 年 10 月)。

(4) 专家调研与科学试验方法。组织专家广泛调查研究以获取最直接的认识与经验，结合实际研究对象给出各评价指标各个等级的数值范围。

通过对以上文件、标准、文献等有关数据和标准的分析，结合专家意见，将评价指标标准划分为Ⅰ～Ⅲ级 3 个等级。

11.4.2 评价指标标准确定

根据整个评价指标体系的评价标准，塔里木河流域水资源合理配置评价标准分为三级：Ⅰ级为较好，表示流域水资源配置合理，能够较好地满足生产、生活、生态等各方面的需求，水资源利用效率和效益较高；Ⅲ级为较差，表示流域水资源配置不太合理，水资源的综合利用效益不能够很好的发挥，难以满足各行业的用水需求，不利于水资源与水环境的可持续发展；Ⅱ级介于二者之间，表示水资源配置较为合理，基本能够满足各行业的需求，维持流域社会、经济、生态、资源的可持续利用。

塔里木河干流作为塔里木河流域的中下游地区，属极端干旱气候，其特征是降水稀少，蒸发强烈，气候干燥，日照时间长；塔里木河冲洪积平原夹在天山南坡诸多河流的冲积倾斜平原和塔克拉玛干大沙漠之间，南北两侧高、中间低，加之地形纵坡平缓，这就限制了塔里木河干流灌溉区只能分布在沿河附近，一般离河道 1～15km，远了难以引水灌溉。叶尔羌河为塔里木河流域源流区，气温年内变化较大，日差较大，空气干燥，日照长，蒸发强烈，降水量少，流域特定的地理位置与地形条件，使流域气候大致上分为山区与平原两大区。源流与干流，塔里木河干流与叶尔羌河流域的社会经济、地理环境、生态环境、来水条件及用水结构不同，水资源配置目标也有差异，需根据塔里木河干流和支流叶尔羌流域的实际确定两套不同的评价指标标准，对塔里木河干流和叶尔羌河流域的水资源配置结果进行分别评价。

11.4.2.1 塔里木河干流评价指标标准确定

1）缺水率

国际上通常将缺水状况按缺水率的大小分为 5 个等级：缺水率≤1.0%为基本不缺水；缺水率在 1.0%～5.0%为轻度缺水；缺水率在 5.0%～15.0%为中度缺水；缺水率在 15.0%～20.0%为重度缺水；缺水率＞20.0%为严重缺水。目前，国内通常将缺水率划分为三个等级：Ⅰ级，缺水率≤10%，为轻度缺水；Ⅱ级，缺水率 10%～20%，为中度缺水；Ⅲ级，缺水率＞20%，为重度缺水。《水资源合理配置评价指标体系研究》（耿雷华等）中水资源短缺区有关缺水率的指标标准，划分为 11 个等级，1 级标准为 1%，11 级标准为 30%。根据现状年 2010 年水资源配置成果，2010 年塔里木河干流的缺水率为 29.20%。综上，对于水资源严重短缺且供需矛盾突出的塔里木河干流区，适当放大分界值，缺水率标准等级统一确定为Ⅰ级≤10%，Ⅱ级 10%～30%，Ⅲ级＞30%。

2）农业用水比例

据统计，我国农业用水比例在 64%左右。“西北诸河水资源开发利用调查评价”（刘争胜等）一文中，2008 年西北诸河地区各部门总用水量为 641.31 亿 m^3。其中，农、林、牧、渔用水量为 575.11 亿 m^3，占总用水量的 89.7%。根据现状年 2010 年水资源配置成果，2010 年塔里木河干流农业用水比例为 34.65%。考虑塔里木河干流生态环境的重要性，生态需水量很大，农业用水比例应严格控制在合理的范围内，其标准确定如下：Ⅰ级≤30%，表示农业用水比例相对较小；Ⅱ级 30%～50%，表示农业用水比例相对适中；Ⅲ级＞50%，表示农业用水比例过大，用水结构欠合理。

3）灌溉保证率

根据《灌溉与排水工程设计规范》（GB 50288 — 99），干旱地区或水资源紧缺地区以旱作为主的灌区灌溉设计保证率在 50%～75%。塔里木河综合治理五年实施方案中农业灌溉所采用的灌溉保证率为 75%，本书水资源配置采用的灌溉保证率也为 75%，根据塔里木河干流 1958～2010 年共 52 年的灌溉供水资料，得到塔里木河干流灌区灌溉保证率为 69.43%。综上，灌溉保证率评价标准确定为：Ⅰ级≥75%，表示灌溉保证程度较高；Ⅱ级 50%～75%，表示灌溉保证程度适中；Ⅲ级＜50%，表示灌溉保证程度低下，不符合规范设计要求。

4）万元工业产值用水量

“西北诸河水资源开发利用调查评价”一文中，西北诸河区 1980 年万元工业产值用水量为 285m^3，1999 年为 127m^3，2008 年为 100m^3。根据《塔里木河流域近期综合治理规划》，塔里木河干流段 1998 年万元工业产值用水量为 363m^3/万元，2010 年水资源配置成果中万元工业产值用水量为 219m^3/万元。随着工业产业结构的调整以及工业节水水平的提高，工业用水定额将逐年降低，塔里木河干流规划 2020 年为 185m^3/万元，2030 年为 150m^3/万元。结合西北各地区的历年万元工业产值用水量水平，本书确定万元工业产值用水量标准为：Ⅰ级≤150m^3/万元，表示工业节水效果好、用水效率较高；Ⅱ级 150～200m^3/万元，工业用水水平适中；Ⅲ级＞200m^3/万元，说明万元工业产值用水量过大。

5）亩均供水量

近年全国平均农田灌溉定额为 476m^3/亩，1993 年全国亩均供水量为 531m^3/亩，1999 年和 2000 年分别为 484m^3/亩和 479m^3/亩。西北诸河区农田灌溉定额为 736m^3/亩，亩均供水量为 700m^3/亩，黑河流域 2001 年灌区亩均供水量为 500m^3/亩，全国大型灌区亩均供水量为 641m^3/亩。塔里木河干流 2010 年综合毛灌溉定额为 1161m^3/亩，这一差距与西北区气候干旱、蒸发强度大有关，也与水资源管理粗放、用水效率低有关。根据《塔里木河流域近期综合治理规划》，1998 年塔里木河流域农业综合毛灌溉定额为 916m^3/亩，塔里木河干流为 1531m^3/亩；邓铭江等以 2005 年为现状年，塔里木河流域农业灌溉综合毛灌溉定额为 795m^3/亩，塔里木河干流农业灌溉综合毛灌溉定额为 908m^3/亩，预测 2020 年塔里木河干流农业灌溉综合毛灌溉定额为 700m^3/亩，2030 年为 675m^3/亩。综上，确定塔里木河干流亩均供水量的标准为Ⅰ级≤685m^3/亩，表示亩均供水量适宜、节水措施较好；Ⅱ级 685～870m^3/亩，表示在新疆现状社会环境条件下较为适中的亩均供水量；Ⅲ级＞870m^3/亩，表示亩均供水量过大，节水效果差，存在浪费。

6）农田灌溉水有效利用系数

对于农田灌溉水有效利用系数，其值越大说明灌溉水的利用率越高，越小灌溉水的利用率越低，《中国塔里木河治水理论与实践》中以 2005 年为现状年，塔里木河干流农田灌溉水有效利用系数为 0.391，预测 2020 年塔里木河干流农田灌溉水有效利用系数为 0.494，2030 年为 0.511。2010 年塔里木河干流各区间农田灌溉水有效利用系数在 0.357～0.442，整体为 0.39。“最严格的水资源管理制度考核办法”中 2015 年新疆农田灌溉水有效利用系数考核标准为 0.52；耿雷华等编写的《水资源合理配置评价指标体系研究》中有关水资源短缺区农田灌溉水有效利用系数标准等级划分为 11 级，1 级标准值为 0.7，11 级标准值为 0.3，将其按需要划分为好、中、差 3 个等级范围，综合以上资料，本书农田灌溉水有效利用系数等级划分标准为：Ⅰ级≥0.52、Ⅱ级 0.40～0.52、Ⅲ级<0.40。

7）地表水开发利用率

在水资源严重短缺的地区，地表水和地下水都应当进行适度的开发以保障当地经济社会发展用水，但开发利用程度以不发生生态环境问题为界限，目前，国际上公认的地表水合理开发利用率是 30%，由于我国北方地区水资源严重短缺，地表水开发利用率可维持在 60%以内，根据 2000～2008 年统计资料，西北诸河平均地表水资源量为 1320.67 亿 m^3，平均地表水供水量为 509.45 亿 m^3，地表水开发利用率为 38.6%。根据 2001～2010 年《新疆塔里木河流域水资源公报》统计数据，塔里木河流域地表水开发利用率均在 55%～70%，2010 年地表水开发利用率为 60%。从河流的健康和可持续发展考虑，本书地表水开发利用率等级划分标准确定为Ⅰ级≤40%、Ⅱ级 40%～60%、Ⅲ级>60%。

8）地下水利用率

地下水利用率作为地下水开发利用程度的评价指标，当地下水利用率>100%时，属地下水超采区；当地下水利用率在 80%～100%，属地下水采补平衡区；当地下水利用率≤80%时，属地下水开发尚有潜力区。2010 年塔里木河干流水资源配置成果中地下水利用率为 85.77%，因此，本书评价等级划分标准为：Ⅰ级≤80%、Ⅱ级 80%～100%、Ⅲ级>100%。

9）平原水库蒸发渗漏损失率

平原水库蒸发渗漏损失率是反映水库利用率的主要指标之一，蒸发渗漏损失率越大，水库发挥效益越差，塔里木河上中游 6 座平原水库，均为水深浅、面积大的平原水库。根据当地气象部门蒸发量观测资料，塔里木河干流上中游灌区多年平均蒸发量在 2000～2700mm，特点是北部低、南部高、西部低、东部高。按水面综合折算系数 0.55 计算，水库年蒸发量达到 1.1～1.5m，相当于水库的平均水深，水库的渗漏损失（包括库盘、坝体、放泄水建筑物）根据当地的地质条件和坝体情况，也达到总库容的 15%。因此，平原水库蒸发、渗漏和水库引水渠损失水量，可占到水库全年引水量的 25.8%，占总库容的 84%，达到 2.11 亿 m^3。2010 年，结然力克水库蒸发渗漏损失量占总库容的 71%，其满水库蒸发渗漏损失量占总库容的 39%，帕满水库蒸发渗漏损失量占总库容的 69%，大寨水库蒸发渗漏损失量占总库容的 60%，喀尔曲尕水库蒸发渗漏损失量占总库容的 94%，塔里木水库蒸发渗漏损失量占总库容的 48%，平均为 63%。根据国内出版发行的有关各种计算水库损失方法的书籍和技术设计资料，水库渗漏损失以年蓄水库容计，按水库地质条件选择强渗漏，一般为年蓄水库容的 20%～40%，结合西北干旱内陆区特殊的气候环境，划分等级标准为Ⅰ级⩽20%、Ⅱ级20%～40%、Ⅲ级＞40%。

10）河道内生态基流保证率

河道内生态基流保证率是反映河流是否能够保持健康的关键指标，河道内生态基流应给予较高的保证，黄河河道生态基流保证程度一般在90%以上。根据塔里木河干流1958～2010年共52年的水文资料分析结果，塔里木河干流河道内生态基流保证率为86.16%。综上，塔里木河河道内生态基流保证率等级标准定为Ⅰ级⩾90%、Ⅱ级70%～90%、Ⅲ级＜70%。

11）河道外生态用水保证率

河道外生态用水保证率反映了河道外生态用水保证程度。《水资源合理配置评价指标体系研究》中，水资源短缺区有关生态环境用水保证程度的指标标准，最小生态环境用水保障程度标准划分为11个等级，1级标准为80%，11级标准为30%。塔里木河综合治理五年实施方案中自然生态用水保证率为50%，本书水资源配置河道外生态用水保证率为50%。根据塔里木河干流1958～2010年共52年的水文资料统计结果，塔里木河干流河道外生态用水保证率为45.91%。综上，塔里木河干流河道外生态用水保证率等级划分标准分别为Ⅰ级⩾50%，Ⅱ级30%～50%，Ⅲ级＜30%。

12）生态用水比例

黑河流域现状生态用水比例为7.3%，其他西北诸河的生态用水比例均＜1%，黑河流域规划生态用水比例为20%，据统计数据分析，2010年塔里木河干流生态用水比例为33.34%。考虑塔里木河流域生态环境的重要性，结合当地用水结构，在水资源严重短缺条件下，生态用水比例的划分标准定为Ⅰ级⩾60%，Ⅱ级30%～60%，Ⅲ级＜30%。

塔里木河流域水资源合理配置评价标准见表11.6。

表11.6　塔里木河流域水资源合理配置评价指标标准

评价指标	标准划分等级界限		
	Ⅰ级	Ⅱ级	Ⅲ级
缺水率/%	⩽10	10～30	＞30
农业用水比例/%	⩽30	30～50	＞50
灌溉保证率/%	⩾75	50～75	＜50
万元工业产值用水量/（m^3/万元）	⩽150	150～200	＞200
亩均供水量/（m^3/亩）	⩽685	685～870	＞870

续表

评价指标	标准划分等级界限		
	Ⅰ级	Ⅱ级	Ⅲ级
农田灌溉水有效利用系数	≥0.52	0.40～0.52	<0.40
地表水开发利用率/%	≤40	40～60	>60
地下水利用率/%	≤80	80～100	>100
平原水库蒸发渗漏损失率/%	≤20	20～40	>40
河道内生态基流保证率/%	≥90	70～90	<70
河道外生态用水保证率/%	≥50	30～50	<30
生态用水比例/%	≥60	30～60	<30

11.4.2.2　叶尔羌河评价指标标准确定

叶尔羌河水资源配置评价指标与塔里木河干流不同，舍弃了万元工业产值用水量、河道内生态基流保证率、河道外生态用水保证率和生态用水比例等 4 个指标，增加了生态水下泄比例 1 个指标，分述如下。

1）缺水率

叶尔羌河流域水资源供需矛盾不及塔里木河干流突出，作为源流，水资源开发利用条件较好，对需水量的满足程度较塔里木河干流高。因此，与塔里木河干流不同，叶尔羌河水资源配置评价缺水率指标拟采用国内缺水率划分结果，Ⅰ级≤10%，为轻度缺水；Ⅱ级 10%～20%，为中度缺水；Ⅲ级>20%，为重度缺水。

2）农业用水比例

根据 2001～2009 年塔里木河流域水资源公报，叶尔羌河流域农业用水比例均在 95%以上，2010 年为 93.2%。邓铭江编著的《中国塔里木河治水理论与实践》一书中，预测叶尔羌河流域 2020 年农业用水比例为 95.46%，2030 年为 93.37%，下降程度很小。因此，叶尔羌河流域农业用水比例标准确定如下：Ⅰ级≤90%，表示农业用水比例相对较小；Ⅱ级 90%～95%，表示农业用水比例相对适中；Ⅲ级>95%，表示农业用水比例过大，用水结构欠合理。

3）灌溉保证率

叶尔羌河流域灌区规划中灌溉设计保证率采用 50%，本书水资源配置中灌溉用水保证率采用 75%，经比较分析，叶尔羌河流域灌区灌溉保证率评价标准与塔里木河干流评价标准相同：Ⅰ级≥75%，表示灌溉保证程度较高；Ⅱ级 50%～75%，表示灌溉保证程度适中；Ⅲ级<50%，表示灌溉保证程度低下，不符合设计要求。

4）亩均供水量

《塔里木河流域近期综合治理规划》报告中以1998年为现状规划水平年，叶尔羌河流域农业综合毛灌溉定额为887m^3/亩。在塔里木河干流亩均供水量标准确定的基础上，参照《中国塔里木河治水理论与实践》，以2005年为现状年，叶尔羌河流域农业灌溉综合毛灌溉定额为805m^3/亩，预测2020年叶尔羌河流域农业灌溉综合毛灌溉定额为674m^3/亩，2030年为624m^3/亩。《新疆叶尔羌河流域规划》和《新疆叶尔羌河流域灌区规划报告》以2004年为现状年，叶尔羌河流域农业灌溉综合毛灌溉定额为876m^3/亩，预测2020年叶尔羌河流域农业灌溉综合毛灌溉定额为696m^3/亩，2030年为631m^3/亩。综上，定义亩均供水量标准，Ⅰ级≤631m^3/亩、Ⅱ级631～800m^3/亩、Ⅲ级>800m^3/亩。

5）农田灌溉水有效利用系数

农田灌溉水有效利用系数，其值越大说明灌溉水的利用率越高，越小灌溉水的利用率越低，《中国塔里木河治水理论与实践》中以2005年为现状年，计算叶尔羌河流域农田灌溉水有效利用系数为0.436，2009年在0.4～0.5，预测2020年叶尔羌河流域农田灌溉水有效利用系数为0.507，2030年为0.546，与《新疆叶尔羌河流域规划》目标相同。2010年塔里木河流域干流各区间农田灌溉水有效利用系数在0.357～0.442，1998年叶尔羌河流域农田灌溉水有效利用系数为0.357。“最严格的水资源管理制度考核办法”中2015年新疆农田灌溉水有效利用系数考核标准为0.52；《水资源合理配置评价指标体系研究》中有关水资源短缺区农田灌溉水有效利用系数标准等级划分为两级，Ⅰ级标准值为0.7，Ⅱ级标准值为0.3，将其按需要划分为好、中、差3个等级范围，综合以上资料，本书农田灌溉水有效利用系数等级划分标准为Ⅰ级≥0.54、Ⅱ级0.42～0.54、Ⅲ级<0.42。

6）地表水开发利用率

叶尔羌河地表水开发利用率标准首先参照塔里木河干流的确定标准，根据2001～2010年《新疆塔里木河流域水资源公报》，叶尔羌河流域地表水开发利用率最高为87%（2002年），最低为58%（2001年），平均为73%。根据《新疆叶尔羌河流域平原灌区规划报告》，叶尔羌河流域多年平均水资源总量为75.93亿m^3，地表水可利用量为52.91亿m^3，可利用量为多年平均水资源总量的70%。综上，叶尔羌河地表水开发利用率等级划分标准确定为Ⅰ级≤50%、Ⅱ级50%～70%、Ⅲ级>70%。

7）地下水利用率

地下水利用率作为地下水开发利用程度的评价指标，当>100%时，属地下水超采区；当在 80%～100%时，属地下水采补平衡区；当≤80%时，属地下水开发尚有潜力区。根据《新疆塔里木河流域水资源公报》和《新疆叶尔羌河流域平原灌区规划报告》中的相关数据，2004 年叶尔羌河流域地下水利用率为 50%。地下水利用率等级划分标准确定为Ⅰ级≤80%、Ⅱ级 80%～100%、Ⅲ级>100%。

8）平原水库蒸发渗漏损失率

根据《新疆叶尔羌河流域灌区规划报告》，叶尔羌河流域规划年 2010 年共保留水库 24 座，根据资料统计，水库的水量损失占入库总水量的比例普遍在 30%～40%，最大为 52.7%，最小为 29.5%，蒸发渗漏损失较大。经比较，叶尔羌河流域平原水库蒸发渗漏损失率与塔里木河干流相近，因此，等级划分标准同塔里木河干流：Ⅰ级≤20%、Ⅱ级 20%～40%、Ⅲ级>40%。

9）生态水下泄完成率

《塔里木河流域近期综合治理规划》的规划目标中，在多年平均来水条件下，叶尔羌河需向塔里木河干流下泄的生态供水量为 3.3 亿 m^3，规划该生态供水的设计保证率为 50%，从生态水下泄量的完成率考虑，其等级划分标准均为Ⅰ级≥100%，表示生态水下泄量达到甚至大于塔里木河干流需求的生态供水量；Ⅱ级在 80%～100%，表示叶尔羌河的生态水下泄量未达到塔里木河干流需求的生态供水量但完成了 80%及以上；Ⅲ级<80%，表示叶尔羌河的生态水下泄完成率相对较差。

叶尔羌河流域水资源合理配置评价标准见表 11.7。

表 11.7 叶尔羌河流域水资源合理配置评价标准

评价指标	标准划分等级界限		
	Ⅰ级	Ⅱ级	Ⅲ级
缺水率/%	≤10	10～20	>20
农业用水比例/%	≤90	90～95	>95
灌溉保证率/%	≥75	50～75	<50
亩均供水量/（m^3/亩）	≤631	631～800	>800
农田灌溉水有效利用系数	≥0.54	0.42～0.54	<0.42
地表水开发利用率/%	≤50	50～70	>70
地下水利用率/%	≤80	80～100	>100
平原水库蒸发渗漏损失率/%	≤20	20～40	>40
生态水下泄比例/%	≥100	80～100	<80

11.5　塔里木河流域水资源配置评价方法

水资源配置合理性评价是典型的多属性综合评价问题，即多属性决策问题，随着应用数学的发展，水资源评价领域应用的综合评价方法也渐趋多样，本书评价拟选用熵值法、主成分分析法、模糊物元法及投影寻踪法等4种方法。

熵值法属于水资源指标体系评价方法中的系统层次法，能从深层次上反映水资源可持续利用所涉及的因果关系，是一种根据各指标所含信息有序程度来确定权重的方法。应用该法确定评价指标权重，能够深刻反映出指标信息熵值的效用价值，其给出的指标权重值的可信度较高。根据计算得到的各个指标权重，计算其得分，最后各个方案指标的综合即可作为评价结果。

主成分分析方法则属于水资源指标体系评价方法中的多元法，该方法解决了不同量纲指标无量纲化问题，信息丰富，资料易懂，针对性强。通过少数几个主成分来解释多变量的方差-协方差结构的分析方法，使它们尽可能多地保留原始变量的信息，且彼此不相关。在计算出各主成分因子的得分后，利用各主成分的方差贡献率作为其权重，计算各主成分因子的综合得分，作为各个方案的评价分值。

模糊物元法以解决不相容问题为核心，通过计算各备选方案与理想方案之间的距离判断备选方案的优劣。该方法将人们对复杂系统的思维过程数学化，理论明确，结论可靠，在水资源配置评价中应用较多，如在黑河流域、黄河流域、河北省南水北调供水区、武嘉灌区等流域和区域水资源配置中均取得了不错的评价效果，不过该方法中权重系数的确定无统一理论或公式。层次分析法充分吸收专家的主观意见，采用系统的、层次化的数学方法进行分析，即是一种定性与定量结合较好的多目标分析方法，适宜解决难以完全定量分析的决策问题。本书评价采用层次分析法作为模糊物元法中指标权重的确定方法。

投影寻踪模型近10年来在流域水资源配置、水资源承载能力、大型灌区综合效益评价、生态系统健康评价等方面进行了应用，该方法根据样本自身的数据特征，通过将高维数据向低维空间投影进行聚类和评价，避免了评价因素权重确定的人为任意性，具有较强的直观性和可操作性，是较为理想的多因素综合评价新技术。

11.5.1　熵值法

熵，是德国物理学家克劳修斯在1850年创造的一个术语，用来表示一种能量在空间中分布的均匀程度，在哲学和统计物理中解释为物质系统带来的混乱和无序程度。熵越大说明系统越混乱，携带的信息越少，效用值越小，权重就越小；熵越小说明系统越有序，携带的信息越多，效用值越大，权重就越大。

熵值法是一种客观赋权方法，通过计算指标的信息熵，根据指标的相对变化程度对系统整体的影响来决定指标的权重，以减少主观因素的影响。相对变化程度大的指标具有较大的权重，广泛应用在统计学等各个领域。熵值法的主要精髓为熵值、效用价值和权重，通过指标信息熵值的效用价值来确定权重，由它得出的指标权重值较主观赋权法具有较高的可信度和精确度。熵值法计算过程如下。

1）数据收集与整理

假定由 m 个样本组成、n 个指标做综合评价的问题，即可以形成评价系统的初始数据矩阵，如式（11.13）所示，式中 x_{ij} 表示第 i 个样本、第 j 项指标的数值。

$$\boldsymbol{X}=\{x_{ij}\}_{m\cdot n}(0\leqslant i\leqslant m, 0\leqslant j\leqslant n) \tag{11.13}$$

2）数据标准化

为了消除由于量纲不同对评价结果的影响，需要对各指标进行标准化处理。在具体分析过程中，若选用指标的值越大越好，则利用式（11.14）；若选用指标的值越小越好，则利用式（11.15）。

$$x'_{ij}=\frac{x_j-x_{\min}}{x_{\max}-x_{\min}} \tag{11.14}$$

$$x'_{ij}=\frac{x_{\max}-x_j}{x_{\max}-x_{\min}} \tag{11.15}$$

式中，x_j 为 j 项指标值；$x_{\max}$ 为 j 项指标的最大值；$x_{\min}$ 为 j 项指标的最小值；x'_{ij} 为标准化值。

3）比重

计算第 j 项指标下第 i 年份指标值的比重 y_{ij}，如式（11.16）所示，并由此建立数据的比重矩阵 $\boldsymbol{Y}$，如式（11.17）所示，其他符号意义同上。

$$y_{ij}=\frac{x'_{ij}}{\sum_{i=1}^{m}x'_{ij}}(0\leqslant y_{ij}\leqslant 1) \tag{11.16}$$

$$\boldsymbol{Y}=\{y_{ij}\}_{m\cdot n} \tag{11.17}$$

4）信息熵值

计算第 j 项指标下第 i 年份指标的信息熵值 e_j，如式（11.18）所示。其中，K、f_{ij} 的计算如式（11.19）和式（11.20），符号意义同上。

$$e_j = -K\sum_{i=1}^{m} f_{ij}\ln f_{ij} \tag{11.18}$$

$$f_{ij} = \frac{1+y_{ij}}{\sum_{j=1}^{m}(1+y_{ij})} \tag{11.19}$$

$$K = 1/\ln m \tag{11.20}$$

5）信息效用值

信息效用值为指标的信息熵值 e_j 与 1 之间的差值，信息效用值结果直接影响权重的大小。信息效用值越大，对评价的重要性就越大，权重相应就越大，对评价结果的贡献就越大，如式（11.21）。

$$d_j = 1 - e_j \tag{11.21}$$

式中，d_j 为信息效用值。

6）权重

利用指标的信息效用值计算指标权重，第 j 项指标的权重 w_j 如式（11.22），符号意义同上。

$$w_j = \frac{d_j}{\sum_{i=1}^{m} d_j} \tag{11.22}$$

7）样本评价

采用加权求和计算样本的综合评价结果，如式（11.23），其中 U 为综合评价值，值越大样本效果越好，最后比较所有的 U 值，排序对各个方案进行评价，确定最优方案。

$$U = \sum_{i=1}^{n} 100 y_{ij} w_{ij} \tag{11.23}$$

式中，n 为指标个数，其他符号意义同上。

11.5.2 主成分分析法

1）基本原理

现实研究过程中，往往需要对所反映事物、现象从多个角度进行观测。因此，研究者往往设计出多个观测变量，从多个变量收集大量数据以便分析寻找规律。多变量大样本虽然会为我们的科学研究提供了丰富的信息，但却增加了数据采集和处理的难度。更重要的是，许多变量之间存在一定的相关关系，导致了信息的重叠现象，从而增加了问题分析的复杂性。

主成分分析法借助于一个正交变换，将其分量相关的原随机向量转化成其分量不相关的新随机向量，这在代数上表现为将原随机向量的协方差阵变换成对角形阵，在几何上表现为将原坐标系变换成新的正交坐标系，使之指向样本点散布最开的 p 个正交方向，然后对多维变量系统进行降维处理。

假定有 n 个样本、每个样本有 p 个变量构成一个 $n\times p$ 阶的数据矩阵。当 p 较大时，在 p 维空间中考察问题比较麻烦。降维原理是用较少的几个综合指标代替原来较多的变量指标，而且使这些较少的综合指标尽可能多地反映原来较多变量指标所包含信息；同时，它们之间又是彼此独立的。

2）定义

x_1，…，x_p 为原变量指标，z_1，…，z_m（$m\leqslant p$）为新变量指标，其本质就是确定原来变量 x_j 在各个主成分 z_i 上的载荷 l_{ij}（$i=1$，…，m；$j=1$，…，p）。其中，载荷 l_{ij} 是相关矩阵的 m 个较大的特征值所对应的特征向量，分析基本模型如式（11.24）。

$$\begin{cases} z_1 = l_{11}x_1 + l_{12}x_2 + \cdots + l_{1p}x_p \\ z_2 = l_{21}x_1 + l_{22}x_2 + \cdots + l_{2p}x_p \\ \qquad\vdots \\ z_m = l_{m1}x_1 + l_{m2}x_2 + \cdots + l_{mp}x_p \end{cases} \tag{11.24}$$

3）相关系数

分析计算原变量 x_i 与 x_j 的相关系数，构建相关系数矩阵 r_{ij}（i，$j=1$，…，p）为原变量 x_i 与 x_j，如式（11.25）。

$$\boldsymbol{R} = \begin{bmatrix} r_{11} & r_{12} & \cdots & r_{1p} \\ r_{21} & r_{22} & \cdots & r_{2p} \\ \vdots & \vdots & \vdots & \vdots \\ r_{p1} & r_{p2} & \cdots & r_{pp} \end{bmatrix} \tag{11.25}$$

系数确定原则为：

（1）z_i 与 z_j（$i\neq j$；i，$j=1$，2，…，m）相互无关；

（2）z_1 是 x_1，x_2，…，x_p 的一切线性组合中方差最大者，z_2 是与 z_1 不相关的 x_1，x_2，…，x_p 的所有线性组合中方差最大者；…，z_m 是与 z_1，z_2，…，z_{m-1}都不相关的 x_1，x_2，…，x_p 的所有线性组合中方差最大者。则新变量指标 z_1，z_2，…，z_m 分别称为原变量指标 x_1，x_2，…，x_p 的第一，第二，…，第 m 主成分。

4）特征值

求解特征方程，如式（11.26），求出特征值 λ 后按大小顺序排列，式中 $\boldsymbol{I}$ 为单位特征向量，其他符号意义同上。

$$|\lambda \boldsymbol{I} - \boldsymbol{R}| = 0 \tag{11.26}$$

5）特征向量

求出对应于特征值 $\boldsymbol{\lambda}_i$ 的特征向量 $\boldsymbol{l}_i$（$i=1, 2, \cdots, p$），如式（11.27）。

$$\| \boldsymbol{l}_i \| = 1 \tag{11.27}$$

6）贡献率

计算每个主成分 z_m 所对应的贡献率，如式（11.28）。

$$\frac{\lambda_i}{\sum_{k=1}^{p} \lambda_k} (i = 1, \cdots, p) \tag{11.28}$$

7）累计贡献率

计算累计贡献率。一般取累计贡献率达 80%～85%的特征值 λ_1，λ_2，…，λ_m 所对应的第 1 个，第 2 个，…，第 m（$m \leqslant p$）个主成分作为分析时的主成分个数。

8）各主成分得分

将特征向量与标准化后的数据相乘即为主成分得分。

9）综合评价

以各主成分的贡献率作为权重，构造综合评价函数对每个样本评价、排名，得出评价结果，如式（11.29）。

$$U = \frac{z_1 \times c_1 + \cdots + z_p \times c_p}{c_1 + \cdots + c_p} \tag{11.29}$$

式中，U 为每个样本最后得分，c_p 为贡献率，其他符号意义同上。

11.5.3 模糊物元法

11.5.3.1 基本原理

模糊物元分析是模糊数学与物元分析相结合的一门交叉学科。物元分析由我国学者蔡文于 1983 年创建，是一门介于数学和实验之间，系统科学、思维科学和数学科学交叉的边缘学科。它通过分析大量实例发现：人们在处理不相容问题时，必须将事物、特征及相应的量值综合在一起考虑，才能构思出解决不相容问题的方法，更贴切地描述客观事物的变化规律，把解决矛盾问题的过程形式化。这种方法的主要思想是把事物用“事物、特征、量值”三个要素来描述，把这些要素组成有序三元组的基本元，即物元。物元概念既包含了事物质的方面，也包含了事物量的方面，是一个承载定量信息和定性信息的完美载体。

如果物元中的量值带有模糊性，便构成了模糊不相容问题，则需要在物元分析中引入模糊数学。模糊物元分析就是把模糊数学和物元分析有机地结合在一起，对事物特征相应的量值所具有的模糊性和影响事物众多因素间的不相容性加以分析、综合，从而获得解决这类模糊不相容问题的一种新方法。这一方法始用于工程技术领域，在石油资源评价、优选油气开发方案等方面已得到广泛应用，近几年来在水资源配置评价中也有较多尝试与应用，并取得了良好的成果。

1）模糊复合物元

模糊物元以有序三元组“事物、特征、模糊量值”作为描述事物的基本元，记为

$$\boldsymbol{R}=\begin{bmatrix} & M \\ C & \mu(x) \end{bmatrix} \tag{11.30}$$

式中，$\boldsymbol{R}$ 为模糊物元；M 为事物；C 为事物所具有的特征；$\mu(x)$ 为与特征 C 相对应的模糊量值，也即特征 C 对应量值 x 的隶属度。

将物元的概念拓展，如果事物 M 用 n 个特征 C_1，C_2，…，C_n 相应的模糊量值 $\mu(x_1)$，$\mu(x_2)$，…，$\mu(x_n)$ 来描述，则称为 n 维模糊物元；如果 m 个事物用其共同的 n 个特征，便构成了 m 个事物 n 维模糊复合物元，记为

$$\underset{\sim}{\boldsymbol{R}}_{mn}=\begin{bmatrix} & M_1 & M_2 & \cdots & M_m \\ C_1 & \mu(x_{11}) & \mu(x_{21}) & \cdots & \mu(x_{m1}) \\ C_2 & \mu(x_{12}) & \mu(x_{22}) & \cdots & \mu(x_{m2}) \\ \vdots & \vdots & \vdots & \vdots & \vdots \\ C_n & \mu(x_{1n}) & \mu(x_{2n}) & \cdots & \mu(x_{mn}) \end{bmatrix} \tag{11.31}$$

式中，$\underset{\sim}{\boldsymbol{R}}_{mn}$ 为 m 个事物 n 维复合模糊物元；M_j 为第 j 个事物，$j=1, 2, \cdots, m$；C_i 为第 i 项特征，$i=1, 2, \cdots, n$；$\mu(x_{ji})$ 为第 j 个事物第 i 项特征对应的模糊量值，$j=1, 2, \cdots, m$；$i=1, 2, \cdots, n$。

对于具体事物来说，往往给出的是具体量值，也就是说，我们往往首先得到的是 m 个事物 n 维复合物元，记为

$$\boldsymbol{R}_{mn}=\begin{bmatrix} & M_1 & M_2 & \cdots & M_m \\ C_1 & x_{11} & x_{21} & \cdots & x_{m1} \\ C_2 & x_{12} & x_{22} & \cdots & x_{m2} \\ \vdots & \vdots & \vdots & \vdots & \vdots \\ C_n & x_{1n} & x_{2n} & \cdots & x_{mn} \end{bmatrix} \tag{11.32}$$

式中，$\boldsymbol{R}_{mn}$ 为 m 个事物 n 维复合物元；x_{ji} 为第 j 个事物第 i 项特征对应的量值，$j=1, 2, \cdots, m$；$i=1, 2, \cdots, n$；其他符号意义同前。

对于流域水资源配置评价而言，事物 M 就是指不同的评价方案，特征 C 指各项评价指标，量值 x 则指各项评价指标的量化值。

2）从优隶属度

有些属性值是效益型，取值越大越优；有些是成本型的，取值越小越优；还有些是区间型及其他类型的属性。如果依据这些指标进行物元间的比选，需要对属性值进行处理。在物元可拓学中一般采用将属性值转化为从优隶属度的方法。

模式一：

越大越优型为

$$u_{ji}=\frac{\min(x_{ji},c_i)}{\max(x_{ji},c_i)} \tag{11.33}$$

越小越优型为

$$u_{ji}=\frac{x_{ji}-\min x_{ji}}{\max x_{ji}-\min x_{ji}} \tag{11.34}$$

适中型为

$$u_{ji}=\frac{\min(x_{ji},c_i)}{\max(x_{ji},c_i)} \tag{11.35}$$

模式二：

越大越优型为

$$u_{ji}=\frac{x_{ji}-\min x_{ji}}{\max x_{ji}-\min x_{ji}} \tag{11.36}$$

越小越优型为

$$u_{ji}=\frac{\max x_{ji}-x_{ji}}{\max x_{ji}-\min x_{ji}} \tag{11.37}$$

适中型同式（11.35）。

式中，μ_{ji} 为第 j 个事物第 i 项特征的从优隶属度；$\max x_{ji}$、$\min x_{ji}$ 为各事物中每一项特征所有量值 x_{ji} 中的最大值和最小值；c_i 为某一项特征的适中值，是一个确定值。其他符号意义同前。

处理后可得到形如式（11.38）的模糊物元优属度矩阵。

$$\underline{\boldsymbol{R}}_{mn}=\begin{bmatrix} & M_1 & M_2 & \cdots & M_m \\ C_1 & \mu_{11} & \mu_{21} & \cdots & \mu_{m1} \\ C_2 & \mu_{12} & \mu_{22} & \cdots & \mu_{m2} \\ \vdots & \vdots & \vdots & \vdots & \vdots \\ C_n & \mu_{1n} & \mu_{2n} & \cdots & \mu_{mn} \end{bmatrix} \tag{11.38}$$

式中，$\underline{\boldsymbol{R}}_{mn}$ 为 m 个事物 n 维复合物元。

3）标准模糊物元与差平方复合模糊物元

由$\underline{\boldsymbol{R}}_{mn}$ 中各方案从优隶属度中的最大值构成标准方案的 n 维模糊物元$\underline{\boldsymbol{R}}_{0n}$，记为

$$\underline{\boldsymbol{R}}_{0n}=\begin{bmatrix} & M_0 \\ C_1 & \mu_{01} \\ C_2 & \mu_{02} \\ \vdots & \vdots \\ C_n & \mu_{0n} \end{bmatrix}=\begin{bmatrix} & M_0 \\ C_1 & \max\limits_{1\leqslant j\leqslant n}\mu_{j1} \\ C_2 & \max\limits_{1\leqslant j\leqslant n}\mu_{j2} \\ \vdots & \vdots \\ C_n & \max\limits_{1\leqslant j\leqslant n}\mu_{jn} \end{bmatrix} \tag{11.39}$$

若以 Δ_{ji} （$i=1, 2, \cdots, m$；$i=1, 2, \cdots, m$）表示标准模糊物元$\underline{\boldsymbol{R}}_{0n}$与复合模糊物元$\underline{\boldsymbol{R}}_{mn}$ 中各项差的平方，则组成差平方复合模糊物元$\underline{\boldsymbol{R}}_{\Delta}$，记为

$$\underline{\boldsymbol{R}}_{\Delta}=\begin{bmatrix} & M_1 & M_2 & \cdots & M_m \\ C_1 & \Delta_{11} & \Delta_{21} & \cdots & \Delta_{m1} \\ C_2 & \Delta_{12} & \Delta_{22} & \cdots & \Delta_{m2} \\ \vdots & \vdots & \vdots & \vdots & \vdots \\ C_n & \Delta_{1n} & \Delta_{2n} & \cdots & \Delta_{mn} \end{bmatrix}=\begin{bmatrix} & M_1 & M_2 & \cdots & M_n \\ C_1 & (\mu_{11}-\mu_{01})^2 & (\mu_{21}-\mu_{01})^2 & \cdots & (\mu_{m1}-\mu_{01})^2 \\ C_2 & (\mu_{12}-\mu_{0i})^2 & (\mu_{22}-\mu_{02})^2 & \cdots & (\mu_{m2}-\mu_{02})^2 \\ \vdots & \vdots & \vdots & \vdots & \vdots \\ C_n & (\mu_{1n}-u_{0i}{}^2) & (\mu_{2n}-\mu_{0i})^2 & \cdots & (\mu_{mn}-\mu_{0n})^2 \end{bmatrix}$$

4)欧氏贴近度

要想从关联系数矩阵中直接判断出哪个事物最优很难,除非某事物所有关联系数均明显优于其他事物。为方便比较,我们给每个事物的各个特征(即各评价指标)赋予权重,这样就能将每个事物的所有关联系数集中到一个值,即关联度。

关联度是衡量普通物元与理想物元接近程度的尺度,通常应用距离来衡量。一般,当评价指标之间相关性不大时,多用欧氏距离;如果各指标间相关性较大时,多用马氏距离。水资源优化配置评价指标的相对独立性较高,本书采用欧氏贴近度 $\rho \mathrm{H}_j$ 来表征各评价方案与标准方案间的贴近程度。同时,考虑量化结果是同一事物全部特征共同作用的综合得分,所以本书采用 m（×,+)模式,即先乘后加运算来计算欧氏贴近度 $\rho \mathrm{H}_j$。

$$\rho \mathrm{H}_j=1-\sqrt{\sum_{i=1}^{n}\omega_i\Delta_{ji}} \tag{11.40}$$

式中,$\rho \mathrm{H}_j$ 为第 j 个事物相对于标准事物的欧氏贴近度。

由此,可构造欧氏贴近度复合模糊物元 $R_{\rho\mathrm{H}}$欧氏贴近度复合模糊物元。

$\rho \mathrm{H}_j$ 为第 j 个方案与标准方案之间的相互接近程度,其值越大,表示两者越接近;反之,则相差越大。根据欧氏贴近度的大小对各方案进行优劣排序,也可以根据标准值的欧氏贴近度进行类别划分。显然,$\rho \mathrm{H}_j$ 最大值对应的方案即为评价方

法得到的最优方案。

11.5.3.2　计算步骤

塔里木河流域水资源合理配置评价包含两方面的内容，一是针对不同规划水平年的配置方案集，进行综合优劣评判，甄选出最优方案；二是根据评价标准对各方案的合理性进行评价。针对塔里木河流域水资源配置评价，不同配置方案构成了方案集 M，12 个评价指标构成了事物特征 C，指标值则构成了特征量值 x。模糊物元法具体计算步骤如下。

(1)针对不同水平年，构建由 m 个方案集组成的复合物元 $\boldsymbol{R}_{mn}$。2020 水平年和 2030 年水平年分别设置了 4 个配置方案，即 2020 水平年和 2030 年水平年将分别构建由 4 个方案组成的包含 12 项评价指标的复合物元。

(2)根据从优隶属度原则，将 $\boldsymbol{R}_{mn}$ 转换为模糊物元优属度矩阵 $\underline{\boldsymbol{R}}_{mn}$。为方便分析，本书将评价指标划分为越大越优和越小越优两种类型，其中，灌溉保证率、农田灌溉水有效利用系数、河道内生态基流保证率、河道外生态用水保证率和生态用水比例属于越大越优型指标，采用式(11.36)计算；缺水率、农业用水比例、万元工业产值用水量、亩均供水量、地表水开发利用率、地下水利用率、平原水库蒸发渗漏损失率属于越小越优型指标，采用式(11.37)计算。

为确保不同水平年评价标准的一致性，同时也为更加客观实际地反映评价结果的合理水平，式(11.36)和式(11.37)中最大值、最小值的取值采用包括现状方案在内的所有方案的极值，相应的，标准方案根据这些极值确定。依据从优隶属度原则对标准方案进行转换，取其最大值组成标准方案的模糊物元。

(3)按照式(11.39)，计算各评价方案指标与标准方案指标之间距离的平方，组成差平方复合模糊物元 $\underline{\boldsymbol{R}}_{\Delta}$。

(4)确定评价指标权重。本书拟采用层次分析法确定指标权重，详见 11.5.3.3 节。

(5)确定最优方案，进行方案合理性分析。根据式(11.40)，构建基于欧氏贴近度的模糊物元模型，计算并比较各方案的欧氏贴近度，确定最优方案及其在评价标准中所处的层次。

11.5.3.3　权重赋值方法——层次分析法

多属性综合评价的关键在于如何将一个多指标问题综合成一个单指标的形式在一维空间进行比较，其实质就是如何合理确定每个评价指标的权重。权重，简而言之，就是决策者对各评价指标的重视程度，其确定方法一直以来都是综合评价研究的重点。近年来权重赋值常用的方法主要有：层次分析法、德尔菲法、熵值法、主成分分析法、统计试验法、集值统计迭代法及主客观组合赋值方法等。本书评价拟选择层次分析法确定各指标权重。

层次分析法是美国运筹学家 Satty. T. L 教授于 20 世纪 70 年代初提出的，从定性分析到定量分析综合集成的一种典型的系统工程方法。它将人们对复杂系统的思维过程数学化，将人的主观判断为主的定性分析进行定量化，将各种判断要素之间的差异数值化，帮助人们保持思维过程的一致性。层次分析法在本质上也属于专家参与的决策方法，具有一定的主观性，但由于其在实际操作时将一个复杂问题分解成组成因素，并按支配关系形成层次结构，然后两两比较确定各因素的相对重要性。因此，比其他决策方法要灵活，可以解决的问题更复杂，适用于复杂的模糊综合评价系统，并且对塔里木河流域这样一个水资源严重缺乏，自然生态十分脆弱的流域而言，在配置中需要更多地参考专家经验，其结果更具说服力。

层次分析法确定权重系数的基本步骤如下。

1）建立层次结构模型

一个复杂的无结构问题可以通过逐层分解明晰层次和结构，针对要分析的问题，将要实现的目标、所受到的约束条件、所包含的因素等划分为不同的层次，塔里木河流域水资源合理配置评价层次结构如指标体系中所确立的，分为目标层、准则层（4 个）、指标层（12 个）三个层次（表 11.1）。

2）构造判断矩阵

判断矩阵是层次分析法的信息基础和计算基础。从第二层开始，针对上一层某个元素，对本层次与之相关元素通过两两对比进行相对重要性判断，并用约定的标度表示出来。n 个元素进行比较后，可得到两两比较判断矩阵 $\mathbf{A}$，记为

$$\mathbf{A}=\begin{bmatrix} a_{11} & \cdots & a_{1m} \\ \vdots & & \vdots \\ a_{n1} & \cdots & a_{nn} \end{bmatrix}=(a_{ij})_{n\times n} \tag{11.41}$$

判断矩阵中元素重要性的赋值方法通常采用 1～9 及其倒数标度法，具体见表 11.8。

表 11.8　判断矩阵标度及其含义

a_{ij} 赋值	重要性等级
1	i,j 两元素同样重要
3	i 元素比 j 元素稍重要
5	i 元素比 j 元素明显重要
7	i 元素比 j 元素强烈重要
9	i 元素比 j 元素极端重要
2,4,6,8	上述两相邻判断的中值
倒数	i 元素与 j 元素比较结果的反值

3)层次单排序

层次单排序是指根据判断矩阵计算对上一层某因素而言，本层次与之有联系的因素的重要性次序的权值，即本层指标针对上一层指标的权重。判断矩阵权重计算较为常用的方法有两种：乘积方根法和列和求逆法，本书评价采用乘积方根法，计算步骤如下。

(1)将判断矩阵 **A** 的各元素按行连乘并开 n 次方，即求各行元素的几何平均值 b_i。

$$b_i = \left(\prod_{j=1}^{n} a_{ij}\right)^{1/n} \quad i = 1,2,\cdots,n \tag{11.42}$$

(2)进行归一化处理，求得各元素(指标 C_i)的权重系数。

$$\omega_{c_i} = \frac{b_i}{\sum_{i=1}^{n} b_i} \quad i = 1,2,\cdots,n \tag{11.43}$$

(3)计算判断矩阵 **A** 的最大特征值 $\lambda_{\max}$。

$$\lambda_{\max} = \frac{1}{n}\sum_{1}^{n} \frac{\sum_{i=1}^{n} \alpha_{ij}\omega_i}{\omega_i} \quad i = 1,2,\cdots,n \tag{11.44}$$

(4)一致性检验。

首先，计算一致性指标 CI：

$$\mathrm{CI} = \frac{\lambda_{\max} - n}{n-1} \tag{11.45}$$

其次，根据表 11.9，按矩阵阶数 n 查出随机一致性指标 RI。

表 11.9　平均随机一致性指标 RI

n	1	2	3	4	5	6	7	8	9
RI	0	0	0.58	0.90	1.12	1.24	1.32	1.41	1.45

最后，计算随机一致性比例 CR 值，判断一致性。

$$\mathrm{CR} = \frac{\mathrm{CI}}{\mathrm{RI}} \tag{11.46}$$

当 CR<0.1 时，认为判断矩阵具有满意的一致性，否则，需对判断矩阵进行调整。

4)层次总排序

计算同一层次所有因素对于最高层(目标层)相对重要性排序权值称为总排序，该过程是从最高层到最低层逐层进行的，若上一层 A 包含 m 个因素 $A_1, A_2, \cdots, A_m$，其层次总排序权值分别为 $a_1,a_2,\cdots,a_m$，下一层次 B 包含 n 个因素 $B_1,B_2,\cdots,B_n$，且相对于因素 A_j 的单排序权值分别为 $b_{1j},b_{2j},\cdots,b_{nj}$（当 B_k 与 A_j 无关联时，$b_{kj}=0$），此时 B 层各元素(指标)的层次总排序权值为

$$w_i = \sum_{j=1}^{m} a_j b_{nj} \tag{11.47}$$

同样，进行一致性检验，当 $CR'<0.1$ 时，认为层次排序具有满意的一致性。其中，

$$j = 1,2,\cdots,n \quad CR' = \frac{CI'}{RI'} \tag{11.48}$$

$$j = 1,2,\cdots,n \quad CR' = \sum_{j=1}^{m} a_j CI \tag{11.49}$$

$$j = 1,2,\cdots,n \quad RI' = \sum_{j=1}^{m} a_j RI \tag{11.50}$$

11.5.4 投影寻踪法

11.5.4.1 投影寻踪模型

投影寻踪是用于分析和处理非正态、非线性数据的一种高新技术，其基本思想是:利用计算机技术，把高维数据通过某种组合投影到低维子空间上，并通过极小化某个投影，寻找出能反映原始数据结构或特征的投影，以达到研究和分析高维数据的目的。其建模过程包括如下步骤。

1)评价指标值的归一化处理

设研究方案集为$\{x(i,j)|i=1,2,\cdots,m;j=1,2,\cdots,n\}$，其中，$x(i,j)$ 为第 i 个方案第 j 个评价值指标；m 和 n 分别为方案的数目和评价指标的数目。

为消除各评价指标的量纲和统一各评价指标的变化范围，对越大越优型、越小越优型评价指标分别采用式 11.51 和式 11.52 进行归一化处理。

$$x'_{ij} = \frac{x(i,j) - \min\{x(j)\}}{\max\{x(j)\} - \min\{x(j)\}} \tag{11.51}$$

$$x'_{ij} = \frac{\max\{x(j)\} - x(i,j)}{\max\{x(j)\} - \min\{x(j)\}} \tag{11.52}$$

式中，$\min\{x(j)\}$、$\max\{x(j)\}$ 分别为方案集中第 j 个评价指标的最小值、最大值。

2) 构造投影指标函数

投影寻踪聚类模型（简称 PPC 模型）就是把 m 维数据 $\{x(i,j)\ |i=1,$

2，…，m｝综合成为以 $a=[a(1),a(2),\cdots,a(m)]$ 为投影方向的一维投影值。

$$z(i)=\sum_{j=1}^{m}a(j)\times x(i,j) \tag{11.53}$$

然后根据｛$z(i) \mid i=1,2,\cdots,m$｝的一维散布图进行方案优选，式（11.54）中 a 为单位长度向量。在综合投影值时，要求投影值 $z(i)$ 的散布特征应为：局部投影点尽可能密集，最好凝聚成若干个点团；而在整体上投影点团之间尽可能散开。投影指标函数可构造为

$$Q(a)=S_zD_z \tag{11.54}$$

式中，S_z 为投影值 $z(i)$ 的标准差；D_z 为投影值 $z(i)$ 的局部密度。

$$S_z=\sqrt{\sum_{i=1}^{m}\frac{[z(i)-E_z]^2}{m-1}} \tag{11.55}$$

$$D_z=\sum_{i=1}^{m}\sum_{j=1}^{n}(R-r_{ij})u(t) \tag{11.56}$$

$$t=R-r_{ij} \tag{11.57}$$

式中，E_z 为系统的均值；R 为局部密度的窗口半径，R 可以根据试验来确定，一般可取值为 $0.1S_z$；r_{ij} 为距离 $r_{ij}=|z(i)-z(j)|$；$u(t)$ 为一单位阶跃函数，当 $t\geqslant 0$ 时，其函数值为 1；当 $t<0$ 时，其函数值为 0。

3）优化投影指标函数

当方案集给定时，投影指标函数 $Q(a)$ 只随投影方向 a 的变化而变化。通过求解投影指标函数最大化问题，可估计最佳投影方向，即

最大化目标函数

$$\max: Q(a)=S_zD_z \tag{11.58}$$

约束条件

$$\text{s.t.}: \sum_{j=1}^{n}[a(j)]^2=1 \tag{11.59}$$

4）分类

把由步骤 3）求得的最佳投影方向 a^* 代入式（11.53）后即得各方案的投影值 $z^*(i)$，显然 $z^*(i)$ 值越大对应的方案 i 越优。对 $z^*(i)$ 值从大到小排序，最大的 $z^*(i)$ 值所对应的方案 i 就是最优方案。

以上问题是一个以｛$a(j) \mid j=1,2,\cdots,n$｝为优化变量的复杂非线性优化问题，用常规优化方法处理较困难。模拟生物优胜劣汰的（RAGA）是一种通用的全局优化方法，用它来求解上述问题十分简便和有效。

11.5.4.2 Matlab 遗传算法工具箱对投影寻踪模型求解

遗传算法是一种较先进的算法，合理地设计算子和算法可以解决常规算法无法解决的确保全局最优的问题。本书研究基于 Matlab 软件中的遗传算法工具箱，编写了投影寻踪模型最大目标函数，前加负号转化为求最小值，并以该单目标作为适应度函数，建立等式约束条件，设定初始上下限为 [−1，1]，设定运行中下限为 [−1 −1 … −1]；上限中输入 [1 1 … 1]，其中−1 和 1 的数目与指标数目一致，设定种群规模等参数和选择需输出的图形，部分可为默认。点击运行，代函数迭代收敛后自动停止，并输出最佳投影方向和目标函数值，由于在参数设计不合理的情况下，可能会陷入局部最优，为避免这种情况，本书选择较大的规模种群，初设种群规模，初始权向量设为随机，多次运行，当多次输出结果陷入局部最优时，增加种群规模，继续运行，直到运行结果稳定为止，此时结果即为全局最优结果。

12　塔里木河流域水资源配置评价计算

根据建立的塔里木河流域水资源合理配置评价指标体系、评价标准、评价方法，对不同规划水平年塔里木河干流水资源配置方案集进行综合评价，推荐出最为合理的配置方案，并对塔里木河流域的水资源开发、利用、配置模式提出建议，为流域水资源的可持续利用提供可靠的决策依据。

12.1　塔里木河干流水资源配置方案评价

评价对象：根据9.1节“现状水平年流域水资源配置成果分析”，不同规划水平年塔里木河干流水资源配置方案集，共计8个方案，其中方案一～方案四为2020水平年方案；方案五～方案八为2030水平年方案。本书评价针对不同规划水平年的8个方案进行分组评价，分别优选出2020水平年和2030水平年的最优配置方案。

评价分区：首先，对阿拉尔—新渠满、新渠满—英巴扎、英巴扎—乌斯满、乌斯满—阿其克、阿其克—恰拉等5个河段不同方案的配置结果进行评价；然后，根据各分区评价值，结合全局指标流域缺水率、大西海子下泄量、设计保证满足率计算流域综合评价值；最终，得到不同方案的优劣排序。

评价依据：①由4条评价准则和12项评价指标构成的塔里木河干流水资源配置评价指标体系；②塔里木河干流水资源配置评价标准。

评价方法：在分别采用熵值法、主成分分析法、模糊物元法、投影寻踪法进行评价的基础上，对各方法得到的评价结果进行综合评判，得到最终的评价结果，推荐不同规划水平年的最优配置方案。

12.1.1　塔里木河干流不同配置方案的指标值

根据第4～6章中对塔里木河干流经济发展及农业、工业、生活、生态需水量的预测，以及第7章中得到的不同配置方案下水资源配置平衡计算结果，得到8个配置方案下塔里木河干流5个评价分区的评价指标值，详见表12.1～表12.8。

表 12.1 方案一 塔里木河干流分河段评价指标值（2020 年）

评价指标	阿—新	新—英	英—乌	乌—阿	阿—恰
缺水率/%	0.159 3	0.187 5	0.207 5	0.502 2	0.395 2
农业用水比例/%	0.305 5	0.354 2	0.208 7	0.109 3	0.108 7
灌溉保证率/%	0.811 3	0.811 3	0.754 7	0.622 6	0.754 7
万元工业产值用水量/(m^3/万元)	185	186	243	185	185
亩均供水量/(m^3/亩)	869.74	907.70	795.50	742.26	694.72
农田灌溉水有效利用系数	0.47	0.46	0.50	0.54	0.56
地表水开发利用率/%	0.623 1	0.721 1	0.855 6	0.602 1	0.698 4
地下水利用率/%	0.111 1	0.111 1	0.111 1	0.103 0	0.075 5
平原水库蒸发渗漏损失率/%	0.321 6	0.312 8	0.296 4	0.300 3	0.316 8
河道内生态基流保证率/%	0.920 0	0.924 5	0.943 4	0.943 4	0.943 4
河道外生态用水保证率/%	0.509 4	0.490 6	0.566 0	0.452 8	0.584 9
生态用水比例/%	0.679 2	0.642 6	0.7253	0.866 7	0.868 8

表 12.2 方案二 塔里木河干流分河段评价指标值（2020 年）

评价指标	阿—新	新—英	英—乌	乌—阿	阿—恰
缺水率/%	0.159 1	0.185 3	0.196 0	0.463 0	0.353 4
农业用水比例/%	0.305 5	0.353 5	0.206 9	0.110 5	0.110 2
灌溉保证率/%	0.792 5	0.792 5	0.773 6	0.792 5	0.792 5
万元工业产值用水量/(m^3/万元)	185	186	243	185	185
亩均供水量/(m^3/亩)	869.83	907.96	796.86	751.55	705.13
农田灌溉水有效利用系数	0.47	0.46	0.50	0.54	0.56
地表水开发利用率/%	0.622 9	0.720 6	0.852 3	0.575 2	0.673 7
地下水利用率/%	1.00	0.936 7	0.760 6	0.464 1	0.411 6
平原水库蒸发渗漏损失率/%	0.296 8	0.326 4	0.286 9	0.339 8	0.324 4
河道内生态基流保证率/%	0.886 8	0.943 4	0.886 8	0.962 3	0.962 3
河道外生态用水保证率/%	0.490 6	0.490 6	0.547 2	0.528 3	0.717 0
生态用水比例/%	0.679 3	0.643 3	0.727 8	0.865 5	0.867 4

表 12.3 方案三 塔里木河干流分河段评价指标值（2020 年）

评价指标	阿—新	新—英	英—乌	乌—阿	阿—恰
缺水率/%	0.159 1	0.186 8	0.202 9	0.493 3	0.382 1
农业用水比例/%	0.303 8	0.355 4	0.207 2	0.107 8	0.110 6
灌溉保证率/%	0.735 8	0.792 5	0.773 6	0.547 2	0.717 0
万元工业产值用水量/(m^3/万元)	185	186	243	185	185
亩均供水量/(m^3/亩)	863.26	912.72	789.89	731.11	708.13
农田灌溉水有效利用系数	0.47	0.45	0.50	0.55	0.55
地表水开发利用率/%	0.622 8	0.722 6	0.854 5	0.604 8	0.699 9
地下水利用率/%	0.111 1	0.111 1	0.111 1	0.103 0	0.075 5
平原水库蒸发渗漏损失率/%	0.287 6	0.342 4	0.313 3	0.321 4	0.276 9

续表

评价指标	阿—新	新—英	英—乌	乌—阿	阿—恰
河道内生态基流保证率/%	0.920 0	0.943 4	0.943 4	0.886 8	0.962 3
河道外生态用水保证率/%	0.509 4	0.509 4	0.547 2	0.452 8	0.717 0
生态用水比例/%	0.680 9	0.641 4	0.726 9	0.868 1	0.867 0

表 12.4 方案四 塔里木河干流分河段评价指标值（2020 年）

评价指标	阿—新	新—英	英—乌	乌—阿	阿—恰
缺水率/%	0.158 9	0.184 3	0.190 5	0.453 2	0.341 8
农业用水比例/%	0.303 8	0.355 5	0.206 2	0.109 1	0.111 8
灌溉保证率/%	0.792 5	0.792 5	0.773 6	0.792 5	0.792 5
万元工业产值用水量/(m^3/万元)	185	186	243	185	185
亩均供水量/(m^3/亩)	863.35	915.20	794.77	741.33	716.53
农田灌溉水有效利用系数	0.47	0.45	0.50	0.55	0.55
地表水开发利用率/%	0.622 7	0.721 7	0.853 2	0.576 0	0.675 0
地下水利用率/%	1.00	0.936 7	0.760 6	0.464 1	0.411 6
平原水库蒸发渗漏损失率/%	0.321 4	0.331 8	0.284 9	0.296 4	0.321 5
河道内生态基流保证率/%	0.920 0	0.943 4	0.943 4	0.962 3	0.962 3
河道外生态用水保证率/%	0.509 4	0.509 4	0.547 2	0.528 3	0.717 0
生态用水比例/%	0.680 9	0.641 4	0.728 6	0.866 8	0.865 9

表 12.5 方案五 塔里木河干流分河段评价指标值（2030 年）

评价指标	阿—新	新—英	英—乌	乌—阿	阿—恰
缺水率/%	0.159 7	0.174 8	0.163 4	0.519 2	0.388 5
农业用水比例/%	0.268 4	0.305 4	0.154 4	0.095 8	0.099 2
灌溉保证率/%	0.754 7	0.773 6	0.754 7	0.735 8	0.754 7
万元工业产值用水量/(m^3/万元)	150	150	259	150	150
亩均供水量/(m^3/亩)	741.72	755.91	695.85	661.33	646.27
农田灌溉水有效利用系数	0.55	0.54	0.56	0.60	0.60
地表水开发利用率/%	0.613 5	0.711 5	0.862 4	0.600 6	0.684 8
地下水利用率/%	0.185 2	0.185 2	0.185 2	0.171 7	0.125 9
平原水库蒸发渗漏损失率/%	0.314 4	0.336 4	0.285 5	0.295 4	0.301 5
河道内生态基流保证率/%	0.920 0	0.943 4	0.943 4	0.924 5	0.962 3
河道外生态用水保证率/%	0.509 4	0.509 4	0.547 2	0.490 6	0.717 0
生态用水比例/%	0.703 1	0.690 3	0.616 4	0.852 7	0.852 1

表 12.6 方案六 塔里木河干流分河段评价指标值（2030 年）

评价指标	阿—新	新—英	英—乌	乌—阿	阿—恰
缺水率/%	0.159 4	0.171 4	0.151 6	0.467 1	0.319 9
农业用水比例/%	0.268 4	0.304 5	0.153 5	0.097 2	0.100 4
灌溉保证率/%	0.754 7	0.811 3	0.773 6	0.924 5	0.792 5
万元工业产值用水量/(m^3/万元)	150	150	377	150	150

续表

评价指标	阿—新	新—英	英—乌	乌—阿	阿—恰
亩均供水量/(m^3/亩)	741.84	756.10	698.60	672.13	655.13
农田灌溉水有效利用系数	0.55	0.54	0.56	0.60	0.60
地表水开发利用率/%	0.613 1	0.710 5	0.858 2	0.575 8	0.653 8
地下水利用率/%	1.00	1.00	1.00	0.618 8	0.548 8
平原水库蒸发渗漏损失率/%	0.308 9	0.306 4	0.279 4	0.312 4	0.292 2
河道内生态基流保证率/%	0.920 0	0.943 4	0.943 4	0.981 1	0.981 1
河道外生态用水保证率/%	0.509 4	0.509 4	0.547 2	0.754 7	0.754 7
生态用水比例/%	0.703 1	0.691 3	0.619 5	0.851 3	0.851 0

表 12.7 方案七 塔里木河干流分河段评价指标值（2030 年）

评价指标	阿—新	新—英	英—乌	乌—阿	阿—恰
缺水率/%	0.159 7	0.166 6	0.167 7	0.607 5	0.453 1
农业用水比例/%	0.268 4	0.305 4	0.140 9	0.095 2	0.099 0
灌溉保证率/%	0.754 7	0.773 6	0.811 3	0.735 8	0.660 4
万元工业产值用水量/(m^3/万元)	150	150	259	150	150
亩均供水量/(m^3/亩)	741.72	755.91	692.71	657.31	645.13
农田灌溉水有效利用系数	0.55	0.54	0.56	0.60	0.60
地表水开发利用率/%	0.613 5	0.711 5	0.868 0	0.607 6	0.697 6
地下水利用率/%	0.185 2	0.185 2	0.185 2	0.171 7	0.125 9
平原水库蒸发渗漏损失率/%	0.265 4	0.296 4	0.327 8	0.330 1	0.333 2
河道内生态基流保证率/%	0.920 0	0.924 5	0.943 4	0.924 5	0.924 5
河道外生态用水保证率/%	0.509 4	0.509 4	0.528 3	0.490 6	0.717 0
生态用水比例/%	0.703 1	0.690 3	0.554 0	0.853 2	0.852 3

表 12.8 方案八 塔里木河干流分河段评价指标值（2030 年）

评价指标	阿—新	新—英	英—乌	乌—阿	阿—恰
缺水率/%	0.159 4	0.163 2	0.156 7	0.553 4	0.378 6
农业用水比例/%	0.304 5	0.304 5	0.140 1	0.095 9	0.100 0
灌溉保证率/%	0.755 0	0.773 6	0.811 3	0.867 9	0.754 7
万元工业产值用水量/(m^3/万元)	150	150	377	150	150
亩均供水量/(m^3/亩)	756.10	756.10	694.85	662.35	652.13
农田灌溉水有效利用系数	0.55	0.54	0.56	0.60	0.60
地表水开发利用率/%	0.613 1	0.710 5	0.863 9	0.584 1	0.661 1
地下水利用率/%	1.00	1.00	1.00	0.618 8	0.548 8
平原水库蒸发渗漏损失率/%	0.304 8	0.312 5	0.291 7	0.287 2	0.291 9
河道内生态基流保证率/%	0.920 0	0.943 4	0.943 4	0.943 4	0.962 3
河道外生态用水保证率/%	0.509 4	0.509 4	0.547 2	0.509 4	0.717 0
生态用水比例/%	0.703 1	0.691 3	0.557 5	0.852 5	0.851 3

12.1.2 塔里木河干流不同配置方案综合评价

12.1.2.1 熵值法评价

运用熵值法对塔里木河不同规划水平年的水资源配置方案进行评价；另外，分别利用塔里木河流域水资源合理配置评价标准中的Ⅰ级界限和Ⅲ级界限作为配置合理性的评价依据，得分情况优于Ⅰ级界限的方案合理性为Ⅰ级，在Ⅰ级界限和Ⅲ级界限之间的方案合理性为Ⅱ级，劣于Ⅲ级界限的方案合理性为Ⅲ级。以2020年阿拉尔—新渠满河段的具体评价为例，说明熵值法的计算过程。

表12.9～表12.12分别为阿—新河段各个方案的指标标准化，比重，信息熵值、信息效用值、权重以及最终的评价结果。

表12.9 各个方案指标标准化

指标	方案一	方案二	方案三	方案四	分级界限一	分级界限二
缺水率	0.70	0.70	0.70	0.71	1.00	0.00
农业用水比例	0.97	0.97	0.98	0.98	1.00	0.00
灌溉保证率	1.00	0.94	0.76	0.94	80.00	0.00
万元工业产值用水量	0.30	0.30	0.30	0.30	1.00	0.00
亩均供水量	0.00	0.00	0.04	0.04	1.00	0.00
农田灌溉水有效利用系数	0.58	0.58	0.58	0.58	1.00	0.00
地表水开发利用率	0.00	0.00	0.00	0.00	1.00	0.10
地下水利用率	1.00	0.00	1.00	0.00	0.23	0.00
平原水库蒸发渗漏损失率	0.39	0.52	0.56	0.39	1.00	0.00
河道内生态基流保证率	1.00	0.85	1.00	1.00	0.91	0.00
河道外生态用水保证率	1.00	0.91	1.00	1.00	0.95	0.00
生态用水比例	1.00	1.00	1.00	1.00	0.79	0.00

表12.10 各个方案指标比重

指标	方案一	方案二	方案三	方案四	分级界限一	分级界限二
缺水率	0.184	0.185	0.184	0.185	0.262	0.000
农业用水比例	0.198	0.198	0.200	0.200	0.204	0.000
灌溉保证率	0.225	0.212	0.171	0.212	0.181	0.000
万元工业产值用水量	0.136	0.136	0.136	0.136	0.455	0.000
亩均供水量	0.001	0.001	0.034	0.033	0.930	0.000
农田灌溉水有效利用系数	0.175	0.175	0.175	0.175	0.300	0.000
地表水开发利用率	0.000	0.001	0.001	0.002	0.903	0.093
地下水利用率	0.449	0.000	0.449	0.000	0.101	0.000
平原水库蒸发渗漏损失率	0.137	0.180	0.196	0.137	0.349	0.000
河道内生态基流保证率	0.210	0.178	0.210	0.210	0.191	0.000
河道外生态用水保证率	0.206	0.187	0.206	0.206	0.196	0.000
生态用水比例	0.208	0.208	0.209	0.209	0.165	0.000

表 12.11 各个方案指标信息熵值、信息效用值和权重

指 标	信息熵值	信息效用值	权重
缺水率	0.998 7	0.001 3	0.021 0
农业用水比例	0.998 8	0.001 2	0.019 0
灌溉保证率	0.998 7	0.001 3	0.020 0
万元工业产值用水量	0.996 3	0.003 7	0.059 0
亩均供水量	0.979 2	0.020 8	0.327 0
农田灌溉水有效利用系数	0.998 4	0.001 6	0.025 0
地表水开发利用率	0.980 3	0.019 7	0.309 0
地下水利用率	0.991 8	0.008 2	0.129 0
平原水库蒸发渗漏损失率	0.997 8	0.002 2	0.034 0
河道内生态基流保证率	0.998 8	0.001 2	0.019 0
河道外生态用水保证率	0.998 8	0.001 2	0.019 0
生态用水比例	0.998 8	0.001 2	0.019 0

表 12.12 2020 年塔里木河干流阿—新河段水资源配置方案评价结果

指 标	方案一	方案二	方案三	方案四	分级界限一	分级界限二
缺水率	0.004	0.004	0.004	0.004	0.006	0.000
农业用水比例	0.004	0.004	0.400	0.004	0.004	0.000
灌溉保证率	0.003	0.004	0.003	0.004	0.004	0.000
万元工业产值用水量	0.008	0.008	0.008	0.008	0.027	0.000
亩均供水量	0.000	0.000	0.011	0.011	0.304	0.000
农田灌溉水有效利用系数	0.004	0.004	0.004	0.004	0.008	0.000
地表水开发利用率	0.000	0.000	0.000	0.000	0.279	0.029
地下水利用率	0.058	0.000	0.058	0.000	0.013	0.000
平原水库蒸发渗漏损失率	0.005	0.006	0.007	0.005	0.012	0.000
河道内生态基流保证率	0.004	0.003	0.004	0.004	0.004	0.000
河道外生态用水保证率	0.004	0.004	0.004	0.004	0.004	0.000
生态用水比例	0.004	0.004	0.004	0.004	0.003	0.000
综合评价值	9.941	4.175	11.139	5.226	66.630	2.889
排 序	2	4	1	3		

分析可知，亩均供水量和地表水开发利用率和地下水利用率的权重较大，分别为 0.327、0.309 和 0.129。根据方案评价结果，对于阿—新河段，方案三较其他方案为优，与评价标准对比可知，在该方案下，该河段配置合理性为Ⅱ级。

采用相同计算方法，对 2020 年、2030 年塔里木河干流分河段配置方案进行评价。同时，结合全局指标流域缺水率、大西海子下泄量、设计保证率满足率计

算流域综合评价值，得到不同方案的优劣排序，具体评价结果见表 12.13 和表 12.14。

表 12.13 2020 年塔里木河干流分河段水资源配置方案评价结果

方 案	阿—新	新—英	英—乌	乌—阿	阿—恰	缺水率	大西海子下泄水量	设计保证率不达标项数	流域评价值	排序
方案一	9.941	12.019	9.502	9.239	9.763	0.251	3.23	3	5.834	3
方案二	4.175	6.807	7.078	13.848	12.79	0.237	3.426	4	5.435	4
方案三	11.139	11.018	9.524	8.372	10.875	0.248	3.26	3	6.234	2
方案四	5.226	5.896	7.278	14.604	13.135	0.233	3.519	0	9.228	1
分级界限一	66.63	52.879	47.232	47.631	43.05					
分级界限二	2.889	11.382	19.386	6.307	10.386					

表 12.14 2030 年塔里木河干流分河段水资源配置方案评价结果

方 案	阿—新	新—英	英—乌	乌—阿	阿—恰	缺水率	大西海子下泄水量	设计保证率不达标项数	流域评价值	排序
方案五	64.08	17.13	19.37	12.41	14.54	0.208	3.244	2	16.528	1
方案六	2.37	7.64	7.54	16.93	16.71	0.195	3.67	0	9.214	2
方案七	5.31	17.6	18.71	9.96	11.64	0.217	3.037	3	6.577	4
方案八	2.36	7.51	7.16	13.43	14.87	0.204	3.513	0	8.613	3
分级界限一	24.53	39.97	33.1	42.23	33.53					
分级界限二	1.34	10.15	14.12	5.04	8.7					

可以看出，对于 2020 年，由熵值法评价得到的方案优劣顺序为：方案四＞方案三＞方案一＞方案二，即最优方案为方案四，在该方案下，新—英河段、英—乌河段配置合理性为Ⅲ级，其他河段配置合理性为Ⅱ级。

对于 2030 年，由熵值法评价得到的方案优劣顺序为：方案五＞方案六＞方案八＞方案七，即最优方案为方案五，在该方案下，新—英河段、英—乌河段配置合理性为Ⅲ级，其他河段配置合理性为Ⅱ级。

12.1.2.2 主成分分析法评价

对于 2020 年配置方案，以阿拉尔—新渠满河段的具体评价为例，说明主成分分析法的计算过程。首先对各个指标的相关系数进行计算，结果见表 12.15。其次，对各个因子的贡献率和累积贡献率进行计算，表 12.16 所示为因子贡献率情况。其中，只有前两个成分因子的特征值分别为 8.04、3.093，均大于 1，并且前两个因子特征值的方差分别为 67.003％、25.772％，两者之和占总特征值方差的 92.775％。因此，提取前两个因子作为主成分因子进行分析。

表 12.15 指标相关系数矩阵

项目	缺水率	农业用水比例	灌溉保证率	万元工业产值用水量	亩均供水量	农田灌溉水有效利用系数	地表水开发利用率	地下水利用率	平原水库蒸发渗漏损失率	河道内生态基流保证率	河道外生态用水保证率	生态用水比例
缺水率	1											
农业用水比例	0.943	1										
灌溉保证率	−0.866	−0.965	1									
万元工业产值用水量	0.803	0.559	−0.428	1								
亩均供水量	0.550	0.241	−0.095	0.939	1							
农田灌溉水有效利用系数	−0.983	−0.865	0.767	−0.900	−0.695	1						
地表水开发利用率	0.445	0.122	0.017	0.891	0.992	−0.604	1					
地下水利用率	0.263	0.361	−0.315	0.011	−0.136	−0.197	−0.185	1				
平原水库蒸发渗漏损失率	0.909	0.737	−0.589	0.945	0.802	−0.960	0.728	0.146	1			
河道内生态基流保证率	−0.904	−0.987	0.957	−0.488	−0.166	0.814	−0.044	−0.452	−0.665	1		
河道外生态用水保证率	−0.923	−0.996	0.964	−0.519	−0.197	0.838	−0.076	−0.416	−0.697	0.998	1	
生态用水比例	−0.839	−0.972	0.971	−0.351	−0.008	0.724	0.113	−0.405	−0.567	0.977	0.979	1

表 12.16 因子贡献率

成分	初始特征值			提取平方和载入		
	合计	方差的%	累积%	合计	方差的%	累积%
1	8.04	67.003	67.003	8.04	67.003	67.003
2	3.093	25.772	92.775	3.093	25.772	92.775
3	0.778	6.481	99.256	0.778	6.481	99.256
4	0.064	0.532	99.788	0.064	0.532	99.788
5	0.025	0.212	100	0.025	0.212	100
6	5.43×10^{-16}	4.52×10^{-15}	100	5.43×10^{-16}	4.52×10^{-15}	100
7	2.28×10^{-16}	1.90×10^{-15}	100	2.28×10^{-16}	1.90×10^{-15}	100
8	1.05×10^{-16}	8.77×10^{-16}	100	1.05×10^{-16}	8.77×10^{-16}	100
9	-5.46×10^{-17}	-4.55×10^{-16}	100	5.46×10^{-17}	4.55×10^{-16}	100
10	-1.12×10^{-16}	-9.35×10^{-16}	100	1.12×10^{-16}	9.35×10^{-16}	100
11	-2.12×10^{-16}	-1.77×10^{-15}	100	2.12×10^{-16}	1.77×10^{-15}	100
12	-2.44×10^{-16}	-2.04×10^{-15}	100			

利用主成分分析法的计算结果提取前两个因子的载荷值；同时，根据因子载荷矩阵和特征值，计算特征向量，结果见表 12.17。

表 12.17 因子载荷和特征向量矩阵

项目	因子载荷		特征向量	
	V_1	V_2	F_1	F_2
缺水率	1	0.03	0.35	0.02
农业用水比例	0.95	−0.3	0.34	−0.17
灌溉保证率	−0.87	0.42	−0.31	0.24
万元工业产值用水量	0.79	0.61	0.28	0.35
亩均供水量	0.53	0.84	0.19	0.48
农田灌溉水有效利用系数	−0.98	−0.22	−0.34	−0.12
地表水开发利用率	0.42	0.9	0.15	0.51
地下水利用率	0.31	−0.45	0.11	−0.25
平原水库蒸发渗漏损失率	0.9	0.4	0.32	0.22
河道内生态基流保证率	−0.92	0.38	−0.32	0.22
河道外生态用水保证率	−0.93	0.35	−0.33	0.2
生态用水比例	−0.85	0.51	−0.3	0.29

将特征向量矩阵与标准化后的数据相乘，就可以得到 z_1、z_2 两个主因子的得分，计算公式分别为式（12.1）、式（12.2）：

$$z_1=-0.26\times z_{\text{缺水率}}-0.35\times z_{\text{农业用水比例}}+0.35\times z_{\text{灌溉保证率}}-0.02\times z_{\text{万元工业产值用水量}}$$
$$-0.17\times z_{\text{亩均供水量}}+0.36\times z_{\text{农田灌溉水有效利用系数}}-0.15\times z_{\text{地表水开发利用率}}$$
$$-0.19\times z_{\text{地下水利用率}}-0.34\times z_{\text{平原水库蒸发渗漏损失率}}+0.35\times z_{\text{河道内生态基流保证率}}$$
$$+0.34\times z_{\text{河道外生态用水保证率}}+0.33\times z_{\text{生态用水比例}} \tag{12.1}$$

$$z_1=0.34\times z_{\text{缺水率}}-0.16\times z_{\text{农业用水比例}}+0.10\times z_{\text{灌溉保证率}}+0.47\times z_{\text{万元工业产值用水量}}$$
$$+0.42\times z_{\text{亩均供水量}}-0.13\times z_{\text{农田灌溉水有效利用系数}}+0.43\times z_{\text{地表水开发利用率}}$$
$$-0.33\times z_{\text{地下水利用率}}+0.19\times z_{\text{平原水库蒸发渗漏损失率}}+0.17\times z_{\text{河道内生态基流保证率}}$$
$$+0.18\times z_{\text{河道外生态用水保证率}}+0.21\times z_{\text{生态用水比例}} \tag{12.2}$$

最后，利用综合评价公式计算各个方案的得分情况，计算公式如下。

$$z=(z_1\times 59.446+z_2\times 37.287)/96.733 \tag{12.3}$$

由表12.18分析可知，对于阿—新河段，各方案优劣顺序依次为方案二>方案四>方案一>方案三，表明方案二较为适用于2020年阿拉尔—新渠满河段水资源配置，其配置合理性为Ⅲ级。

表12.18　2020年塔里木河干流阿—新河段水资源配置方案评价结果

情　景	Z_1	Z_2	Z	排序
方案一	−0.77	1.42	−0.162	3
方案二	−0.42	0.67	−0.117	1
方案三	−0.76	1.12	−0.238	4
方案四	−0.53	0.84	−0.149	2
分级界限一	2.98	3.27	3.061	
分级界限二	5.46	−0.78	3.727	

采用相同计算方法，对2020年、2030年塔里木河干流分河段配置方案进行评价。同时，结合全局指标流域缺水率、大西海子下泄量、设计保证率满足率计算流域综合评价值，得到不同方案的优劣排序，具体评价结果见表12.19和表12.20。

表12.19　2020年塔里木河干流分河段水资源配置方案评价结果（主成分分析法）

方　案	阿—新	新—英	英—乌	乌—阿	阿—恰	缺水率	大西海子下泄水量	设计保证率不达标项数	流域评价值	排序
方案一	−0.162	0.007	1.303	1.101	1.303	0.251	3.23	3	0.411	3
方案二	−0.117	0.027	0.798	1.057	1.192	0.237	3.426	4	0.360	4
方案三	−0.238	0.193	1.293	0.949	1.368	0.248	3.26	3	0.436	2
方案四	−0.149	0.116	0.97	1.143	1.105	0.233	3.519	0	0.637	1
分级界限一	3.061	−1.173	1.857	2.100	0.823					
分级界限二	3.727	2.911	−3.840	−3.383	4.041					

表 12.20 2030 年塔里木河干流分河段水资源配置方案评价结果（主成分分析法）

方案	阿—新	新—英	英—乌	乌—阿	阿—恰	缺水率	大西海子下泄水量	设计保证率不达标项数	流域评价值	排序
方案五	−0.7	1.01	1.33	1.44	1.17	0.208	3.244	2	0.551	3
方案六	−0.81	1.15	0.95	1.23	1.57	0.195	3.67	0	0.736	2
方案七	−1.02	1.18	0.87	1.38	1.53	0.217	3.037	3	0.410	4
方案八	−0.6	0.93	1.31	1.15	1.16	0.204	3.513	0	0.751	1
分级界限一	1.80	0.77	−0.27	1.28	1.56					
分级界限二	4.94	5.04	−4.19	−3.91	−0.36					

可以看出，对于 2020 年，由主成分分析法评价得到的方案优劣顺序为：方案四＞方案三＞方案一＞方案二，即最优方案为方案四，在该方案下，阿—新河段、新—乌河段、乌—阿河段配置合理性为Ⅲ级，其他河段配置合理性为Ⅱ级。

对于 2030 年，由主成分分析法评价得到的方案优劣顺序为：方案八＞方案六＞方案五＞方案七，即最优方案为方案八，在该方案下，阿—新河段、乌—阿河段、阿—恰河段配置合理性为Ⅲ级，其他河段配置合理性为Ⅱ级。

12.1.2.3 模糊物元法评价

1）权重系数

本书权重系数的确定充分征询了新疆塔里木河流域管理局、中国科学院新疆生态与地理研究所、新疆水利水电科学研究院、西安理工大学、黄河水利科学研究院引黄灌溉工程技术研究中心等单位多位专家的意见。首先，由各位专家独立地对各层次指标的相对重要程度，给出两两比较判断，分别构造判断矩阵；然后，项目组根据各判断矩阵按式（11.46）～式(11.54）计算出由不同专家确定的权重系数；最后，将各位专家确定的权重系数算术平均，即得到由层次分析法确定的塔里木河干流水资源合理配置各评价指标的权重系数。

现以其中一位专家构建的塔里木河干流水资源配置评价判断矩阵为例，说明采用层次分析法计算指标权重的过程。计算步骤大体可分为两步。

第一步：首先，由专家确定不同层次评价指标重要性的判断矩阵表；然后，采用乘积方根法，进行层次单排序，并进行一致性检验，得到本层指标相对于上一层次的权重系数（表 12.21～表 12.25）。

表 12.21　各层权重系数（专家一）

塔里木河水资源合理配置	社会经济合理性	效率合理性	资源合理性	生态合理性	权重 ω_c	一致性检验
社会经济合理性	1	3	7	5	0.566	$\lambda_{max}=4.235$
效率合理性	1/3	1	3	5	0.265	CI=0.078，RI=0.9
资源合理性	1/7	1/3	1	3	0.109	CR=0.087<0.1
生态合理性	1/5	1/5	1/3	1	0.060	

表 12.22　社会经济合理性指标权重系数（专家一）

社会经济合理性	缺水率	农业用水比例	灌溉保证率	权重 ω_c	一致性检验
缺水率	1	3	1/3	0.258	$\lambda_{max}=3.039$
农业用水比例	1/3	1	1/5	0.105	CI=0.019，RI=0.58 CR=0.033<0.1
灌溉保证率	3	5	1	0.637	

表 12.23　效率合理性指标权重系数（专家一）

效率合理性	万元工业产值用水量	亩均供水量	农田灌溉水有效利用系数	权重 ω_c	一致性检验
万元工业产值用水量	1	1/3	1/5	0.105	$\lambda_{max}=3.039$
亩均供水量	3	1	1/3	0.258	CI=0.019，RI=0.58 CR=0.033<0.1
农田灌溉水有效利用系数	5	3	1	0.637	

表 12.24　资源合理性指标权重系数（专家一）

资源合理性	地表水开发利用率	地下水开发率	平原水库蒸发渗漏损失率	权重 ω_c	一致性检验
地表水开发利用率	1	3	5	0.637	$\lambda_{max}=3.039$
地下水开发率	1/3	1	3	0.258	CI=0.019，RI=0.58 CR=0.033<0.1
平原水库蒸发渗漏损失率	1/5	1/3	1	0.105	

表 12.25　生态合理性指标权重系数（专家一）

生态合理性	河道内生态基流保证率	河道外生态用水保证率	生态用水比例	权重 ω_c	一致性检验
河道内生态基流保证率	1	3	5	0.637	$\lambda_{max}=3.039$
河道外生态用水保证率	1/3	1	3	0.258	CI=0.019，RI=0.58 CR=0.033<0.1
生态用水比例	1/5	1/3	1	0.105	

第二步：采用式（11.51）计算各评价指标的层次总排序，采用式（11.52）～式(11.54）进行一致性检验，最终确定所有评价指标相对于目标层权重系数表 12.26。

采用相同的计算方法得到基于其他几位专家意见确定的权重系数，将全部专家确定的权重系数取算术平均，即得到由层次分析法确定的塔里木河干流水资源合理配置各评价指标的权重系数表 12.27。

表 12.26　塔里木河干流水资源配置评价指标权重系数（专家一）

评价准则	评价指标	权重 ω	一致性检验
社会经济合理性	缺水率	0.146	CI=0.019 RI=0.58 CR=0.033<0.1
	农业用水比例	0.059	
	灌溉保证率	0.361	
效率合理性	万元工业产值用水量	0.028	
	亩均供水量	0.068	
	农田灌溉水有效利用系数	0.169	
资源合理性	地表水开发利用率	0.069	
	地下水利用率	0.028	
	平原水库蒸发渗漏损失率	0.011	
生态合理性	河道内生态基流保证率	0.038	
	河道外生态用水保证率	0.016	
	生态用水比例	0.006	

表 12.27　塔里木河干流水资源配置评价指标综合权重系数

评价准则	评价指标	权重						
		专家一	专家二	专家三	专家四	专家五	专家六	平均
社会经济合理性	缺水率	0.146	0.071	0.225	0.142	0.036	0.049	0.111
	农业用水比例	0.059	0.011	0.075	0.023	0.036	0.056	0.043
	灌溉保证率	0.361	0.032	0.075	0.058	0.036	0.129	0.115
效率合理性	万元工业产值用水量	0.028	0.005	0.025	0.059	0.011	0.030	0.026
	亩均供水量	0.068	0.035	0.025	0.020	0.061	0.079	0.048
	农田灌溉水有效利用系数	0.169	0.012	0.075	0.020	0.068	0.069	0.069
资源合理性	地表水开发利用率	0.069	0.144	0.075	0.282	0.013	0.060	0.107
	地下水利用率	0.028	0.062	0.025	0.073	0.095	0.060	0.057
	平原水库蒸发渗漏损失率	0.011	0.016	0.025	0.031	0.016	0.060	0.026
生态合理性	河道内生态基流保证率	0.038	0.390	0.225	0.208	0.463	0.175	0.250
	河道外生态用水保证率	0.016	0.064	0.075	0.033	0.130	0.058	0.063
	生态用水比例	0.006	0.158	0.075	0.052	0.037	0.175	0.084

2）模糊物元法评价

以 2020 年塔里木河干流阿—新河段配置方案的具体评价过程为例，说明模糊物元法的计算过程。首先，构建由 4 个配置方案 12 个评价指标值构成的复合

物元 $\boldsymbol{R}_{mn}$。

$$\boldsymbol{R}_{mn}=\begin{bmatrix} 15.93\% & 15.91\% & 15.91\% & 15.89\% \\ 30.55\% & 30.55\% & 30.38\% & 30.38\% \\ 81.13\% & 79.25\% & 73.58\% & 79.25\% \\ 185 & 185 & 185 & 185 \\ 869.74 & 869.83 & 863.26 & 863.35 \\ 0.47 & 0.47 & 0.47 & 0.47 \\ 62.31\% & 62.29\% & 62.28\% & 62.27\% \\ 11.11\% & 100.00\% & 11.11\% & 100.00\% \\ 32.16\% & 29.68\% & 28.76\% & 32.14\% \\ 92.00\% & 88.68\% & 92.00\% & 92.00\% \\ 50.94\% & 49.06\% & 50.94\% & 50.94\% \\ 67.92\% & 67.93\% & 68.09\% & 68.09\% \end{bmatrix}$$

其次，通过指标标准化处理，构建模糊物元优属度矩阵$\underline{\boldsymbol{R}}_{mn}$。

$$\underline{\boldsymbol{R}}_{mn}=\begin{bmatrix} 0.884 & 0.885 & 0.884 & 0.885 \\ 0.480 & 0.481 & 0.485 & 0.485 \\ 0.733 & 0.689 & 0.556 & 0.689 \\ 0.846 & 0.846 & 0.846 & 0.846 \\ 0.640 & 0.640 & 0.651 & 0.650 \\ 0.458 & 0.458 & 0.458 & 0.458 \\ 0.523 & 0.524 & 0.524 & 0.524 \\ 0.962 & 0.000 & 0.962 & 0.000 \\ 0.392 & 0.516 & 0.562 & 0.393 \\ 0.783 & 0.664 & 0.783 & 0.783 \\ 0.461 & 0.419 & 0.461 & 0.461 \\ 0.667 & 0.667 & 0.670 & 0.670 \end{bmatrix}$$

再次，计算各评价方案指标与标准方案指标之间距离的平方，组成差平方复合模糊物元。

$$\underline{\boldsymbol{R}}_{\Delta}=\begin{bmatrix} 0.000 & 0.085 \\ 0.973 & 1.000 \\ 0.084 & 1.000 \\ 1.000 & 0.503 \\ 1.000 & 1.000 \\ 0.939 & 1.000 \\ 0.431 & 0.652 \\ 0.384 & 0.159 \\ 0.270 & 1.000 \end{bmatrix}$$

最后，根据前面确定评价指标权重 ω_i，计算各方案的欧式贴近度。

$$\omega = [0.111\ 0.043\ 0.115\ 0.026\ 0.048\ 0.069\ 0.107\ 0.057\ 0.026\ 0.250\ 0.063\ 0.084]$$

$$\boldsymbol{R}_{\rho H} = \begin{bmatrix} & 方案1 & 方案2 & 方案3 & 方案4 \\ \rho H_j & 0.651 & 0.556 & 0.638 & 0.574 \end{bmatrix}$$

根据欧式贴近度大小进行排序，可以看出，对于阿—新河段，方案一较其他方案为优。根据评价标准的分级评价值（表 12.28）可以看出，在方案一情况下，阿—新河段配置合理性为Ⅰ级。

表 12.28 塔里木河干流水资源配置评价标准评价值（模糊物元法）

判别标准	Ⅰ级	Ⅱ级	Ⅲ级
ρH	>0.636	0.636～0.146	<0.146

采用相同计算方法，对 2020 年、2030 年塔里木河干流分河段配置方案进行评价。同时结合全局指标流域缺水率、大西海子下泄量、设计保证满足率计算流域综合评价值，得到不同方案的优劣排序，具体评价结果见表 12.29 和表 12.30。

表 12.29 2020 年塔里木河干流分河段水资源配置方案评价结果（模糊物元法）

方案	阿—新	新—英	英—乌	乌—阿	阿—恰	缺水率	大西海子下泄水量	设计保证率不达标项数	流域评价值	排序
方案一	0.651	0.593	0.583	0.562	0.648	0.251	3.23	3	0.351	4
方案二	0.556	0.538	0.527	0.642	0.688	0.237	3.426	4	0.359	3
方案三	0.638	0.589	0.583	0.503	0.661	0.248	3.26	3	0.364	2
方案四	0.574	0.535	0.553	0.658	0.69	0.233	3.519	0	0.602	1

表 12.30 2030 年塔里木河干流分河段水资源配置方案评价结果（模糊物元法）

方案	阿—新	新—英	英—乌	乌—阿	阿—恰	缺水率	大西海子下泄水量	设计保证率不达标项数	流域评价值	排序
方案五	0.682	0.645	0.583	0.606	0.68	0.208	3.244	2	0.414	3
方案六	0.605	0.587	0.507	0.683	0.71	0.195	3.67	0	0.557	2
方案七	0.692	0.647	0.572	0.557	0.596	0.217	3.037	3	0.319	4
方案八	0.605	0.579	0.501	0.608	0.673	0.204	3.513	0	0.564	1

可以看出，对于 2020 年，由模糊物元法评价得到的方案优劣顺序为：方案四>方案三>方案二>方案一，即最优方案为方案四，在该方案下，乌—阿河段、阿—恰河段配置合理性为Ⅰ级，其他河段配置合理性为Ⅱ级。

对于 2030 年，由模糊物元法评价得到的方案优劣顺序为：方案八>方案六>方案五>方案七，即最优方案为方案八，在该方案下，阿—恰河段配置合理性为Ⅰ级，其他河段配置合理性为Ⅱ级。

12.1.2.4 投影寻踪法评价

1）等级标准的投影值

塔里木河干流水资源配置评价等级分为3级，取2组分级界限值作为分级标准方案，计算其投影值。首先，对指标值进行标准化处理，然后运行Matlab遗传算法工具箱，当目标值达到−0.333 57，系统变量和目标值变化均在20%以内，认为此时收敛，其最大值可认为是全局最优。然后，求得最佳投影方向 a^* = (0.2141，0.2705，0.3225，0.1204，0.1621，0.2737，0.2338，0.1183，0.5475，0.3893，0.2409，0.2886)，水资源配置评价分级标准的投影值 $z_1^*(j)$ = (2.3341，0.5077)。

也就是说，由投影值划分的分级标准为：Ⅰ级＞2.334 1，Ⅱ级0.507 7～2.334 1，Ⅲ级＜0.507 7。

2）方案投影值

根据不同配置方案下塔里木河干流分河段指标数据，建立基于Matlab的投影寻踪评价模型，对2020年、2030年各河段配置方案进行评价，评价结果见表12.31和表12.32。同时结合全局指标流域缺水率、大西海子下泄量、设计保证满足率计算流域综合评价值，得到不同方案的优劣排序见表12.33和表12.34。

表12.31 2020年塔里木河干流分河段配置方案评价结果

河段	最佳投影方向和投影值
阿拉尔—新渠满	a^* = (−0.0010，−0.0093，0.0072，−0.0000，−0.0025，0，−0.0028，0.9998，0.0081，0.0074，0.0044，−0.0038) $z_1^*(j)$ = (0.9672，0.0050，0.9672，0.0050)
新渠满—英巴扎	a^* = (−0.0035，−0.0063，0.0074，0，−0.0145，−0.0057，−0.0037，0.9991，−0.0165，−0.0239，−0.0218，−0.0053) $z_1^*(j)$ = (0.9109，0.0168，0.9109，0.0168)
英巴扎—乌斯满	a^* = (−0.0743，−0.0245，−0.1020，0.0143，−0.0129，−0.0000，−0.0120，0.9768，−0.1216，0.0105，0.1171，−0.0160) $z_1^*(j)$ = (0.8031，0.0973，0.8031，0.0973)
乌斯满—阿其克	a^* = (0.0707，−0.0058，0.7704，−0.0044，−0.0278，−0.0131，0.0863，−0.5310，−0.0005，0.2569，0.2122，−0.0059) $z_1^*(j)$ = (0.0169，0.5955，−0.1725，0.5955)
阿其克—恰拉	a^* = (−0.1297，−0.0042，−0.1823，0.0051，0.0142，−0.0403，−0.1175，0.9570，0.0815，−0.0539，−0.0939，0.0017) $z_1^*(j)$ = (0.6600，0.2444，0.6600，0.2444)

表 12.32 2030 年塔里木河干流分河段配置方案评价结果（投影寻踪法）

河段	最佳投影方向和投影值
阿拉尔—新渠满	a^*=(−0.0018，0，0，0，0，−0.0000，−0.0009，1.0000，0，0，0，0.0000) $z_1^*(j)$=（0.8789，0.0021，0.8789，0.0021）
新渠满—英巴扎	a^*=(−0.0416，−0.0017，−0.0023，0，0.0008，0.0000，−0.0016，0.9975，−0.0153，−0.0556，0，−0.0016) $z_1^*(j)$=（0.7870，0.0946，0.7870，0.0946）
英巴扎—乌斯满	a^*=(−0.0269，0.0100，−0.0600，0.5038，0.0074，0.0044，−0.0097，0.8602，−0.0132，−0.0008，−0.0170，−0.0347) $z_1^*(j)$=（0.9543，0.0815，0.9323，0.0815）
乌斯满—阿其克	a^*=(0.0015，−0.0092，0.4558，0.0005，−0.0048，0.0033，0.0739，−0.7139，−0.0081，0.2358，0.4704，−0.0136) $z_1^*(j)$=（0.0142，0.8877，0.0142，0.5393）
阿其克—恰拉	a^*=(0.0520，0.0022，−0.1287，−0.0326，0.0244，0.0071，−0.1352，0.9204，−0.3197，−0.0220，0.1042，0.0092) $z_1^*(j)$=（0.7307，0.2477，0.7702，0.2477）

表 12.33 2020 年塔里木河干流水资源配置方案评价结果（投影寻踪法）

方案	阿—新	新—英	英—乌	乌—阿	阿—恰	缺水率	大西海子下泄水量	设计保证率不达标项数	流域评价值	排序
方案一	0.9672	0.9109	0.8031	0.0169	0.66	0.251	3.23	3	0.388	1
方案二	0.005	0.0168	0.0973	0.5955	0.2444	0.237	3.426	4	0.117	3
方案三	0.9672	0.9109	0.8031	−0.173	0.66	0.248	3.26	3	0.388	1
方案四	0.005	0.0168	0.0973	0.5955	0.2444	0.233	3.519	0	0.192	2

表 12.34 2030 年塔里木河干流水资源配置方案评价结果（投影寻踪法）

方案	阿—新	新—英	英—乌	乌—阿	阿—恰	缺水率	大西海子下泄水量	设计保证率不达标项数	流域评价值	排序
方案五	0.8789	0.787	0.9423	0.0142	0.6907	0.208	3.244	2	0.429	1
方案六	0.0021	0.0946	0.0815	0.8877	0.2477	0.195	3.67	0	0.236	3
方案七	0.8789	0.787	0.9423	0.0142	0.7702	0.217	3.037	3	0.353	2
方案八	0.0021	0.0946	0.0815	0.5393	0.2477	0.204	3.513	0	0.183	4

可以看出，对于 2020 年，由投影寻踪法评价得到的方案优劣顺序为：方案一=方案三>方案四>方案二，即最优方案为方案一和方案三。在该方案下，除乌—阿河段配置合理性为Ⅲ级外，其他河段配置合理性为Ⅱ级。

对于 2030 年，由投影寻踪法评价得到的方案优劣顺序为：方案五>方案七>方案六>方案八，即最优方案为方案五，在该方案下，除乌—阿河段配置合理性为Ⅲ级外，其他河段配置合理性为Ⅱ级。

12.1.3 塔里木河干流水资源配置推荐方案

1）规划水平年2020年推荐方案

表12.35给出了2020规划水平年塔里木河干流水资源配置拟定的4个方案的评价结果及优劣排序。

表12.35 2020年塔里木河干流不同评价方法的评价结果对比

评价方法	评价结果	方案一	方案二	方案三	方案四
熵值法	评价值	5.834	5.435	6.234	9.228
	排序	3	4	2	1
主成分分析法	评价值	0.411	0.360	0.436	0.637
	排序	3	4	2	1
模糊物元法	评价值	0.351	0.359	0.364	0.602
	排序	4	3	2	1
投影寻踪法	评价值	0.388	0.117	0.388	0.192
	排序	1	3	1	2

可以看出，除投影寻踪法得到的2020年塔里木河干流水资源配置最优方案为方案一和方案三外，其他不同评价方法得到最优方案均为方案四。考虑熵值法、主成分分析法、模糊物元法三种方法的最优方案值一致，故针对2020年塔里木河干流水资源配置，推荐的最优配置方案为方案四，即2020年塔里木河干流高效节水面积发展至41.5万亩，常规灌溉水利用系数提高至0.45，地表水供水8.16亿m^3，地下水供水0.6亿m^3，流域有平原水库7座。同时，由于各方法得到的方案合理性有所差异，而模糊物元法在客观分析中集中了多位专家实践经验与丰富理论的主观判断，与塔里木河流域水资源开发、利用、保护的实际情况更为相符，故方案配置合理性分析结果采用模糊物元法结果，即在方案四下，乌—阿河段、阿—恰河段配置合理性为Ⅰ级，其他河段配置合理性为Ⅱ级。

2）规划水平年2030年推荐方案

表12.36给出了规划水平年2030年塔里木河水资源配置拟定的4个方案的评价结果及优劣排序。

可以看出，熵值法和投影寻踪法的评价结果一致，最优方案均为方案五；主成分分析法和模糊物元法得到的最优方案均为方案八，考虑熵值法和投影寻踪法是完全基于样本数据自身特点的纯粹的客观方法，而模糊物元法在客观分析中集中了多位专家实践经验与丰富理论的主观判断，权重系数的确定与塔里木河流域水资源开发、利用、保护的实际情况更为相符，故采用模糊物元法得到的评价结果，推荐2030规划水平年最优配置方案为方案八，即2030年塔里木河流域石油需水采用高方案，地下水供水0.6亿m^3，流域平原水库保留7座，在该方案下，阿—恰河段配置合理性为Ⅰ级，其他河段配置合理性为Ⅱ级。

表12.36　2030年塔里木河干流不同评价方法的评价结果对比

评价方法	评价结果	方案五	方案六	方案七	方案八
熵值法	评价值	16.528	9.214	6.577	8.613
	排序	1	2	4	3
主成分分析法	评价值	0.551	0.736	0.410	0.751
	排序	3	2	4	1
模糊物元法	评价值	0.414	0.557	0.319	0.564
	排序	3	2	4	1
投影寻踪法	评价值	0.429	0.236	0.353	0.183
	排序	1	3	2	4

12.2　叶尔羌河流域水资源配置方案评价

评价对象：不同水平年叶尔羌河水资源配置方案集，共计4个方案，其中情景一、情景二分别为现状水平年2009年灌溉面积651.47万亩和753.39万亩方案，情景三、情景四分别为规划水平年2025年阿尔塔什水库修建前、后方案，方案具体内容详见8.4节。

评价分区：叶尔羌河全流域。

评价依据：①由4条评价准则和9项评价指标构成的叶尔羌河流域水资源配置评价指标体系；②叶尔羌河流域水资源配置评价标准。

评价方法同塔里木河干流一致。

12.2.1　叶尔羌河不同配置方案的指标值

根据第10章计算得到的叶尔羌河流域不同配置方案下的水资源配置平衡计算结果，得到4个配置方案下各评价指标值，详见表12.37。

表12.37　叶尔羌河流域不同配置方案下评价指标值

指标值	情景一（2009年）	情景二（2009年）	情景三（2025年）	情景四（2025年）
缺水率/%	1.9	7.2	4.3	2.9
农业用水比例/%	98.1	98.2	95.5	95.6
灌溉保证率/%	57.7	15.4	19.2	55.8
亩均供水量/（m^3/亩）	877	805	715	724

续表

指标值	情景一(2009年)	情景二(2009年)	情景三(2025年)	情景四(2025年)
农田灌溉水有效利用系数/%	0.40	0.40	0.50	0.50
地表水开发利用率/%	0.698	0.705	0.644	0.669
地下水利用率/%	0.931	0.961	0.958	0.839
平原水库蒸发渗漏损失率/%	0.324	0.280	0.320	0.208
生态水下泄比例/%	0.676	0.376	0.870	1.000

12.2.2　叶尔羌河流域不同配置方案综合评价

12.2.2.1　熵值法评价

1）2009年叶尔羌河流域配置方案评价

表12.38～表12.41分别为2009年配置方案的指标标准化，比重，信息熵值、信息效用值、权重以及最终的评价结果，分析可知，地表水开发利用率、农田灌溉水有效利用系数和农业用水比例的权重较大，分别为0.2583、0.2130和0.1402。根据方案评价结果可知情景一优于情景二。叶尔羌河流域2009年水资源配置方案从现状实际情况出发，主要反映了系统内的损失量、农业缺水量、生态供水量、供水保证率等情况。由配置方案的评价结果表明，情景一较为适用于叶尔羌河流域的水资源配置，其配置合理性为Ⅲ级。

表12.38　各个方案指标标准化

指　标	情景一	情景二	分级界限一	分级界限二
缺水率	1.000	0.709	0.553	0.000
农业用水比例	0.014	0.000	1.000	0.389
灌溉保证率	0.710	0.000	1.000	0.581
亩均供水量	0.000	0.291	1.000	0.313
地表水开发利用率	0.031	0.000	1.000	0.022
地下水利用率	0.344	0.193	1.000	0.000
平原水库蒸发渗漏损失率	0.380	0.601	1.000	0.000
农田灌溉水有效利用系数	0.000	0.000	1.000	0.143
生态水下泄比例	0.481	0.000	1.000	0.680

表12.39　各个方案指标比重

指　标	情景一	情景二	分级界限一	分级界限二
缺水率	0.442	0.313	0.245	0.000
农业用水比例	0.010	0.000	0.713	0.277

续表

指　标	情景一	情景二	分级界限一	分级界限二
灌溉保证率	0.310	0.000	0.437	0.254
亩均供水量	0.000	0.181	0.623	0.195
地表水开发利用率	0.029	0.000	0.950	0.021
地下水利用率	0.224	0.125	0.651	0.000
平原水库蒸发渗漏损失率	0.192	0.303	0.505	0.000
农田灌溉水有效利用系数	0.000	0.000	0.875	0.125
生态水下泄比例	0.222	0.000	0.463	0.315

表 12.40　各个方案指标信息熵值、信息效用值和权重

指　标	信息熵值	信息效用值	权重
缺水率	0.994	0.006	0.0463
农业用水比例	0.981	0.019	0.1402
灌溉保证率	0.994	0.006	0.0453
亩均供水量	0.988	0.012	0.0882
地表水开发利用率	0.966	0.034	0.2583
地下水利用率	0.987	0.013	0.1002
平原水库蒸发渗漏损失率	0.992	0.008	0.0585
农田灌溉水有效利用系数	0.972	0.028	0.2130
生态水下泄比例	0.993	0.007	0.0501

表 12.41　2009 水平年叶尔羌河流域水资源配置方案评价结果

指　标	情景一	情景二	分级界限一	分级界限二
缺水率	0.020	0.015	0.011	0.000
农业用水比例	0.001	0.000	0.100	0.039
灌溉保证率	0.014	0.000	0.020	0.011
亩均供水量	0.000	0.016	0.055	0.017
地表水开发利用率	0.008	0.000	0.245	0.005
地下水利用率	0.022	0.013	0.065	0.000
平原水库蒸发渗漏损失率	0.011	0.018	0.030	0.000
农田灌溉水有效利用系数	0.000	0.000	0.186	0.027
生态水下泄比例	0.011	0.000	0.023	0.016
综合评价值	8.822	6.083	73.559	11.536
排　　序	1	2		

2）2025 年叶尔羌河流域配置方案评价

表 12.42 为 2025 年叶尔羌河配置方案的评价结果，分析可知，情景四优于情景三，表明情景四较为适用于 2025 年叶尔羌河水资源配置，其配置合理性为Ⅱ级。

表 12.42　2025 水平年叶尔羌河流域水资源配置方案评价结果

指　标	情景三	情景四	分级界限一	分级界限二
缺水率	0.023	0.025	0.014	0.000
农业用水比例	0.003	0.000	0.278	0.029
灌溉保证率	0.000	0.019	0.030	0.016
亩均供水量	0.020	0.018	0.041	0.000
地表水开发利用率	0.032	0.018	0.113	0.000
地下水利用率	0.011	0.041	0.050	0.000
平原水库蒸发渗漏损失率	0.013	0.031	0.032	0.000
农田灌溉水有效利用系数	0.017	0.017	0.026	0.000
生态水下泄比例	0.012	0.035	0.035	0.000
综合评价值	13.023	20.400	61.992	4.584
排　　序	2	1		

12.2.2.2　主成分法评价

1）2009 年叶尔羌河流域配置方案评价

根据上述章节中主成分分析法的相关分析步骤、过程等，对叶尔羌河流2009 年水资源配置方案进行评价。首先，对各个指标的相关系数进行计算，结果见表 12.43。

表 12.43　指标相关系数矩阵

项　目	缺水率	农业用水例	灌溉保证率	亩均供水量	地表水开发利用率	地下水利用率	平原水库蒸发渗漏损失率	农田灌溉水有效利用系数	生态水下泄比例
缺水率	1.000								
农业用水比例	−0.383	1.000							
灌溉保证率	0.061	−0.732	1.000						
亩均供水量	−0.277	0.938	−0.493	1.000					
地表水开发利用率	−0.018	0.926	−0.697	0.935	1.000				
地下水利用率	0.301	0.763	−0.666	0.797	0.948	1.000			
平原水库蒸发渗漏损失率	0.453	0.528	−0.257	0.715	0.795	0.892	1.000		
农田灌溉水有效利用系数	0.154	−0.968	0.707	−0.959	−0.991	−0.896	−0.719	1.000	
生态水下泄比例	0.356	−0.871	0.945	−0.650	−0.747	−0.615	−0.214	0.794	1.000

其次，对各个因子的贡献率和累积贡献率进行计算，表 12.44 所示为因子贡献率情况。可知，其中只有前两个成分因子的特征值分别为 6.371、1.776，均大于 1，并且前两个因子特征值的方差分别为 70.791%、19.729%，两者之和占总特征值的 90.52%。因此，提取前两个因子作为主成分因子进行分析。

表 12.44 因子贡献率

成分	初始特征值			提取平方和载入		
	合计	方差/%	累积/%	合计	方差/%	累积/%
1	6.371	70.791	70.791	6.371	70.791	70.791
2	1.776	19.729	90.52	1.776	19.729	90.52
3	0.853	9.48	100	0.853	9.48	100
4	4.19×10^{-16}	4.65×10^{-15}	100	4.19×10^{-16}	4.65×10^{-15}	100
5	1.94×10^{-16}	2.16×10^{-15}	100	1.94×10^{-16}	2.16×10^{-15}	100
6	1.49×10^{-16}	1.66×10^{-15}	100	1.49×10^{-16}	1.66×10^{-15}	100
7	1.77×10^{-17}	1.97×10^{-16}	100	1.77×10^{-17}	1.97×10^{-16}	100
8	-1.09×10^{-18}	-1.22×10^{-17}	100	1.09×10^{-18}	1.22×10^{-17}	100
9	-2.71×10^{-16}	-3.01×10^{15}	100			

利用主成分分析法的计算结果提取前两个因子的载荷值，同时，根据因子载荷矩阵和特征值，计算特征向量，结果见表 12.45。

表 12.45 因子载荷和特征向量矩阵

项　目	因子载荷		特征向量	
	V_1	V_2	F_1	F_2
缺水率	−0.1	0.91	−0.04	0.68
农业用水比例	0.96	−0.27	0.38	−0.2
灌溉保证率	−0.77	0.24	−0.3	0.18
亩均供水量	0.92	−0.03	0.37	−0.03
地表水开发利用率	0.99	0.12	0.39	0.09
地下水利用率	0.92	0.39	0.36	0.29
平原水库蒸发渗漏损失率	0.71	0.67	0.28	0.5
农田灌溉水有效利用系数	−1	0.01	−0.39	0.01
生态水下泄比例	−0.83	0.45	−0.33	0.34

将特征向量矩阵与标准化后的数据相乘，就可以得到 z_1、z_2 两个主因子的得分，计算公式分别为式（12.4）、式（12.5）。

$$\begin{aligned} z_1 = & -0.04\times z_{\text{缺水率}}+0.38\times z_{\text{农业用水比例}}-0.30\times z_{\text{灌溉保证率}} \\ & +0.37\times z_{\text{亩均供水量}}+0.39\times z_{\text{地表水开发利用率}}+0.36\times z_{\text{地下水利用率}} \\ & +0.28\times z_{\text{平原水库蒸发渗透损失率}}-0.39\times z_{\text{农田灌溉水有效利用系数}}-0.33\times z_{\text{生态水下泄比例}} \end{aligned} \tag{12.4}$$

$$\begin{aligned} z_2 = & 0.68\times z_{\text{缺水率}}-0.20\times z_{\text{农业用水比例}}+0.18\times z_{\text{灌溉保证率}} \\ & -0.03\times z_{\text{亩均供水量}}+0.09\times z_{\text{地表水开发利用率}}+0.29\times z_{\text{地下水利用率}} \\ & +0.5\times z_{\text{平原水库蒸发渗透损失率}}+0.01\times z_{\text{农田灌溉水有效利用系数}}+0.34\times z_{\text{生态水下泄比例}} \end{aligned} \tag{12.5}$$

最后，利用综合评价公式计算各个方案的得分情况，计算公式如下

$$z = (z_1 \times 70.791 + z_2 \times 19.729)/90.52 \tag{12.6}$$

表 12.46 2009 水平年叶尔羌河流域水资源配置方案评价结果

方案	z_1	z_2	z	排序
情景一	1.76	−1.03	1.15	1
情景二	1.14	−0.66	0.75	2
分级界限一	3.73	−0.24	2.86	
分级界限二	0.83	1.93	1.07	

2009 年叶尔羌河流域水资源配置方案评价结果见表 12.46。分析可知，情景一优于情景二，表明情景一方案较为适用于叶尔羌河流域的水资源配置，其配置合理性为Ⅱ级。

2）2025 年叶尔羌河流域配置方案评价

表 12.47 为 2025 年叶尔羌河配置方案的评价结果，分析可知，情景四优于情景三，表明情景四较为适用于 2025 年叶尔羌河水资源配置，其配置合理性为Ⅱ级。

表 12.47 2025 水平年叶尔羌河流域水资源配置方案评价结果

方案	z_1	z_2	z	排序
情景三	0.89	−1.22	0.43	2
情景四	1.17	1.1	1.15	1
分级界限一	3.02	1.09	2.60	
分级界限二	0.91	1.23	0.98	

12.2.2.3 模糊物元法评价计算

首先，针对 2009 水平年构建由 2 个方案 9 个评价指标值构成的复合物元 $\boldsymbol{R}_{mn}$。

$$\boldsymbol{R}_{mn} = \begin{bmatrix} 1.9\% & 7.2\% \\ 98.1\% & 98.2\% \\ 57.7\% & 15.4\% \\ 877.03 & 805.47 \\ 0.40 & 0.40 \\ 69.8\% & 70.5\% \\ 93.1\% & 96.1\% \\ 32.4\% & 28.0\% \\ 67.6\% & 37.6\% \end{bmatrix}$$

其次，计算从优隶属度，构建模糊物元优属度矩阵$\underline{\boldsymbol{R}}_{mn}$。灌溉保证率、生态水下泄比例和生态用水比例属于越大越优型指标，采用式（11.36）计算；缺水率、农业用水比例、亩均供水量、地表水开发利用率、地下水利用率、平原水库蒸发渗漏损失率属于越小越优型指标，采用式（11.37）计算。$\max x_{ji}$、$\min x_{ji}$则通过比选4个方案和分级界限中相同指标的最大值和最小值确定。

$$\underline{\boldsymbol{R}}_{mn}=\begin{bmatrix}1.000 & 0.709\\0.014 & 0.000\\0.714 & 0.000\\0.000 & 0.291\\0.000 & 0.000\\0.031 & 0.000\\0.344 & 0.193\\0.380 & 0.601\\0.481 & 0.000\end{bmatrix}$$

再次，计算各评价方案指标与标准方案指标距离的平方，组成差平方复合模糊物元$\underline{\boldsymbol{R}}_{\Delta}$。

$$\underline{\boldsymbol{R}}_{\Delta}=\begin{bmatrix}0.000 & 0.085\\0.973 & 1.000\\0.084 & 1.000\\1.000 & 0.503\\1.000 & 1.000\\0.939 & 1.000\\0.431 & 0.652\\0.384 & 0.159\\0.270 & 1.000\end{bmatrix}$$

然后，基于专家打分采用层次分析法计算得到叶尔羌河流域水资源配置各评价指标的权重系数ω_i。

$$\omega=[0.111\ 0.043\ 0.115\ 0.058\ 0.085\ 0.107\ 0.057\ 0.026\ 0.396]$$

最后，根据式11.40计算各方案的欧式贴近度$\rho \mathrm{H}_j$，得

$$\boldsymbol{R}_{\rho \mathrm{H}}=\begin{bmatrix} & \text{情景1} & \text{情景2}\\ \rho \mathrm{H}_j & 0.339 & 0.091\end{bmatrix}$$

比较两方案的欧氏贴近度，可以看出，对于2009水平年，情景一优于情景二。

采用同样的方法计算2025水平年的两个方案（表12.48），可以看出，对于2025水平年，情景三优于情景四。

表 12.48 叶尔羌河流域水资源配置方案评价结果（模糊物元法）

评价	2009 现状水平年		2025 规划水平年		分级方案	
结果	情景一	情景二	情景三	情景四	分级界限一	分级界限二
ρH	0.339	0.091	0.498	0.650	0.851	0.318
排序	1	2	1	2		

此外，由分级方案的评价值可以确定，当ρH>0.851时，方案配置合理性为Ⅰ级，处于较优水平；当0.318<ρH<0.851时，配置合理性为Ⅱ级，较为合理；当ρH<0.318时，配置合理性为Ⅲ级，处于较差水平。

对于叶尔羌河流域2009水平年，情景一是最优配置方案，配置合理性为Ⅱ级；对于2025水平年，情景四是最优配置方案，配置合理性为Ⅱ级。

12.2.2.4 投影寻踪法评价计算

1）等级标准的投影值

叶尔羌河流域水资源配置评价等级分为3级，取2组分级界限值作为分级标准方案，计算其投影值。在Matlab中运算评价模型得到当目标值达到−0.5120时，系统变量和目标值变化均在20%以内，认为此时收敛，其最大值可认为是全局最优，求得最佳投影方向a^*=（0.244 4，0.270 0，0.185 2，0.303 6，0.378 8，0.432 2，0.441 9，0.441 9，0.141 4），水资源配置标准的投影值$z_1^*(j)$=（2.730 2，0.467 5）。

也就是说，由投影值划分的分级标准为：Ⅰ级>2.730 2，Ⅱ级 0.467 5～2.730 2，Ⅲ级<0.467 5。

2）配置方案投影值

对于2009水平年，运算评价模型得到最佳投影方向a^*=（0.294 4，0.014 2，0.718 0，−0.294 4，−0.000 0，0.031 4，0.152 7，−0.223 5，0.486 5），配置方案的投影值$z_1^*(j)$=（1.006 9，0.018 2），即情景一优于情景二，且情景一的配置合理性为Ⅱ级。

对于2025水平年，运算评价模型得到最佳投影方向a^*=（0.075 1，−0.005 7，0.581 5，−0.035 1，0.000 0，−0.113 1，0.566 3，0.531 1，0.198 6），配置方案的投影值$z_1^*(j)$=（0.531 9，1.584 3），即情景四优于情景三，且情景四的配置合理性为Ⅱ级。

12.2.3 叶尔羌河流域水资源配置推荐方案

表12.49和表12.50分别给出了叶尔羌河流域2009现状水平年和2025规划

水平年不同水资源配置方案的评价结果及优劣排序。

表 12.49　2009 水平年叶尔羌河流域水资源配置评价结果

评价方法	评价结果	情景一	情景二
熵值法	方案排序	1	2
	合理性评价	Ⅲ级	Ⅲ级
主成分分析法	方案排序	1	2
	合理性评价	Ⅱ级	Ⅲ级
模糊物元法	方案排序	1	2
	合理性评价	Ⅱ级	Ⅲ级
投影寻踪法	方案排序	1	2
	合理性评价	Ⅱ级	Ⅲ级

表 12.50　2025 水平年叶尔羌河流域水资源配置评价结果

评价方法	评价结果	情景三	情景四
熵值法	方案排序	2	1
	合理性评价	Ⅱ级	Ⅱ级
主成分分析法	方案排序	2	1
	合理性评价	Ⅲ级	Ⅱ级
模糊物元法	方案排序	2	1
	合理性评价	Ⅱ级	Ⅱ级
投影寻踪法	方案排序	2	1
	合理性评价	Ⅱ级	Ⅱ级

由不同评价方法得到的评价结果基本一致，对于 2009 水平年，情景一均优于情景二，除熵值法评价得到该方案的配置合理性为Ⅲ级外，其他方法均认为其配置合理性为Ⅱ级。对于 2025 年，情景四优于情景三，该方案的配置合理性为Ⅱ级。

故针对叶尔羌河流域 2025 规划水平年，本书评价推荐的配置方案为情景四：控制叶尔羌河流域灌溉面积为 753.39 万亩，建成阿尔塔什水库，保留 16 座平原水库。该方案配置合理性为Ⅱ级，较为合理。

13　塔里木河流域管理体制与机制现状分析

13.1　流域管理基本情况

13.1.1　流域管理范围

塔里木河流域是环塔里木盆地的阿克苏河、喀什噶尔河、叶尔羌河、和田河、开都河—孔雀河、迪那河、渭干河与库车河、克里雅河和车尔臣河等九大水系144条河流的总称，流域总面积为102万km^2（国内流域面积99.6万km^2）。其中，山地占47%，平原区占20%，沙漠面积占33%。流域内有五个地（州）的42个县（市）和生产建设兵团4个师的55个团场。

塔里木河干流全长1321km，自身不产流。受人类活动与气候变化等影响，20世纪40年代以前，车尔臣河、克里雅河、迪那河相继与干流失去地表水联系，40年代以后喀什噶尔河、开都河—孔雀河、渭干河也逐渐脱离干流。目前，与塔里木河干流有地表水联系的只有和田河、叶尔羌河和阿克苏河三条源流，孔雀河通过扬水站从博斯腾湖抽水经库塔干渠向塔里木河下游灌区输水，形成“四源一干”的格局。“四源一干”流域面积占流域总面积的25.4%，年径流量占流域的64.4%，对塔里木河的形成、发展与演变起着决定性的作用。

13.1.2　流域水资源管理内涵

流域系统管理，从广义上讲是把流域作为一个生态系统，把社会发展对水土资源的需要以及开发对生态环境的影响和由此产生的后效联系在一起，对流域进行整体的、系统的管理和利用；从狭义上讲是对流域内的水进行整体的管理。结合国内专家的论述，认为流域水资源管理就是将流域的上、中、下游，左右岸，干支流，水质与水量，地表水与地下水，治理开发与保护等作为一个完整的系统，将除害与兴利结合起来，按流域进行协调和统一调度的管理。流域管理的实质是指国家以流域为单元对水资源实行的统一管理，包括对水资源的开发、利用、治理、配置、节约、保护以及水土保持等活动的管理，建立一套适应水资源自然流域特性和多功能统一性的管理制度。同时，认真落实国务院《关于实行最严格水资源管理制度的意见》中确立的水资源开发利用控制、用水效率控制和水功能区限制纳污“三条红线”，从制度上推动流域经济社会发展与水资源水环境承载能力相适应，使有限的水资源实现优化配置和最大的综合效益，保障和促进流域社会经济的可持续发展。

13.1.3　流域管理机构

塔里木河流域范围内行使流域管理的机构主要有塔里木河流域水利委员会、塔里木河流域管理局及其所属“四源一干”管理局、其他流域管理局（处）。

1）塔里木河流域水利委员会

1998年，新疆维吾尔自治区人民政府成立了塔里木河流域水利委员会（以下简称委员会）。委员会下设执行委员会，执行委员会是委员会的执行机构。塔里木河流域管理局是委员会的办事机构，同时也是新疆维吾尔自治区水行政主管部门派出的流域管理机构，受新疆维吾尔自治区水行政主管部门的行政领导。塔里木河流域水利委员会设置见图13.1。

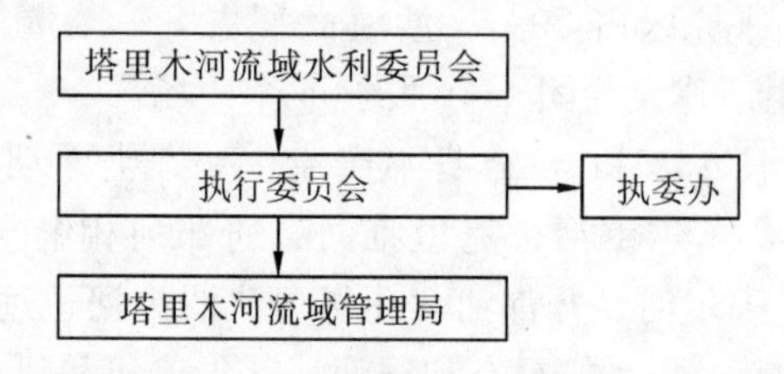

图13.1　塔里木河流域水利委员会设置图

委员会负责研究决策塔里木河流域综合治理的有关重大问题，对塔里木河流域管理局、流域内各州、地和兵团各师贯彻委员会决议、决定情况进行协调和监督。委员会以会议的方式行使决策职权。委员会由主任、副主任和委员组成。主任由新疆维吾尔自治区常务副主席兼任，副主任由主管水利工作的副主席兼任，委员由新疆维吾尔自治区人民政府秘书长和计划、财政、水利、环境保护、国土资源管理等行政主管部门负责人、流域内五个地州的行政首长、兵团四个师师长、兵团水利局局长、塔里木河流域管理局局长和有关方面负责人组成。

执行委员会代表委员会行使职权，负责监督和保证委员会决议、决定的贯彻执行，并在委员会授权范围内制定政策、做出决定。

执行委员会下设办公室，办公室设在新疆维吾尔自治区水行政主管部门，负责处理执行委员会的日常工作。

2）塔里木河流域管理局

为合理配置流域水资源，挽救劣变的生态环境，新疆维吾尔自治区人民政府于1992年正式成立塔里木河流域管理局，赋予了塔里木河流域管理局对塔里木河干流水资源的统一管理权和源流水量与水质的监督职责。

1994年新疆维吾尔自治区人民政府以新政函（[1994] 40号文）颁发了《新疆维吾尔自治区塔里木河流域水政水资源管理暂行规定（试行）》对流域水政水资源管理总则、管理机关与职责、用水管理、河道管理和水工程管理、防洪抗洪、水政监察等进行了规定，明确了新疆维吾尔自治区水利厅授权塔里木河流域管理局的职责。

（1）在流域内宣传和贯彻执行《水法》《水土保持法》《自治区实施〈水法〉办法》等水法规，开展水利方针、政策的调研，负责组织制定流域内水管理行政法规及治水、取水的规章制度。在干流区内开展水行政执法工作。

（2）按批准的流域规划要求，负责监测、督促、实施塔里木河各主要源流向干流输送的水量和水质。

（3）负责组织塔里木河干流水资源综合考察工作，编制干流区域内综合规划及有关专业规划。组织干流河道的整治工作。

（4）负责干流区域内节约用水的专业管理，按国家及新疆维吾尔自治区规定开展取水登记，实施取水许可制度，负责征收干流区域内的水资源费和水费。

（5）负责协调处理塔里木河干流区域内地州之间、地州与兵团有关师（局）之间，各行业之间的水事纠纷。

（6）负责干流区域内水资源的保护工作，开展水科学研究、生态环境研究，会同环保、林业、土地、畜牧、农业、气象等部门共同对生态环境进行监测管理。

（7）负责预审干流区域内大中型水利骨干工程的规划、设计和科研实验等工作，监督、检查各主要工程实施情况。

（8）对本流域内地方、兵团有关师（局）及其他行业的水利工作进行业务、技术服务，组织学术交流，开展科研和技术合作等。

（9）承担塔里木河流域管理委员会及新疆维吾尔自治区水利厅授权交办的其他事宜。

2012年新疆维吾尔自治区人民政府以新机编办［2012］51号下达了《关于新疆维吾尔自治区塔里木河流域管理局机构编制方案的批复》，明确新疆维吾尔自治区塔里木河流域管理局为新疆维吾尔自治区水利厅的派出机构，新疆维吾尔自治区塔里木河流域水利委员会的办事机构，机构规格为正厅级。其主要职责是：①贯彻落实《中华人民共和国水法》《塔里木河流域水资源管理条例》等法律、法规；负责管辖范围内的水行政执法、水政监察和水事纠纷调处工作。②组织编制流域综合规划和专业规划并监督实施。在授权范围内，组织开展水利项目的前期工作；负责水工程建设项目规划同意书和水资源论证报告审查、水利项目初步技术审查；提出管辖范围内水利建设项目年度投资建议计划并组织实施。③负责流域水资源统一管理，统筹协调流域用水、年度水量调度计划以及旱情紧急情况下的水量调度预案并组织实施；指导流域水能资源开发，按照电调服从水调的原则，负责管辖范围内水库及电站水量统一调度；负责组织向塔里木河下游生态输水；在管辖范围内依法组织实施取水许可、水资源有偿使用等制度。④负责流域水资源保护工作。根据授权，开展流域水功能区划工作，组织编制管辖范围内的水功能区划，核定水域纳污能力，提出限制排污总量意见；负责入河排污口设置的审查许可；依法在管辖范围内开展水土保持监督管理；指导流域节约用水工作。⑤负责管辖范围内的河道管理。承担河道管理范围内采砂管理和涉河建设项目的审查及监督工作；负责直管水利工程的建设与运行管理。⑥组织编制流域防洪方案。在自治区防汛抗旱总指挥部的统一领导下，开展防汛抗旱协调、调度和监督管理工作；参与协调水利突发事件应急工作。⑦研究提出直管工程的水价以及其他收费项目的立项、调整建议方案。负责直管水利项目资金的使用、管理和监督。⑧负责开展流域水利科技、统计和信息化建设工作。⑨承担塔里木河流域水利委员会、执行委员会和新疆维吾尔自治区水行政主管部门交办的其他工作。

塔里木河流域阿克苏管理局、喀什管理局、和田管理局、巴音郭楞管理局、干流管理局其工作职责是在其管辖范围依法实施水资源统一管理，组织编制或预审流域综合规划及专业规划，行使水资源评价、取水许可管理、水资源费征收、水量调度管理、河道管理、水政执法、水质保护管理、水利工程管理和水费征收、地表地下水水质监测等流域水资源管理、流域综合治理和监督职能。

塔里木河流域希尼尔水库管理局管理范围为孔雀河流域第一分水枢纽库塔干渠下游至恰铁干渠及希尼尔水库。其职责是水库工程及输水干渠的工程管理，负责管理范围的水量调度。

新疆下坂地水利枢纽工程建设管理局管理职责是负责叶尔羌河支流上的龙头水库工程安全和水调电调的任务；建立水库水生态的保护设施和管理队伍。

根据塔里木河流域管理局职责，设置塔里木河流域管理局机构组成框架见图 13.2。

3）其他源流流域管理机构

新疆维吾尔自治区水行政主管部门直属的喀什噶尔河流域管理处直接管理喀什噶尔河流域的部分河道；隶属喀什地区的盖孜河流域管理处管理喀什噶尔河流域的部分河道。

隶属巴州的车尔臣河流域管理处负责管理车尔臣河流域，主要职责是车尔臣河河道管理、水资源管理、灌区各县配水和供水，为副县（处）级。

隶属巴州的迪那河流域管理处负责管理迪那河流域，主要职责是迪那河河道管理、水资源管理、灌区各县配水和供水，为副县（处）级。

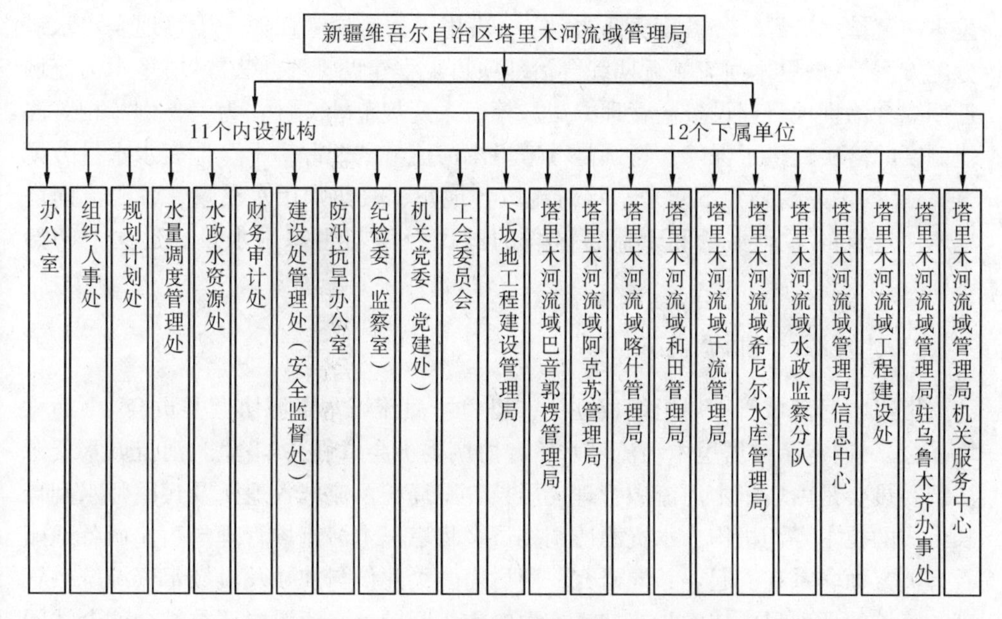

图 13.2　塔里木河流域管理局机构组成框图

隶属阿克苏地区的渭干河流域管理处负责管理渭干河流域，主要职责是渭干河河道管理、水资源管理、灌区各县配水和供水，为副县（处）级。阿克苏地区库车县直接管理库车河。

克里雅河由和田地区于田县负责管理。

13.1.4　流域管理实施情况

1）流域管理法制体系

1997年，新疆维吾尔自治区人大颁布了《塔里木河流域水资源管理条例》（以下简称《条例》）。《条例》是我国第一部地方性流域水资源管理法规，它以立法的形式确立了塔里木河流域“实行统一管理与分级管理相结合的制度”。2005年，新疆维吾尔自治区人大重新修订了《条例（2005）》，《条例》把“流域内水资源实行流域管理与区域管理相结合的水资源管理体制，区域管理应当服从流域管理”的内容写入修订的《条例》中，在流域水资源管理体制上取得了重大突破，明确了塔里木河流域水利委员会（包括执行委员会）及塔里木河流域管理局的法律地位及职责。

为使《条例》所确立的一系列法律规定落到实处，进一步增强《条例》的可操作性，根据《条例》的立法宗旨及国家、新疆维吾尔自治区的有关规定，还制定了以《条例》为核心的流域配套规章制度。新疆维吾尔自治区先后出台了《塔里木河流域水资源统一调度管理办法》《塔里木河流域“四源一干”地表水水量分配方案》《塔里木河流域近期综合治理项目工程建设管理办法》《塔里木河流域近期综合治理项目建设资金管理办法》等一系列规范性文件，为《条例》相关法律制度的落实提供了保障。特别是《塔里木河流域“四源一干”地表水水量分配方案》，明确了规划年不同来水年份流域各地州、兵团师用水总量、各源流向塔里木河干流的下泄水量和干流各区段的国民经济与生态用水量，建立了初始水权。

2）水资源管理协调机制

塔里木河流域管理局组织成立了“塔里木河流域水资源协调委员会”（简称塔委会），制定了《塔里木河流域水资源协调委员会章程》。塔里木河流域水资源协调委员会是由塔里木河流域管理局局长、副局长及流域各地州及兵团师水利局长组成的技术咨询机构，水资源协调委员会将塔里木河流域管理局、流域各地州及有关方面联系在一起，共同研究、商讨塔委会建设与加强及流域水资源统一管理和流域治理项目中技术与非技术方面的重大问题。水资源协调委员会就上述问题形成建议、意见或对策，提供塔委会在决策时考虑。水资源协调委员会通过会议的召开，积极听取各方意见，使流域各单位加强了沟通，增进了了解，统一了思想，提高了认识，有效促进了流域水资源的统一管理。

为加强流域水资源管理沟通和协调，2010 年塔里木河流域管理局制定了《塔里木河流域水资源管理联席会议制度》（以下简称《制度》），经新疆维吾尔自治区人民政府办公厅下发执行（新政函［2010］136 号文）。塔里木河流域水资源管理联席会议召集人由塔里木河流域管理局担任。联席会议成员单位由塔里木河流域管理局，流域内地州、兵团师及水行政主管部门、水管单位和相关部门组成。参加会议人员由地州、兵团师的副专员、副州长、副师长，及水利局局长、各流域管理局局长等组成。《制度》具体规定了联席会议的主要职责和工作制度，明确联席会议的主要职责是传达、贯彻落实新疆维吾尔自治区党委、人民政府及塔委会有关流域综合治理等方针、政策；就流域规划、工程建设、限额用水与水量调度、防洪抗旱、水事纠纷等有关业务事宜进行沟通、协商、协调、提出解决问题的方案；就需要提请新疆维吾尔自治区人民政府、塔委会协调解决的问题，提出合理化建议。每年召开 1～2 次会议，遇到具体问题随时召开。会议将以会议纪要或简报的形式明确会议议定事项，相关成员单位负责具体落实，联席会议办公室负责督办。

成立叶尔羌河流域灌区管理委员会、塔里木河干流上游灌区管理委员会和中下游灌区管理委员会，委员由流域管理机构、灌区代表、用水户代表等组成，制定《新疆维吾尔自治区塔里木流域水利委员会章程》并及时召开管委会会议，指导灌区工程管理、用水管理、水费征收等各项工作，促进灌区内水管理民主协商和科学决策。

3）流域水量统一调度管理

为了使流域水量统一调度有据可依，确定了流域水量分配方案。1999 年在塔里木流域水利委员会常委会第二次会议上，批准了《塔里木流域各用水单位年度用水总量定额》，初步确立了流域水量分配体系。2000 年新疆维吾尔自治区在流域内实施了限额用水工作，塔里木河流域管理局依据国务院批复的《塔里木河流域近期综合治理规划报告》和《塔里木河流域“四源一干”地表水水量分配方案》（新政函［2003］203 号）等有关规定，按照塔里木河治理投资完成、项目完成、节水量完成、输水目标实现的原则，确定流域各地州、兵团师限额用水方案。之后的历次委员会上，由委员会主任与流域各地州、兵团师领导签订年度用水目标责任书，核定年度用水限额，落实限额用水责任。

2002 年在塔里木河流域实行了全流域水量统一调度。塔里木河流域管理局负责对流域各地州及兵团师的河段区间耗水量及来水断面和泄水断面的水量进行调度。流域各地州及兵团师依据下达的月用水指标，负责辖区内的水量调度工作。塔里木河干流河道的水量调度工作由塔里木河流域管理局直接负责。

自 2003 年起，塔里木河流域水利委员会主任委员每年与流域各地（州）、兵团各师签订限额用水目标责任书，将近期治理工程节水量与限额耗用水量及下泄水量直接挂钩，层层落实限额用水目标责任书，把落实水量分配方案和年度调度计划纳入考核目标，建立责任追究和奖惩制度。塔里木河流域管理局对各单位用水目标责任书执行情况进行监督检查。

塔里木河流域管理局、地州、兵团师都成立了各级水量调度机构。塔里木河流域管理局委托水文部门对涉及有关地方和兵团分水、源流向干流输水的重要水量控制断面，进行监督、监测。在塔里木河干流上、中游，塔里木河流域管理局新设立了 40 余个引水口水量测验断面，安排专职人员驻点测水，对水量调度指令执行进行督促检查。同时，在调度中利用科学技术，力求调度达到及时性、准确性。目前，塔里木河流域水量调度系统初步运行，新建、改建了 28 处流域重要出入境水量监测断面，对 6 个重要水文断面进行了远程监视，塔里木河流域水量调度远程监控系统开始实施。

4）塔里木河流域近期综合治理

塔里木河流域的生态环境问题得到了党中央、国务院的高度重视。2000 年 9 月底，在新疆维吾尔自治区和水利部的安排部署下，组织编制了《塔里木河流域近期综合治理规划报告》。2001 年 6 月 27 日，国务院正式批复《塔里木河流域近期综合治理规划报告》（国函〔2001〕74 号），塔里木河流域近期综合治理项目开始实施。

塔里木河流域近期综合治理项目总投资 107.39 亿元，通过实施灌区节水改造、平原水库节水改造、地下水开发利用、河道治理、博斯腾湖输水系统、生态建设保护、山区控制性水利枢纽、流域水资源统一调度管理、前期工作和科学研究等九大类工程与非工程措施，项目建设全面进入收尾阶段。在近期治理项目实施的同时，坚持边治理边输水的原则，2000～2011 年，先后组织实施了 12 次向塔里木河下游应急生态输水，累计输送生态水 34.79 亿 m^3，水头 9 次到达台特玛湖，结束了下游河道连续干涸 30 年的历史。

各项治理工程的相继建成运行，有效缓解了流域生态严重退化的被动局面，促进了流域各地经济社会稳定发展，达到了保生态、惠民生、促稳定的目的。同时，经过实践探索，也为进一步推进塔里木河流域综合治理积累了经验。近期治理的成效非常显著：一是流域生态环境得到有效保护和恢复；二是域内水利条件得到较大改善，有力地促进了流域经济社会的发展；三是推动了高效节水农业的发展；四是流域水资源统一管理不断加强。

塔里木河流域近期综合治理项目的实施，提升了塔里木河流域水利基础设施建设水平，提高了塔里木河流域管理局在塔里木河流域行使水资源统一管理的权威和作用，增强了流域管理的能力和管理水平，对于建立权威、统一、高效的流域管理体制起到了极大地促进和推动作用。

13.2 塔里木河流域水资源管理体制分析

13.2.1 1992 年以前的水资源管理体制——行政区域管理

1949 年，中华人民共和国成立以后，我国对水资源的管理主要实行从中央到地方、分级分部门负责的管理体制。地方水资源管理体制与职能大体相对应。塔里木河流域水资源以行政区域为单元实行区域管理，分属 5 个地（州）和4 个兵团师管理，具体由其水行政主管部门或水利管理部门负责组织实施。

流域各地（州）形成了地区（州）、市（县）两级水资源管理机构，分别是地区（州）水利局、市（县）水利局，有的县以下的乡设立了水利管理站。流域内各兵团师也形成相应的水利管理机构，师级设局，团级设站。

为了进一步加强本区域的水资源管理，在 20 世纪 50 年代，流域内五个地（州）相继成立了各自的流域管理机构。阿克苏地区、喀什地区、和田地区、巴州分别设立了阿克苏河流域管理处、叶尔羌河流域管理处、和田河流域管理处、巴州水管处，隶属地州政府或水利局管理，负责所在流域水量调度、供水和水利工程运行管理及少部分水资源管理等工作。兵团师分别设有灌区水利管理处，主要负责灌区供水等工作。各流域机构的设立，使流域水资源管理体制前进了一步，但由于流域管理机构或具有流域管理职能的机构隶属当地政府或其水利局管理，流域管理的作用没有得到应有的发挥。

1988年，《中华人民共和国水法》颁布实施，标志着我国水利事业步入法制化轨道。但是，《水法》规定国家对水资源实行统一管理与分级、分部门管理相结合的制度，国务院水行政主管部门负责全国水资源的统一管理和监督工作，县级以上地方人民政府水行政主管部门按照规定的权限，负责本行政区域内水资源的统一管理和监督工作。《水法》中关于水资源区域管理的设定，人为造成了水资源管理的分割，导致塔里木河流域水资源管理政出多门，分而管之，一些区域水资源管理者过分注重区域利益最大化，忽视全流域的整体利益，无序开发利用流域水资源，造成流域水资源的不合理开发、不合理配置、低效利用和人为浪费，使得塔里木河源流进入干流的水量不断减少，下游生态环境不断恶化。1972年以来，塔里木河尾闾台特玛湖干涸，大西海子以下363km的河道长期断流，地下水位不断下降，两岸胡杨林大片死亡，两大沙漠呈合拢态势，具有战略意义的下游绿色走廊濒临毁灭。

13.2.2　1992～2011年的水资源管理体制——流域管理与行政区域管理相结合，以区域管理为主

为改变长期以来塔里木河流域形成的各自为政、各取所需的区域管理状况，合理配置流域水资源，挽救劣变的生态环境，新疆维吾尔自治区人民政府于1992年1月8日，正式成立塔里木河流域管理局，赋予了塔里木河流域管理局对塔里木河干流水资源的统一管理权和源流水量与水质的监督职责，使塔里木河由区域管理向流域管理迈出了关键的一步。1994年新疆维吾尔自治区人民政府以新政函（［1994］40号文）颁发了《新疆维吾尔自治区塔里木河流域水政水资源管理暂行规定（试行）》对流域水政水资源管理总则、管理机关与职责、用水管理、河道管理和水工程管理、防洪抗洪、水政监察等进行了规定，新疆维吾尔自治区水利厅授权塔里木河流域管理局对塔里木河流域进行管理。

1997年，新疆维吾尔自治区颁布了《塔里木河流域水资源管理条例》。《条例》是我国第一部地方性流域水资源管理法规，它以立法的形式确立了塔里木河流域“实行统一管理与分级管理相结合的制度”。1998年，新疆维吾尔自治区成立了塔里木河流域水利委员会。2005年，依据新《水法》，同时结合塔里木河流域的实际，新疆维吾尔自治区修订了《条例》。《条例》在流域水资源管理体制上取得了重大突破，规定“流域内水资源实行流域管理与区域管理相结合的水资源管理体制，区域管理应当服从流域管理”，同时明确了流域管理机构的法律地位

及职责，以立法的形式确立塔里木河流域水利委员会（包括执行委员会）及塔里木河流域管理局的流域管理机构，并对委员会及塔里木河流域管理局的职责予以法律授权。

1998 年 8 月，新疆维吾尔自治区召开了塔里木流域水利委员会成立暨常委会第一次会议，会议主要审议通过了《塔里木流域水利委员会章程》及《塔里木流域水利委员会五年行动计划》，明确了流域委员会的工作内容与方向。1999 年在塔里木流域水利委员会常委会第二次会议上，批准了《塔里木流域各用水单位年度用水总量定额》，初步确立了流域水量分配体系。2000 年新疆维吾尔自治区在流域内实施了限额用水工作，之后的历次委员会上，由委员会主任与流域各地州、兵团师领导签定年度用水目标责任书，核定年度用水限额，落实限额用水责任。流域各地（州）、兵团师将落实年度限额纳入考核目标，建立责任追究制度，层层负责执行用水协议。限额用水执行过程中，塔里木河流域管理局对各单位用水目标责任书执行情况进行监督检查。同时，委员会加强自身建设，2001 年在塔里木流域水利委员会第五次会议上，成立了新一任的委员会领导班子，国家发展和改革委员会、水利部、黄委会的领导担任委员会副主任委员，参与委员会的组织和管理工作。委员会及时、有效的运行决策机制，对指导、促进流域综合管理工作起到很好的作用，较好地促进了流域管理与区域管理和谐关系的建立。

十多年来，塔里木河流域管理局全力以赴实施塔里木河流域综合治理，加强流域水资源统一管理和调度，取得了阶段性的成果，生态效益、经济效益、社会效益初步显现。截至 2011 年年底，已累计完成中央投资 92.79 亿元（占总投资的近 86%）。各地已完工塔里木河项目可实现年节增水量近 27 亿 m^3。先后 12 次向塔里木河下游生态输水，累计输送生态水 34.79 亿 m^3，水头 9 次到达台特玛湖，结束了下游河道干涸近 30 年的历史，使下游生态环境得到了初步改善。

13.2.3　2011 年以后水资源管理体制——流域管理与行政区域管理相结合，区域管理服从流域管理

2011 年 2 月新疆维吾尔自治区 19 届人民政府常务会议决定，塔里木河流域建立流域水资源管理新体制。即在现有管理体系下，整合兼并塔里木河四源流现有源流管理机构，将源流区的叶尔羌河流域管理局、和田河流域管理局、阿克苏河流域管理局以及具有流域水资源管理职能的巴州水利工程管理处，整建制（包括河道水工程）移交塔里木河流域管理局，成立塔里木河流域和田管理局、塔里木河流域喀什管理局、塔里木河流域阿克苏管理局、塔里木河流域巴州管理局，隶属塔里木河流域管理局，对源流水资源和河流上的提引水工程等实行直接管

理。源流各地州、兵团师成立各自的灌区灌溉管理机构，负责权限内的灌区灌溉管理，并接受流域机构的业务指导，不再对源流水资源及河流上的提引水工程实行直接管理。垂直管理模式框架如图 13.3 所示。

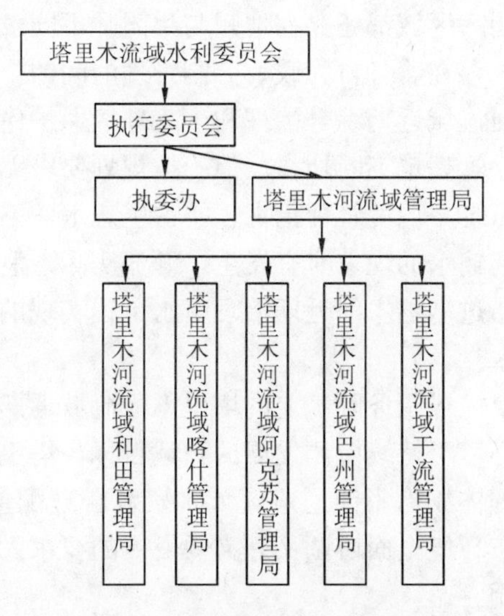

图 13.3　垂直管理模式框架

13.2.4　塔里木河流域水资源管理体制分析

1）2011 年以前的流域水资源管理体制

塔里木河流域历史水资源管理体制曾在促进流域经济社会发展和生态环境改善方面发挥了重要作用，但是也存在许多问题。

（1）流域管理与区域管理事权划分不明，水资源行政管理权分割。实际情况是塔里木河流域管理局只能直接管理塔里木河干流，源流的各地州、兵团师实际上既是源流水资源的管理者，又是水资源的使用者，《条例》规定的管理体制得不到落实，区域管理仍处于绝对强势地位。

（2）流域管理机构职能不健全，权力结构不合理，管理难以取得实效。在已长期存在的强势区域管理体制下，新成立的流域管理机构——塔里木河流域管理局既不管人，也不管钱，而且也不具有重要控制性工程的监控权，在遇到地方利益、局部利益与整体利益冲突时，水资源统一管理调度的指令根本得不到保证，统一管理也就成了一纸空谈。

（3）有法不依、执法不严的问题比较突出。由于管理体制不顺，违反《塔里木河流域水资源管理条例》、新疆维吾尔自治区批准的水量分配方案、《塔里木河流域水量调度管理办法》，不执行水调指令抢占、挤占生态水，不按塔里木河近期治理规划确定的输水目标向塔里木河输水的现象时有发生，塔里木河干流水权及生态用水水权得不到法律保护，塔里木河流域管理局因管理权限所限，难以依法进行处罚。

(4) 在流域内部同一区域都还存在地州与兵团师不同隶属关系、自成体系的两套水资源管理体制，存在着各自为政、分割管理的问题。

几年来，塔里木河流域近期综合治理和生态环境保护建设虽然取得了阶段性成效，流域水资源统一管理也不断加强。但不按规划要求无序扩大灌溉面积增加用水，不执行流域水量统一调度管理抢占、挤占生态水，不按塔里木河规划确定的输水目标向塔里木河输水的现象时有发生，源流实际下泄塔里木河干流水量不增反减，不仅占用了通过塔里木河近期治理节水工程实现的节增水量，还占用了原来的河道下输生态水量。

针对以上问题，要完成国务院确定的塔里木河流域近期综合治理目标，实现流域经济社会与生态环境可持续协调发展的长远目标，塔里木河流域以行政区域管理为主的水资源管理体制已不能适应流域水资源合理配置、统一管理的要求，不适应经济社会与生态环境全面协调又好又快发展的要求。因此，亟待研究和建立新的水资源管理体制。

2) 2011 年以后的流域水资源管理体制

这种自上而下、垂直管理拥有独立水资源管理权限的机构具有职能统一、权限集中的优点，将“多龙管水”改为“一龙管水”。塔里木河流域水资源管理体制要适应新形势下发展的要求，就必须对以前的体制进行大变革，建立一个既统一协调又权威高效、适应经济社会又好又快发展的新体制，从根本上解决流域管理机构对水资源的管理有责无权，流域内事权划分不清，各源流权利相对独立、各自为政，既是源流水资源的使用者又是源流水资源的管理者的局面，使流域统一管理配置水资源，实现全流域效益最优，只有采取这种权限集中的做法才能从根本上改变过去那种各自为政、条块分割的水资源管理不利局面。

当然，采取这种垂直管理模式，意味着塔里木河流域权力和利益的重新分配，改革存在一定的难度和阻力，但这是政治体制改革的必然结果，改革过程中的困难是可以克服的。

13.3　塔里木河流域水资源管理机制分析

由于塔里木河流域管理局成立较晚，水资源管理方面的经验较少，为了更好地使塔里木河流域水资源得以合理配置，塔里木河水资源管理者不断探索、勇于开拓，结合流域实际，创造性地建立了流域水资源管理机制。

13.3.1 初步建立了流域法规体系

1）积极推进《塔里木河流域水资源管理条例》的制定

依法治水、依法管水，是实现水资源可持续利用的根本保证。为了合理开发、利用、节约、保护和管理塔里木河流域水资源，维护生态平衡，确保塔里木河流域综合治理目标的实现及流域内国民经济和社会的可持续发展。1997年新疆维吾尔自治区八届人大常委会第三十次会议审议并通过了《塔里木河流域水资源管理条例》。《条例》是我国第一部地方性流域水资源管理法规，它以立法的形式确立了塔里木河流域管理体制，赋予了流域管理机构的法律地位，制定了流域水资源管理、配置、调度等规定。

2002年新《水法》颁布实施后，根据新《水法》和《自治区实施〈水法〉办法》，结合塔里木河流域水资源管理工作中出现的一些新情况、新问题，我们及时开展了《条例》的修订工作。2005年3月25日，新疆维吾尔自治区十届人大常委会第十五次会议审议通过了修订后的《条例》，并于2005年5月1日施行。《条例》在流域水资源管理体制上取得了重大突破，并重点在流域水资源管理体制，水资源开发、利用，特别是管理、节约、保护和配置等制度上做了具体、明确的规定。《条例》主要有以下特点。

一是在实行“流域管理与区域管理相结合的水资源管理体制”基础上，明确规定了“区域管理应当服从流域管理”，进一步理顺了水资源管理体制，强化了流域的统一管理，这是在我国流域水资源管理体制上的重大突破。

二是明确了流域管理机构的法律地位及职责，以立法的形式确立了塔里木河流域水利委员会（包括执行委员会）及塔里木河流域管理局的流域管理机构，并对委员会及塔里木河流域管理局的职责予以法律授权，这是一部我国迄今对流域管理的法律地位规定最明确，对流域管理机构的职责规定最集中、最具体的地方法规。

三是加强了流域水资源的宏观管理，规定了流域规划、水资源论证制度、流域水量分配和旱情紧急情况下水量调度预案制度、年度水量分配方案和调度计划制度等一系列水资源配置制度，明确了塔里木河流域管理局负责流域水资源的统一调度管理。

四是强化了取水许可管理，以法律形式明确了在流域实行全额管理与限额管理相结合的取水许可新制度，塔里木河流域管理局负责在塔里木河干流取水许可的全额管理和重要源流限额以上的取水许可管理。

五是结合塔里木河流域实际，明确提出了保护生态环境，严格控制非生态用水，增加生态用水，严禁非法开荒、无序扩大灌溉面积等有关规定，并制定了相应的处罚措施。

2）完善配套规章制度，保证《条例》的贯彻实施

为增强《条例》的可操作性，根据《条例》的立法宗旨及国家、新疆维吾尔自治区的有关规定，还制定了以《条例》为核心的流域配套规章制度。新疆维吾尔自治区政府先后出台了《塔里木河流域水政水资源管理暂行规定》《塔里木河流域水利委员会章程》《塔里木河流域综合治理项目工程建设管理办法》《塔里木河流域综合治理项目资金管理办法》《塔里木河流域“四源一干”地表水量分配方案》《塔里木河流域水资源统一调度管理办法》等，为《条例》所确立的一系列法律规定的落实提供了保障。

2008年，在对《条例》进行评价后的基础上，我们又拟定了《〈条例〉实施细则》，2009年通过了新疆维吾尔自治区政府法制办的审议。

13.3.2 流域水量分配体系构建

根据国务院批准的《塔里木河流域近期综合治理规划》，借鉴黄河和黑河流域水量分配的成功经验，编制完成《塔里木河流域“四源一干”地表水水量分配方案》（以下简称《水量分配方案》）。2003年，新疆维吾尔自治区批准实施了《水量分配方案》。

水量分配坚持以生态系统建设和保护为根本，以水资源合理配置为核心，源流与干流统筹考虑，生态建设与经济发展相协调，在现有水资源条件下，科学安排生活、生产和生态用水。为了保证水量分配方案的贯彻落实，方案明确了用水总量控制行政首长负责制、责任追究制，对源流实施严格的取水许可限额管理，对超计划用水实行行政、技术、法律、经济等措施，如累进加价收费等。《水量分配方案》的批准实施，为流域水量分配与调度提供了依据。

2009年，依据《水量分配方案》，流域各地州、兵团师按照尊重历史、总量控制的原则制定了县团级用水单位水量分配方案，塔里木河流域水量分配体系就此建立。

13.3.3 实施限额用水管理和水量调度管理

新疆维吾尔自治区对塔里木河流域实行严格的用水总量控制，加强限额用水管理，实行限额用水行政首长负责制。从2000年起，新疆维吾尔自治区在塔里木河流域开展了限额用水工作。每年初塔里木河流域水利委员会召开会议，与流域各地（州）、兵团师签订年度限额用水目标责任书，明确年度耗用水量、下输塔里木河干流水量指标和水量调度工作责任。执行过程中，由塔里木河流域管理局负责监督检查。年末，塔委会召开会议，对年度限额用水执行情况进行总结，

表彰先进；同时，对没有完成限额用水任务的单位进行通报批评，并给予经济处罚。

为了落实年度限额用水任务，按照国务院对《塔里木河近期综合治理规划报告》的批复要求，从2002年起，新疆维吾尔自治区在全流域实施了水量统一调度。按照“统一调度，总量控制，分级管理，分级负责”的原则，塔里木河流域管理局负责全流域水量统一调度管理工作，流域各地州及兵团师在分配的用水限额内负责区域水资源的统一调配和管理，并实行行政首长负责制。

流域实时水量调度期为6～9月。实时调度采取年计划、月调节、旬调度的方式，按照多退少补、滚动修正的原则，逐旬结算水账，调整计划，下达调度指令。为了确保调度指令的执行，新疆维吾尔自治区出台了《塔里木河流域水资源统一调度管理办法》，明确了调度原则、调度权限、用水申报和审批、用水监督等规定；成立了各级水量调度机构，专门负责水量调度工作；加强和完善了水量监测工作，对涉及兵地分水、源流向干流输水的重要水量控制断面，委托水文部门进行监督、监测；同时，派人进驻现场监督监测；严肃调度纪律，加强监督检查，对超计划用水的，在全流域通报批评，并责令改正，派出督察组采取驻点督查、巡回督查、突击检查等方式，分赴各源流督促水量调度指令的执行；关键期采取关闸闭口、压闸减水等措施控制用水。通过以上措施进行过程控制，有效控制了用水，保证了用水限额任务的完成。

13.3.4 推进流域内民主协商、民主管理、民主决策

1）成立“塔里木河流域水资源协调委员会”，制定了《章程》

水资源协调委员会由塔里木河流域管理局局长、副局长及流域各地州及兵团师水利局长组成的技术咨询机构，水资源协调委员会将塔里木河流域管理局、流域各地州及有关方面联系在一起，各单位局长以专家的身份参会，共同研究、商讨塔委会建设与加强流域水资源统一管理和流域治理项目中技术与非技术方面的重大问题。水资源协调委员会就上述问题形成建议、意见或对策，供塔委会在决策时考虑。水资源协调委员会通过会议的召开，积极听取各方意见，使流域各单位加强了沟通，增进了了解，统一了思想，提高了认识，有效促进了流域水资源的统一管理。

2）成立灌区管理委员会

2004年分别成立了塔里木河干流上游灌区管理委员会及中下游灌区管理委员会，委员由塔里木河流域管理局、灌区代表、用水户代表等组成，制定了《章程》并及时召开了管委会会议，指导灌区工程管理、用水管理、水费征收等各项

工作，促进了灌区内水管理民主协商和科学决策。

3）建立了塔里木河流域水资源管理联席会议制度

为了规范流域水资源管理沟通协调机制，2010 年制定了《塔里木河流域水资源管理联席会议制度》，经新疆维吾尔自治区人民政府办公厅以新政函［2010］136 号文下发塔里木河流域各地州、兵团师执行。

联席会议召集人由塔里木河流域管理局担任。联席会议成员单位由塔里木河流域管理局，流域内各地州、兵团师及其水行政主管部门、水管单位和相关部门组成。参加会议人员由各地州兵团师的副专员、副州长、副师长及其水利局局长、各流域管理局局长等组成。《制度》具体规定了联席会议的主要职责和工作制度，明确联席会议的主要职责是传达、贯彻落实新疆维吾尔自治区党委、人民政府及塔委会有关流域综合治理等方针、政策；就流域规划、工程建设、限额用水与水量调度、防洪抗旱、水事纠纷等有关业务事宜进行沟通、协商、协调、提出解决问题的方案；就需要提请新疆维吾尔自治区人民政府、塔委会、协调解决的问题，提出合理化建议。每年召开 1～2 次会议，遇到具体问题随时召开。会议将以会议纪要或简报的形式明确会议议定事项，相关成员单位负责具体落实，联席会议办公室负责督办。

按照《制度》的规定，每年塔里木河流域管理局与相关地州、兵团师召开联席会议数次，及时就限额用水和水量调度等问题进行沟通协调。塔里木河流域水资源管理联席会议制度的建立，将进一步健全与完善塔里木河流域水资源统一管理机制，加强与流域各地（州）、兵团师的业务联系和沟通交流，增进水事各方的相互支持和了解，及时化解矛盾，有力推动塔里木河流域综合治理工作健康有序的发展。

13.3.5 建立塔里木河流域水资源调度管理信息系统

加快流域信息化建设，提高现代化管理水平，对实现流域水资源的统一调度管理具有重要的作用和意义。按照“在流域水资源综合管理与调度工作的总体框架中，通过信息化手段，实现由定性到定量、粗放到精细、静态管理到动态管理”的塔里木河流域信息化建设总体目标，建成了流域水量调度中心，初步建立了塔里木河流域水资源调度管理信息系统。目前，该系统以水量调度管理系统、水量调度远程监控系统、干流生态监测系统及综合办公和公共信息服务系统为重点，实现了数据自动接收处理，重要断面及工程的实时监测、远程监控，信息查询、信息发布等，日常业务处理等功能应用于水资源管理和调度工作中，大大提高了工作效率。下一步还将加强山区控制性水利枢纽工程、流域地下水开采工程等流域水量调度关键控制节点的信息化调度监控系统建设，全面掌握流域水资源开采利用和保护的动态变化，为流域实行水量统一调度和用水总量控制提供信息化管理手段。

13.3.6　改革流域部分水价，促进节水型社会建立

为了加强塔里木河干流水资源的统一管理和节约利用，2003 年新疆维吾尔自治区批准实施了以 1997 年为成本年的塔里木河干流水利工程供水价格。开征水费几年来，对改革流域部分水价，促进节水型社会建立，节制用水浪费、促进塔里木河干流灌区节约用水和向塔里木河下游输水起到了积极作用。

随着世界银行贷款（二期）项目、塔里木河干流生态治理抢救工程项目的实施，特别是塔里木河流域近期综合治理项目的实施，塔里木河干流一大批水利工程相继建成并投入使用。为了保证水利工程正常的运行管理、维修养护和更新改造，塔里木河流域局在现有已完建工程的基础上，参照有关文件的要求，核算了基于 2007 年费用标准的塔里木河干流水利工程供水价格，2010 年新疆维吾尔自治区发改委和水利厅联合下发文件批准调整了干流供水价格，其中，农业 2.66 分/方①②，考虑干流灌区经济发展水平和用水户承受能力等情况，农业供水价格实行分步调整，即由现行的 3.9 厘/方调整为 1.9 分/方③；牧草由 0.37 厘/方调整为 1 厘/方；工业消耗水 3 角/方，贯流水 1 角/方；经营性用水 6 角/方。

通过调整水价，充分发挥价格杠杆在水资源配置、水需求调节方面的作用，增强了塔里木河干流沿线干部群众的节水意识，减少了水资源的浪费，进一步促进了干流区环境保护与经济建设协调发展。

① 1 分＝0.01 元。
② 1 方＝1m³。
③ 1 厘＝0.001 元。

14 流域管理体制存在的主要问题

2011年实施了塔里木河流域水资源管理体制改革，将塔里木河流域四源流整建制移交塔里木河流域管理局，建立了塔里木河流域“四源一干”流域水资源管理新体制。但由于塔里木河流域经济社会发展与生态环境保护、地方与兵团、源流与干流、上游与下游各方面利益错综复杂，在流域管理体制与机制方面还有诸多问题需进一步解决。

14.1 流域水资源管理体制不健全

塔里木河流域水资源管理体制不健全主要体现在以下四个方面。

(1) 塔里木河流域水利委员会成员单位需补充完善。按照《塔里木河流域水资源管理条例》，塔里木河流域委员会由新疆维吾尔自治区人民政府及有关行政主管部门、新疆生产建设兵团、流域内各州地和兵团师师负责人组成，邀请国家有关部委领导参加。但塔里木河流域近期综合治理项目实施以来，在流域水资源管理方面出现了电调与水调、非法开荒等一系列问题，仅靠塔管局难以协调处理和解决，委员会运行体制还需进一步完善。

(2) 塔管局内部机构还不健全。塔里木河流域体制改革后，管理职能发生了很大变化，仍采用原来的机构设置，已不能满足新体制下流域水资源管理的需要。例如，防洪抗旱、水土保持、勘察设计、水产等诸多管理工作需要加强。

(3) 塔管局还没有对塔里木河流域水资源真正实行全部管理。在塔里木河流域水资源管理新体制下，仍存在多流域管理机构共同管理，没有实现流域统一管理。例如，喀什葛尔河流域由厅属的喀什葛尔河流域管理处和隶属于喀什地区的盖孜河管理处分河段管理；渭干库车河由隶属于阿克苏地区的渭干河流域管理处管理；迪那河和车尔臣河由隶属于巴州水利局的迪那河管理处和车尔臣河管理处管理。

(4) 为落实流域管理与行政区域管理相结合、行政区域管理服从流域管理体制，需要建立相应的管理机制，制定并完善相应流域水资源管理的规章制度，做好塔里木河流域管理的顶层设计。但目前塔里木河流域内水工程建设规划同意书制度、工程建设管理、用水总量控制、河流纳污总量控制制度、水行政审查审批、取水许可和水资源论证制度、水行政执法、河道管理、水能开发、水量调度、水土保持等运行机制尚不健全，不能与新体制相适应。

此外，流域水资源管理还缺乏有效的利益调节机制。主要表现在对超限额用水、抢占挤占生态水的行为还没有相应的调控措施，通常还仅限于以行政手段加以干预和制止，缺乏与超额用水、抢占挤占生态水获益者利益相挂钩的刚性约束机制，对超额用水、抢占挤占生态水的行为遏制不力。

14.2　流域水法制体系不健全

塔里木河流域"四源一干"地跨南疆5个地（州）的28个县（市）和4个兵团师的46个团场。流域面积为25.86万m^2，河道全长近5000km，塔里木河流域涉及区域广，点多线长、地处偏远、交通不便，水事活动众多，随着流域管理范围的日益扩大、流域管理任务日益繁重，水事纠纷和涉水事务矛盾日益加大。但塔里木河流域水行政执法体系不健全，流域水法规需进一步完善，并根据国家、新疆维吾尔自治区相关水法规，制定相应配套的流域水制度。水行政执法力量不强，受经济利益驱动，流域内随意打井过量开采地下水、非法开荒强占水资源等现象屡禁不止，水行政执法困难越来越多。表现为地表水和地下水之间的矛盾；地方与兵团以及地州和地州之间水资源管辖权、水资源供需矛盾；跨区域水量调度矛盾越来越突出；水资源污染正在加剧，生态环境有进一步恶化的趋势；水事纠纷和涉水事务矛盾日益加大；水资源管理缺乏有效协调；水利工程建设力度不断加大，水利工程的保护和管理任务日益繁重，这些问题的存在影响了社会稳定，制约了塔里木河流域的经济发展和人民生活水平的提高，也制约了塔里木河流域生态平衡和水环境的改善。

目前，国家及新疆维吾尔自治区的水法律、法规、规章对执法手段的刚性规定不足，且缺乏可操作性，对违法者的震慑力不够，违法行为很难得到及时有效的遏止。随着流域水利基础设施建设的不断完善，决堤、破坏河道堤防和生态闸、聚众强行开闸引水，在河道管理范围内非法开垦、建房、建堤等侵占河道以及违法捕鱼、盗窃水利设备、使用威胁的方法阻碍水行政执法人员执行职务等案件时有发生。有些案件潜在危害很大并已触犯刑律，地方公安机关因警力不足，无法及时有效查处，塔里木河流域水事方面的治安、刑事案件的查处急需加强。

14.3　流域内仍存在水资源分割管理状况

塔里木河流域水资源仍存在分割管理状况，水事矛盾日益突出，具体体现在以下两方面：一是，电调与水调矛盾突出，目前塔里木河流域水电开发建设已被大的企业集团占有、控制，形成了多家割据、群雄纷争的局面。但在开发利用中，有法规不按法规、有规划不依规划的无序开发现象十分突出，其后果是工程的综合效益不能发挥，而效益一家独享也影响社会和谐发展。例如，塔里木河流域已建成的开都河上的察汗乌苏水电站、和田河上的乌鲁瓦提水利枢纽工程，发电与农业灌溉、防洪、生态之间的矛盾已日益凸显。察汗乌苏水电站发电以来，开都河出现了从未有过的断流；乌鲁瓦提水利枢纽使和田河下泄塔里木河的水量急剧减少。因此，规范水能资源开发利用，维护水资源统一管理的格局，是实现灌溉、供水、防洪、生态环境保护等水资源综合利用目标的必然选择，管理模式的改变已迫在眉睫。二是，河流水资源的上下游之间、左右岸之间、地表水与地下水之间是统一规划、管理的。地下水管理无序混乱，塔里木河流域地下水主要由地表水转换而来，流域内地表水主要由流域管理机构管理，而地下水资源实行分级分部门的行政区域管理，地表水、地下水处于分割管理的状态，管理不能统一。塔里木河流域管理局是塔里木河流域水资源总量控制（包括地下水和地表水）的一级执行者，但是由于地下水管理体制不健全，缺乏有效的措施对地下水资源开发利用情况实施监督和管理，造成流域内无序打井、超采地下水现象日趋严重，不仅使限额用水总量控制指标无法落实，而且形成随意打井开荒难以遏制的局面，流域的地下水资源开发利用已经处于失控状态。

14.4 流域管理协商机制不完善

塔委会的委员单位组成还缺少新疆维吾尔自治区相关部门的参与，难以统一协调流域管理活动，流域管理协商机制还需进一步完善。具体表现在：一是，部门之间的协商机制还不完善。由于我国长期对水资源实行统一管理与分级、分部门管理相结合的制度，导致管理部门与开发利用部门相互关系不明、职责不清，严重制约了水资源的可持续利用和经济可持续发展。由于历史原因，这种现象可能在一定时期将仍然普遍存在，如水污染防治实施监督管理。二是，流域之间的协商机制不完善，塔里木河各流域具有不同来水频率的特性，水资源开发利用情况和流域社会经济发展情况千差万别，为了能使流域水资源在其承载能力范围内，充分发挥其功能，流域之间的协商机制当前还十分欠缺。三是，地方与兵团的协商机制还没有建立，由于流域水资源的稀缺性，在用水过程当中，地方与兵团的水事争端也常发生，为了能较好地减少地方与兵团在水资源使用过程中产生的矛盾，促进流域经济社会的和谐发展，其协商机制需完善。塔里木河流域管理新体制已基本建成并已开始运行。但由于新的塔里木河流域管理体制刚刚建立，流域内水情资料的范围、精度、时间、深度还不能满足新体制下流域统一管理的要求，流域管理中水土保持、渔业保护、水利经济管理、重点水库水量调度管理等方面缺少相应机构，工作协调难度大，难以很好实现“三条红线”控制和最严格水资源管理。

14.5 流域水资源管理手段较单一

由于塔里木河流域水资源管理涉及方方面面的关系，系统复杂，因而需要采取行政、法律、经济、科技等多种手段综合管理水资源。目前，在流域水资源的管理中手段还较单一，主要依靠行政手段来协调和处理水资源管理中出现的问题。例如，流域开展的水量调度工作，主要依靠行政手段协调流域各地州、兵团师之间的用水，而法律、经济及科技手段等力度还不够或不能发挥重要的作用。同时，当地群众把水资源当做“天赐之物”的意识根深蒂固，水的商品意识极其淡薄。流域内大量开荒，片面追求经济利益，导致挤占生态用水的现象越来越严重，缺乏有效的市场调节手段。积极推进水价改革，充分发挥水价的调节作用，兼顾效率和公平，大力促进节约用水和产业结构调整。工业和服务业用水要逐步实行超额累进加价制度，拉开高耗水行业与其他行业的水价差价。按照促进节约用水、降低农民水费支出、保障灌排工程良性运行的原则，推进农业水价综合改革。尽快建立用水补偿机制，不断提高用水效率；通过优化调整产业布局，努力退减生产用水，提高生态用水比例，遏制生态恶化局面。

14.6 水资源管理考核制度没有全面落实

塔里木河流域资源性缺水与水资源浪费现象并存：一方面，因为塔里木河流域自然条件恶劣，形成资源性缺水；另一方面，由于水利设施基础薄弱，管理体制不健全，水资源浪费现象严重。新中国成立以后，塔里木河流域，尤其是源流区的水利建设事业和流域治理工作发展很快，农业灌溉保证率有了很大提高。《塔里木河流域近期综合治理规划》项目的实施，在一定程度上改善了“四源一干”的灌溉条件，节水灌溉规模不断扩大。但由于流域地域广，水利基础设施建设仍十分薄弱。目前，流域部分地区农业灌溉水利用系数仅为0.3～0.4，节水灌溉发展缓慢，水利用效率和生产效益较低，部分灌区每立方米水仅产粮0.21～0.31kg，产棉0.03～0.11kg，为全国平均水平的20%～30%，也落后于全疆平均水平。且由于水资源利用不合理、灌排不配套等，流域内灌区土地次生盐碱化十分严重。这与塔里木河流域还没有完全建立水资源管理责任和考核制度、没有实行行政首长负责制并将落实流域分水方案情况作为考核的主要内容有直接的关系。水资源管理考核制度没全面落实影响了最严格的水资源管理的实施。

15 国外流域及黄河流域水资源管理体制分析

流域的管理体制是指流域管理机构的设置、管理权限的分配、职责范围的划分以及机构运行和协调的机制。管理体制的核心问题是管理机构的设置和职权范围的划分。流域的管理体制问题是流域可持续发展研究方面的重点问题之一。因此，一个科学、合理的流域管理体制，是对流域的开发、利用和保护活动进行有效管理所应具备的先决条件，是实施流域可持续发展战略目标的基本组织保证。它不仅可以大大提高流域管理工作的效率，并且，还可以在一定程度上弥补因流域管理法制不健全和管理技术手段落后而存在的不足。

世界上许多国家都非常重视关于流域管理体制方面的研究，并且经常总结本国和借鉴他国在流域管理体制方面有益的或成功的经验，不断地调整或改革自己的流域管理体制，以期更加适合流域管理活动的需要。

15.1 国外水资源管理体制分析

15.1.1 国外流域水资源管理概况

在水资源日益短缺的今天，世界各国均加强了水资源管理工作，为了保证对“公众”的服务，有利于水资源的可持续利用，各国政府均根据本国的实际情况采取不同的管理方式，形成的流域水资源管理体制多种多样，每一种管理体制都代表着一种适应于一定环境的流域水资源管理的系统化的思想。了解分析国外在流域水资源管理上的成功经验，在改革流域水资源管理体制中加以借鉴，无疑具有很大的理论和实践价值。总体上看，世界各国在流域管理上大体可归为三种模式：流域管理局模式、流域协调委员会模式和综合流域机构模式。

1）流域管理局模式

流域管理局属于政府的一个机构，直接对中央政府负责，法律授予其高度的自治权，对经济和社会的发展具有广泛的权力，其任务是统筹规划、开发和管理流域资源。在这种模式下，行政管理权与水文分界线相一致。因此，几乎不可能发生上、下游之间的冲突。可是，由于这类机构集中很大的权力，流域管理与其他相关的政策部门分割开来，它们在协调地方政府和各有关部门对水资源的开发利用的利益方面遇到很大的阻力。这种模式的典型代表是美国田纳西河流域管理局（TVA）。它是依据 1933 年美国国会通过的《田纳西流域管理法》而成立的联邦政府的特殊机构。该管理法赋予 TVA 的使命是：代表联邦政府管理流域内全部自然资源，妥善解决人类在资源的开发和节省中所遇到的各种问题，从而达到最大限度地治理水灾、改善航运、提供电力、保护环境的目的，促进区域经济发展，提高人民的生活水平。为了实现这一目标，管理法赋予 TVA 有权以美国政府名义行使土地征用权，以征用或购买方式占用不动产；在法律许可的情况下，有权将其所有或管辖的不动产予以转让或出租；有权在流域范围内修建火电站、核电站、输变电设施、通航工程，并建立区域电网；可独立行使对流域内河流开发、电力生产和销售、电价制定、债券发行及债务偿还、财务管理及售电收入的分配等方面权利。实践证明，TVA 严格遵循法律所明确的权利和责任，将政府的职能和权利与服务于社会、发展区域经济妥善结合，灵活主动地开展工作，以其辉煌的业绩证明“TVA 模式”是成功的。目前，在发展中国家尚无取得明显成功的范例，而在美国再建立类似机构的建议都因遭到强烈的反对而未能实现。

2）流域协调委员会模式

流域协调委员会是河流区域内各地方政府和有关部门的协调组织，是由国家立法或由河流区域内各地方政府和有关部门通过协议建立的。委员会由联邦政府有关机构和流域内各州政府代表共同组成，遵循协商一致或多数同意的原则。其主要职责是：根据协议对流域内各州的水资源开发利用进行规划和协调。这类模式间的权力差别很大，有的是流域管理的决策机构，代表国家进行流域管理，有权制订计划和管理政策，修建和管理水工程，负责用水调配等；有的仅限于协调州际间的矛盾，制定流域规划并提供实施建议，促进流域资料的搜集和研究，向政府和用户提供咨询。法国、西班牙、澳大利亚等国的流域管理均属于此类流域管理模式，尤以澳大利亚为代表。

澳大利亚最初的流域管理从 1863 年墨尔本会议开始，那时水的问题还不突出，州与州合作愿望还不强烈，对流域水问题进行统筹考虑的意识还不强。19 世纪末，人口主要聚居区发生了严重干旱和用水冲突，该流域连续 7 年发生了大旱，严重的水资源矛盾迫使三个州走到一起共商水资源治理开发问题。1902 年，科罗瓦非政府组织会议上达成综合开发流域可操作性的协议，经过长时间的反复磋商，成立墨累河委员会负责分水协议的执行。

在分水协议的指导下，此后的 60 多年里，流域水资源得到较好的开发和利用。水资源支撑了流域内经济社会持续 60 年的大发展，使这一地区成为澳大利亚经济最发达的地区之一，其农业产值占全国农业总产值的 41%。但是，至 20 世纪 60 年代，随着经济社会的发展，水资源的粗放利用，水污染和土地盐碱化等环境问题逐渐暴露出来，流域委员会对水资源承载能力进行了重新评估，强化了保护方面的责任，加强了各方面的协调与配合，签署了控制流域协议。1993年契约各方政府通过墨累—达令河流域法案。

墨累—达令河流域协议，通过促进和统一有效的规划和管理，希望达到平等、高效、可持续利用流域水、土和其他资源的目标。为实现这一目标，建立了三个层次的组织机构，即墨累—达令河流域部长级会议、墨累—达令河流域委员会和公众咨询协会。这三个机构分工明确、相互衔接、互相配合，比较有效地进行了流域水资源的管理。

流域在各州内的管理职能由各州相关的政府机构承担，最终与灌溉协会或供水公司相衔接。流域各级水服务机构均向公众公布年度财务报告和供水价格测算结果，宣传水知识和有关信息，以便公众能真正参与管理。澳大利亚联邦一级的机构基本上是“协调”而不是“指令”自然资源政策和规划问题。这种协调在最高一级是通过部长理事会进行的，理事会由各州自然资源机构和联邦自然资源机构中的负责人组成，其下由政府专家组成的常务机构提供支持。各州之间同政策、规划，以及水质目标和指导方针之类的战略性事项达成协定，然后将协定纳入各州的环境保护和水资源的立法中来组织实施。澳大利亚流域水资源管理因参加墨累河流域委员会的为不同团体，可以各自保证水资源管理与其他政策部门协调行动，他们能在委员会里通力合作，协调水资源管理工作。但这种模式下，纠纷解决的时间可能会过长。

3）综合流域机构模式

综合流域机构是目前世界上较为流行的一种模式，其职权既不像流域管理局那样广泛，也不像流域协调委员会那样单一，它具有广泛的水管理职责和控制水污染的职权。欧盟各国及东欧一些国家已普遍实行这种综合性流域管理体制，尽管在职能上不尽一致但其管理的基本特征都是着重于水循环，对流域内地表水与地下水、水量与水质实行统一规划、统一管理和统一经营，具有对水资源管理以及控制水污染和管理水生态环境等职责。水污染日益严重，正是这类流域管理体制得以广泛建立的原因之一。这类模式最有代表性的是法国流域水资源管理。

法国水管理的成功之处主要在于他们在遵循自然流域规律下设置流域水管理机构的模式。历史上，法国曾实行以省为基础的水资源管理。随着工业的快速发展和城市化进程的推进使水需求迅速增长，同时伴随着污染的加剧。针对这种情况，法国在1964年颁布了新水法，对水资源管理体制进行了改革。从法律上强化全社会对水污染的治理、确定治污目标的同时，建立了以流域为基础解决水问题的机制。将全国按水系划分为六大流域，在各流域建立流域委员会和流域水资源管理局（又称水管局），以期统一规划管理水资源，在保护环境的前提下，实现流域水资源的高效开发利用。流域委员会与流域水管局的关系是咨询制约的关系。水资源工程和水管局的财务计划，如不能取得流域委员会的批准，将不能付诸实施。

流域委员会是协商与制定方针的机构，它相当于流域范围的“水议会”，是流域水利问题的立法和咨询机构。委员会组成成员为用水户、社会团体的有关人士，特别是水利科技方面的专家学者的代表；不同行政区的地方官员代表；中央政府部门的代表。流域委员会的主席由上述代表通过选举产生。流域委员会为非常设机构，每年召开1～2次会议，通过一些决议。流域委员会起以下作用：通过与地方各级议会协调，制定水开发与管理的总体规划，规划确定各流域经协调的水质和水量。总体规划包括了地方制定的主要规划，并加以汇总协调，制定水质水量目标，及为达到这些目标应采取的措施。它们还根据水文地理特征确定各个子流域的范围。流域委员会还与各水管理机构协调讨论各机构应收取的水费和排污费，并且讨论研究各机构的五年行动计划中的优先项目和筹资方法，以及私营和公营废水处理设施的建设和管理。

流域水管局是技术和水融资机构，是具有管理职能、法人资格和财务独立的事业单位。水管局局长由国家环境部委派，水管局领导层成员中地方代表及用水户代表（所占比例约为2/3）从流域委员会成员中选举产生，组成流域水管局的董事会，董事会对水管局进行管理。董事会的组成成员为：用水户和专业协会的代表、地方官员代表、国家政府有关部门（环境部、渔业部等）的代表；此外，还有一名董事是来自水管局的职工代表，总体比例基本上是各占1/3。董事长按国家法令提名，任期3年。董事会的职责是负责制定流域水政策和规划、制定水资源开发与水污染治理的五年计划、为公益性水资源工程筹措资金、对公有和私营污染治理工程给予补贴和贷款等。水管局作为董事会的执行机构，主要职能为：征收用水及排污费，制定流域水资源开发利用总体规划，对流域内水资源的开发利用及保护治理单位给予财政支持，资助水利研究项目，收集与发布水信息，提供技术咨询。

法国非常重视流域的综合管理，管理的范围相当广泛全面。包括从水资源的水量、水质、水工程、水处理等方面对地表水和地下水进行综合管理。管理的同时还充分考虑系统的平衡。流域机构对流域实行全面规划、统筹兼顾、综合治理。既包括对污染进行防治，也包括对流域水资源进行开发利用。注重从经济、社会、环境效益上强化流域的综合管理。这种开发的同时注重污染防治的综合管理有效地促进了法国流域环境资源的合理利用和保护。

法国流域管理手段多样，既采用了大量行政、法律手段，也很重视经济手段的运用，充分发挥了经济杠杆的作用。法国的流域管理强调“以水养水”，实行“谁用水，谁付费；谁污染，谁治理”政策。用水者要缴纳用水费；污染者要缴纳污染费。而所有收到的资金则用于流域管理和进行相关水的研究，从而确保流域委员会有稳定和充足的资金来对流域进行管理。另外，法国的流域管理还非常强调多方参与，以增强其民主化、科学性与透明度。各级流域机构除中央及地方代表外，都吸纳了用水者和相关专家作为其组成成员，而且所占比例不小。在此基础上，法国的流域管理还在国家、流域及地方3个层次建立了“协商对话”机制。根据这一机制，流域水管局成员、用水户和国家行政代表可就流域水管理事务进行协商对话，从而使各项具体决策不仅能够充分代表社会相关各方的意见和利益，而且具有科学性，从而实现流域的高效开发利用和可持续发展。

15.1.2 国外流域管理体制的成功经验

尽管国与国之间存在着政治体制、经济结构、自然条件和水资源开发利用程度的差异，所建立的水资源管理体制不尽相同，在管理体制、管理方法、管理目标等各方面存在很大的差异，但各国政府对水资源作为水系而独立存在的基本规律都有着共同的认识，并依照本国的实际情况，尽可能以流域为单元实行统一规划，统筹兼顾，积累了富有各国特色的管理经验。各国水资源管理更加趋向于以流域水资源综合管理为基础，形成以国家职能部门和地方政府监督、协调相结合的管理体制。其明显特点主要有以下几个方面。

（1）注重从经济、环境、社会问题的角度进行流域水资源综合管理，其中更加强调水的质量与污染控制的管理。

（2）注重以流域为单元的水资源综合规划，注意流域水环境容量与经济发展的相互关系。

（3）注重水行政管理部门与水资源开发利用部门的分离。

（4）注重在加强流域宏观调控的基础上，促进水资源开发利用的社会化、市场化。

（5）注重民主协商机制的建设，鼓励公众参与管理。

（6）重视立法工作，水资源管理机构的设置和职权的授予多以立法为根据。依法治水，依法管水，已成为各国水管理体制改革的重要方向。

15.2 黄河流域水资源管理体制分析

15.2.1 黄河流域水资源管理概况

我国是开展流域管理比较早的国家，七大江河设有七个流域机构，即长江水利委员会、黄河水利委员会、淮河水利委员会、珠江水利委员会、海河水利委员会、松辽水利委员会和太湖流域管理局，并且在全国各地还成立了一些支流流域机构。这些流域机构对我国的水资源的保护、开发和利用发挥了一定的作用。新中国成立以来，流域管理水平不断提高，特别是位于中西部的黄河流域，在加强流域水资源的统一管理，促进黄河流域水资源的有序开发、合理利用等方面取得了巨大的成绩。黄河流域绝大部分地处我国西北干旱、半干旱地区，气候干燥，降水量少而蒸发能力大，水资源不丰富，在全国的七大流域中，其特点与塔里木河流域相似，因此以黄河流域管理体制为典型，对其进行简要的说明。

黄河水资源管理体制是在国家政治经济体制和水资源管理政策的大环境下建立的。目前，涉及黄河水资源管理的机构有国务院有关部、委、局，流域内各省（区）水利厅及有关厅局及黄河流域管理机构——黄河水利委员会。各有关部门、省（区）及流域机构按照各自分工及授权职责承担黄河水资源管理工作。

中央一级涉及黄河水资源管理的部门有国家发展和改革委员会、国家经济贸易委员会、水利部、国家环境保护总局、住房与城乡建设部、国土资源部等。此外，农业部、科学技术部等也与黄河水资源管理有关系。

流域各省（区）在黄河水资源管理方面的工作，主要由作为省（区）水行政主管部门的各省（区）水利厅及各地（市）、各县（市）水行政主管部门负责在其行政区域范围内的水资源管理工作。

按照1994年水利部批准的“三定”方案，黄河水利委员会作为水利部在黄河流域的派出机构，授权在流域内行使水行政管理职能。按照统一管理和分级管理的原则，统一管理本流域水资源和河道。负责流域的综合治理，开发管理具有控制性的、重要的水工程，搞好规划、管理、协调、监督、服务，促进江河治理和水资源综合开发、利用和保护。其主要职责包括以下几个方面。

（1）负责《水法》《水土保持法》等法律、法规的组织实施和监督检查，制定流域性的政策和法规。

（2）制定黄河流域水利发展战略规划和中长期计划。会同有关部门和有关省、新疆维吾尔自治区人民政府编制流域综合规划和有关的专业规划，规划批准后负责监督实施。

（3）统一管理流域水资源，负责组织流域水资源的监测和调查评价。制定流域内跨省、新疆维吾尔自治区水长期供求计划和水量分配方案，并负责监督管理，依照有关规定管理取水许可，对流域水资源保护实施监督管理。

（4）统一管理本流域河流、湖泊、河口、滩涂，根据国家授权，负责管理重要河段的河道。

（5）制定本流域防御洪水方案，负责审查跨省、新疆维吾尔自治区河流的防御洪水方案，协调本流域防汛抗旱日常工作，指导流域内蓄滞洪区的安全和建设。

（6）协调处理部门间和省、新疆维吾尔自治区间的水事纠纷。

（7）组织本流域水土流失重点治理区的预防、监督和综合治理，指导地方水土保持工作。

(8) 审查流域内中央直属直供工程及与地方合资建设工程的项目建议书、可行性报告和初步设计。编制流域内中央水利投资的年度建设计划，批准后负责组织实施。

(9) 负责流域综合治理和开发，组织建设并负责管理具有控制性的或跨省、自治区重要水工程。

(10) 指导流域内地方农村水利、城市水利，水利工程管理、水电及农村电气化工作。

(11) 承担部授权与交办的其他事宜。

现行的黄河流域水资源管理体制框架见图 15.1。

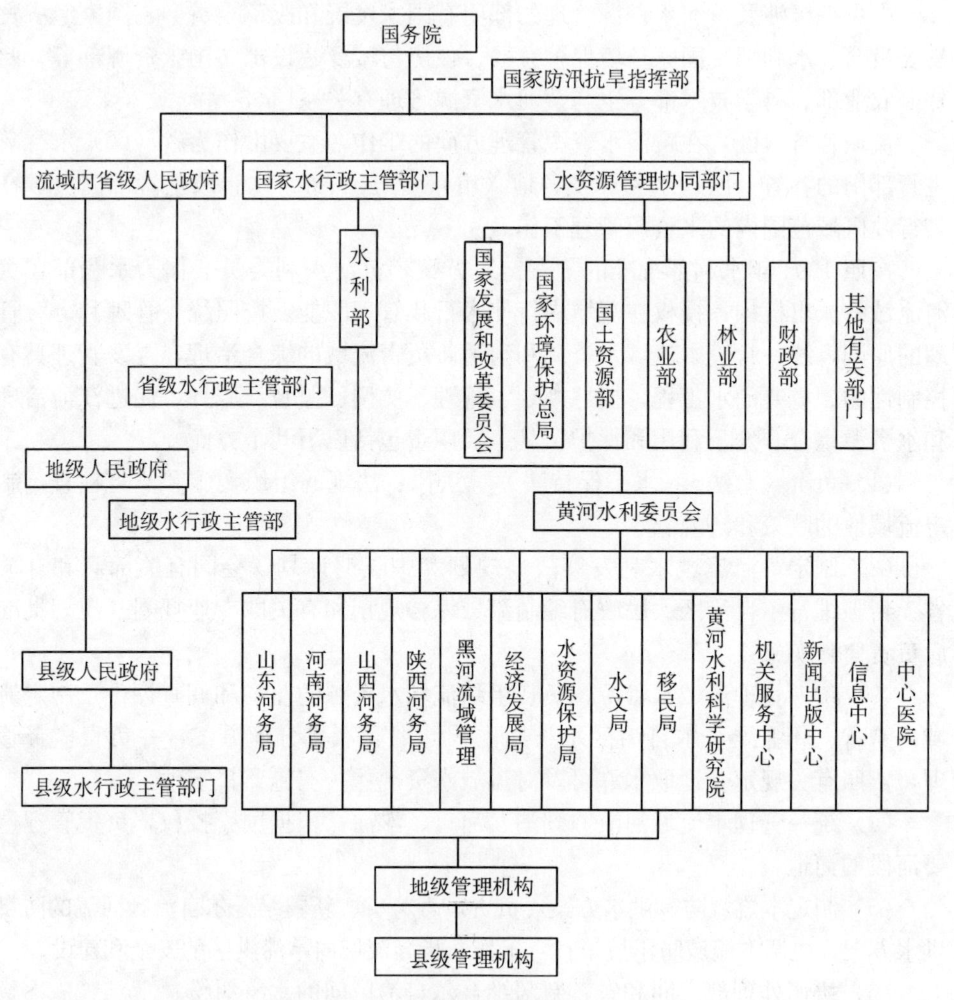

图 15.1　黄河流域水资源管理体制框架

按照水利部（水人事［2009］642）重新批准的“三定”方案，黄河水利委员会的职责进行了调整，流域管理职能进一步加强，其主要职责如下。

（1）负责《水法》《水土保持法》等法律法规的组织实施和监督检查，制定流域性的政策和法规。

（2）制定黄河流域水利发展战略规划和中长期计划。会同有关部门和有关省、新疆维吾尔自治区人民政府编制流域综合规划和有关的专业规划，规划批准后负责监督实施。

（3）统一管理流域水资源，负责组织流域水资源的监测和调查评价。制定流域内跨省、新疆维吾尔自治区水长期供求计划和水量分配方案，并负责监督管理，依照有关规定管理取水许可，对流域水资源保护实施监督管理。

（4）统一管理本流域河流、湖泊、河口、滩涂，根据国家授权，负责管理重要河段的河道。

（5）制定本流域防御洪水方案，负责审查跨省、新疆维吾尔自治区河流的防御洪水方案，协调本流域防汛抗旱日常工作，指导流域内蓄滞洪区的安全和建设。

（6）协调处理部门间和省、新疆维吾尔自治区间的水事纠纷。

（7）组织本流域水土流失重点治理区的预防、监督和综合治理，指导地方水土保持工作。

（8）审查流域内中央直属直供工程及与地方合资建设工程的项目建议书、可行性报告和初步设计。编制流域内中央水利投资的年度建设计划，批准后负责组织实施。

（9）负责流域综合治理和开发，组织建设并负责管理具有控制性的或跨省、自治区重要水工程。

（10）指导流域内地方农村水利、城市水利，水利工程管理、水电及农村电气化工作。

（11）承担部授权与交办的其他事宜。

15.2.2 黄河流域水资源管理体制经验分析

1）建立以流域为单元的黄河水资源统一管理体制是黄河水资源管理的必然选择

黄河水资源供需矛盾突出，各部门、各行业、各省区对水资源的需求不一，如果不建立以流域为单元的水资源管理体制对水资源进行统一管理和调度，必然失去对流域水资源的控制，或控制能力不足，造成过度使用水资源和水资源的无序竞争利用，断流频繁，水环境容量降低或破坏。只有加强流域水资源的统一管理和调度，才能更好地协调各部门、各行业、各省区的用水，应统筹考虑，合理开发，高效利用水资源。黄河流域水量统一调度已充分证明了这一点。

2）流域机构必须在重要河段和对控制性的枢纽实行直接管理或调度

黄河下游河道以及刘家峡、三门峡、小浪底等控制性枢纽，在全流域的治理和管理中占有举足轻重的地位，如果由其所在的行政区域或部门（行业）根据本地区、本部门的利益去开发或管理，会对全流域的治理和管理造成不利影响，并可能成为地区间水事纠纷或矛盾的根源。这些控制性的枢纽和重要河段、重要水工程由流域机构实行直接管理或调度，是任何行政区域管理或部门管理所难以取代的。虽然目前黄委会尚未对全河所有的控制性枢纽和重要河段实行直接管理，但从目前对三门峡枢纽和下游河段实行的直接管理以及对上游刘家峡水库进行的非汛期水量调度来看，其对防洪、水资源调配、用水控制等方面的作用已在一定程度上得以体现。

3）流域管理必须与行政区域管理相结合

黄河流域地跨九省（区），众多的行政区域，流域机构不可能垄断管理流域内所有的水事活动，也没有那么多的人、财、物去投入到每个行政区域的水事事务中，而应将流域管理与区域管理有机结合起来。例如，在黄河干流水量调度中，黄委负责省际分水和协调，编制干流水量调度方案，对省（区）用水进行总量控制，并通过控制断面，监督省（区）用水情况和执行调度方案的情况；省（区）负责具体的用水、配水，至于各取水口取水的监督管理，由各级取水许可监督管理单位按照管理权限实施。流域管理与区域管理的结合，对缓解下游断流起到了重要的作用。

4）黄河水资源管理必须运用行政、法律、经济、科技等综合手段

水资源系统是由多层次的自然系统和人文系统相结合的产物，水资源管理必然涉及多方面的关系，涉及社会、经济、政治及文化各个方面，涉及每一个人，是一个极其复杂的多层次管理系统，要建立合理的“人与自然”之间的平衡，建立公正的“人与水”、“人与人”之间的和谐，使水资源得以合理开发、优化配置、高效利用、有效保护，仅靠单一的管理手段是难以管理复杂的水资源系统的，必须采取行政、法律、经济、科技等综合手段，加强黄河流域水资源的统一管理。

15.3 国外流域及黄河流域水资源管理体制启示

塔里木河流域属干旱区，水资源紧缺，缺水矛盾十分尖锐。纵观国内外流域水资源管理的经验，在流域的开发、利用和保护方面，只有将每一个流域都作为

一个空间单元进行管理才是最科学、最有效的。因为，在这个单元中，管理者可以根据流域上、中、下游地区的社会经济情况、自然环境和自然资源条件，以及流域的物理和生态方面的作用和变化，将流域作为一个整体来考虑其开发、利用和保护方面的问题。这无疑是最科学、最适合流域可持续发展的客观需要。根据塔里木河流域的实际，在流域内实施流域管理局的模式和流域协调委员会的模式不适应，应借鉴法国等欧共体及东欧国家流域机构模式经验，对流域内地表水与地下水、水量与水质实行统一规划、统一管理和统一经营，加强水资源管理以及控制水污染和管理水生态环境等；结合黄河流域水资源管理体制经验，推进塔里木河流域水资源的统一管理。塔里木河流域目前的管理还不完全是大流域管理，流域管理的意识和方式随着经济社会的发展，应不断引向深入。一是，必须对流域地表水、地下水进行统一管理、统一规划。二是，流域管理与区域管理相结合，充分考虑综合规划，注重流域内的各方利益，注重协商，鼓励公众参与，注重经济、环境、社会协调。三是，区域管理服从流域管理，在水资源的开发、利用、保护方面，实行最严格“三条红线”控制管理，对流域内重要的控制性工程实行直接管理和调度。四是，促进水资源开发利用的社会化、市场化，注重水行政管理与开发利用部门的有机分离。五是，需高度重视流域法治体系建设，以逐渐实现流域的依法管理。

16　塔里木河流域水资源管理体制机制的深化与完善

2011年中共中央、国务院下发了《中共中央国务院关于加快水利改革发展的决定》（国办发［2011］1号）。该文件对水资源管理提出了一系列要求，尤其在建立用水总量控制、用水效率控制制度和确立用水效率控制红线等方面。要求抓紧制定主要江河水量分配方案，建立取用水总量控制指标体系。坚决遏制用水浪费，把节水工作贯穿于经济社会发展和群众生产生活全过程。从严核定水域纳污容量，严格控制入河湖排污总量。完善流域管理与区域管理相结合的水资源管理制度，建立事权清晰、分工明确、行为规范、运转协调的水资源管理工作机制。新疆维吾尔自治区党委、新疆维吾尔自治区人民政府《关于加快水利改革发展的意见》（新党发［2011］21号）中明确提出深化水资源管理体制改革，研究设立水资源管理机构，完善塔里木河流域水资源统一管理体制，实施统一的流域管理。因此，塔里木河流域必须创新水资源管理体制，在有条件的区域，积极开展水权交易、转让试点工作。为贯彻中央1号文件、新疆维吾尔自治区党委21号的精神，针对塔里木河流域当前水资源管理体制存在的主要问题，借鉴国外流域及黄河流域水资源管理的先进经验，从法律、行政、经济、技术、市场五个角度，提出构建塔里木河流域水资源管理体制的深化与完善的具体措施。

16.1　完善流域管理机构

16.1.1　健全塔里木河流域水利委员会

借鉴国外流域管理的成功经验，参考国内学者的研究成果，塔里木河流域横跨九源一干区域，涉及不同层次、不同性质的众多经济主体；不同区域之间的经济发展水平不同，源流之间、源流与干流之间、干流上中下游之间经济发展差距较大；不同区域在流域生态环境建设方面的地位和作用不同。因此，在塔里木河流域的开发治理过程中，不同经济主体的利益得失不同，需要在流域管理的层面建立不同经济主体之间的利益协商对话机制。具体来说，就是进一步完善塔里木河流域内各州地政府代表、主要用水单位代表、有关专家学者和其他利益相关者的代表参加塔里木河流域水利委员会，将新疆维吾尔自治区经济和信息化委员会、新疆维吾尔自治区电监局、新疆维吾尔自治区电力局、水电站管理单位等纳入委员会。塔里木河流域治理和管理的任何重大决策都应提交塔里木河流域水利委员会讨论，委员会定期召开会议，就流域开发治理的相关工程建设、资源开发利用、生态环境建设、水土保持等进行讨论，形成书面意见或建议。各经济主体既可以通过这种协商对话机制充分表达自己的利益诉求，又可以全面了解相关经济主体的利益诉求，避免各自为政的盲目竞争，自觉加强协同合作，实现流域总体效益最大。

16.1.2 完善流域管理机构

根据完善流域管理概念，参考国内外流域管理的先进经验和流域发展趋势，按照循序渐进的方法建立新型塔里木河流域管理体制，提出现行流域管理机构完善的主要措施，包括以下几个方面。

（1）完善流域管理与区域管理相结合，区域管理服从流域管理，分工明确、运转协调的水资源管理体制。成立统筹地方、新疆生产建设兵团和中央驻疆企业的水资源管理协调机构，强化水资源统一管理。

（2）实施流域机构内部水行政管理机构、专业性事业机构与企业分离的运行机制。行政管理机构由国家财政拨款，防汛等事业机构分别由防汛经费等事业费开支。企业单位经费由生产经营收入支付，自负盈亏。企业单位承担的防洪工程维护运行费用，由财政拨款或在上缴税金中扣除，或先交后退。行政管理机构及事业机构年度经费计划由新疆维吾尔自治区财政主管部门核拨。

（3）流域机构可以组建流域水资源开发集团（或公司，下同），作为经济实体和独立法人，负责流域内重大水资源综合利用工程的建设、管理和运行。组建流域水资源开发集团，统一负责开发经营和管理运行流域内的中央项目的水利枢纽，按现代企业制度进行经营管理。

结合“西电东送”和水电体制改革，研究建立流域内已建、在建和拟建综合利用水利枢纽与水电厂一体化管理体制和运行机制，实行流域水力资源的梯级开发。

16.1.3 进一步完善塔里木河流域管理局的流域管理

随着流域综合治理的不断深入，针对出现的新问题，需要不断完善流域管理机构，适应流域统一管理体制和运行机制的要求。

为适应新型流域管理体制，参照黄河流域水利委员会的机构设置，进一步完善塔里木河流域管理局内设机构，加强流域管理机构自身建设，以满足流域统一管理的需要。塔里木河流域管理局应增设以下相关职能部门。

（1）成立塔里木河流域水利公安处。该部门隶属新疆维吾尔自治区公安厅，派驻在塔里木河流域管理局，涉及治安、刑事等执法方面的工作受新疆维吾尔自治区公安厅领导；涉及塔里木河流域河道、水事方面的业务工作接受塔里木河流域管理局及相关部门的指导。

（2）成立塔里木河流域管理局水土保持管理处。主要负责河道管理和保护范围内的水土保持方案审批，负责收取水土流失防治费和水土保持补偿费。

（3）成立塔里木河流域管理局生产经营处（水产处）。主要负责所辖流域范围内水利产业的开发、水产养殖等生产经营以及濒危鱼种的保护等工作。

（4）成立塔里木河流域水利科学研究院。主要承担塔里木河流域水利科学、生态环境保护、灌排试验、水盐监测等研究工作。

（5）成立塔里木河流域水利勘测设计研究院。主要承担水利规划、水利工程前期设计等工作，为流域水资源管理提供技术支撑。

（6）成立塔里木河流域水文水资源勘测局。整合现状塔里木河流域各地水文水资源勘测局，主要负责流域内水文监测分析工作，为流域管理提供水文水资源基础服务。

16.1.4 塔里木河流域水资源管理体制中长期构想

1）将塔里木河流域的其他五条源流纳入流域统一管理范围

塔里木河流域是环塔里木盆地的阿克苏河、喀什噶尔河、叶尔羌河、和田河、开都河—孔雀河、迪那河、渭干河与库车河、克里雅河和车尔臣河等九大水系144条河流的总称，流域总面积为102万km^2（国内流域面积99.6万km^2）。近期方案中只是将目前与塔里木河干流有地表水联系的和田河、叶尔羌河、阿克苏河和开都—孔雀河纳入管理的范围。“四源一干”流域面积只占流域总面积的25.4%，多年平均年径流量也只占流域年径流总量的64.4%，只对“四源一干”管理并不能称为真正意义上的全流域管理。由于地处干旱荒漠区，这五大水系生态环境变化，会对整个塔里木河流域的生态环境产生直接影响。因此，在中远期的方案中，要将这五大水系纳入流域水资源统一管理。管理可以逐步深入，逐步由无管理到用水监督管理再向水资源统一管理转变，尽可能地通过工程和非工程措施，恢复各水系地表水与塔里木河干流有直接联系，实现流域水资源科学利用，发挥其最大效益，尽可能满足流域生产、生活、生态各方的需求，最终实现塔里木河全流域和谐发展。

2）将塔里木河流域纳入国家大江大河治理计划

塔里木河流域位于中国的西北边陲，管理的不仅有地方和还有计划单列的兵团师以及塔里木油田等大的驻疆企业，水资源协调十分复杂。另外，塔里木河流域虽然从地理上是一条区内河流，从水土流失的角度不涉及其他省区，但塔里木河流域的风沙和沙尘暴问题，不仅影响新疆，而且波及整个西北地区乃至整个华北甚至境外。塔里木河流域问题不仅是我国西北重大的生态环境问题，还关系新疆众多少数民族生活地区的可持续发展、民族感情，以及边疆的国防安全和社会稳定。根据国内外水资源管理的经验，水资源管理不是一个单项工程，而是关系多种学科、多部门的系统科学，再加上塔里木河流域点多线长面广，自然环境恶劣，干旱少雨，又为少数民族聚居地，经济落后，为了能够有效协调各方之间的用水矛盾，引进大量的优秀人才、先进的管理经验和资金支持，使流域水资源的管理协调能够达到统一，建议国务院把塔里木河列入国家大江大河治理计划并进行治理，这样将会给流域的发展带来前所未有的发展机遇，不管从资金、技术、人才，还是信息化管理、流域管理等都会与国内、外流域水资源管理及时接轨，造福塔里木河流域人民，让这条新疆人民的“母亲河”继续为新疆的经济发展和民族繁荣起到滋养作用，确保塔里木河流域生态环境安全与可持续发展，及减少东亚北部的风沙源。

16.2 推进流域水法规体系建设

进一步推进流域水法规体系建设，为流域水资源管理提供法律保障；健全流域水政执法体系，建立水利公安，维护流域正常的水事秩序。

16.2.1 健全完善流域水法规体系

为适应新体制下的塔里木河流域管理机构管理的需求，应尽快修订颁布《塔里木河流域水资源管理条例》，尽快制定出台《塔里木河流域水量调度办法》等。配套完善塔里木河流域综合管理法律法规体系，为实现流域经济社会全面、协调、可持续发展提供法律保障。2002 年新疆维吾尔自治区颁发了《塔里木河流域水量统一调度管理办法（2002 年版）》（新政办发［2002］96 号）。2011 年塔里木河流域水资源管理新体制建立，原水量调度管理办法与塔里木河流域管理体制已不适应，主要体现在：一是，塔管局调度管理范围扩大，原水量调度管理办法中只规定塔里木河干流河道的水量调度工作由塔管局直接负责，与流域管理新体制不配套。二是，随着经济社会的快速发展，流域生活、生产和生态环境用水呈增长趋势，供需水矛盾十分突出，水量调度管理出现了一系列新问题，如在源流建设水电站，其下泄水过程与农业用水需水过程矛盾日益显现。三是，近些年来流域内超限额用水、挤占生态水的事件时有发生，用水秩序需进一步规范。四是，原管理办法中可操作性差。因此，需要修订《塔里木河流域水量调度管理办法》。

16.2.2 建立和完善塔里木河流域水政执法机构

塔里木流域水利管理体制改革刚完成，塔里木河流域管理局所属单位体制改革前，有的有政监察队伍，但力量薄弱，一些单位甚至没有政监察队伍，因而现行塔里木河流域水行政执法体系对上无法执行和完成新疆维吾尔自治区水政监察总队布置的任务，对下不能很好地履行水行政执法工作。

塔里木流域管理局各项工作顺利开展，许多方面已走在了全国的前面。如果没有强有力的水政监察队伍的保驾护航，塔里木河流域水利事业将受到重大影响。在提倡"从工程水利向资源水利，从传统水利向现代水利、可持续发展水利转变"的今天，依法治水、依法管水，是水资源实现可持续利用的根本保证，也是水利事业可持续发展的根本保证。我们应建立行为规范、运转协调、公正透明、廉洁高效的流域与区域相结合的水行政执法体制，并确定相应的管理方式，合理界定流域管理机构和地方水行政主管部门及相关执法部门之间的水行政执法权限，在明晰事权基础上各司其职、各负其责，在重大水事案件中实施联合执法。进一步强化流域管理机构的水行政管理职能和执法权限，组建一支强有力的塔里木河流域水政监察队伍势在必行，迫在眉睫。

为此，建议在塔里木河流域设置三级专职水政执法机构，即在塔管局成立塔里木河流域水政监察总队；在塔里木河流域巴音郭楞管理局、阿克苏管理局、喀什管理局、和田管理局、干流管理局、希尼尔水库管理局和下坂地建管局等单位分别成立水政监察支队。同时，根据各水政监察支队的管辖范围等具体情况，在支队下设若干个水政监察大队。水政监察队伍参照公务员管理，工作经费全部纳入新疆维吾尔自治区财政预算。具体机构设置见图 16.1。

塔里木河流域水政监察队伍的主要职责如下。

（1）宣传贯彻《中华人民共和国水法》、《中华人民共和国防洪法》（简称《防洪法》）、《塔里木河流域水资源管理条例》等水法规。

（2）保护塔里木河流域水资源、水域、水工程、水土保持生态环境、防汛抗旱和水文监测等有关设施。

（3）对塔里木河流域内的水事活动进行监督检查，维护正常的水事秩序。对公民、法人或其他组织违反水法规的行为实施行政处罚或者采取其他行政措施。

（4）对水政监察人员进行培训、考核；对下级水政监察队伍进行指导和监督。

（5）受水行政执法机关委托，办理行政许可和征收行政事业性规费等有关事宜。

（6）对流域内县市之间、地方与兵团之间的水事纠纷进行调查处理。

（7）配合及协助公安和司法部门查处水事治安和刑事案件。

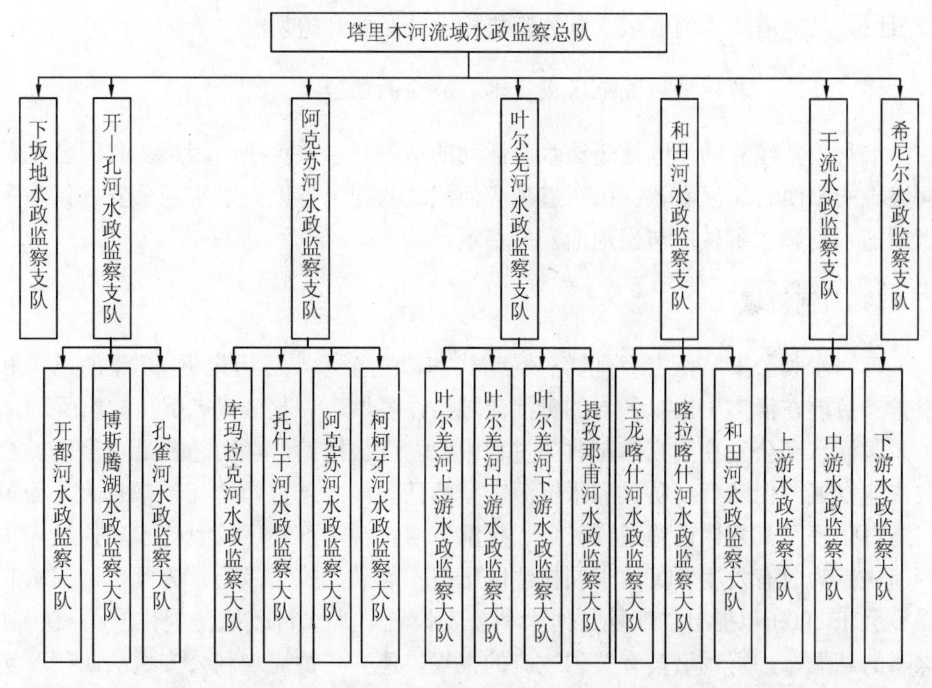

图 16.1　新疆维吾尔自治区塔里木河流域水政监察队伍机构框架

新疆维吾尔自治区塔里木河流域水政监察总队的主要职责任务是：根据国家和新疆维吾尔自治区有关法律、法规和政策，受委托负责塔里木河流域内的水行政执法监督检查工作。

各水政监察支队的主要职责任务是：根据国家和新疆维吾尔自治区有关法律、法规和政策，受委托负责管辖范围内的水行政执法工作。

16.2.3　成立塔里木河流域水利公安机构

2011 年塔里木河流域水资源管理体制改革以来，塔里木河流域管理局及移交后的各源流管理机构上下联动，大力开展取水许可和水行政执法工作，水资源统一管理力度明显加强，呈现出全流域农业增产增收，生产、生态供水双赢的良好局面。但随着流域内重点水利枢纽工程、防洪工程、河道工程的相继投入使用，“三条红线”措施逐步落实，流域水资源统一管理力度日益加大，在河道管理范围内非法开荒、架线、架泵、打井、挖渠、建房、建堤、堵坝以及破坏水利设施、聚众强行开闸引水、聚众围攻水政执法人员、威胁殴打阻碍水政执法人员执行公务等案件时有发生。有些案件危害很大并已触犯刑律，仅依靠目前有限的水政监察人员依据水行政法律法规根本无法有效查处违反水法规案（事）件，制止违法行为，保护水利设施，维护水法尊严。加之塔里木河流域水利工程具有线长、点多、偏僻的特点，地方公安机关因警力不足，处置水事治安案件的任务十分艰巨，设立塔里木河流域水利公安机构十分必要和迫切。

16.2.3.1　其他流域或地区成立水利公安的经验

水利公安建立的原因是违法水事活动的增多和水政执法的困难。我国已在黄河流域的山西省、河南省、山东省和海河流域的辽宁省设立了水利公安，保障了当地的水资源水事秩序与当地治安的稳定。

1）黄河流域

黄河水利公安队伍自20世纪80年代初成立至今，已历经近30年的风雨和波折。目前在河南、山东各省的黄河流域沿线各城市、县区建有黄河派出所。

黄河水利公安在国家体制改革过程中曾一度被撤销，然而随着沿黄经济社会的快速发展，保障黄河防洪和水资源安全的任务越来越重，责任越来越大。而黄河防洪工程及其附属设施遭到破坏、扰乱黄河正常水事秩序、殴打水政执法人员等违法行为时有发生，黄河水利执法队伍已不能满足执法需要。为此，黄河水利委员会于2009年提出“恢复黄河水利公安设置，为水行政执法提供有力支持和保障的意见”并得到沿黄有关省政府的批复，建立了黄河水利公安执法队伍。实践表明，黄河水利公安为有效维护黄河水事秩序、确保黄河防洪安全和水资源安全提供了支撑和保障，为沿黄经济社会发展做出了很大的贡献。

黄河水利公安的职责范围，与地方公安有所不同。黄河水利公安有自己的工作特点，其职责范围一般包括：负责贯彻、落实水利法律、法规和各项规章制度；依法查处破坏黄河工程的治安案件、依法查处干扰和破坏黄河工程建设的治安案件、维护辖区内正常的黄河水事秩序、保护黄河工程附属设施的安全；配合黄河水政监察部门依法查处水事违法案件；加强和地方公安联系，准确掌握本辖区治安动态，开展综合治理活动；加强工程巡查，协助做好护林防火、防盗和清障工作；加强法律法规和治安条例宣传，提高沿黄群众的法制意识等。

作为黄河派出所，河务局管理的范围就是黄河派出所的管理范围，如堤防、险工、涵闸、河道控导等工程，以及各种工程标志标牌、通讯、观测、防护等设施；黄河沿岸依法划定的护堤地、工程保护地、防汛仓库和防汛石料；所辖河道内的水域、滩地，以及管理范围内的其他范畴等。职责和管理范围一旦确定，执法工作则重点明确，有的放矢。

（1）山东省。回顾山东黄河公安的历史，历经三个阶段：第一个阶段是初建阶段。20世纪80年代初由省公安厅、编制委员会、水利厅、林业厅、河务局联合发文成立各黄河派出所。民警编制暂列河务部门，经费由河务部门承担，公安业务由县公安局承担。黄河派出所的成立为维护黄河治安秩序的稳定和工程设施的安全做出了突出贡献。第二个阶段是警衔制实施后。90年代初黄河水政监察队伍成立，黄河派出所在黄河内部归水政管理。由于黄河公安队伍没有纳入公安序列，黄河公安民警没有评授警衔。一直到1999年，黄河派出所虽没有授衔，但仍有执法权。从1999年后，山东黄河公安队伍就没有执法权了。第三个阶段是水管体制改革后。2005年黄河水管体制改革后，在没有执法权、治安任务又非常繁重的情况下，河务局积极与县公安局协调，由县公安局派两名警察协助开展工作，保持了工作的连续性，正常的公安业务没有间断。

重新组建后的黄河派出所组织结构及人员配置如下：由县公安局下文任命公安局派来的一名同志任所长，河务局派出的一名同志任指导员，报地方组织部备案，实行公安、河务双层领导。派出所基础建设和公用经费、业务装备经费等由河务部门承担。

(2) 河南省。2009年，为进一步加强河南黄河执法力量，促进黄河公安派出所建设，切实维护黄河水事秩序，确保黄河防洪安全，河南河务局认真贯彻落实关于建立河南黄河水利公安队伍的批示精神，明确水政处具体负责，与河南省公安厅对接，组织开展黄河派出所建设工作。河南省公安厅以豫公政［2009］153号文向沿黄各市公安局下发了《关于筹建黄河沿线治安派出所的通知》，确定在河南沿黄设置21个治安派出所。

2）海河流域

为提高水行政综合执法效能，辽宁省水利厅积极争取省政府主要领导和省公安厅的支持，于2012年3月由省编委批复设立了省公安厅江河流域公安局，正处级建制，为省公安厅直属机构，实行省公安厅和省水利厅双重领导、以省公安厅领导为主的体制，核定执法专项编25名。目前，省江河流域公安局已组建完成并与省水利厅合署办公，且近期配合省水政监察机构参与了多起水事案件的查处，收到了较好的效果，极大地提高了水行政执法的威慑力和执行力。

3）各地水利公安的启示

(1) 水利公安是维护流域水事秩序、水资源安全，推动地方经济稳定发展的重要保障。由黄河水利公安历经建立、撤销、又重新组建的过程，以及从其他流域地区也开始成立水利公安机构的实践可以看出，组建水利公安是解决水事纠纷，查处水事违法案件，保障水行政工作执行，促进水资源管理的有效途径。

(2) 水利公安队伍只有纳入公安系统编制，才具有执法能力。山东省水利公安建立以来的三个阶段表明，水利公安只有由公安部门成立，并纳入公安系统编制，才具有执法权，才能有效地查处水事案件，保障水行政执法的顺利开展。

16.2.3.2 塔里木河流域水利公安机构建议方案

借鉴黄河水利委员会和辽宁省水利厅水利公安机构设置和运行经验，结合塔里木河流域实际，提出了构建塔里木河流域水利公安机构。

建议设立新疆维吾尔自治区公安厅塔里木河流域公安局，下设 6 个流域派出所，18 个警务室。核定处级领导职数 4 名，科级领导职数 12 名，公安编制 45 名。具体组建方案如下。

1）新疆维吾尔自治区公安厅塔里木河流域公安局

新疆维吾尔自治区公安厅塔里木河流域公安局为新疆维吾尔自治区公安厅的直属机构，受新疆维吾尔自治区公安厅和新疆维吾尔自治区塔里木河流域管理局双重领导，以公安厅领导为主。机构规格相当县（处）级。

同时，由新疆维吾尔自治区公安厅、新疆维吾尔自治区高级人民法院、新疆维吾尔自治区人民检察院联合下发明确新疆维吾尔自治区公安厅塔里木河流域公安局办理刑事案件批捕、起诉、审判管辖权的相关文件，以正式文件形式划分塔里木河流域水利公安机构和地方公安机构在办理刑事案件中涉及批捕、起诉、审判的管辖权限。

（1）主要职责。第一，预防、制止和侦查塔里木河流域管理范围内以暴力、威胁方法阻碍水行政执法人员执行公务以及在水事纠纷发生和处理中煽动群众暴力抗拒法律、行政法规实施和非法限制他人人身自由的犯罪活动。第二，维护塔里木河流域范围内重点水利设施安全，依法保护和查处破坏塔里木河源流、干流区水利工程和塔里木河流域重点水利工程的各类治安和刑事案件。第三，负责查处塔里木河流域范围内违反法律法规的涉水治安案件，保护水利设施、维护水法律法规尊严。依法查处违反水法律法规案件。第四，负责查处和打击塔里木河流域内侵占、毁坏、盗窃、抢夺水利设施以及挪用救灾、防汛、抢险物资和决堤、投毒等破坏河流、水源等其他方面的刑事犯罪活动。第五，在塔里木河流域范围内，广泛深入地宣传法律、法规，维护法律、行政法规的执行，保障水行政执法工作的正常进行。第六，监督管理塔里木河流域水量调度及其他信息网络的安全。第七，承办新疆维吾尔自治区公安厅和新疆维吾尔自治区塔里木河流域管理局交办的其他工作。

（2）人员编制、领导职数和经费形式。建议核定塔里木河流域公安局公安编制 15 名，实行公务员管理；核定处级领导职数 4 名，设局长 1 名（兼任塔里木河流域水政监察分队政委），政委 1 名（由塔里木河流域水政监察分队队长兼任），副局长 2 名。

塔里木河流域公安局的公用经费、业务装备经费和基础设施建设经费等由塔里木河流域管理局提供，警员的人员经费由新疆维吾尔自治区公安厅提供。

2）塔里木河流域公安局设立直属派出所

塔里木河流域各派出所受公安机关和塔里木河流域管理机构的双重领导，以公安机关领导为主，涉及治安、刑事等执法方面的工作受上级公安机关领导，必要时由上级公安机关统一调遣；涉及塔里木河流域水资源管理方面的工作接受塔里木河流域管理机构的指导。

（1）塔里木河流域公安局下坂地派出所。主要职责任务：依法查处干扰和破坏下坂地水利枢纽工程建设管理局水利工程管理和工程建设的治安案件；依法维护下坂地建管局管理范围内正常的水事秩序；依法保护工程建设及管理人员正常执行公务活动；配合下坂地水利枢纽工程建设管理局水政监察部门依法查处水事违法活动；依法履行下坂地派出所的其他职能。

机构规格相当乡（科）级，下设 2 个警务室（下坂地电厂警务室、下坂地水库警务室），核定公安编制 5 名，领导职数 2 名。公用经费、业务装备经费和基础设施建设经费等由下坂地水利枢纽工程建设管理局提供，派出所正式民警的人员经费由新疆维吾尔自治区公安厅提供。

（2）塔里木河流域公安局开都—孔雀河流域派出所。主要职责任务：依法查处干扰和破坏开都—孔雀河流域水利工程管理和工程建设的治安案件；依法维护开都—孔雀河流域的正常水事秩序；依法保护工程建设及管理人员正常执行公务活动；配合塔里木河流域巴音郭楞管理局水政监察部门依法查处水事违法活动；依法履行开都—孔雀河流域派出所的其他职能。

机构规格相当乡（科）级，下设 4 个警务室（开都河警务室、博斯腾湖警务室、孔雀河警务室、希尼尔水库警务室），核定公安编制 5 名，领导职数 2 名。公用经费、业务装备经费和基础设施建设经费等由塔里木河流域巴音郭楞管理局提供，派出所正式民警的人员经费由新疆维吾尔自治区公安厅提供。

（3）塔里木河流域公安局阿克苏河流域派出所。主要职责任务：依法查处干扰和破坏阿克苏河流域水利工程管理和工程建设的治安案件；依法维护阿克苏河流域的正常水事秩序；依法保护工程建设及管理人员正常执行公务活动；配合塔里木河流域阿克苏管理局水政监察部门依法查处水事违法活动；依法履行阿克苏河流域派出所的其他职能。

机构规格相当乡（科）级，下设 3 个警务室（托什干河警务室、库玛拉克河警务室、阿克苏河警务室），核定公安编制 5 名，领导职数 2 名。公用经费、业务装备经费和基础设施建设经费等由塔里木河流域阿克苏管理局提供，派出所正式民警的人员经费由新疆维吾尔自治区公安厅提供。

（4）塔里木河流域公安局叶尔羌河流域派出所。主要职责任务：依法查处干扰和破坏叶尔羌河流域水利工程管理和工程建设的治安案件；依法维护叶尔羌河流域的正常水事秩序；依法保护工程建设及管理人员正常执行公务活动；配合塔里木河流域喀什管理局水政监察部门依法查处水事违法活动；依法履行叶尔羌河流域派出所的其他职能。

机构规格相当乡（科）级，下设3个警务室（叶尔羌河警务室、中游渠首警务室、提孜那甫河警务室），核定公安编制5名，领导职数2名。公用经费、业务装备经费和基础设施建设经费等由塔里木河流域喀什管理局提供，派出所正式民警的人员经费由新疆维吾尔自治区公安厅提供。

（5）塔里木河流域公安局和田河流域派出所。主要职责任务：依法查处干扰和破坏和田河流域水利工程管理和工程建设的治安案件；依法维护和田河流域的正常水事秩序；依法保护工程建设及管理人员正常执行公务活动；配合塔里木河流域和田管理局水政监察部门依法查处水事违法活动；依法履行和田河流域派出所的其他职能。

机构规格相当乡（科）级，下设3个警务室（玉龙喀什河警务室、喀拉喀什河警务室、和田河警务室），核定公安编制5名，领导职数2名。公用经费、业务装备经费和基础设施建设经费等由塔里木河流域和田管理局提供，派出所正式民警的人员经费由新疆维吾尔自治区公安厅提供。

（6）塔里木河流域公安局塔里木河干流派出所。主要职责任务：依法查处干扰和破坏塔里木河干流水利工程管理和工程建设的治安案件；依法维护塔里木河干流的正常水事秩序；依法保护工程建设及管理人员正常执行公务活动；配合塔里木河流域干流管理局水政监察部门依法查处水事违法活动；依法履行塔里木河干流派出所的其他职能。

机构规格相当乡（科）级，下设3个警务室（干流上游警务室、干流中游警务室、干流下游警务室），核定公安编制5名，领导职数2名。公用经费、业务装备经费和基础设施建设经费等由塔里木河流域干流管理局提供，派出所正式民警的人员经费由新疆维吾尔自治区公安厅提供。

16.3　加强流域规划管理

流域综合规划既是全流域水资源保护和开发建设的纲领性文件，又是规范流域水事活动、实施流域管理与水资源管理的基本依据。塔里木河流域开发、利用、节约、保护、管理水资源和防治水害，应当服从统一的流域规划和区域规划。源流和干流流域规划应当服从塔里木河流域综合规划，区域规划应当服从流域规划，专业规划应当服从流域综合规划。流域内各州、地、兵团各师的国民经济和社会发展规划以及城市总体规划、土地开发利用规划等应当与塔里木河流域综合规划相互衔接。

塔里木河流域综合规划应依法由水行政主管部门编制流域专业规划，由塔里木河流域管理局会同新疆维吾尔自治区有关部门和流域内各州（地）人民政府、兵团各师编制，新疆维吾尔自治区水行政主管部门组织审查，经委员会审核后，报国务院审批。

为了加强流域规划管理，建议按以下要求执行规划。

（1）在塔里木河干流和重要源流上建设水工程，其工程项目建议书可行性研究报告报批前，塔里木河流域管理机构按照权限对水工程的建设是否符合流域综合规划进行审查并签署意见。

流域内其他河流上建设大中型水工程，其工程项目建议书或工程可行性研究报告报批前，由塔管局塔里木河流域管理机构对水工程的建设是否符合流域综合规划进行审查，报新疆维吾尔自治区水行政主管部门审批按有关规定报批。

（2）在塔里木河干流和重要源流上游流域内建设水工程，其水工程项目建议书、可行性研究报告经塔管局塔里木河流域管理机构审查后，按有关规定报批。

流域内其他河流上的水工程，其工程项目建议书、可行性研究报告按照规定报相关水行政主管部门或者流域管理机构审查或者审批。

（3）使用国家、新疆维吾尔自治区安排的塔里木河流域水利建设项目资金的，应当向塔管局塔里木河流域管理机构提出申请，并附具项目批准文件等有关资料，经塔管局塔里木河流域管理机构审查后，报新疆维吾尔自治区水行政主管部门审批按规定程序报批。

（4）塔里木河干流和重要源流流域的水功能区划，由塔管局塔里木河流域管理机构会同有关州、地水行政主管部门、环境保护行政主管部门和其他有关部门拟定，经新疆维吾尔自治区水行政主管部门会同同级环境保护行政主管部门审核后，报新疆维吾尔自治区人民政府或其授权的部门审批。

流域内其他河流流域的水功能区划由有管辖权的州、地、县（市）水行政主管部门会同同级环境保护行政主管部门和有关部门编制，经塔管局塔里木河流域管理机构审核后，报新疆维吾尔自治区水行政主管部门本级人民政府审批。

（5）在塔里木河干流和重要源流上从事可能造成水土流失的涉河项目，生产建设单位应当编制水土保持方案报塔管局塔里木河流域管理机构审查，按有关规定报批。在流域内其他河流上的报流域有管辖权的水行政主管部门管理机构或有管辖权的水行政主管部门审批。

16.4 水量调度管理

为加强塔里木河流域水量统一调度管理，实现水资源开发可持续、生态环境可持续。需要通过制定流域水量统一调度管理办法，控制用水需求过快增长，统筹生活、生产和生态用水，协调流域与区域供水矛盾，加强科学管水，维护流域用水秩序。

1）进一步严格水量调度管理制度

塔管局根据批准的水量分配方案，制定年度水量分配方案和调度计划，经新疆维吾尔自治区水行政主管部门组织审查后，报委员会审批。各单位应严格落实批准的年度水量分配方案。流域水量实时调度采取年计划、月调节、旬调度的方式，按照多退少补、滚动修正的原则，逐旬结算水账，调整计划，下达调度指令。由于流域涉及的用水单位较多，加上局属单位水管人员数量有限，工作量大，及时收集和分析水量调度执行情况存在一定的困难。为了使流域水量调度的顺利开展，各水管人员要克服一切困难，按照水量调度管理制度要求，积极开展工作。水量调度的及时性、科学性关系各用水户的切身利益和经济社会的发展，要通过科学的水量调度，统筹生产、生活、生态之间用水，缓解之间矛盾，使其利益最优化。

2）进一步强化水量调度手段

流域已初步建成了塔里木河流域水量调度管理系统，建起了信息化基础平台，实现了 28 个水文站点水情的实时传输和塔里木河干流下游生态监测数据的自动采集及传输，同时对 4 个重要的水利控制枢纽进行了远程监视和控制，强化了实时水量调度手段。目前，流域“四源一干”范围内 13 座重点水工程水量调度远程监控系统项目已全面开工建设，对流域内水资源的统一管理和水量调度工作起到了监督和调控能力，但是，流域内部分重点工程没有管理权，只有调度管理权，水量调度工作在执行过程中存在一些问题，需进一步强化水量调度手段，增加流域内重要控制断面及对水利控制枢纽进行远程监视和控制，以及结合新体制，进一步完善水量调度管理系统。

16.5 水资源保护管理

按照新疆维吾尔自治区确定的各河流水功能区划中水质目标的要求，核定塔里木河流域的水域纳污能力，制定流域水功能区纳污和限制排污总量方案，并监督实施。严格落实水功能区管理的各项制度，开展入河排污口整治和规范化管理工作，严格流域内排污口设置许可制度。

1）规范水功能区划审批

塔管局负责所辖流域管理范围内的水功能区划，由塔管局会同有关州、地水行政主管部门、环境保护行政主管部门和其他有关部门拟定，经新疆维吾尔自治区水行政主管部门会同同级环境保护行政主管部门审核后，报新疆维吾尔自治区人民政府或其授权的部门审批。

流域内其他河流流域的水功能区划由有管辖权的州、地、县（市）水行政主管部门会同同级环境保护行政主管部门和有关部门编制，经塔管局预审后，报新疆维吾尔自治区水行政主管部门审批。

2）加强水功能区保护

在塔里木河流域从事生产建设和其他开发利用活动的，应当符合批准的水功能区保护要求，塔管局负责所辖流域管理范围内的监督检查，流域内其他河流由流域管理机构或有管辖权的水行政主管部门监督检查。

3）严格限制纳污

塔管局对所辖流域管理范围内的水功能区划的水污染物排放情况进行监督检查。进一步加强流域水功能区的监督和管理，定期、不定期前往源流山区进行监督检查，察看各选矿厂生产情况及尾矿库使用、安全状况等。

4）规范排污口设置

向塔里木河流域排水或退水，应当符合水功能区划要求和规定的排放标准。在塔管局所辖流域管理范围内的新建、改建或扩建排污口，应当经塔管局审查同意；在流域内其他河流新建、改建或扩建排污口，应当经流域管理机构或有管辖权的水行政主管部门审查同意；经审查同意设置排污口的，由环境保护行政主管部门负责对该建设项目的环境影响报告书进行审批。

5）加强水质监测

水文部门负责流域管辖范围内的河流、湖泊、水库及跨流域调水的水量和水质监测工作。

塔管局应投入人力、财力开展水环境监测，对主要节点实施水质的监测，形成水质监控体系，建立水质分析机构，认真记录监测水质的系列资料，分析水质的变化趋势。

6）在流域内严格排污审批程序

在塔里木河流域新建、改建或者扩建排污口，应当经塔管局审查同意。经审查同意，新建、改建或者扩大排污口的，由环境保护行政管理部门负责对该建设项目的环境影响报告书进行审批。凡向塔里木河流域河道农业排水或者退水的，应当符合水功能区划要求和规定的排放标准。

7）依据法律法规实行排污许可制度

本着“谁污染、谁治理”的原则，对有塔里木河排污许可证的排水渠实行排污费征收制度，并纳入年度管理计划。排污费的具体征收标准可参照国家颁布的《排污费征收使用管理条例（2003年7月1日起施行）》。未获得排污许可证的单位或个人，不得向河道排污。否则，实行必要的行政处罚或排污费加倍征收制度；对区域水环境保护落实不到位的区域进行限水或实行排污费加倍征收制度。

16.6 地下水管理

地表水和地下水是相互依存、相互制约、不可分割的水资源整体。地表水直观、集中，地下水隐蔽、分散。要实行最严格的水资源管理，实现用水总量控制，就必须实行“两水”统一管理。目前，全疆的地下水资源开发利用已经处于失控状态。为切实加强地下水资源管理，合理开发利用和保护地下水资源，建议新疆维吾尔自治区尽快修订完善《新疆维吾尔自治区地下水资源管理条例》，并进一步完善各项制度。

（1）流域管理机构是各流域水资源总量控制（包括地下水和地表水）的一级执行者，管不住地下水，用水总量控制就无法落实。因此，各地州、县市（包括兵团）的地下水资源管理权全部上收新疆维吾尔自治区，新疆维吾尔自治区人民政府水行政主管部门将授权的流域管理机构进行统一管理，不再由各级人民政府水行政主管部门分级管理。

（2）塔管局将负责塔里木河流域的地下水取水许可、凿井许可等审批管理，征收水资源费，并负责日常监督管理工作。取水许可证和凿井许可证等的发放均实行“一井一证”。

（3）由于地下水具有隐蔽、分散的特点，必须对流域内的地下水开发利用情况实现智能卡计量管理。同时，逐步建立遍布流域的地下水资源动态监测站网和自动测报系统，实时监控地下水的动态变化和地下水机井的开采及运行状况。

（4）为有效加强地下水资源开发利用情况的监督和管理，应制定奖罚机制，对举报违法开采地下水、破坏及污染地下水行为的举报人员实行经济奖励。同时，对违法开采地下水、破坏及污染地下水的人员从严从重进行处罚。

16.7 水能资源管理

流域水能资源至今仍“锁定”在无偿使用或低价使用的制度“轨道”中，大量优质水能资源无偿划拨给少数国有电力企业垄断开发使用。水能资源是水资源不可分割的重要组成部分。水能资源管理是实现水资源综合效益的重要内容。近年来，随着流域经济社会的快速发展，电力需求大幅增长，水能资源开发热潮兴起。但在开发利用中，有法规不按法规、有规划不依规划的无序开发现象十分突出，其后果是工程的综合效益不能发挥，而效益一家独享也影响社会和谐发展，发电与农业灌溉、防洪、生态之间的矛盾已日益凸显。

(1) 加强流域山区控制性水利工程的建设和管理。研究制定水能资源规范管理的制度，强化水资源规划权威，实行规划优先，电调服从水调。

(2) 积极探索适合流域水能资源开发管理的新模式，制定出台《塔里木河流域水能资源开发利用管理办法》(简称《管理办法》)。既要为企业投资水利水电开发创造条件，做好服务，同时也要正确处理防洪、供水、生态与发电的关系，正确协调好社会效益、生态效益与经济效益的关系，引导经济开发与水资源和水环境承载能力相适应，确保工程建设和运行管理符合国家利益与流域水资源统一管理的要求。建议在制定出台《管理办法》时，条款中必须有以下内容。

第一种开发形式，由企业（一个或几个、国营或民营）投资水能资源开发利用工程的建设及运行管理。在项目前期设计文件中和立项审批时要明确：一是，必须在工程管理运行机构中设立隶属于流域管理机构管理的水资源调度运行管理机构，确定编制和人员，水资源调度运行管理机构负责人应进入项目建设及运行管理机构的领导班子中；合理安排其管理用地、办公面积等相应管理设施，管理设施投资列入工程总投资中；明确其运行管理经费的解决途径。二是，必须按照流域规划和流域管理机构明确的技术标准建设水资源调度管理远程监控系统，并纳入流域管理机构的统一管理体系中，水量调度系统最高控制指令权在流域管理机构，并将其建设投资列入工程总投资中。三是，必须到水行政主管部门或经授权的流域管理机构申请办理水能资源开发利用权审批、取水许可审批、涉河建设许可审批、开工报告批复等相关手续。四是，工程建成运行后必须向水行政主管部门或经授权的流域管理机构缴纳水资源费和水费等规费。

第二种开发形式，由流域管理机构与企业（一个或几个、国营或民营）联合投资水能资源开发利用工程的建设及运行管理。在前期立项阶段，由流域管理机构申请立项，争取国家对工程公益性部分的投资。项目批准后，流域管理机构代表国家出资人负责公益性工程（水库）的建设和运行管理，是公益性工程的法人；企业负责投资经营性工程（电站）的建设和运行管理，为经营性工程的法人。双方按照公益性和经营性工程初始投资分摊比例或效益分摊比例计算，划清两大部分投资额度，并按照划清的投资额度进行各自的建设和运行管理，形成相对独立的联合体。项目建设必须到水行政主管部门或经授权的流域管理机构申请办理水能资源开发利用权审批、取水许可审批、涉河建设许可审批、开工报告批复等相关手续。工程建成运行后，投资经营性工程的企业必须向水行政主管部门或经授权的流域管理机构缴纳水资源费和水费等规费。

第三种开发形式，由流域管理机构代表政府独立投资水能资源开发利用工程的建设及运行管理。流域管理机构组建直属机构作为项目法人负责项目的立项、报批、建设和运行管理，如塔里木河流域的下坂地水利枢纽工程。项目建设必须申请办理水能资源开发利用权审批、取水许可审批、涉河建设许可审批、开工报告批复等相关手续，工程建成运行后，电厂应缴纳水资源费和水费等规费。

对上述三种开发形式的已建和在建水能资源开发利用工程，在制定出台《管理办法》时要明确：一是，必须在工程管理运行机构中设立隶属于流域管理机构管理的水资源调度运行管理机构，水资源调度运行管理机构负责人应进入项目建设及运行管理机构的领导班子。二是，必须按照流域规划和流域管理机构明确的技术标准建设水资源调度管理远程监控系统，并纳入流域管理机构的统一管理体系中，系统最高控制指令权在流域管理机构。三是，补办缴纳水资源费和水费等规费的相关手续。

(3) 在不改变水能资源所有权的前提下，在流域内建立水能资源出让金制度，按每千瓦小时制定最低出让价，引入竞争机制，通过公开招标、拍卖、挂牌等方式在全社会竞标，有偿出让水能资源开发利用权。水能资源出让金主要用于该河流和流域水资源的开发、利用、保护、管理，以及环境的保护和补偿。

16.8 河道管理

河道管理应注意以下事项。

1) 河道管理及确权划界

塔里木河干流和重要源流流域的河道由塔里木河流域管理局负责管理，流域内其他河流的河道由流域管理机构或有管辖权的水行政主管部门负责管理。

加强河道岸线利用规划的管理，国土资源部门会同塔里木河流域管理局对塔里木河干流和重要源流流域河道确权划界，确权划界的有关费用应予以减免。

2) 围垦河道

禁止在塔里木河流域围垦河道。确需围垦的，应当进行科学论证，由塔里木河流域管理局提出意见，经新疆维吾尔自治区水行政主管部门审查同意，报新疆维吾尔自治区人民政府审批。

3) 涉河工程建设审批

在塔里木河干流和重要源流流域的河道管理和保护范围内建设桥梁、码头和其他拦河、跨河、穿河、穿堤、临河建筑物、构筑物，铺设管道、缆线等工程的，应当符合国家规定的防洪标准和其他有关的技术要求，工程建设方案和洪水影响评价报告按照防洪法的有关规定报塔里木河流域管理局审批。在流域内其他河流河道管理和保护范围内建设上述工程，报流域管理机构或有管辖权的水行政主管部门审批。

4）采砂许可

塔里木河流域实行河道采砂许可制度。在塔里木河干流和重要源流流域的河道管理和保护范围内进行采砂等活动的，由塔里木河流域管理局审批、发放采砂许可证。在流域内其他河流河道管理和保护范围内进行采砂等活动的，由流域管理机构或有管辖权的水行政主管部门审批、发放采砂许可证。

5）水土保持

流域内从事可能造成水土流失的涉河项目，生产建设单位应当编制水土保持方案，在塔里木河干流和重要源流流域的报塔里木河流域管理局审批。在流域内其他河流的报流域管理机构或有管辖权的水行政主管部门审批。

6）加强河道管理制度建设及河道巡查

为加强河道管理，根据《中华人民共和国水法》、《中华人民共和国河道管理条例》（简称《河道管理条例》）、《新疆维吾尔自治区河道管理条例》等法律法规的规定，结合流域特点制定河道管理一系列制度，如《河道管理巡查制度》《河道管理执法人员岗位守则》等，同时加大河道执法检查力度，坚持常态化地开展河道执法巡查，发现问题快速查处。严格河道管理审批制度，在河道管理方面做好河道管理及水利工程的建设与运行管理。强化流域机构的职能，在维护流域内河道安全上充分发挥流域机构管理、监督、协调、指导及管理的作用。

16.9　工程管理

16.9.1　工程建设管理

塔里木河干流和重要源流流域上的水工程，由塔里木河流域管理局负责组织建设和管理；流域内其他水工程由建设单位负责管理，其运行应当接受塔里木河流域管理局统一调度。按照国家有关规定，工程项目建设实行项目法人责任制、招标投标制、建设监理制和合同管理制。

“四源一干”上的水利工程，由塔里木河流域管理局按有关规定和基本建设程序报批并负责建设管理；其他水利工程，由建设单位报塔里木河流域管理局审查后，按有关规定和基本建设程序报批并负责建设管理，其运行应当接受塔里木河流域管理局统一调度。涉河工程建设审批，应做到全过程管理。

塔里木河流域管理局负责组织编制塔里木河流域水利建设项目投资建议计划，统一下达国家、新疆维吾尔自治区的投资计划，依法接受审计监督。

16.9.2　流域重要控制性水利枢纽工程管理

塔里木河流域重要控制性水利枢纽工程是在塔里木河生态环境保护、水资源配置及利用、农业灌溉、防洪等方面起到综合作用的骨干水利枢纽工程。根据本书综合规划工程总体布局，塔里木河流域九源一干均布置了重要控制性水利枢纽工程，详见表16.1。

表16.1　塔里木河流域九源一干重要控制性水利枢纽工程一览表

流域名称	河流名称	控制性水利枢纽工程	功　能	备　注
阿克苏河流域	库玛拉克河	大石峡水利枢纽	保护生态、灌溉、防洪、发电	拟建
	托什干河	奥依阿额孜水利枢纽	保护生态、灌溉、防洪、发电	拟建
叶尔羌河流域	叶尔羌河	康克江格尔水利枢纽	保护生态、灌溉、防洪、发电	拟建
	叶尔羌河	阿尔塔什水利枢纽	保护生态、灌溉、防洪、发电	拟建
	塔什库尔干河	下坂地水利枢纽	保护生态、灌溉、发电	已建
和田河流域	喀拉喀什河	乌鲁瓦提水利枢纽	保护生态、灌溉、防洪、发电	已建
	玉龙喀什河	玉龙喀什水利枢纽	保护生态、灌溉、防洪、发电	拟建
开—孔河流域	开都河	阿仁萨狠托亥水利枢纽	保护生态、灌溉、发电	拟建
喀什噶尔河流域	克孜河	卡拉贝利水利枢纽	保护生态、灌溉、防洪、发电	拟建
渭干河流域	渭干河	克孜尔水库	灌溉、防洪、发电	已建
迪那河流域	迪那河	五一水库	灌溉、防洪、工业供水、发电	已建
克里雅河	克里雅河	吉音水库	灌溉、防洪、发电	拟建

1）已建控制性水利枢纽工程

塔里木河流域已建控制性水利枢纽工程应当按照“电调服从水调”的原则，服从塔里木河流域管理局或工程所属流域机构对水量的统一调度、指挥，保证上下游生活、生产、生态基本用水流量和用水安全。

根据水量调度工作需要，塔里木河流域管理局或工程所属流域机构在已建成的控制性水利枢纽工程处建设水量调度管理站房并配备相应设施，建立水量监测断面，建设水量调度管理远程监控系统，并纳入塔里木河流域管理局或工程所属流域机构的统一管理体系，系统最高控制指令权属塔里木河流域管理局或工程所属流域机构。

2）拟建控制性水利枢纽工程

流域拟建重要控制性水利枢纽工程均是以生态保护、防洪、灌溉等公益性功能为主且具有综合利用的枢纽工程，应按照以公益性为主的水利枢纽工程的基建程序报批。

重要控制性水利枢纽工程中的水库部分，主要承担塔里木河流域生态保护、防洪、灌溉等公益性职能，由塔里木河流域管理局代表国家组建项目法人，负责生态保护、防洪、灌溉等公益性水库的建设和运行管理工作。

重要控制性水利枢纽工程中的水电站部分，具有经营性功能，建议按照“谁投资，谁收益”的原则及现代企业制度，组建发电公司，负责电厂的资金筹措、工程建设和运营管理。

16.9.3 工程运行管理

1）水利工程管理

塔里木河流域水利工程管理实行分级管理。流域范围内各子流域机构负责辖区内河道及水利工程管理。流域内属两个县级以上（含新疆维吾尔自治区地方、兵团、部队系统、监狱系统、大型企业）用水单位分水、输水、配水的控制性枢纽、渠首或干渠等流域性水利工程，由各子流域机构直接管理。流域内属一个用水单位受益的流域性引水渠首和渠系，可由各子流域机构委托受益单位管理，各子流域机构负责水量调度或配水工作。

对于部分流域性渠道工程和水库大坝工程除由各子流域机构或水库管理局（处）负责日常工程检查维护外，还应加强工程监测工作，为工程运行管理提供必要的基础数据及技术资料。凡受益用水单位均按照受益比例承担相应的维护和维修任务，维护和维修资金按比例分摊。由子流域机构管理的流域性河道工程和防洪工程，按照受益比例，各受益单位应分摊完成维护和维修任务。

2）运行管理机构

各子流域机构是水利工程运行管理的主体，主要职责是保证责任范围内的生产运行安全、工程设备和设施的日常维护及小型维修等。要实现水利工程建设与管理的有机结合，在工程建设过程中将管理设施与主体工程同步实施。根据工程管理需要，塔里木河流域各子流域机构应设立工程管理科、财务科、综合经营科等职能部门，主要负责管辖范围内的工程管理、运行维护和综合经营管理、还本付息及资产保值增值等。

生态供水、防洪等为纯公益性职能，农业灌溉等为准公益性职能，水力发电、水产养殖等为经营性职能。各子流域管理单位应按照有关规定，将工程管理职能划分为纯公益性部分、准公益性部分和经营性部分，实行水利工程运行管理和维修养护分离。

依据《国务院办公厅转发国务院体改办关于水利工程管理体制改革实施意见的通知》（国办发［2002］45号），塔里木河流域“四源一干”管理局（塔里木河流域阿克苏管理局、喀什管理局、和田管理局、巴音郭楞管理局、塔里木河干流管理局）及其他新疆维吾尔自治区所属子流域机构的纯公益性部分，其编制内在职人员经费、离退休人员经费、公用经费等基本支出申请新疆维吾尔自治区财政解决，工程日常维修养护经费在水利工程维修养护岁修资金中列支；经营性部分的工程日常维修养护经费由水利工程经营公司负担。

流域各地（州）、兵团师所属水利工程的纯公益性部分，其编制内在职人员经费、离退休人员经费、公用经费等基本支出由流域各地（州）、兵团师财政解决，工程日常维修养护经费在水利工程维修养护岁修资金中列支；经营性部分的工程日常维修养护经费由水利工程经营公司负担。

水利工程经营公司定性为企业性质的水管单位，其所管理的水利工程的运行、管理和日常维修养护资金由水管单位自行筹集，财政不予补贴。水利工程经营公司要加强资金积累，提高抗风险能力，确保水利工程维修养护资金的足额到位，保证水利工程的安全运行。

3）工程运行管理

根据工程管理的需要，塔里木河流域各水利工程管理单位应依据《水库工程管理设计规范》(SL106－96)、《水闸工程管理设计规范》(SL170－96)、《堤防工程管理设计规范》(SL171－96)、《渠道工程管理设计规范》，划定工程管理范围和保护范围，做好水利工程确权划界工作，保证水利工程权属、责任明确。应严格按照水利工程确权划界的管理和保护范围进行管理，确保水利工程安全运行，保证人民生活及工农业生产供水。

根据工程调度运用的需要，塔里木河流域各水利工程管理单位应依据有关规程、规范的要求，制定工程运行管理办法，包括工程承担任务、工程位置、工程规模、调度运用原则和要求、主要技术指标、调度规则、水情预报及应急措施等；同时，还须编制各主要建筑物及附属设施和设备的运用、维修及工程监测的技术要求，使工程管理人员有章可循。各水利工程管理单位应要求工程管护人员严格按照工程运行管理办法和技术操作规程的规定，实施水利工程的操作、运行和维护，保证工程安全运行。

16.10 防汛抗旱管理

按照《新疆维吾尔自治区塔里木河流域防汛抗旱工作若干规定》等法律法规和文件，落实塔里木河流域防汛抗旱工作各级人民政府行政首长负责制；充分发挥塔里木河流域防汛抗旱协调工作领导小组职能，做好流域防汛抗旱协调、调度和监督管理工作；根据防汛抗旱工作需要，逐步完善各级防汛抗旱指挥部，明确防汛抗旱的职责、责任人和责任范围。

（1）落实防汛责任。按照《防洪法》和新疆维吾尔自治区人民政府的规定，严格实行防洪行政首长负责制。落实各级人民政府、各有关部门防汛责任人及防汛责任。

（2）完善防汛组织体系。保持塔里木河流域各源流及干流现行的防汛抗旱机构及运行管理体制不变，落实流域管理单位的防汛职责，发挥流域机构的防汛协调、调度和监督管理作用，完善各地州防汛组织体系。

（3）编制完善防御洪水方案。组织编制各源流和干流的防御洪水方案、防御干旱方案和重点工程度汛方案，促使流域的防汛工作科学、合理、有序开展，实行流域统一调度和科学管理，充分发挥重点骨干工程的防洪作用，提高流域防洪能力。

（4）建设塔里木河防洪预报、预警和监控系统。在高速宽带计算机网络的基础上，建成一个覆盖塔里木河流域的防汛信息处理、分析系统，基本实现洪水预报、防洪预案制定、防汛会商和抢险救灾等全过程的自动化和网络化，对洪水灾害进行及时预报监测、实时监控、科学调度，为进行防汛会商、指挥抢险救灾提供决策支持，实现重点水利工程自动控制，实现流域水资源和洪水统一调度。

目前，塔里木河流域的防洪工程建设严重滞后，工程简陋且老化、损毁严重，防洪标准低、工程不配套，防洪减灾和应急能力较差，原因是防洪工程建设和维护资金长期以来得不到解决和保障。为此，提出如下建议。

第一，根据《中华人民共和国防洪法》和《中华人民共和国河道管理条例》等有关规定，防洪工程的建设和维修养护资金应以财政投入为主，建议以新疆维吾尔自治区财政为主，各地州财政为辅，统筹安排。

第二，以多种方式筹集资金，解决防汛抗旱资金短缺问题。

第三，建议开征河道工程修建维护管理费。根据《防洪法》和《河道管理条例》的有关规定，建议新疆维吾尔自治区出台《河道工程修建维护管理费征收管理规定实施办法》，在防洪保护区范围内，向受益的企业、单位等征收河道工程修建维护管理费，用于防洪工程的建设、管理、维修和设施的更新改造。

第四，建议设立防洪抗旱基金，在城建、工业、矿产开发、交通、电力等工程建设项目和工业产品价格中，提取适当比例的资金，作为防洪抗旱基金，专户储存，专款专用。

16.11　水价形成机制

16.11.1　水价组成及其作用

从塔里木河流域当前形势和发展前景来看，水资源短缺已成为制约国民经济和社会发展的重要因素。现代经济学产生于资源的稀缺，而价格正是资源稀缺的指示器，同时也是稀缺资源优化配置的调节杠杆。目前的水资源形势是资源性的短缺与使用上的浪费并存，流域水价低。因此，合理的水价是节水的关键。因此，建立合理的水价形成机制，不但是重中之重，而且是当务之急。

当前，对水资源价值的认识主要基于效用价值论和劳动价值论。效用价值论认为水资源的价值最终由资源的效用性和稀缺性共同决定；劳动价值论则强调以水资源所凝聚的人类劳动作为确定水资源价值的基础。自然状态下的水资源经工程措施实施蓄、引、输、调、制、配之后，其使用条件和质量均发生改变，形成了水商品。在市场经济的大背景下，水资源作为具有多种用途和多重特性的重要资源，必须实行有偿使用。

水价分为水资源费、工程水价和环境水价三个组成部分是合理的，水资源配置较好的发达国家都实行这种机制。

1）非市场调节的水价部分——水资源费（或称资源水价）

水资源费是体现水资源价值的价格，它包括对水资源耗费的补偿；对水生态（如取水或调水引起的水生态变化）影响的补偿。为加强对短缺水资源的保护，促进技术开发，还应包括促进节水和保护水资源技术进步的投入。流域水资源费征收标准较低，无法充分体现水资源费对促进资源保护和合理配置资源的作用。由于河道管理范围内的地下水资源大多是由地表水资源转换而来。因此，农业地下水资源费暂停征收的相关规定（特别是针对300亩以上的种植大户），没有充分体现促进水资源节约、保护水资源的意义，对今后水资源的统一管理工作带来极大困难。新疆属干旱缺水地区，水资源紧缺成为制约当地经济发展的瓶颈，然而新疆水资源费标准偏低，不利于水资源的“三条红线”管理，建议结合地区实际，提高水资源费标准，充分发挥经济杠杆的作用，促进节约和保护水资源。

2）市场调节的水价部分——工程水价和环境水价

工程水价和环境水价是可以进入市场调节的部分，但是进入的是一个不完全市场：第一是经营者要政府特许，因此没有足够多的竞争者，一定程度上形成自然垄断；第二是特许经营者要受到政府在价格等方面的管制。工程水价就是通过具体的或抽象的物化劳动把资源水变成产品水，使之进入市场成为商品水所花费的代价，包括勘测、设计、施工、运行、经营、管理、维护、修理和折旧的代价。具体体现为供水价格。环境水价就是经使用的水体排出用户范围后污染了他人或公共的水环境，为污染治理和水环境保护所需要的代价，具体体现为污水处理费。

制定流域合理的水价非常重要，通过征收水费解决工程运行管理人员不足、工程的维修养护经费不足、拖欠和工程带病运行的情况，及大部分工程老化失修、供水效率较低等现象。流域应制定新的水利工程供水价格调整管理办法，每5年为一个调整周期，定期调整供水价格，使水价适应供水工程固定资产的变化及其运行、维修养护管理的实际情况。调整农业供水水价达到成本水价，其他的供水水价不但要反映供水成本，还要有一定盈利能力，以保证供水工程的维修、更新的基本需要。水价的提高，有利于促进地方管理部门树立节水意识，有利于节水事业在流域内快速发展。

16.11.2　流域水价形成机制改革

水价政策改革应以逐步完善水价形成机制为主，进而促进整个水价体制的改革。但同时我们也要清楚地认识到水价形成机制改革涉及的问题非常复杂：既要建立起准商品化的定价机制，将水价水平提升到足以弥补运营成本的水平；又要充分考虑用水户的承受能力，避免因提价过快或配套补贴措施没有到位而造成一些基本用水需要得不到满足。水价形成机制改革应从以下方面进行。

（1）认真落实《水利工程供水价格管理办法》规定。水利工程供水价格由供水生产成本、费用、利润和税金构成。同时增加环境水价和返补农业水价部分。实施两部制水价。

（2）对基本农户、非基本农户（承包经营户、规模经营户、农场）、工业和服务业、城市居民用水等制定并实施不同的水价政策和标准。基本农户按生产成本核定水价，实行定额内用水享受优惠水价、超定额用水实行累进加价制度；非基本农户水价一步到位，按供水生产成本、费用、利润、税金、环境水价核定，实行超额累进加价制度；工业和城市服务业用水按供水生产成本、费用、利润、税金、环境水价、返补农业水价核定，实行超额累进加价制度。环境水价、返补农业水价由水利部门收取、管理、使用，主要用于修建节水工程和对节水户的补贴；城市居民生活用水按供水生产成本、费用、利润、税金水价核定，实行水阶梯式水价制度。

（3）为落实用水总量控制，必须实行地表水地下水两水统管。

(4) 生态用水按成本核算水价，由政府进行补贴。

(5) 较大幅度地提高水资源费标准，实施累进加价收费制度。

(6) 改革现行水利工程管理方式和水费收缴方式，合理核定到农户的最终水价，实行“配水到户、核算到亩、按方收费”的方法。农村斗渠以下小型水利工程无偿交给农民用水者协会或农民用水户自己使用、管理和维护。

(7) 以 2010 年为水价核定基准日，统一将水价调整到位。南疆四地州可先到位 70%，5 年内全部到位。同时，规定以后每 5 年调整一次，水价调整文件只需报水利部门和发改委按正常程序监审、批准则可。

16.11.3 流域合理水价机制的目标

塔里木河流域内以农业用水为主，当地政府为了降低农民负担，更多地强调水的公益性，制定的水价偏低，甚至没有达到供水成本，不能很好地体现水的商品性和稀缺性，发挥不了水价的经济杠杆作用。流域内农业用水量大、用水效率低，不利于吸引社会资金对水利建设的投入，已成为制约流域长治久安、跨越式发展的瓶颈，也阻碍了流域节水型社会的建设。因此，流域内应积极推进水价政策改革，充分发挥水价调节作用，兼顾效率与公平，大力促进流域节约用水和产业结构调整。发挥水价对水资源配置的调节作用，促进节约用水和可持续利用，提高用水效率。按照“一次定价，分步到位”稳步推进农业水价改革。合理确定水价，各级财政承担的公益性岗位人员经费、公用经费和工程维修养护经费不计入供水成本。“十二五”力争达到水成本价的 70%，“十三五”基本达到水成本价。末级渠系维护费由农民用水合作组织按照民主协商的原则自行确定。农业供水推行终端水价制度，建立并完善计量合理、规范管理的水费计收体制。制定工业水价指导意见，明确工业水价构成，按照工业供水类型和区域水资源平衡稀缺程度核定水价。实行差异化的水价政策，区分水资源公益性和商品性，农业及工业和服务业用水实行超定额累进加价制度。对农村二轮承包地、牧民定居饲草料地和粮食生产之外的耕地、工业和服务业用水，加收资源水价，拉开高耗水行业水价价差。资源水价由新疆维吾尔自治区人民政府根据水资源的稀缺程度核定。

16.12 水权管理

16.12.1 水权的内涵

要明白水权的内涵，先要明白水资源的涵义；1977 年联合国教育、科学及文化组织对水资源的定义为：“水资源应该指可利用或有可能被利用的水源。这个水源，应具有足够的数量和可用的质量，并能够在某一地点为满足某种用途而可被利用。”水权制度的起源是由水资源的短缺、不够用引起的。在水资源丰沛、人口稀少的地方，人们用水取之不尽，用之不竭，又没有向外流域调水要求的时候，谈不到水权。随着人口的增长和工农业生产的发展，水资源逐渐成为一种短缺的自然资源，这时水权制度就在国民经济发展的过程中逐渐产生了。水权是水资源的所有权、使用权、经营管理权等与水资源有关的一组权利的总称。

16.12.2　建立水权转让与水市场的意义

节水与水资源的优化配置是实现水资源高效利用、解决水资源短缺的根本措施，水权转让与水市场的政府调控是促进节水与水资源优化配置的有效途径。从全国范围看，目前我国的水市场尚未发育完善，水资源管理正处于转型期，即处于从单纯的政府调控向以政府调控和市场调节相结合的过渡期。新疆塔里木河流域水权转让与水市场化改革符合水资源可持续利用的发展方向。众所周知，塔里木河流域水资源很稀缺，但由于种种原因，其水资源的利用效率不高。以往，塔里木河流域基本上是通过行政手段由政府来配置水资源，往往导致水资源价格扭曲、水资源浪费与水资源的低效利用。理论及实践均已证明，水市场是重新配置水资源的一种有效机制，水市场能够根据用水的边际效益配置水资源，从而促使水资源从低效益用途向高效益用途转移。水权转让与水市场的作用如下。

(1) 通过市场作用，使水资源从低效益的用户转向高效益的用户，从而提高水资源的利用效率，消除各地区各行业分配水量的不合理性。

(2) 市场交易具有动态性，水权转让与水市场能够反映总水量的变化和用水需求的变化，一定情况下能够通过市场重新分配现有水资源来满足社会经济发展对水资源的需求。

(3) 通过市场交易机制，可使买卖双方的利益同时增加，例如，上游多用水就意味着丧失潜在收益，即用水要付出机会成本，而下游多用水要付出直接成本，这就为上下游都创造了节水激励机制。

(4) 地区总用水量通过市场得到强有力的约束，必然会促进其内部各区域水资源配置的优化，区域又会拉动基层各部门用水优化，这样通过一级一级的“制度效仿”，可以大大加快微观层次上的水价改革，促进节约用水。因此，在塔里木河流域培育和发展水市场，允许水权交易具有迫切的现实意义。

16.12.3　国内外水权转让

16.12.3.1　国内水权转让

为配合《水法》的实施，清除水权转让的法律障碍，国务院颁布了《取水许可和水资源费征收管理条例》，并自 2006 年 4 月 15 日起施行，1993 年 8 月 1 日国务院发布的《取水许可制度实施办法》同时废止。自此，水权转让法律制度有了质的发展。该法第 27 条规定："依法获得取水权的单位或者个人，通过调整产品和产业结构、改革工艺、节水等措施节约水资源的，在取水许可的有效期和取水限额内，经原审批机关批准，可以依法有偿转让其节约的水资源，并到原审批机关办理取水权变更手续。具体办法由国务院水行政主管部门制定。"虽然仅有一条规定，但该条为水权转让确立了法律依据，具有特别重要的意义。

2000 年 11 月，位于金华江上、下游的东阳市、义乌市签订了一个水权交易协议，义乌出资 2 亿元向毗邻的东阳市买下了约 5000 万 m^3 水资源的永久使用权。2005 年 1 月，从东阳横锦水库到义乌市的引水工程正式通水，宣告水权交易获得了实质性的成功。这笔水权交易取得了双赢效果，通过购买水权这种方式解除缺水瓶颈为义乌的可持续发展创造了条件。从表面上看义乌市花费了 2 亿元，但如果义乌市自已建水库，再花 2 亿元也是不够的。转上给义乌的水是"盘活了富余的流水，其成本相当于每立方米 1 元，转让后的回报是每立方米 4 元，既让义乌摆脱了水困，东阳市又充分用了水资源的价值"。浙江省东阳—义乌水权交易开辟了我国水权转让的先河，之后我国又出现了多起水权转让实例。

1）甘肃张掖节水型试点中的灌溉

张掖节水型社会试点水权交易初步取得成功并探索出了许多经验。基于当地水资源承载能力，张掖市实行了严格的总量控制和定额管理。在张掖，农民分配到水权后便可按照水权证标明的水量去水务部门购买水票。水票作为水权的载体，农民用水时，要先交水票后浇水，水过账清，公开透明。对用不完的水票，农民可通过水市场进行水权交易、出售。这种水权交易不仅促进了一定范围内水资源的总量平衡和更合理配置，也促进了节水型社会的建设。张掖的水票流转是在微观层面的水权交易，强化了农民用水户的节水意识，推动了农业种植结构调整，进一步丰富了我国水权交易的形式。

2）漳河上游跨省有偿调水

漳河上游流经晋、冀、豫三省交界地区，自 20 世纪 50 年代以来，两岸群众就因争水和争滩地等问题发生纠纷。2001 年漳河上游局调整思路，以水权理论为指导，提出了跨省有偿调水。漳河上游局经过协调，4～5 月，从山西省漳泽水库给河南省安阳县跃进渠灌区调水 1500 万 m^3，进行了跨省调水的初步尝试。6 月份，从上游的 5 座大中型水库调水 3000 万 m^3 分配给河南省红旗渠、跃进渠两个灌区及两省沿河村庄。2002 年春灌期间，又向河南省红旗渠、跃进渠灌区调水 3000 万 m^3。

漳河上游的 3 次跨省调水取得了显著的社会经济效益，有效缓解了上下游的用水矛盾，预防了水事纠纷，促进了地区团结，维护了社会稳定。漳河上游调水是我国跨省水权交易的初次尝试，对我国水权水市场的建立进行了有益的探索。

16.12.3.2 国外水权转让

1）澳大利亚水权转让制度

澳大利亚自1983年开始实施水权交易市场以来，水权交易已在澳大利亚各州逐步推行，交易额越来越大，有关的管理体制也在不断地完善。澳大利亚水权交易有州际交易，也有州内交易；有永久性交易，也有临时性交易，转让期限有1年、5年和10年；有部分性的水权交易，也有全部的水权交易。目前澳大利亚水权交易市场有29种类型的交易，大部分的水权交易发生在农户之间，也有小部分发生在农户与供水管理机构之间，其中永久性交易占小部分，大部分属于临时性交易。澳大利亚常常在两个灌溉期之间进行水权交易。水交易的途径主要包括私人交易、水经纪人和水交易所。

澳大利亚的州际交易必须得到两个州水权管理当局的批准，交易的限制条件包括保护环境和保证其他取水者受到的影响达到最小。流域委员会还会根据交易情况调整各州的水分配封顶线，以确保整个流域的取水量没有增加。州际水权交易对塔里木河流域今后在两个行政区域间进行水权交易提供了良好的经验。

澳大利亚的州政府在水交易中起着非常重要的作用，包括提供基本的法律和法规框架，建立有效的产权和水权制度，保证水交易不会对第三方产生负面影响；建立用水和环境影响的科学与技术标准，规定环境流量；规定严格的监测制度并向社会公众发布信息；规范私营代理机构的权限。

2）美国西部地区水权转让制度

美国西部水权交易具有以下几个特点：首先，交易过程透明，程序严格。在该地区，水权作为私有财产，允许交易。交易多是持有水权的用户以个人或集体的名义进行。其程序类似于不动产，需经过批准、公告、有偿转让等一系列程序。其次，有立法保障。联邦和州政府启动有关立法，鼓励水权交易。针对交易对第三方特别是地方经济依赖于农业服务的乡村社区造成的不良影响，也有一些州的立法为固有的水资源利用区提供保护。例如，亚利桑那州立法要求，从乡村地区获取地下水权并将水资源输出该地区的市政府必须向“地下水流域经济发展基金”捐资，该基金用于抵消和减轻当地税收损失及相应经济活动的损失。再次，水权交易不断创新，市场机制发挥作用日趋充分。随着水权交易的发展，该地区出现了水银行，水银行将每年来水量按照水权分成若干份，以股份制形式对水权进行管理，简化了水权交易程序。美国西部还成立了以水权作为股份的灌溉公司，灌溉农户通过加入灌溉协会或灌溉公司，依法取得水权或在其流域上游取得蓄水权。在灌溉期，水库管理单位把自然流入的水量按水权股份向农户输放，并用输放水量计算库存各用水户的蓄水量，其运作类似银行计算户头存取款作业。最后，第三方组织功能发挥比较充分。美国西部的水权交易以包括水权咨询服务公司等在内的第三方组织作为中介，它们在水权交易中发挥着非常重要的作用，几乎所有的水权交易都要通过水权咨询服务公司。

3）智利水权转让制度

智利政府管理水权的机构是国家水董事会。当有盈余水时，国家水董事会无偿授予申请者地表水及地下水的用水权。早期水法的规定，国家水董事会在对私有水权方面几乎没有任何权力，大部分水管理的决策由个人或者用水户协会做出，智利的用水户协会有一个重要的作用就是维护和管理水渠。当水权交易损害第三方利益时，国家水董事会无权干预和解决纠纷，受害方可以向水渠委员会或者法院提出申诉，由法院受理。而智利的法官很少有水权方面的专家，法律系统又承担着压力，所以申诉过程缓慢而无矩可循。尽管如此，国家水董事会仍然保留着一些重要的技术处理和管理方面的作用，如收集和掌握水文数据、监督大坝等大的水工建筑物的构建、保留公共水权以及用水户协会的登记等。1981 年水法，将水权完全从土地所有权中分离出来，这在智利的历史上还是第一次。而且规定的私有权更广泛，水权可以自由买卖、抵押并交易，就像其他财产一样。水权持有者不用征得国家水董事会同意就可以自由地改变水权使用的地点和形式，新水权的申请者不必向国家水董事会详细说明或理由充分地论证新水权的用途（早期的水法规定了不同用水者的优先次序）。如果水不能满足同一时期水权申请者的需求，国家水董事会则派出拍卖员，把新水权拍卖给出价最高的人。除个别限制外，水权持有者可以任何原因，向任何人按自由协商的价格出售水权。

16.12.4 水权转让机制应用

塔里木河流域自实施适时水量调度以来，将水资源管理提到了一个新的高度。从上往下，从塔里木河流域委员会到流域各地州、兵团（师）以及各县（市）、各团场，最后到各乡（镇）、各连队，形成一条层层管理、责任到人的管理链条。由塔里木河流域委员会向流域各地州、兵团（师）下达限额用水指标，继而向下一级接一级地计划限额分配，签订责任状，从而既能保证各地州的国民经济持续发展又能保证塔里木河流域的下游生态用水。适时水量调度的实践，积累了宝贵的经验。但同时也反映出了一些不足之处，主要表现为：水量统一调度管理手段单一，目前主要依靠行政指令实施调度，调度成本高，协调难度大。一般水权主体缺乏利益表达，行政配置水权的模式打消了水权主体参与水资源管理的积极性，忽视了水权市场对水资源供需的基础性调节作用，使得水权主体缺乏节水激励，各流域年度水量下泄指标及引水指标难以完成。

16.12.4.1 水权转让的初始条件

水权市场的建立需要具备一定的基础条件，包括水资源的宏观稀缺条件、初始水权的明晰界定、水权管理机构的设立、水利基础设施的完善等。在塔里木河流域，已初步具备建立水权市场的基础条件。

(1) 水资源的宏观稀缺条件已经满足。塔里木河流域特殊的地理位置和干旱的气候条件决定了水资源的自然性。社会经济的迅速发展引起用水量的大幅提高加剧了流域内水资源的短缺程度。同时，人们对绿洲生态的关注也要求提高生态用水的保障程度。水短缺已成为影响塔里木河流域社会经济持续发展、生态系统稳定的最重要因素。在塔里木河流域，水资源的宏观稀缺条件为流域内水权市场的建立提供了基础条件。

(2) 初始水权逐渐明晰。为了缓解塔里木河流域水资源供需矛盾日益突出、流域生态环境不断恶化的局面，2003 年 12 月新疆维吾尔自治区人民政府下达了《关于印发塔里木河流域“四源一干”地表水水量分配方案等方案的通知》（新政函［2003］203 号文，分配方案考虑各流域不同保证率来水情况，主要对关键控制断面下泄水量和各用水单位的区间耗水量进行分配（区间耗水量是区间来水断面和泄水断面之间消耗的水量，由国民经济用水、河道损失两部分组成）。由此制定各流域不同保证率来水情况下的年度限额用水和下输塔里木河水量，并将年度限额水量分解到年内各时段和各断面，进行年内调度分配，以确保各源流在满足年度用水限额的前提下向塔里木河干流输水。

(3) 水权管理机构已经设立。为了决策塔里木河流域水资源开发利用的重大问题，成立了塔里木河流域水利委员会（决策机构），其下设立了执行委员会（执行机构），并在新疆维吾尔自治区水利厅设立了执行委员会办公室。塔里木河流域管理局作为办事机构，具体负责塔里木河流域水资源事宜。除此之外，塔里木河流域各源流管理处及相应地区的水行政主管负责各自管辖范围内的水资源管理。这种自上而下环环相扣的管理机构为水权管理提供了有效的组织机构支撑，同时也为水权市场的建立提供了良好的条件。

(4) 水利基础设施逐步完善。国务院于 2001 年 2 月批准实施《塔里木河流域近期综合治理项目》，投资 107.4 亿元，通过源流灌区改造，节约用水，合理开发利用地下水，干流河道治理、退耕封育保护等综合治理措施，增加各源流汇入塔里木河的水量，保证大西海子水库以下河道生态需水。综合治理项目的实施，使源流灌区的输配水工程设施逐步完善，使干流河道的输水能力大大提高，为水权的流转创造了硬件条件。塔里木河流域中，可以进入水权市场用于交易的水权受到严格限制。

以水的使用途径为标准，水权可分为社会经济水权和自然生态水权两大类。在塔里木河流域，占据主导的工农业生产水权和生态用水水权中，生态用水水权是不允许转让的，只有具有私人物品特征的那部分水权才允许进入水权市场流转。

16.12.4.2 塔里木河流域水权转让建立与管理

塔里木河流域水权转让管理主要包括水权市场的空间结构、水权市场的主客体、水权市场的管理机构和水权市场的运行结构等方面。

1）塔里木河流域水权市场的空间结构

根据塔里木河流域内的行政区划，对应初始水权的四级层次，塔里木河流域水权市场的空间结构可分为流域级、地区级、县市级和用水者协会级四个层次。

第一层次：流域级水权市场。建立全流域范围的水权市场，既是为了统一管理流域水资源的需要，也是促进流域水资源可持续利用的需要。阿克苏河、叶尔羌河、和田河、开都—孔雀河都直接与塔里木河干流发生水流联系，但四条源流彼此之间并不发生直接的水流联系。因此，该层次的水权交易采取两种形式，一种是直接交易形式，指四个源流与干流之间的交易；另一种是间接交易形式，指源流与源流之间的交易，如图 16.2 所示，图中虚线代表间接交易，实线代表直接交易。

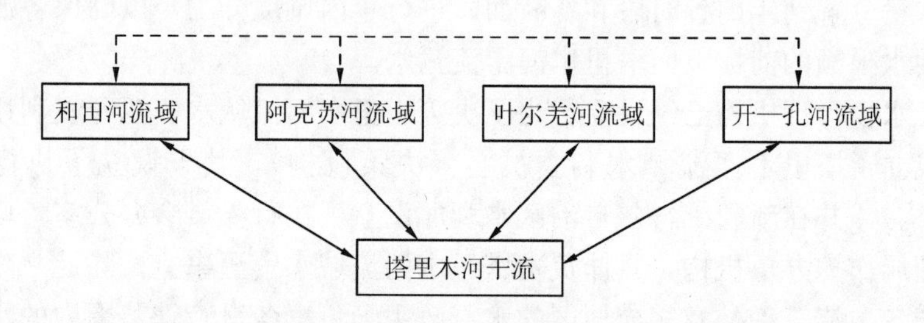

图 16.2 塔里木河流域第一层次水权市场空间结构

第二层次：地区级水权市场，指在源流流域内部地方与兵团以及塔里木河干流上、中、下游之间的水权市场。在阿克苏河流域，为阿克苏地区与兵团农一师；在和田河流域，为和田地区与兵团农十四师；在叶尔羌河流域，为喀什地区与兵团农三师；在开都—孔雀河流域，为巴州与兵团农二师；塔里木河干流则为阿克苏地区（上游）、巴州（中游）与兵团农二师（下游），如图 16.3 所示。

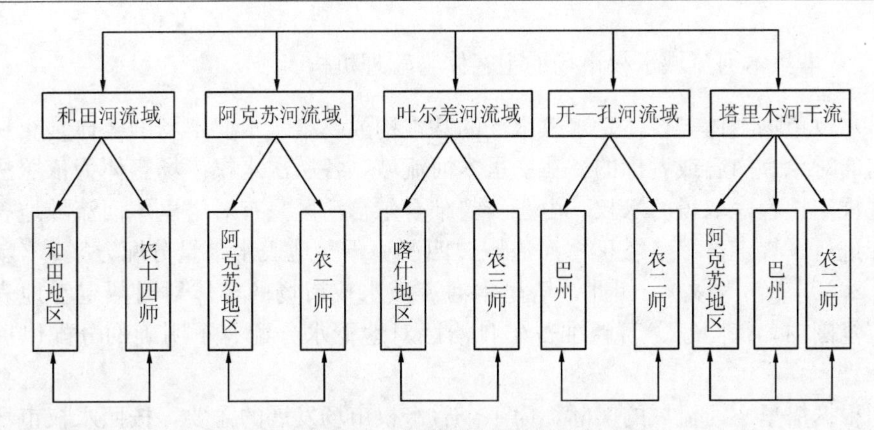

图 16.3　地区级水权市场图

第三层次：县市级水权市场，指地州内各县市、兵团农业师内各团场之间的水权市场。以阿克苏河流域为例，第三层次水权市场结构如图 16.4 所示。

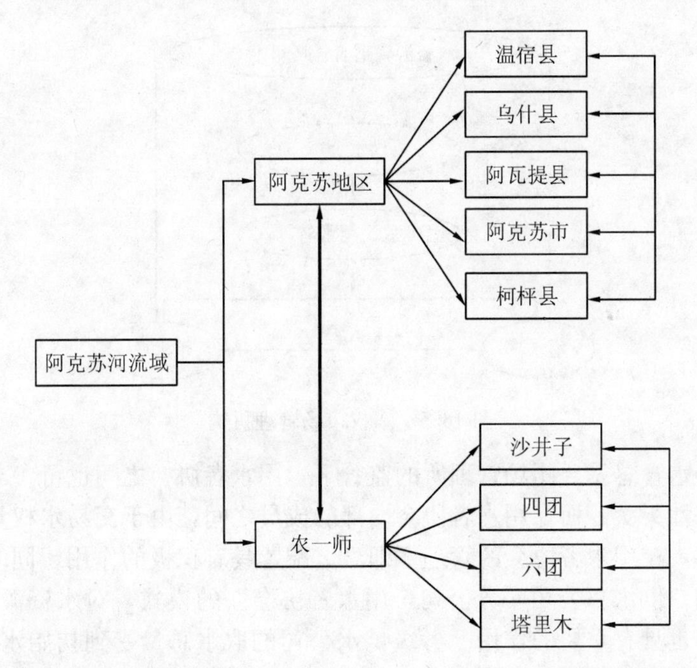

图 16.4　塔里木河流域第三层次水权市场空间结构（以阿克苏河流域为例）

第四层次：用水者协会级水权市场。在县市内部，按照乡镇组建用水者协会，在团场内部，按照连队组建用水者协会。用水者协会负责协会内成员之间的水权分配、冲突调解、水费征收、水权交易以及代表协会内成员利益参与同其他协会的水权交易。

2）塔里木河流域水权市场的主客体与管理机构

水权市场主体与客体是水权市场的基本构成要素。水权市场的客体是交易所指向的对象、内容或者标的。在塔里木河流域，各层次水权市场客体为依照法律法规规定按程序取得的水权。由于新疆维吾尔自治区只有对塔里木河流域地表水分配进行了规定，即《塔里木河流域“四源一干”地表水水量分配方案》（新政函［2003］203号文）。因此，塔里木河流域水权市场的客体暂时限定在地表水水权范围内，待国家、新疆维吾尔自治区对地下水分配有了明确的分配以后再考虑。

根据塔里木河流域的实际，为了今后水权市场发展的需要，按照水权市场的空间结构，组建相应的供水公司。从而避免地方政府作为市场主体，既充当运动员，又充当裁判员的局面，从而影响水资源的公平和高效配置。水权市场管理机构如图16.5所示。

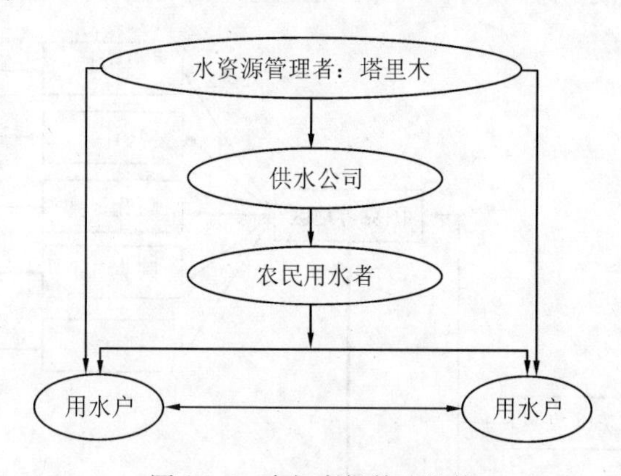

图16.5　水权市场管理机构

在各县水管总站、团场管理所的监管下，用水者协会之间也可参与水权的永久性或临时性买卖。而在用水者协会内部的成员之间，由于交易水权量较小，影响范围较窄，在用水者协会的管理下即可。配置具有积极的作用。同时，水权市场主体采用“供水总公司—分公司—用水者协会”的模式，对水资源费的征收、水价的改革也具有重要的作用。各级供水公司的取水总量受到初始水权的限制，超额取水，将受到经济、行政和法律手段的制裁。在没有组建供水公司前，水权市场的主体为流域内各级政府、组织机构（如用水者协会、用水企业等）或者个人（如农村用水者协会内的成员）。而在组建了供水公司后，参与水权交易的主体主要是组织机构（如供水公司、用水者协会、用水企业）或者个人。

3）塔里木河流域水权市场的运行结构

塔里木河流域水市场可由五个部分组成：供水者和需水者组成的市场主体、

市场管理者——塔里木河流域管理局、蓄水和输水等基础设施条件、利益冲突协调机制、规章制度系统，这五个组成部分之间的运作机制见图 16.6。

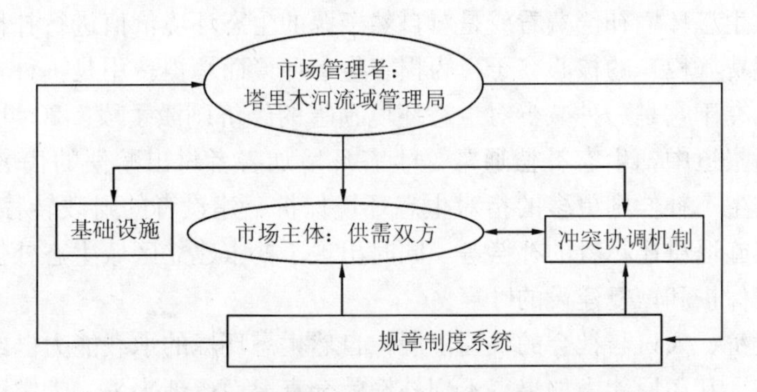

图 16.6　塔里木河流域水市场运作机制图

(1) 规章制度系统统领水市场的一切转让活动，市场供需双方、市场管理者——塔里木河流域管理局的活动都要以一定的规章制度为基础，转让过程中发生的利益冲突也要依据一定的规章制度来解决，这样，水市场就能有法可依，有序进行。

(2) 塔里木河流域管理局依据水市场规章制度对水市场进行管理，建设蓄水和输水等基础设施，并在实践中逐步完善管理行为，建立健全水市场的规章制度。

(3) 市场转让主体之间发生利益冲突，转让双方对第三方造成不利的影响时，在塔里木河流域管理局的组织、领导和协调下进行解决。

16.13　流域生态补偿机制

16.13.1　生态补偿机制理论

1) 生态补偿的概念

生态补偿的定义，众说纷纭，且不同学者有着不同的理解和阐述。到目前为止，还没有一个标准的、统一的定论。《环境科学大辞典》给出的“自然生态补偿”的定义为：“生物有机体、种群、群落或生态系统受到干扰时，所表现出来的缓和干扰、调节自身状态使生存得以维持的能力，或者可以看作生态负荷的还原能力”；或是自然生态系统对由于社会、经济活动造成的生态环境破坏所起的缓冲和补偿作用。但最一般的，则将生态补偿理解为一种资源环境保护的经济手段。将生态补偿机制看成调动生态建设积极性，促进环境保护的利益驱动机制、激励机制和协调机制。章铮认为狭义的生态环境补偿费是为了控制生态破坏而征收的费用，其性质是行为的外部成本，征收的目的是使外部成本内部化。而庄国泰等将征收生态环境补偿费看成是对自然资源的生态环境价值进行补偿，认为征收生态环境费（税）的核心在于：为损害生态环境而承担费用是一种责任，这种收费的作用在于它是一种减少对生态环境损害的经济刺激手段。20 世纪 90 年代前期的文献报道中，生态补偿通常是生态环境加害者付出赔偿的代名词；而 90 年代后期，生态补偿则更多的指对生态环境保护、建设者的财政转移补偿机制，如国家对实施退耕还林者的补偿等。同时出现了要求建立区域生态补偿机制，促进西部生态保护和恢复建设的呼声。

随着经济、人口与社会的快速发展，自然生态环境的承载能力已经处于“超负荷”状态。其还原能力如果得不到补偿就会衰退而逐渐丧失。人类已经意识到了这一点，为了自身与后代的生存和发展，开始不断加强生态环境与资源的保护，以实现生态环境的和谐发展和资源的可持续利用。因而，相应的，我们可以把已经融入当代社会“人文精神”的“生态补偿”概念定义为：人类为保护生态环境而对生态地区给予一定的经济、技术或政策上的支持，使该区域的自然生态的各项功能借助这种“外力”得以恢复、改善或提高，以便更好地服务人类。

2）生态补偿的原则

生态补偿的目的不是最终得到多少钱，而是迫使污染者或破坏者采取治理措施从而可以减少和规避罚款，达到保护生态环境的一种手段。一方面要不断地培养和强化公众保护生态环境的意识；另一方面，生态保护者一方和受害者一方要切实地把得到的补偿用于生态保护和建设中去。

根据生态补偿的定义，结合我国现有环境保护法律和法规原则，参考和总结国内外的相关文献，在建立水源保护地生态补偿机制时主要遵循以下几条基本原则。

（1）“谁保护，谁受益”原则。这是针对生态环境保护者而采取的一条重要原则。众所周知，生态保护行为具有较高的正外部效应，如果不对包括水源保护地在内的生态保护区以及保护者给予一定的补偿，那么，就会导致社会上“搭便车”行为的普遍存在。同时，也会大大削弱保护人的积极性，从而不利于生态环境的保护和建设。水源保护地生态的保护尤为如此，水源保护地水源和河道的良好维护和保护，不仅改善和提高了整个城市的饮用水质，降低了洪涝灾害的发生，还增强了流域内的景观价值、促进了生态旅游事业的蓬勃发展。因而，付出努力的生态环境保护者应当得到一定的补偿、政策优惠或税收减免的激励，将正的外部效应内部化。

（2）“谁污染，谁付费”原则。与上面相反，这是将生态环境损害方所产生的负外部效应内部化的一条基本原则。通过对水源保护地所有的污染行为主体征收费用，将其所带给社会的负的外部成本内部化，使得环境污染的私人成本接近政府治理污染的社会成本，刺激生产者减少污染或转移到污染的生产上来。“污染者支付原则（PPP）”是世界经济合作与发展组织（OEDC）理事会于1972年决定采用的环境政策基本规则，之后被广泛应用于各种污染的控制。

（3）“谁受益，谁付费”原则。这是针对生态环境改善的受益群体所采取的一条重要原则。仍以水源保护地的保护为例，城市非水源保护地或得利部门在享受水源保护地生态环境改善所带来好处的同时，若不给予付出努力的保护方一定的补偿，就有失公允。补偿费用的收缴一般是从可操作性原则较强的水电费中抽取。但由于许多情况下，生态保护的受益主体不是很明确，此时，地方政府应当成为补偿的主体，并从其财政中支付或转移支付该部分费用。

（4）“公平补偿”原则。就是在补偿政策的制定方面要考虑的公平性问题。一般，生态的公平补偿原则包括代内公平原则、代际公平原则与自然公平原则。代内公平原则是要协调好国家、生态水源保护地内的地方政府、企业和个人之间的生态利益；代际公平原则是要兼顾当代人与后代人生态利益（也有学者称此原则为“可持续性”原则）；公平原则体现在对各种生态类型补偿后的生态恢复上。

（5）“灵活性”原则。这里的灵活指补偿手段要灵活，多种方式相结合。生态补偿涉及多方面的行为主体，关系错综复杂，没有公认的补偿标准和方法，而补偿方式也多种多样。各生态水源保护地的特征又不尽相同，所以在补偿手段或方式的选择上不应采取“一刀切”。而应该根据自身特点，结合当地的发展状况，因地制宜地实施补偿。由于目前生态市场发展的不成熟，生态环境保护多属公共事业，而市场在资源配置上还存在缺陷，所以需要政府的主导推动作用。灵活运用宏观调控和市场的微观调节能力，采取“政府补偿与市场补偿相结合”原则更加有效地实施生态补偿。

（6）“广泛参与”原则。这是生态补偿过程中所有利益相关者和广大群众所应当采取的一条重要原则。在环境污染方面司法监督不力和官僚盛行的年代，只有争取相关利益方的广泛参与和发言权，以及公众的舆论和监督，才能使得补偿机制的管理和运行更加有效率、民主化、透明化。另外，参与式发展不仅有利于保护和提高参与者的利益，同时也有助于提高他们保护环境的意识和积极性。

16.13.2　生态补偿机制示例

16.13.2.1　国内流域生态建设补偿

1）福建省建立流域生态补偿机制的实践

在省域内流域上下游的生态补偿实践方面，福建省流域自成体系，闽江、龙江、晋江等主要流域基本不涉及跨省的问题。自2003年开始，这三个流域生态补偿机制已初见端倪，这里以闽江为例。

（1）设立专项资金。2005～2010年，福州市政府每年增加1千万元闽江流整治资金，用于支持上游的三明和南平市，各5百万元；三明、南平在原来闽江流域整治资金的基础上，每年各增加5百万元，与福州资金配套用于闽江流域治理。每年合计2千万元，由福建省财政设立专户管理，专款用于流域三明南平段的治理。福建省环保局“切块”安排1.5千万元资金，参照“专项资金”的拨付办法使用。

（2）资金使用方式。专项资金主要用于三明、南平市辖区内列入福建省政府批准的《闽江流域水环境保护规划》和年度整治计划内的项目，重点安排畜禽养殖业污染治理、农村垃圾处理、水源保护、农村面源污染整治示范工程；工业污染防治及污染源在线监测监控设施建设等项目。

2）黑河流域生态补偿机制

甘肃省黑河流域在水资源日益短缺和黑河分水的双重压力下，现有绿洲农田的维系与发展受到极大的挑战。张掖地区在黑河分水后所面临的水资源短缺以及绿洲社会、经济、生态稳定发展的形势非常严峻。2000～2002年，张掖市在水源吃紧的情况下累计向下游输水22.1亿m^3，造成本区有效灌溉面积减少、绿洲生态环境持续性退化和脆弱程度增加；在退耕还林区，一些地方基层政府只解决了生态移民的安置和一定的生活赔偿问题，缺乏对他们的进一步帮扶以及利益的保障。为解决这些问题，2003年张掖市对祁连山林区腹地和浅山区居住农牧民以及山丹大黄山林区的农牧民3839户共1.65万人，实行整体搬迁安置，张掖市退耕还林效果尤为明显，2002年退耕还林任务为1.385万hm^2，已兑现补助粮食3437万kg。同时，流域内各地方政府在草地资源规划、林地建设调整适应水资源现状的产业结构方面都做了大量工作。移民安置、以工代贩、育林工程、水域保护以及自然保护区的保护等措施，对保障流域居民的基本生活和恢复流域生态环境起到了一定的作用。

3）新安江流域生态补偿机制

新安江是浙江、安徽两省间的省际河流。改革开放以来，地处东部沿海的浙江省经济快速发展，而位于中部地区的安徽省经济发展相对滞后。随着下游地区的持续发展，水资源开发利用量将不断增加、水环境污染负荷将不断加重，下游地区迫切要求上游地区能够持续不断地提供优质水源来支撑水资源和水环境承载能力。上游地区则迫切要求加快发展，缩小差距，用水量和废污水排放量也将不断增加。在这种情况下，全流域水资源可持续利用和水环境可持续维护就会面临很大的压力。因此，新安江流域建立了生态共建共享机制。同时，对新安江流域上游地区的水资源价值、上游地区水生态保护与建设投入、上游地区水生态效益分享与成本分担、新安江流域生态共建共享示范区建设等进行了探讨。

16.13.2.2　国外流域生态建设补偿

针对生态补偿，国际上比较通用的概念是“生态/环境服务付费”（payment for ecological environmental services，PES）、“生态/环境服务市场”（market for ecological/environmental services）和“生态/环境服务补偿”（compensation for ecological/environmental services），其实质是由于生态建设者往往不能提供各种生态环境服务（水流调节、生物多样性和碳蓄积）而得到补偿。因此，对提供这些服务缺乏积极性，通过对提供生态/环境服务的土地利用者支付费用，可以激励保护生态环境的行为。这种利用经济手段调整经济社会发展与生态保护关系的思想，在1992年联合国《里约环境与发展宣言》及《21世纪议程》中是这样表述的：在环境政策制定上，价格、市场和政府财政及经济政策应发挥补充性作用；环境费用应该体现在生产者和消费者的决策上；价格应反映出资源稀缺性和全部价值，并有助于防止环境恶化。由此，生态环境补偿问题开始被更多国家认识并付诸实践。国际上，流域生态服务市场最早起源于流域管理和规划，如美国田纳西州流域管理计划，该计划旨在减少土壤侵蚀及对流域周围的耕地和边缘草地的土地拥有者进行补偿。美国政府重视对生态环境的建设与保护，政府承担大部分资金投入。为加大流域上游地区农民对水土保持工作的积极性，采取了水土保持补偿机制，即由流域下游水土保持受益区的政府和居民对上游地区做出环境贡献的居民进行货币补偿。20世纪后期，美国的水土保持走上了进一步改善环境质量、保持生态系统稳定协调发展的新阶段。在生态林养护方面，美国采取由联邦政府和州政府进行预算投入，即选择“由政府购买生态效益、提供补偿资金”等方式来改善生态环境；在土地合理运用方面政府购买生态敏感土地以建立自然保护区，同时对保护地以外并能提供重要生态环境服务的农业用地实施“土地休耕计划”（conservation reserve program）等政府投资生态建设项目。美国纽约市与上游Catskills流域（位于特拉华州）间施行清洁供水交易。纽约市90%的用水来自于上游Catskills流域。1989年美国环保局要求，所有来自于地表水的城市供水，都要建立水的过滤净化设施，除非水质达到相应要求。纽约市经过估算，建立新的过滤净化设施，需要投资60亿～80亿美元，加上每年的3亿～5亿美元运行费用。而如果对上游Catskills流域在10年内投入10亿～15亿美元以改善流域内的土地利用和生产方式，水质就可以达到要求。因此，纽约市最后决定通过投资购买上游Catskills流域的生态环境服务。例如，向该流域的奶牛场和林场经营者支付4千万美元，为了使他们采用环境友好的生产方式生产。

德国易北河的生态补偿机制也具有很好的启示作用。易北河贯穿两个国家，上游在捷克，中下游在德国。1980年前从未开展流域整治，水质日益下降。1990年后，德国和捷克达成采取措施共同整治易北河的双边协议，成立双边合作组织的目的是改良农用水灌溉质量，保持流域生物多样性，减少流域两岸污染物排放。易北河流域整治的经费来源一是排污费，二是财政资金，三是研究津贴，四是下游对上游的经济补偿。现在，易北河水质已大大改善，德国又开始在绝迹三文鱼多年的易北河中投放鱼苗并取得了可喜的成绩。

以色列的生态补偿采用水循环利用的方式，即你排出多少，我经过处理再给你反馈多少，这种做法实质属"中水回用"。通过这种方式，占全国污水处理总量46%的出水可直接回用于灌溉，其余32%和约20%分别回灌于地下或排入河道。回用流程是：城市污水收集—传输到处理中心—处理—季节性储存—输送到用户—使用及安全处置，这样，以色列100%的生活污水和72%的城市污水得到了回用。

国际上流域生态补偿工作比较成功的例子包括：澳大利亚通过联邦政府的经济补贴，来推动各省的流域综合管理工作；南非则将流域生态保护及恢复行动与扶贫有机结合起来，投入约1.7亿美元/年雇用弱势群体来进行流域生态保护，改善水质，增加水资源供给；纽约水务局通过协商确定流域上下游水资源与水环境保护的责任并写入补偿标准等。

另一个流域生态补偿的典型例子是哥斯达黎加水电公司对上游植树造林的资助。它是通过种植造林和保护植被调节河流径流量，购买的生态服务类型为水土调解。Energies Global（简称EG）是一家位于Sarapiqui流域、为4万人提供电力的私营水电公司，其水源区是面积为5800hm^2的两个支流。水源不足使公司无法正常生产，为使河流年径流流量均匀增加，同时减少水库的泥沙沉积，Energies Global按每公顷土地18美元向国家林业基金（FONAFIFO）提交资金，国家政府基金再另添加30美元/hm^2，以现金的形式支付给上游的私有土地主，要求这些私有土地主必须同意将他们的土地用于造林、从事可持续林业生产或保护有林地，而那些刚刚皆伐过林地或计划用人工林取代天然林的土地主将没有资格获得补助。另外两家哥斯达黎加公共水电公司（Companies de Fuerzay Luz和CNFL）和一家私营公司（Hydroelectric Platanar）也都通过FONAFIFO向土地进行补偿。Heredia公司还将这种做法推广到饮用水行业，提高水费用于筹建流域保护的信托基金。

16.13.3　塔里木河流域生态补偿机制探讨

长期以来，塔里木河流域源流与干流、上游与下游、经济社会与生态环境用水矛盾，地方与兵团之间水事纠纷频发不断，流域个别地区生态环境退化。流域生态系统退化的根源是流域发展过程中的人为干扰，水资源受到过度开发，其所带来的环境干扰引发生态退化，成为流域可持续发展的重大障碍，威胁流域发展安全，增加经济建设成本，导致生态恢复重建与社会经济发展的矛盾。虽然，经过10年的共同努力，塔里木河治理取得了世人瞩目的社会、经济、政治和生态效益。但是，流域水资源统一管理、统筹兼顾、和谐发展、全面发展的思想还没有深入人心，大局意识、全局意识不强，节约用水、限额用水的意识不强。

1）流域占用生态水补偿机制

目前，塔里木河流域水资源管理存在的突出问题之一是抢占生态用水，威胁着流域生态环境。这个突出问题反映了我们目前在流域水资源管理和生态保护方面还存在着一些政策缺位，特别是有关流域生态建设和水资源管理的经济政策严重短缺，使得生态效益及相关的经济效益在保护者与受益者、受益者与受害者之间的不公平分配。导致了受益者无偿占有，未能承担破坏生态的责任和成本；受害者得不到应有的经济补偿，挫伤了节约用水和保护生态的积极性。这种生态保护与经济利益关系的扭曲，不仅使流域的生态保护和水资源管理面临很大困难，而且也影响地区之间以及利益相关者之间的和谐。按照“谁破坏谁治理、谁占用谁补偿”的原则，提出建立和实施塔里木河流域生态水量占用补偿机制，制定《塔里木河流域生态水占用补偿费征收管理办法》（以下简称《办法》）。对占用塔里木河流域生态水量的，按下列标准累进加价征收生态水量占用补偿费：超限额10％以内的部分按其当地水价的3倍缴纳生态水量占用补偿费；超限额10％～20％的部分按其当地水价的6倍缴纳生态水量占用补偿费；超限额20％以上的部分按其当地水价的10倍缴纳生态水量占用补偿费。未经新疆维吾尔自治区人民政府批准，对擅自挤占生态水的单位和个人，按其当地水价的15倍缴纳生态水量占用补偿费。

通过该机制的实行，对塔里木河流域内部分州、地、兵团师和用水单位抢占挤占生态水的情况，实施强制性补偿的政策措施。征收塔里木河流域生态水量占用补偿费，建立和实施生态水补偿机制后，对抢占挤占生态水的单位，除了在流域内通报批评外，由塔里木河流域管理局代表政府强制要求占用者按累进加价的方法和规定的标准交纳生态水量占用补偿费。使、占用者要付出高额的代价，无利可图，节约用水、不超用水者不吃亏，就能维护流域水资源有序管理，统筹兼顾，促进流域经济社会全面协调可持续发展。

征收流域生态水量占用补偿费是一种政府强制措施，具有惩罚性质，其征收决定和缴纳数额是塔里木河流域水利委员会确定的，由塔里木河流域管理局代表政府按年征收、管理和使用。新疆维吾尔自治区政府每年都要与流域州、地、兵团师签订年度用水目标责任书；塔里木河流域管理局每年也要与塔里木河干流的县（市）、团场和用水单位签订年度用水目标责任书。这些年度用水目标责任书确定了流域州、地、兵团师，以及有关县（市）、团场和用水单位的年度用水限额和计划取用水量。每年的实际取用水量与用水目标责任书确定的用水限额和计划取用水量的差值，就是生态水量的占用数。对违反《办法》规定拒不缴纳生态占用补偿费的，由塔里木河流域管理局报新疆维吾尔自治区水行政主管部门、财政部门，或兵团水利局、财政局，从其财政预算拨款或财政转移支付款中抵扣。对抢占挤占生态水的单位，在进行流域内通报批评、追究领导责任的同时，还要责令其按当地水费的若干倍缴纳生态补偿费。对占用他人限额内水量的，以其高位水价的若干倍给予补偿。充分发挥水价的杠杆调节作用，强化人们的节约用水意识，促进节水型社会建设。这个制度是有利于维护流域水资源统一有序管理、统筹兼顾、全面协调可持续发展的。

2）设立流域生态治理专项资金

借鉴福建省流域生态补偿机制的成功经验，在塔里木河流域设立流域生态治理专项资金，由新疆维吾尔自治区人民政府或水利部每年投入一定的资金，用于支持塔里木河源流及塔里木河干流流域治理；由塔里木河流域管理局设立专户管理，专项资金专款主要用于源流和干流上游年度整治计划内的项目，重点安排畜禽养殖业污染治理、农村垃圾处理、水源保护工程；工业污染防治及污染源在线监测监控设施建设等项目。资金的拨付办法参照财务上的“专项资金管理办法”。

3）进行流域生态功能区划，确定产权主体

根据生态补偿的目标和定位，对流域进行生态功能区划分，进行分区管理建设。生态补偿政策的制定首先要解决“为什么要补，谁补给谁”的产权问题，而进行流域生态功能区划和经济发展区划是准确解决上述问题的最好方法。生态功能区是通过系统分析生态系统空间分布特征，明确区域主要生态问题、生态系统服务功能重要性与生态敏感型空间分异规律，制定出来的区域生态功能分区方案。生态功能分区是确定优化开发、重点开发、限制开发和禁止开发四类主体功能区的基础，四类主体功能区是对生态功能区的经济发展定位。只有清晰界定了接受或支付生态补偿的区域或主体，才能明确各个功能区的职责，并据此制定本地区的经济发展规划，这是生态补偿机制建立的法律与政策依据。

4）广泛吸收相关利益主体参与生态补偿机制的建设

生态补偿机制建立的过程中要鼓励相关利益群体充分参与其中。生态补偿政策的根本目的是调节生态保护背后相关利益者的经济利益关系，进而形成有利于生态环境保护的社会机制。对于一个涉及众多利益相关者的政策，要保证公平和合理，就必须让利益相关各方公平参与。具体说来，就是要针对不同地区生态环境功能和生态补偿机制的差异来引导本地居民参与生态机制的建设。对塔里木河干流经济相对发达地区，可以利用较为完善和开放的市场机制积极探索市场补偿的方式；对源流经济相对欠发达地区而言，在补偿贫困地区居民因保护环境而牺牲机会成本的同时，要结合当地情况吸纳当地居民参与建立发展与环境生态相适应的产业结构，鼓励补偿区人民承担生态保护建设项目，通过项目来真正持久地提高居民收入，环境脆弱落后地区的生态保护才能可持续地发展下去。

16.14 考核和奖惩机制

16.14.1 严格责任考核

认真落实2011年中共中央、国务院下发的《中共中央国务院关于加快水利改革发展的决定》（国办发［2011］1号）精神，严格实施水资源管理考核制度，水行政主管部门会同有关部门，对各地区水资源开发利用、节约保护主要指标的落实情况进行考核，考核结果交由干部主管部门，作为地方政府相关领导干部综合考核评价的重要依据。新疆维吾尔自治区人民政府对州地、兵团师落实最严格水资源管理制度情况进行考核，州地、兵团师是实行最严格水资源管理制度的责任主体，州地、兵团师主要负责人对本行政区域水资源管理和保护工作负总责。考核工作与国民经济和社会发展五年规划相对应，每5年为一个考核期，采用年度考核和期末考核相结合的方式进行。在考核期的第2至第5年上半年开展上年度考核，在考核期结束后的次年上半年开展期末考核。年度或期末考核结果为不合格的州地、兵团师，要在考核结果公告后一个月内，向新疆维吾尔自治区人民政府和兵团司令部作出书面报告，提出限期整改措施，同时抄送考核工作组成员单位。对整改不到位的，由监察机关依法依纪追究该地区有关责任人员的责任，经新疆维吾尔自治区人民政府审定的年度和期末考核结果交由干部主管部门，作为对州地、兵团师主要负责人和领导班子综合考核评价的重要依据。

流域管理局及所属管理站主要负责人加强对本辖区的水量管理工作。严格实施水量管理责任和考核制度。管理局对各管理站各辖区内用水主要指标的落实情况进行考核，考核作为相关领导干部综合考核评价的重要依据。同时加强水量水质监测能力建设，为强化监督考核提供技术支撑。积极推动实行最严格水资源管理制度考核办法的出台。

16.14.2 建立奖惩机制

在落实最严格水资源管理制度中，期末考核结果优秀的州地、兵团师，新疆维吾尔自治区人民政府予以通报表扬，有关部门在相关项目安排上优先予以考虑。对在水资源节约、保护和管理中取得显著成绩的单位和个人，按照国家有关规定给予表彰奖励。

在落实最严格水资源管理制度中，对期末考核结果不及格的州地、兵团师，提出整改措施。整改期间，暂停该地区建设项目新增取水和入河排污口审批，暂停该地区新增主要水污染物排放建设项目环评审批。依据《水法》《自治区实施〈水法〉办法》《塔里木河流域水资源管理条例》中相应的法律条款规定对相关单位处罚，并追究行政首长的责任。

流域管理局及所属管理站管理人员有下列行为之一的，负有责任的主管人员和其他直接责任人员，在年终考核时将受到直接影响，情节严重的将给予行政处分。

（1）不执行水量分配方案和下达的调度指令的。

（2）不执行非常调度期水量调度方案的。

（3）其他滥用职权、玩忽职守等违法行为的。

（4）虚假填报或者篡改上报的取用水量数据等资料的。

（5）不执行塔里木河流域管理局水量调度方案，超限额引水的。

16.15　积极稳妥地推动节水型社会建设，调整服务产业结构

塔里木河流域各级地方政府和兵团有关师局，必须充分考虑当地水资源承载能力，按照以供定需原则，进行经济社会布局和产业结构调整，控制人口增长，严禁在塔里木河流域范围内开荒。坚持资源开发规划先行，建立健全水资源合理利用和有效保护的地方性法规，确保资源集约化、高起点、高水平和高效益的开发，大力提高水资源的有效利用率。合理开发利用水能资源，防止盲目圈占水能资源，避免资源浪费。

要加强农业的基础地位，发展优质高产高效农业，推进农业产业化。把发展高效节水农业作为工作的重中之重抓紧抓好，降低农业用水在全社会供水中的比例，为塔里木河流域经济社会可持续发展提供水资源保障。在流域内，要加强大中型灌区续建配套和节水改造工程建设，实施农田基本建设和中低产田改造，抓好土地平整、渠道防渗等常规节水建设，全面推广高效节水灌溉，因地制宜发展喷灌、管道灌等节水技术，结合高效节水灌溉，加快改革耕作制度，优化栽培模式，调整种植结构，积极推广多熟高效种植；大力发展旱作节水农业，改善灌区灌溉条件，建立标准化、规范化高效节水综合示范区，推进现代农业发展，大幅度提高土地产出率和资源利用率。到2020年，塔里木河流域内农业灌溉水有效利用系数提高到0.55，农业用水占全社会用水比重下降到90%以下；到2030年，塔

里木河流域内农业灌溉水有效利用系数提高到 0.57，农业用水占全社会用水比重下降到 85%以下。

引导全社会树立节约水资源的意识，大力优化水资源开发方式，加强节能减排，建立促进水资源开发可持续的体制，推动产业结构向高能效、低能耗、低排放转型，积极发展循环经济，确保水资源合理开发和永续利用。

要强化水资源统一管理，实行严格的水资源管理制度，建立塔里木河流域取用水总量控制指标体系，合理调整用水结构。遵循“节约农业用水，增加工业用水，保障生态用水”的原则，节约出来的水资源重点用于支持塔里木河流域新型工业化和新型城镇化发展。在流域城市和工业发展中，要贯彻“节水优先、治污为本”的原则，严格控制耗水量大和污染严重项目的兴建。大力发展节水工业，加大企业节水技术改造力度。加强公共建筑生活小区、住宅节水设施及中水回用设施建设，广泛开展节水型城市创建活动，建设节水型社会。

16.16　加强基础研究

塔里木河流域基础研究工作十分薄弱，提高塔里木河流域综合治理的科学性，需要开展大量的科学研究工作。

根据塔里木河流域基础研究的现状和塔里木河流域综合治理的需要，开展基础研究的内容主要包括：塔里木河径流演进规律研究、塔里木河流域地表水地下水转换规律研究、塔里木河流域生态修复方案研究、塔里木河流域水量调度径流预报模型、塔里木河流域骨干水库联合调度研究、不同来水条件下塔里木河干流生态响应研究、塔里木河流域生态调度指标体系研究、气候变化对塔里木河径流影响研究、塔里木河流域生态文明指标体系研究等。

17 塔里木河流域水资源配置系统软件开发

塔里木河流域水资源配置系统软件主要包括：软件主界面的开发、基础资料的管理及对各个主功能模块的集成。开发应满足标准化、实用性、可靠性、稳定性、先进性的要求，必须考虑各种接口、数据库连接、计算、计划制订、查询、修改、选择等功能的实现，且要具备其基本的优化、模拟、仿真计算功能。

17.1 软件开发原则及开发环境

17.1.1 基本原则

软件开发的基本原则包括七点。

(1) 实用性。软件采用符合标准的接口，运行在塔里木河流域水资源优化配置平台上，数据输入输出系统基于系统网络服务平台，软件输出画面、曲线、报表采用水资源调度平台提供的工具生成，能满足水调具体功能要求和技术要求。

(2) 可靠性。软件开发应采用面向对象的程序设计方法，使程序模块化，并形成可组态、积木式可拼装结构，提高系统整体可靠性。

(3) 稳定性。对于软件采用的算法要有好的收敛性和计算稳定性。

(4) 先进性。在深入分析需求基础上，采用先进的数据库技术和软件开发技术，实现软件的开发。

(5) 方便性。软件能适应系统目标的多重性、环境的多变性、方法的多样性；软件应具有良好的人机界面功能；能用图表显示和查询调度结果及相关信息；软件能打印图形和文表，能够打印发电调度成果统计分析图表；软件能对图表直接操作，用图表联动修改数据。

(6) 可扩展性。在不对模型、软件及界面进行大的改动条件下，软件系统能方便地增加新功能。

(7) 网络化。软件能从水调自动化系统、SCADA/EMS 系统、DMIS 系统、其他市场技术支持系统中收集实时信息。自身形成的计算成果，应对其他系统开放，能供其他系统查询和调用，实现资源共享。

17.1.2 其他原则

软件开发的其他原则如下。

(1) 软件中优化配置约束条件限制参数可人工设定，配置成果可用图表联动修改数据（模拟仿真功能），使调度数据成果具备平滑性、准确性和合理性。

(2) 调度软件须具备良好的人机界面，可快速准确调用塔里木河流域水资源数据库，对优化配置结果、各行业用水保证率及其图表进行查询、打印与维护操作，管理者可按不同的权限对方案进行整理、检查、储存等不同的操作。

(3) 整个软件系统的操作使用必须编制相应的操作使用维护手册，并对软件使用人员进行现场培训和专题培训。

17.1.3　开发环境与数据库

本书采用面向对象技术的 Visual Basic 语言作为软件开发环境进行编程计算及软件开发。数据库采用与软件运行平台数据库一致的 ACCESS 数据库。

17.2　界面开发

系统集成主要包括对经流强度分析、河道内生态需水、河道外生态需水、社会经济需水、水资源优化配置和水资源评价 6 个模块集成以及对于系统界面的开发，且包括农业、生态需水资料等基础资料的修改、查询、输出等功能的实现。因此，系统集成是实现整个水资源优化配置系统目标不可缺少的重要环节和手段。根据各模块的特点，系统集成包括以下三方面内容。

(1) 各模块间的接口。

(2) 数据交换与数据结构。

(3) 界面集成。

系统软件界面开发总体要求包括以下几点。

(1) 提供软件的运行平台，软件开发将在此平台上进行，以确保整个系统协调工作。

(2) 提供数据库获取路径、权限以及数据库格式、数据属性、数据类别等，保证软件在确凿的数据基础上工作。

(3) 提供存放运行结果的数据库格式，如路径、名称等，保证数据的完备性。

(4) 提供数据交换的种类及软件间工作时间的约束，保证整个系统工作协调一致。

17.3　软件开发内容及功能

采用模拟优化人机对话算法进行计算，各种方案的求解思路基本一致，不同之处在于生态需水的变化、石油工业需水的变化、一般工业生活需水的变化以及平原水库的变化。以第一种方案塔里木河干流灌区水资源的调配过程为例，来说明软件的应用方法。

基本思路是：流域以阿拉尔、新渠满、英巴扎、乌斯满、阿其克、恰拉六个断面为控制断面，对任意第 i 年第 j 时段灌区的灌溉需水、河道外生态需水、下泄台特玛湖生态需水和生态基流之和折合到控制断面作为总控制量，以需定供，用平原水库调蓄天然径流，蓄丰补枯，计算过程中要以满足各种约束条件为前提，并研究水资源在各节点灌区灌溉供水、生态供水之间的最优分配，当长系列计算结束后，决策者可通过输出的结果进行决策，计算各子灌区的农业保证率及生态保证率，若供水保证率不合理，再通过改变供水系数进行迭代计算。当所有年份计算结束，进行统计分析，输出统计指标，包括农业保证率、生态保证率、生态基流保证率等值，看其是否合理，若不合理，再通过改变供水系数进行下一轮调整计算。

基于上述思路，平原水库及地下水联合调节的模拟模型计算步骤如下。

(1) 输入 1958～2010 共 52 年天然长系列径流、N 个节点设计水平年第 j 月灌溉需水量 Wg_x (n, j)、大西海子断面 6～9 月需下放的生态水量 Wg_{st} (j)、各节点连接的平原水库有效库容 V_{max} (n)、平原水库损失、河道的损失率 He (n, j) 等资料值。

(2) 若来水量满足灌区用水要求，多余水充蓄各灌区平原水库，若平原水库都充满则多余水用于生态供水 Wg_{st1} (j)。

(3) 7、8、9 月集中供给生态用水。

(4) 由各节点的平原水库以最大限度提供节点灌区的灌溉用水，第 N 个节点平原水库供水量为 Vg_2 (n, j)。

(5) 若水库下泄水量仍不能满足灌区灌溉需水，用灌区地下水进行补给。此时若缺水小于本时段要求的生态水 Wg_{st} (j)，则不能满足生态供水，可满足灌溉用水；若缺水大于 Wg_{st} (j)，则灌溉缺水，按缺水原则在各灌区进行分配。

(6) 输出长系列统计指标，若农业保证率没有达到要求，则适当改变生态供水率，将生态水与灌溉水合理分配，在保证灌溉保证率的基础上提高生态保证率。

输出最终统计值，计算结束。

模拟优化人机对话算法系统主界面如图 17.1 所示，模拟优化计算如图 17.2 所示。

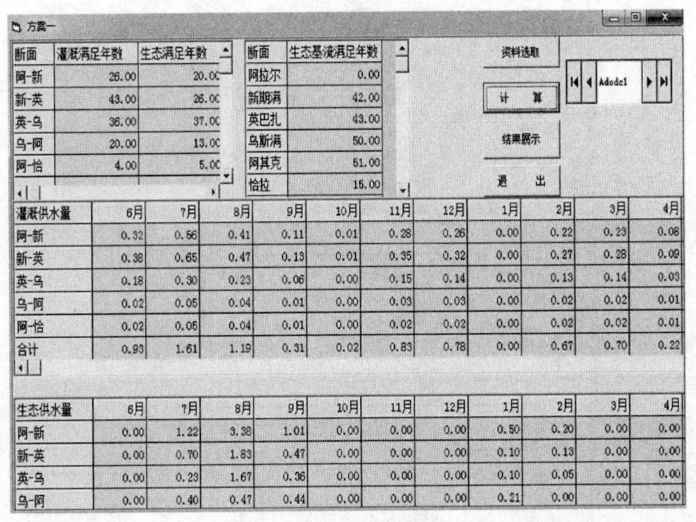

断面	灌溉满足年数	生态满足年数
阿-新	26.00	20.00
新-英	43.00	26.00
英-乌	36.00	37.00
乌-阿	20.00	13.00
阿-恰	4.00	5.00

断面	生态基流满足年数
阿拉尔	0.00
新渠满	42.00
英巴扎	43.00
乌斯满	50.00
阿其克	51.00
恰拉	15.00

灌溉供水量	6月	7月	8月	9月	10月	11月	12月	1月	2月	3月	4月
阿-新	0.32	0.56	0.41	0.11	0.01	0.28	0.26	0.00	0.22	0.23	0.08
新-英	0.38	0.65	0.47	0.13	0.01	0.35	0.32	0.00	0.27	0.28	0.09
英-乌	0.18	0.30	0.23	0.06	0.00	0.15	0.14	0.00	0.13	0.14	0.03
乌-阿	0.02	0.05	0.04	0.01	0.00	0.03	0.03	0.00	0.02	0.02	0.01
阿-恰	0.02	0.05	0.04	0.01	0.00	0.02	0.02	0.00	0.02	0.02	0.01
合计	0.93	1.61	1.19	0.31	0.02	0.83	0.78	0.00	0.67	0.70	0.22

生态供水量	6月	7月	8月	9月	10月	11月	12月	1月	2月	3月	4月
阿-新	0.00	1.22	3.38	1.01	0.00	0.00	0.00	0.50	0.20	0.00	0.00
新-英	0.00	0.70	1.83	0.47	0.00	0.00	0.00	0.10	0.13	0.00	0.00
英-乌	0.00	0.23	1.67	0.36	0.00	0.00	0.00	0.10	0.05	0.00	0.00
乌-阿	0.00	0.40	0.47	0.44	0.00	0.00	0.00	0.21	0.00	0.00	0.00

(a)

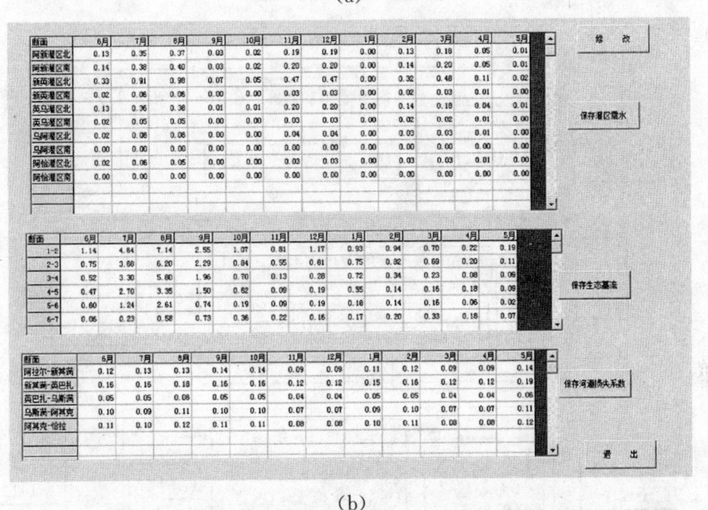

断面	6月	7月	8月	9月	10月	11月	12月	1月	2月	3月	4月	5月
阿新灌区北	0.13	0.35	0.37	0.03	0.02	0.19	0.19	0.00	0.13	0.18	0.05	0.01
阿新灌区南	0.14	0.38	0.40	0.03	0.02	0.20	0.20	0.00	0.14	0.20	0.05	0.01
新英灌区北	0.33	0.91	0.98	0.07	0.05	0.47	0.47	0.00	0.32	0.48	0.11	0.02
新英灌区南	0.02	0.06	0.06	0.00	0.00	0.03	0.03	0.00	0.02	0.03	0.01	0.00
英乌灌区北	0.13	0.36	0.38	0.01	0.01	0.20	0.20	0.00	0.14	0.18	0.04	0.01
英乌灌区南	0.02	0.05	0.05	0.00	0.00	0.03	0.03	0.00	0.02	0.02	0.01	0.00
乌阿灌区北	0.02	0.06	0.06	0.00	0.00	0.04	0.04	0.00	0.03	0.03	0.01	0.00
乌阿灌区南	0.00	0.00	0.00	0.00	0.00	0.00	0.00	0.00	0.00	0.00	0.00	0.00
阿恰灌区北	0.02	0.06	0.05	0.00	0.00	0.03	0.03	0.00	0.03	0.03	0.01	0.00
阿恰灌区南	0.00	0.00	0.00	0.00	0.00	0.00	0.00	0.00	0.00	0.00	0.00	0.00

断面	6月	7月	8月	9月	10月	11月	12月	1月	2月	3月	4月	5月
1-2	1.14	4.64	7.14	2.55	1.07	0.81	1.17	0.93	0.94	0.70	0.22	0.19
2-3	0.75	3.60	6.20	2.29	0.84	0.55	0.61	0.75	0.82	0.69	0.20	0.11
3-4	0.52	3.30	5.80	1.96	0.70	0.13	0.28	0.72	0.34	0.23	0.08	0.09
4-5	0.47	2.70	3.35	1.50	0.62	0.09	0.19	0.55	0.14	0.16	0.18	0.09
5-6	0.60	1.24	2.61	0.74	0.19	0.09	0.19	0.18	0.14	0.16	0.06	0.02
6-7	0.06	0.23	0.58	0.73	0.36	0.22	0.16	0.17	0.20	0.33	0.18	0.07

断面	6月	7月	8月	9月	10月	11月	12月	1月	2月	3月	4月	5月
阿拉尔-新其满	0.12	0.13	0.13	0.14	0.14	0.09	0.09	0.11	0.12	0.09	0.09	0.14
新其满-英巴扎	0.16	0.15	0.18	0.16	0.16	0.12	0.12	0.15	0.16	0.12	0.12	0.19
英巴扎-乌斯满	0.05	0.05	0.08	0.05	0.05	0.04	0.04	0.05	0.05	0.04	0.04	0.06
乌斯满-阿其克	0.10	0.09	0.11	0.10	0.10	0.07	0.07	0.09	0.10	0.07	0.07	0.11
阿其克-恰拉	0.11	0.10	0.12	0.11	0.11	0.08	0.08	0.10	0.11	0.08	0.08	0.12

(b)

(c)

图 17.1　模拟优化人机对话算法系统主界面

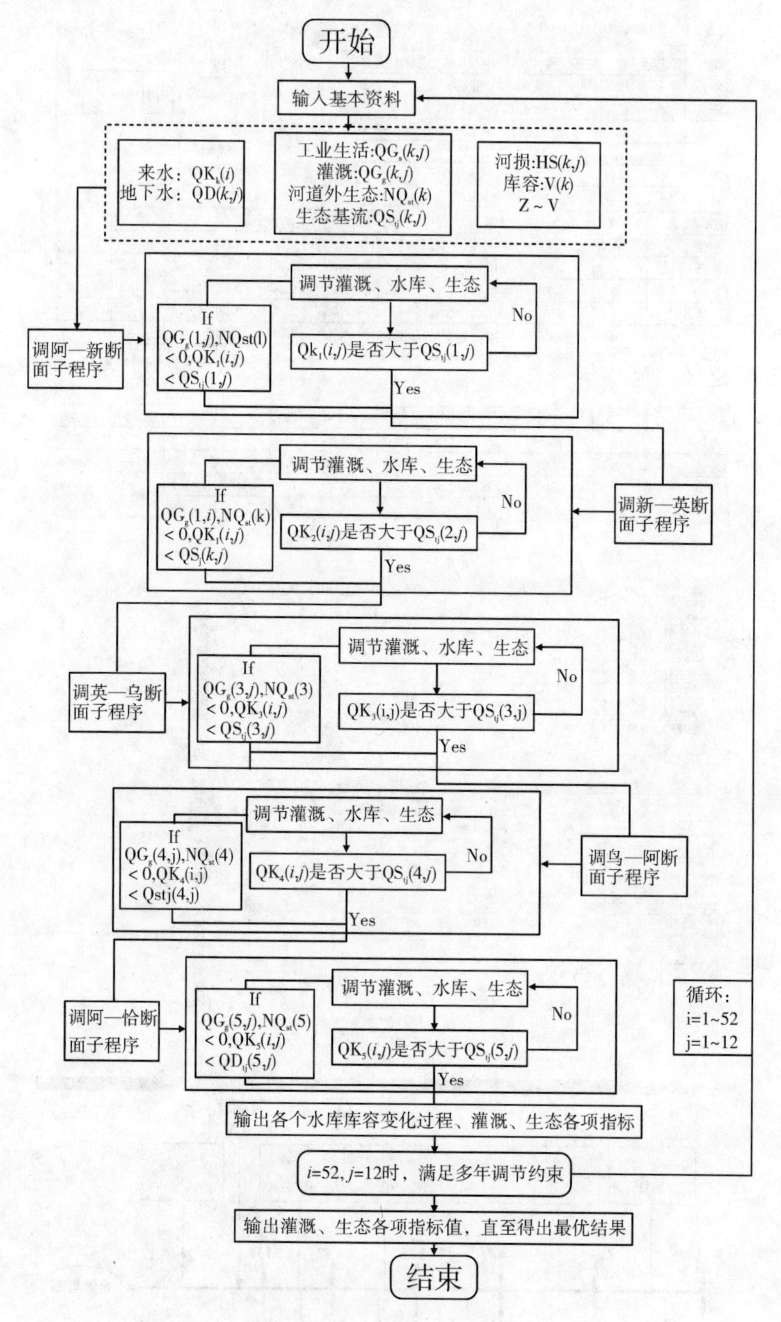

图 17.2 模拟优化计算框图

18 结　语

本书对塔里木河流域水资源开发利用现状及存在的问题以及未来流域水资源开发利用进行了深入的分析，结合国内外关于水资源问题的现状及趋势，以流域径流演变规律为切入点，以合理配置流域生态环境需水和社会经济需水、保障流域生态环境及社会经济的可持续发展为目标，构建了塔里木河流域水资源合理调配模型，并采用模拟优化人机对话算法，对不同方案下塔里木河流域水资源的优化配置进行了成果分析与比较，分别得出不同规划水平年的方案，对方案进行评价并推荐最优方案；同时，介绍了流域水资源的统一管理及运行机制。本书取得的主要研究成果如下。

(1) 对塔里木河流域当前的水量政策实施效果进行评价，得出：①积极方面。目前的水量分配政策在水资源的管理上，逐步由“以需定供”转向“以供定需”，这种转变对限制源流灌区的无序取水、保障塔里木河干流下游的生态用水起到了积极的作用。②有待完善方面。a. 在水量分配过程中，分配依据的指标、分配的程序等需要进一步透明化和民主化；b. 较少考虑地区之间的公平性、效率性影响因素；c. 涉及断面较少，方案比较粗；d. 只涉及简单的水量平衡方案，未考虑优化配置；e. 只有总量控制，没有年内过程，可操作性相对较差；f. 未考虑水库调节、生态闸的控制；g. 节水、补偿机制不健全。

(2) 采用统计和相关分析方法，对塔里木河流域源干流径流规律进行研究，得出径流年内分配洪枯较为分明，且汛枯期径流差异较大；选用 Morlet 小波，对流域源干流年径流量序列进行小波分解和多时间尺度分析，得到了周期尺度大致为 17 年。运用 Kendall 秩次相关检验法，分析得到塔里木河流域源干流的年径流序列的变化分别为阿克苏河显著递增，和田河不显著递减，叶尔羌河不显著递增，塔里木河干流不显著递减。

(3) 以塔里木河干流典型水文断面新渠满、乌斯满、英巴扎和恰拉实测径流资料为计算依据，采用逐月最小生态径流量计算法求得各水文断面年内逐月最小生态径流量，并采用 Tennant 法对河道内生态需水量计算，通过比较分析得出：阿拉尔、新渠满、英巴扎、乌斯满、阿其克和恰拉河道内年最小生态径流量分别为 21.50 亿 m^3、17.68 亿 m^3、14.15 亿 m^3、10.03 亿 m^3、6.88 亿 m^3 和 3.29 亿 m^3。阿拉尔河道最小生态需水量即为整个干流段阿拉尔—台特玛湖河道生态需水量。

(4) 采用遥感数据确定不同植被类型面积，其中塔里木河干流天然植被总面积为 1 504 448.2hm^2，北岸占 66%，南岸占 34%，从分布特征看干流北岸天然植被面积较南岸多 479 678.5hm^2。通过潜水蒸发法、面积定额法分别估算河道外天然植被生态需水量，通过计算结果综合分析得出：塔里木河干流阿拉尔—新渠满、新渠满—英巴扎、英巴扎—乌斯满、乌斯满——阿其克和阿其克—恰拉 5 个河段天然植被生态需水量分别为 $5.94\times10^8m^3$、$6.74\times10^8m^3$、$5.00\times10^8m^3$、$1.87\times10^8m^3$ 和 $1.77\times10^8m^3$，恰拉—台特玛湖天然植被生态需水量为 $1.04\times10^8m^3$，总计 $22.36\times10^8m^3$。

(5) 以《塔里木河流域“四源一干”地表水水量分配方案》为控制依据，以《塔里木河综合治理五年实施方案》为基础，按最严格水资源管理实行总量控制的原则预测了规划年干流段需水总量：2020 水平年生活工业用水为 0.332 6 亿 m^3，恰拉断面以上流域农业总需水量为 7.67 亿 m^3，恰拉断面以下，农二师需要 4.5 亿 m^3灌溉用水；2030 水平年生活工业需水量高方案为 1.48 亿 m^3和低方案为 1.09 亿 m^3，恰拉断面以上农业总需水量为 6.52 亿 m^3，恰拉断面以下农二师需要 4.5 亿 m^3灌溉用水。

(6) 提出了塔里木河干流流域水资源合理配置的研究思路，拟定了合理的水资源优化配置原则和供水优先次序，制定了塔里木河干流流域水资源调配的网络节点图，建立了塔里木河干流水资源优化调配模型，提出了基于河道外生态水量的自适应迭代算法以及水资源配置的模拟优化人机对话算法。得出了塔里木河干流流域水资源最优调配结果，该结果体现了在保证生态和农业供水的基础上，提高农业和生态供水保证率，以流域总缺水量最小为目标，验证了模型及算法的正确性和合理性。

(7) 对塔里木河干流流域 2010 现状年和 2020、2030 规划水平年的不同情况分析，设置了塔里木河干流水资源配置的八种方案，针对各种方案的实际情况，对塔里木河干流流域水资源进行了调配，并从农业供水保证率、生态供水保证率、灌区缺水情况、平原水库的利用、地下水的开采情况，以及灌区耗水及生态供水、平原水库蓄水、平原水库损失水量等方面进行了统计及分析，具有较好的规律性，符合实际情况和常规概念。

(8) 2010 现状年方案一：流域有 7 座平原水库。经调节计算，灌区农业保证率为 53%～74%，灌区多年平均缺水 0.497 亿 m^3；河道外生态保证率为 32%～45%，生态基流保证率为 68%～81%，大西海子断面多年平均向台特玛湖下泄生态水 2.99 亿 m^3。灌区农业、河道外生态、生态基流和大西海子下泄生态水量均得不到满足。

(9) 2020 规划水平年，推荐方案四，农业需水量比方案一减小 2.66 亿 m^3，河道外生态保证率均大于 50%；生态基流保证率为 90%～94%，高于设计要求 90%；各灌区农业保证率为 75%～77%，高于设计要求 75%。大西海子多年平均向台特玛湖下泄水量 3.5 亿 m^3，大西海子生态供水虽然在多年平均总量上达到设计值，保证率也达到50%的设计保证率要求，但连续枯水年份长达5年，生态保证情况还不尽如人意。

(10) 2030规划水平年，推荐方案八，农业需水量比方案一减小3.82亿m^3。河道外生态保证率均大于50%；生态基流保证率为90%～96%，高于设计要求90%；各灌区农业保证率为75%～77%，高于设计要求75%。大西海子多年平均向台特玛湖下泄水量3.5亿m^3；大西海子生态供水不仅在多年平均总量上达到设计值，保证率也达到50%的设计保证率要求，连续枯水年份明显减少，农业和生态供水均达到了设计指标，并且对塔里木河的生态改善起到了更加积极的作用。

(11) 根据优化配置结果方案四、方案八给出了近期规划水平年2020年、远期规划水平年2030年的50%、75%、90%不同来水频率年塔里木河干流各断面、灌区、生态闸群的控制总量，其中，规划水平年2020年：50%、75%、90%来水频率下灌溉供水控制总量分别为12.17亿m^3、12.17亿m^3、10.64亿m^3，生态供水控制总量分别为23.43亿m^3、13.96亿m^3、11.07亿m^3，大西海子断面向台特玛湖下泄生态水量分别为3.502亿m^3、2.95亿m^3、2.62亿m^3，灌溉满足情况分别为满足、满足、破坏，生态满足情况分别为满足、破坏、破坏。

规划水平年2030年：50%、75%、90%来水频率下灌溉供水控制总量分别为11.02亿m^3、11.02亿m^3、8.99亿m^3，生态供水控制总量分别为23.65亿m^3、13.94亿m^3、11.12亿m^3，大西海子断面向台特玛湖下泄生态水量分别为3.503亿m^3、3.012亿m^3、2.66亿m^3，灌溉满足情况分别为满足、满足、破坏，生态满足情况分别为满足、破坏、破坏。

(12) 以叶尔羌河为典型源流区，对不同情景下的水资源调配方案进行了研究及分析，根据设立的四种不同方案，从灌区系统的实际出发对叶尔羌河灌区进行了水资源优化配置，得到不同的配置成果；在用各种平衡分析验证结果合理性的基础上，成果主要反映了系统的损失量、农业缺水量、生态供水量、供水保证率等值；并对各种情景的各项成果进行了比较分析。经调节计算，方案四中叶尔羌河灌区农业供水保证率为75%；多年平均下泄塔里木河生态水量3.3亿m^3，生态保证率为50%，农业和生态供水均达到了设计指标，并且对塔里木河的生态改善起到了更加积极的作用。通过比较，最终推荐方案四为规划水平年叶尔羌河流域水资源调配最佳方案。

(13) 在分析塔里木河流域水资源系统特点和流域水资源管理体制的演变过程和水资源管理运行机制基础上，结合塔里木河流域经济社会发展与生态环境保护的需求，在流域管理中还有很多问题待进一步解决。提出了当前塔里木河流域管理体制与机制方面存在的主要问题。

(14) 在分析和总结国外流域及黄河流域水资源管理体制的先进经验及发展

趋势的基础上，提出了塔里木河流域应借鉴法国等欧共体及东欧国家实施的流域机构模式经验，对流域内地表水与地下水、水量与水质实行统一规划、统一管理和统一经营，加强水资源管理以及控制水污染和管理水生态环境。结合黄河流域水资源管理体制经验，提出了进一步推进塔里木河流域水资源的统一管理、以流域为单元的管理模式；流域水资源应向环境友好的综合、集成管理发展。

(15) 为了更好地实现全流域的塔里木河流域水资源管理，建议将塔里木河流域的其他五条源流纳入流域统一管理范围并将塔里木河流域纳入国家大江大河治理计划的中长期构想中，使塔里木河流域真正实现大流域的统一管理。

(16) 为了进一步深化流域水资源管理体制，结合塔里木河流域水政执法过程中遇到的实际问题，借鉴黄河水利委员会和辽宁省水利厅水利公安机构设置和运行经验，根据塔里木河流域实际，提出了塔里木河流域水利公安机构的建议方案。

(17) 为了使水资源管理体制与机制得以完善，从法律、行政、经济、技术、市场五个角度，提出了水法规体系建设、加强流域规划管理、地下水管理等方面的管理措施。

综上所述，本书依据流域社会、经济可持续发展、生态改善、水资源综合利用的原则，提出的塔里木河干流水资源合理配置模式，可为实现流域水资源总量控制、合理配置提供科技支撑，也可为内陆干旱地区水资源的合理配置提供参考。

参考文献

蔡晓明. 2002. 生态系统生态学. 北京：科学出版社.

陈家琦. 2002. 水安全保障问题浅议. 自然资源学报，17（3）：276-279.

陈天林. 2008. 延安刺槐林地生态需水量研究. 杨凌：西北农林科技大学硕士学位论文.

陈亚宁，郝兴明，李卫红，等. 2008. 干旱区内陆河流域的生态安全与生态需水量研究——兼谈塔里木河生态需水量问题. 地球科学进展，23（7）：732-738.

程国栋，赵传燕. 2006. 西北干旱区生态需水研究. 地球科学进展，21（11）：1101-1108.

程慎玉，刘宝勤. 2005. 生态环境需水研究现状与进展. 水科学与工程技术，（6）：39-41.

储开凤，汪静萍. 2007. 中国水文循环与水体研究进展. 水科学进展，5（18）：468-474.

邓铭江，李小萍. 1991. 塔里木河地表径流组成及变化分析. 新疆水利，1：40-46.

邓盛明，陈晓军，祝向民. 2001. 塔里木河流域水资源和生态环境问题及其对策思路. 中国水利，（4）：31-32.

范文波，周宏飞，李俊峰. 2010. 玛纳斯河流域生态需水量估算. 水土保持研究，17（6）：242-251.

冯夏清，章光新. 2012. 基于水循环模拟的流域湿地水资源合理配置初探. 湿地科学，10（4）：459-466.

傅春，冯尚友. 2000. 水资源利用（生态水利）原理探讨. 水科学进展，（8）：31-32.

高凡，黄强，闫正龙. 2010. 基于3S的塔里木河干流生态水平动态监测及生态需水研究. 西北农林科技大学学报（自然科学版），38（1）：188-194.

郭斌，王新平，李瑛，等. 2010. 基于生态恢复的塔里木河干流生态需水量预测. 地理科学进展，29（9）：1121-1128.

郝博. 2010. 基于GIS和RS的石羊河流域植被生态需水的时空分布规律研究. 杨凌：西北农林科技大学硕士学位论文.

何逢标. 2007. 塔里木河流域水权配置研究. 南京：河海大学博士学位论文.

贺北方，周丽，马细霞. 2002. 基于遗传算法的区域水资源优化配置模型. 水电能源科学，20（3）：10-12.

胡广录，赵文智. 2008. 干旱半干旱区天然植被生态需水量计算方法评述. 生态学报，28（12）：6282-6291.

胡广录，赵文智，谢国勋. 2008. 干旱区植被生态需水理论研究进展. 地球科学进展，23（2）：193-200.

胡顺军. 2007. 塔里木河干流流域生态—环境需水研究. 杨凌：西北农林科技大学博士学位论文.

黄强，畅建霞. 2007. 水资源系统多维临界调控的理论与方法. 北京：中国水利水电出版社.

黄强，张双虎，李亮. 2005. 乌江梯级水电站水库群发电优化调度. 西安：西安理工大学.

黄义德，周银平，陈来宝，等. 2006. 淠史杭灌区水资源优化配置的研究. 安徽农业科技，34（14）：3554-3557.

黄永基，马滇. 1990. 区域水资源供需分析方法. 南京：河海大学出版社.

黄振平，华家鹏，周振民. 1995. 陈垓引黄灌区渠系优化配水的初步研究. 山东水利科技，（1）：43-46.

吉利娜，刘苏峡，王新春. 2010. 湿周法估算河道内最小生态需水量——以滦河水系为例. 地理科学进展，29（3）：287-291.

贾宝全，慈龙骏. 2000. 新疆生态用水量的初步估算. 生态学报，20（2）：243-250.

贾宝全，许英勤. 1998. 干旱区生态用水的概念和分类——以新疆为例. 干旱区地理，21（2）：8-12.

姜文来，唐曲，雷波. 2005. 水资源管理学导论. 北京：化学工业出版社.

李健，王辉，黄勇，等. 2008. 柴达木盆地格尔木河流域生态需水量初步估算探讨. 水文地质工程地质，

(1)：71-75.

李捷，夏自强，马广慧，等. 2007. 河流生态径流计算的逐月频率计算法. 生态学报，27 (7)：2916-2921.

李令跃，甘泓. 2000. 试论水资源合理配置和承载能力概念与可持续发展之间的关系. 水科学进展，11 (3)：307-313.

李雪萍. 2002. 国内外水资源配置研究概述. 河海水利，23 (2)：1-5.

刘昌明. 1999. 中国21世纪水供需分析：生态水利研究. 中国水利，(10)：18-20.

刘昌明. 2002. 关于生态需水量的概念和重要性. 科学对社会的影响，(2)：25-29.

刘昌明，门宝辉，宋进喜. 2007. 河道内生态需水量估算的生态水力半径法. 自然科学进展，17 (1)：42-48.

刘荣华. 2007. 塔里木河流域水量统一调度模型研究及应用. 北京：清华大学硕士学位论文.

刘荣华，魏加华. 2009. 塔里木河流域水量调度优化模型研究. 南水北调与水利科技，7 (1)：26-30.

刘文琨，裴源生，赵勇，等. 2013. 水资源开发利用条件下的流域水循环研究. 南水北调与水利科技，11 (1)：19-24.

刘文强，顾树华. 2000. 塔里木河流域水资源管理机制创新研究. 西北水资源与水工程，11 (2)：1-8.

刘晓平. 2008. 基于可持续发展的水资源承载力研究. 哈尔滨：哈尔滨理工大学硕士学位论文.

柳长顺. 2004. 流域水资源合理配置与管理研究. 北京：北京师范大学博士学位论文.

马宏伟. 2011. 石羊河流域蒸散发遥感反演及生态需水研究. 兰州：兰州大学硕士学位论文.

缪益平，纪昌明. 2003. 运用改进神经网络算法建立水库调度函数. 武汉大学学报（工学版），2 (1)：42-44.

邵东国. 1994. 跨流域调水工程优化决策模型研究. 武汉水利电力大学学报，27 (5)：500-505.

史京转. 2011. 吴堡县区域水资源供需平衡分析及优化配置研究. 西安：西安理工大学硕士学位论文.

水利部水利水电规划设计总院. 2002. 全国水资源综合规划技术大纲细则. 北京：水利部水利水电规划设计总院.

宋进喜，刘昌明，徐宗学，等. 2005. 渭河下游河流输沙需水量计算. 地理学报，60 (5)：717-724.

粟晓玲，康绍忠. 2003. 生态需水的概念及其计算方法. 水科学进展，14 (6)：740-744.

唐数红. 2001. 对新疆塔里木河治理中几个重大问题的思考. 水利规划设计，(4)：28-33.

佟春生. 2005. 系统工程的理论与方法概论. 北京：国防工业出版社.

万东辉，夏军，宋献方，等. 2008. 基于水文循环分析的雅砻江流域生态需水量计算. 水利学报，39 (8)：994-1000.

王芳，梁瑞驹，杨小柳，等. 2002a. 中国西北地区生态需水研究（1）——干旱半干旱地区生态需水理论分析. 自然资源学报，17 (1)：1-8.

王芳，王浩，陈敏建，等. 2002b. 中国西北地区生态需水研究（2）——基于遥感和地理信息系统技术的区域生态需水计算及分析. 自然资源学报，17 (2)：129-137.

王浩，陈敏建，秦大庸，等. 2003. 西北地区水资源合理配置和承载力研究. 郑州：黄河水利出版社.

王浩，秦大庸，王建华. 2002. 流域水资源规划的系统观与方法论. 水利学报，(8)：1-6.

王浩，秦大庸，王建华，等. 2005. 黄淮海流域水资源合理配置. 北京：科学出版社：12-86.

王化齐，董增川，权锦，等. 2009. 石羊河流域天然植被生态需水量计算. 水电能源科学，27 (1)：51-53.

王启猛，朱国勋. 2011. 基于管理目标的塔里木河干流下游生态需水研究. 水资源与水工程学报，22 (4)：54-59.

王启朝，胡广录，陈海牛. 2008. 干旱区天然植被生态需水量计算方法评析. 甘肃水利水电技术，44 (2)：93-95.

王让会，卢新民，宋郁东，等. 2003. 西部干旱区生态需水的规律及特点——以塔里木河下游绿色走廊为例. 应用生态学报，14 (4)：520-524.

王让会，宋郁东，樊自立，等. 2001. 塔里木流域“四源一干”生态需水量的估算. 水土保持学报，

15 (1)：19-22.

王水燕. 2005. 谈水资源的可持续发展. 科技资讯，(26)：92-93.

王顺久，张欣莉，倪长键，等. 2007. 水资源优化配置原理及方法. 北京：水利水电出版社.

王西琴，刘昌明，杨志峰. 2002. 生态及环境需水量研究进展与前瞻. 水科学进展，13 (4)：507-514.

王娇妍，路京选. 2009. 基于遥感的伊犁河下游生态耗水分析. 水利学报，40 (4)：457-463.

魏娜，游进军，解建仓. 2012. 基于水功能区的水里调控模型研究. 水资源保护，28 (6)：19-28.

吴佰杰，李承军，查大伟. 2010. 基于改进 BP 神经网络的水库调度函数研究. 人民长江，41 (10)：59-62.

吴泽宁，索丽生. 2004. 水资源优化配置研究进展. 灌溉排水学报，23 (2)：1-5.

向丽，顾陪亮，董新光. 1999. 大型灌区水资源调配模型及应用. 西北水资源与水工程，10 (1)：1-8.

解建仓. 1998. 跨流域水库群补偿调节的模型及 DSS 算法. 西安理工大学学报，14 (2)：123-128.

徐海量，叶茂，宋郁东，等. 2005. 塔里木河流域水资源变化的特点与趋势. 地理学报，60 (3)：487-494.

徐志侠，陈敏建，董增川. 2004. 基于生态系统分析的河道最小生态需水计算方法研究 (1). 水利水电技术，35 (12)：15-18.

许新宜，杨志峰. 2003. 试论生态环境需水量. 中国水利，(5)：12-15.

闫正龙. 2008. 基于 RS 和 GIS 的塔里木河流域生态环境动态变化与生态需水研究. 西安：西安理工大学博士学位论文.

杨志峰，张远. 2003. 河道生态环境需水研究方法比较. 水动力学研究与进展 (A 辑)，18 (3)：294-301.

杨志峰，崔保山，刘静玲. 2003. 生态环境需水量理论、方法与实践. 北京：科学出版社.

杨志峰，姜杰，张永强. 2005. 基于 MODIS 数据估算海河流域植被生态用水方法探讨. 环境科学学报，25 (4)：449-456.

叶朝霞，陈亚宁，李卫红. 2007. 基于生态水文过程的塔里木河下游天然植被生态需水量研究. 地理学报，62 (5)：451-461.

尤祥瑜，谢新民. 2004. 我国水资源配置模型研究现状与展望. 中国水利水电科学研究院学报，6 (2)：131-140.

张丽. 2007. 基于供需平衡的灌区水资源合理配置研究. 西安：西北农林科技大学硕士学位论文.

张瑞君，段争虎，陈小红，等. 2012. 民勤县 2000～2009 年来水资源生态环境压力分析. 中国沙漠，32 (2)：558-563.

张旭，刘新春，肖继东，等. 2005. EOS/MODIS 影像处理在塔里木河下游植被监测中的应用. 干旱区研究，22 (4)：532-536.

张珏，王义民，黄强，等. 2009. 汉江上游石泉和安康水文站径流规律分析. 水电能源科学，2 (27)：18-20.

张远，杨志峰，王西琴. 2005. 河道生态环境分区需水量的计算方法与实例分析. 环境科学学报，25 (4)：429-435.

赵利红. 2007. 水文时间序列周期分析方法的研究. 南京：河海大学硕士学位论文.

赵文智，常学礼，何志斌，等. 2006. 额济纳荒漠绿洲天然植被生态需水量研究. 中国科学 (D 辑)，36 (6)：559-566.

赵文智，牛最荣，常学礼，等. 2010. 基于净初级生产力的荒漠人工绿洲耗水研究. 中国科学 (D 辑)，40 (10)：1431-1438.

中国科学院地学部. 1996. 西北干旱区水资源考察报告——关于黑河、石羊河流域合理用水和拯救生态问题的建议. 地球科学进展，11 (1)：1-4.

周彩霞，饶碧玉. 2006. 流域生态环境需水计算. 海河水利，(4)：48-50.

朱一中. 2004. 西北地区水资源承载力理论与方法研究. 北京：中国科学院地理科学与资源研究所博士学位论文.

Brnus N. 1983. 水资源科学分配. 戴国瑞等译. 北京：水利电力出版社.

Afzal J，Noble D H. Optimization model for alternative use of different quality irrigation waters. Journal of

Irrigation and Drainage Engineering, 118 (2): 218-228.

Antle J M, Capallo S M. 1991. Physical and economic model integration for measurement of environment impocts of agriculture chemical use. J Agric Resour Econ, 20 (3): 62-63.

Armbruster J T. 1976. Infiltration index useful in estimating low-flow characteristics of drainage basins. Journal of Research of the U. S. Geological Survey, 4 (5): 533-538.

Buras N. 1972. Scientific allocation of water resources: water resources development and utilization——a rational approach. New York : American Elsevier Publishing Company: 1-5.

Chandramouli V, Raman H. 2001. Multi-reservoir modeling with dynamic programming and neural networks. Journal of Water Resources Planning and Management, 127 (2): 89-98.

Conder A L, Annear T C. 1987. Test of weighted usable area estimates derived from a PHABSIM model for instream flow studies on Trout Streams. North American Journal of Fisheries Management, 7 (3): 339-350.

DFID. 2003. Handbook for the assessment of catchment water demand and use. Oxon: HR Wallingford.

Falkenmark M. 1995. Coping with water scarcity under rapid population growth. Pretoria: Conference of SADE Minister.

Gleick P H. 1998. Water in crisis: Paths to sustainable water use. Ecological Applications, 8 (3): 571-579.

Gore J A, King J M, Hamman K C D. 1991. Application of the instream flow incremental methodology to Southern African rivers-protecting endemic fish of the Olifants River. Water SA, 17 (3): 225-236.

Hugh S W, Ne-zheng S, William W G Y. 1997. Optimization of conjunctive use of surface water and groundwater with water quality constrains. Proceedings of Annual Water Resources Planning and Management Conference, Houston, Texas, US.

Mathews R C J, Bao Y. 1991. The TEXAS method of preliminary instream flow assessment. Rivers, 2 (4): 295-310.

McKinney D C, Cai X. 2002. Linking GIS and water resource management models: an object-oriented method. Environmental Modeling and Software, 17 (5): 413-425.

Petts G E. 1996. Water allocation to protect river ecosystems. Regulated Rivers: Research & Management, 12 (4): 353-365.

Rashin P D, Hansen E, Margolis M R. 1996. Water and sustainability: Global patterns and long-range problems. Natural Researehes Forum, 20 (1): 1-15.

Smakhtin V. 2001. Low flow hydrology: A review. Journal of Hydrology, 240 (3～4): 147-186.

Teegavarapu R S V, Simonovic S P. 2002. Optimal operation of reservoir simulated annealing. Water Resources Management, 16 (5): 401-428.

Ubertini L, Manciola P, Casadei S. 1996. Evaluation of the minimum instream flow of the Tiber River Basin. Environmental Monitoring and Assessment, 41 (2): 125-136.

Vladimirov A, Lobanova H. 1998. Classification of rivers to assess low flow impacts on water quality. Hydrology in a Changing Environment, 1: 329-334.

Watkins D W, Kinney J M, Robust D C. 1995. Optimization for incorporating risk and uncertainty in sustainable water resources planning. International Association of Hydrological Sciences, 231 (13): 225-232.

Whipple W, Dubois D, Grigg N, et al. 1999. A proposed approach to coordination of water resource development and environmental regulations. Journal of the American Water Resources Association, 35 (4): 713-716.

Willis R, Yeh W W G, Willis R, et al. 1987. Groundwater system planning and management. New Jersey: Prentice Hall: 21-23.